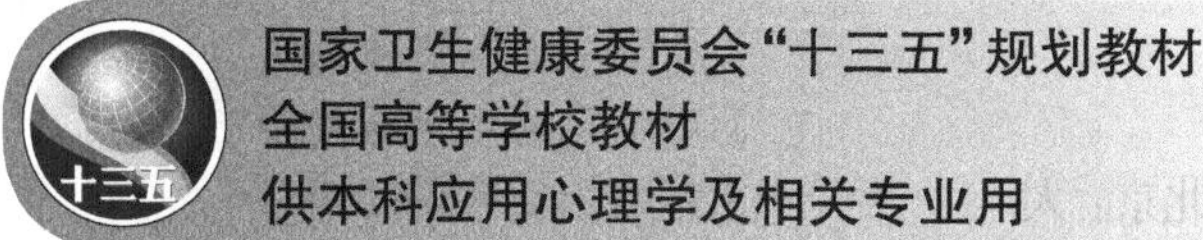

国家卫生健康委员会“十三五”规划教材
全国高等学校教材
供本科应用心理学及相关专业用

生理心理学

Physiological Psychology

第3版

主　　编　杨艳杰

副 主 编　朱熊兆　汪萌芽　廖美玲

编　　者　（以姓氏笔画为序）

王晟怡　（天津医科大学）
冯正直　（陆军军医大学）
朱　舟　（华中科技大学同济医学院附属同济医院）
朱春燕　（安徽医科大学）
朱熊兆　（中南大学湘雅二医院）
全　鹏　（广东医科大学）
杨秀贤　（哈尔滨医科大学）
杨艳杰　（哈尔滨医科大学）
汪萌芽　（皖南医学院）
侯彩兰　（广东省人民医院）
徐　娜　（滨州医学院）
高志华　（浙江大学医学院）
阙墨春　（苏州大学医学部）
廖美玲　（福建医科大学）

人民卫生出版社

图书在版编目（CIP）数据

生理心理学 / 杨艳杰主编. —3 版. —北京：人民卫生出版社，2018

全国高等学校应用心理学专业第三轮规划教材

ISBN 978-7-117-27328-2

Ⅰ. ①生… Ⅱ. ①杨… Ⅲ. ①生理心理学 - 高等学校 - 教材 Ⅳ. ①B845

中国版本图书馆 CIP 数据核字（2018）第 210840 号

生理心理学

第 3 版

主　　编： 杨艳杰
出版发行： 人民卫生出版社（中继线 010-59780011）
地　　址： 北京市朝阳区潘家园南里 19 号
邮　　编： 100021
E - mail： pmph @ pmph.com
购书热线： 010-59787592　010-59787584　010-65264830
印　　刷： 北京盛通数码印刷有限公司
经　　销： 新华书店
开　　本： 850 × 1168　1/16　**印张：** 18　**插页：** 8
字　　数： 483 千字
版　　次： 2007 年 8 月第 1 版　2018 年 10 月第 3 版
2025 年 10 月第 3 版第 8 次印刷（总第 14 次印刷）
标准书号： ISBN 978-7-117-27328-2
定　　价： 65.00 元

全国高等学校应用心理学专业第三轮规划教材

修订说明

全国高等学校本科应用心理学专业第一轮规划教材于2007年出版，共19个品种，经过几年的教学实践，得到广大师生的普遍好评，填补了应用心理学专业教材出版的空白。2013年修订出版第二轮教材共25种。这两套教材的出版标志着我国应用心理学专业教学开始规范化和系统化，对我国应用心理学专业学科体系逐渐形成和发展起到促进作用，推动了我国高等院校应用心理学教育的发展。2016年经过两次教材评审委员会研讨，并委托齐齐哈尔医学院对全国应用心理学专业教学情况及教材使用情况做了深入调研，启动第三轮教材修订工作。根据本专业培养目标和教育部对本专业必修课的要求及调研结果，本轮教材将心理学实验教程和认知心理学去掉，增加情绪心理学共24种。

为了适应新的教学目标及与国际心理学发展接轨，教材建设应不断推陈出新，及时更新教学理念，进一步完善教学内容和课程体系建设。本轮教材的编写原则与特色如下：

1. 坚持本科教材的编写原则　教材编写遵循"三基""五性""三特定"的编写要求。

2. 坚持必须够用的原则　满足培养能够掌握扎实的心理学基本理论和心理技术，能够具有较强的技术应用能力和实践动手能力，能够具有技术创新和独立解决实际问题的能力，能够不断成长为某一领域的高级应用心理学专门人才的需要。

3. 坚持整体优化的原则　对各门课程内容的边界进行清晰界定，避免遗落和不必要的重复，如果必须重复的内容应注意知识点的一致性，尤其对同一定义尽量使用标准的释义，力争做到统一。同时要注意编写风格接近，体现整套教材的系统性。

4. 坚持教材数字化发展方向　在纸质教材的基础上，编写制作融合教材，其中具有丰富数字化教学内容，帮助学生提高自主学习能力。学生扫描教材二维码即可随时学习数字内容，提升学习兴趣和学习效果。

第三轮规划教材全套共24种，适用于本科应用心理学专业及其他相关专业使用，也可作为心理咨询师及心理治疗师培训教材，将于2018年秋季出版使用。希望全国广大院校在使用过程中提供宝贵意见，为完善教材体系、提高教材质量及第四轮规划教材的修订工作建言献策。

第三届全国高等学校应用心理学专业教材评审委员会

教材目录

序号	书名	主编	副主编
1	心理学基础(第3版)	杜文东	吕　航　杨世昌　李　秀
2	生理心理学(第3版)	杨艳杰	朱熊兆　汪萌芽　廖美玲
3	西方心理学史(第3版)	郭本禹	崔光辉　郑文清　曲海英
4	实验心理学(第3版)	郭秀艳	周　楚　申寻兵　孙红梅
5	心理统计学(第3版)	姚应水	隋　虹　林爱华　宿　庄
6	心理评估(第3版)	姚树桥	刘　畅　李晓敏　邓　伟　许明智
7	心理科学研究方法(第3版)	李功迎	关晓光　唐　宏　赵行宇
8	发展心理学(第3版)	马　莹	刘爱书　杨美荣　吴寒斌
9	变态心理学(第3版)	刘新民　杨甫德	朱金富　张　宁　赵静波
10	行为医学(第3版)	白　波	张作记　唐峥华　杨秀贤
11	心身医学(第3版)	潘　芳　吉　峰	方力群　张　俐　田旭升
12	心理治疗(第3版)	胡佩诚　赵旭东	郭　丽　李　英　李占江
13	咨询心理学(第3版)	杨凤池	张曼华　刘传新　王绍礼
14	健康心理学(第3版)	钱　明	张　颖　赵阿勐　蒋春雷
15	心理健康教育学(第3版)	孙宏伟　冯正直	齐金玲　张丽芳　杜玉凤
16	人格心理学(第3版)	王　伟	方建群　阴山燕　杭荣华
17	社会心理学(第3版)	苑　杰	杨小丽　梁立夫　曹建琴
18	中医心理学(第3版)	庄田畋　王玉花	张丽萍　安春平　席　斌
19	神经心理学(第2版)	何金彩　朱雨岚	谢　鹏　刘破资　吴大兴
20	管理心理学(第2版)	崔光成	庞　宇　张殿君　许传志　付　伟
21	教育心理学(第2版)	乔建中	魏　玲
22	性心理学(第2版)	李荐中	许华山　曾　勇
23	心理援助教程(第2版)	洪　炜	傅文青　牛振海　林贤浩
24	情绪心理学	王福顺	张艳萍　成　敬　姜长青

配套教材目录

序号	书名	主编
1	心理学基础学习指导与习题集(第2版)	杨世昌　吕　航
2	生理心理学学习指导与习题集(第2版)	杨艳杰
3	心理评估学习指导与习题集(第2版)	刘　畅
4	心理学研究方法实践指导与习题集(第2版)	赵静波　李功迎
5	发展心理学学习指导与习题集(第2版)	马　莹
6	变态心理学学习指导与习题集(第2版)	刘新民
7	行为医学学习指导与习题集(第2版)	张作记
8	心身医学学习指导与习题集(第2版)	吉　峰　潘　芳
9	心理治疗学习指导与习题集(第2版)	郭　丽
10	咨询心理学学习指导与习题集(第2版)	高新义　刘传新
11	管理心理学学习指导与习题集(第2版)	付　伟
12	性心理学学习指导与习题集(第2版)	许华山
13	西方心理学史学习指导与习题集	郭本禹

主编简介

杨艳杰，二级教授，博士研究生导师。黑龙江省第十三届人大代表。现任哈尔滨医科大学公共卫生学院副院长，哈尔滨医科大学医学心理学教研室主任，学术带头人。兼任俄罗斯布拉戈维申斯克师范大学客座教授、博士研究生导师。享受国务院政府特殊津贴，黑龙江省教学名师，黑龙江省“六个一批”专家人才。兼任教育部高等学校心理学类专业教学指导委员会委员；第三届全国高等学校应用心理学专业教材评审委员会主任委员；中国高等教育学会医学心理学分会理事长、中华医学会行为医学分会副主任委员、中国心理卫生协会常务理事、黑龙江省心理卫生协会理事长、黑龙江省突发公共卫生事件专家咨询委员会副主任等。

从事心理学教学及科研工作 29 年。在情绪障碍和心身疾病机制、职业人群应激及心理卫生研究方面有较深的学术造诣。主持国家自然科学基金、科技部支撑项目等各类科研项目 20 余项；以第一完成人获教育部等省部级一二等科技成果奖励 10 项；在国内外发表学术论文 100 余篇；主编国家规划教材及著作 20 余部；指导博士、硕士研究生 100 名。多次担任中央电视台特约嘉宾，解答各类疑难心理问题。担任黑龙江省委组织部、团省委、黑龙江省市长协会特约专家，数次在“市长高峰论坛”，市长培训班及黑龙江省省管干部培训班上授课，受到好评。获得国际莫尼卡人道主义奖、全国师德师风先进个人、全国心理卫生工作突出贡献专家、全国心理卫生先进工作者等多项荣誉。

副主编简介

朱熊兆，教授，一级主任医师，博士生导师。中南大学医学心理学研究所副所长，中南大学湘雅二医院医学心理中心副主任，湖南省临床心理学学科带头人。中国心理卫生协会常务理事，中国高等教育学会医学心理学分会副理事长，中国心理学会生理心理学分会委员，中国心理卫生协会心身医学专业委员会委员，中国心理卫生协会心理评估专业委员会常务委员，湖南省心理卫生协会副理事长，湖南省心理康复学会副主任委员。国家公派留学加拿大 McGill 大学，曾在香港大学、Concordia 大学、多伦多大学等大学访学从事临床、科研工作，多次主持和参加国际学术会议。

已从事教学、临床与科研工作 31 年。主持国家自然科学基金项目、国际合作项目等 10 多项。获教育部科技进步奖二等奖 2 项，湖南省科技进步奖三等奖 3 项，湖南省医学科技二等奖 1 项。《中国临床心理学》《神经疾病与精神卫生》等杂志的编委。在国际权威学术期刊上发表 SCI、SSCI 论文 100 多篇，国内学术期刊上发表论文 200 余篇，主编、主译著作 9 部，培养硕士、博士研究生 60 余名。

副主编简介

汪萌芽，二级教授，博士，硕士生导师。皖南医学院学术委员会副主任、生理学与神经生物学教研室主任。1997 年曾任美国 Stanford 大学麻醉系访问教授。现任中国生理学会、中国心理学会生理心理学分会理事，安徽省生理学会、神经科学学会副理事长，《生理学报》编委、《中国临床药理学与治疗学》常务编委、《皖南医学院学报》副主编，安徽省省级学术与技术带头人，生理学省级重点学科、精品资源共享课程、教学团队、汪萌芽名师工作室负责人。

从事生理学、神经生物学、生理心理学教学和科研 33 年，发表原始论文 140 多篇（26 篇 SCI 论文中单篇最高被引 >110 次）；参编国家级规划教材《生理学》《神经生物学》《生理心理学》《麻醉生理学》等 15 部。曾获安徽省自然科学奖三等奖、教学成果二等奖，省级政府特殊津贴、教学名师奖等。

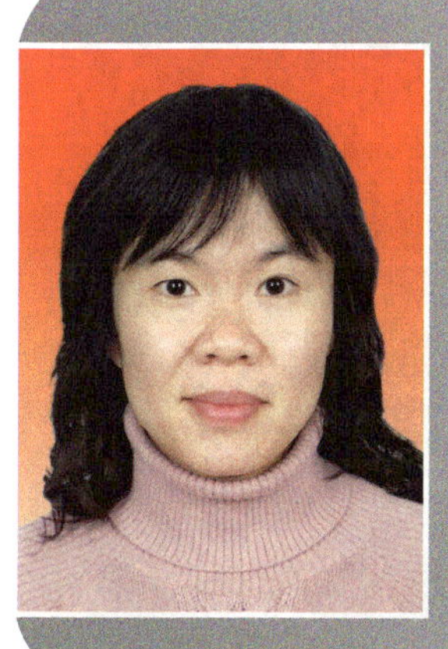

廖美玲，应用心理学系副教授，硕士生导师。福建医科大学就业指导教研室主任，全国高等医学教育学会医学心理学教育分会理事，福建省社会心理学会理事，福州市城乡治理专家委员会委员，福建省心理危机干预协会理事。

1996 年 9 月至今从事心理学教学工作 21 年。期间主持省厅重点课题一项，一般课题两项，横向课题一项，校级课题一项，参与省厅课题十余项。主编、参编多部教材，发表论文十多篇。

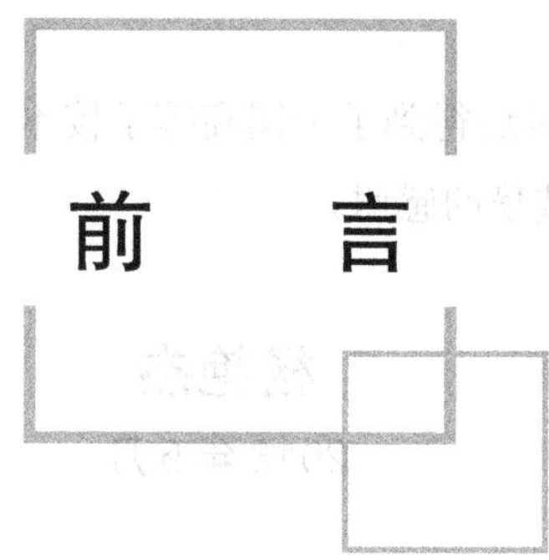

前 言

随着脑科学的快速发展，心理学神秘的面纱逐渐被揭开。亚里士多德早在公元前三世纪就提出，脑是为了冷却充满激情的心脏；笛卡尔也指出心身是交互的。这些思想都是生理心理学理论的萌芽。自冯特 1874 年在《生理心理学纲要》中首次提出“生理心理学”这一学科名词，人们对脑功能的研究和认识有了较大的进步，生理心理学的研究不断得到发展，对心理学的影响也越来越大。生理心理学（physiological psychology）是揭示心理活动和行为的生理机制的一门学科，它旨在以脑内的生理学事件解释心理现象，是心理学与脑科学结合的学科，是心理学基本而重要的分支。

生理心理学知识的积累与沉淀是进一步了解和研究心理现象与行为的前提和基础。作为应用心理学专业的学生，了解和掌握心理行为的脑机制，对未来的工作和研究都有重要的帮助。此部《生理心理学》教材，力求在介绍生理心理学的理论及基本知识基础上，反映出该学科最新的研究成果。本书既适用于各高等院校心理学专业本科生使用，又可供生命科学、脑科学的研究者参考。

本教材紧紧围绕我国“十三五”期间医学院校应用心理学专业本科生的培养目标进行编写，主要体现了以下特点：一是努力体现教育部提出的高等教育教材的“三基”和“五性”要求，即编写中以基本理论、基本知识、基本技能为重点，同时吸收近年来国内外相关著作和教材的精华，借鉴各院校教学经验和建议，在教材的撰写过程中，查阅新近出版的相关学术期刊，尽可能介绍生理心理学新的研究成果和发展趋势，增加了该专业的新理论和新技术等最新成果，体现教材内容的前沿性。二是教材在整体内容布局上更加系统，逻辑性更强。先总论，后分论；先心理，后行为；先基础，后应用。三是注重内容编排的合理性与趣味性。本教材针对主要的使用对象即应用心理学专业学生及研究者，按照心理现象的产生过程进行内容编排，有利于心理学专业学生系统学习与掌握。在内容设计上，保留了上版教材学习目标和知识链接等内容，部分章节顺序进行了调换，增加了人格的生理心理学部分，使内容更加完整和系统。在编写过程中强调通俗易懂，尽量做到教师好教，学生好学。四是注重基本理论与概念的系统性。本教材深入浅出地系统地阐述生理心理学的基本理论与基本知识，力求概念准确、原理清楚、条理清晰，尽可能满足应用心理学专业学生的培养目标。

本教材共分为十五章，内容由三部分组成：第一部分属于总论性质，包括第一章至第四章，主要介绍生理心理学的基础知识，包括生理心理学的基本观点、研究方法以及生理心理学的神经解剖基础。第二部分包括第五章至第十一章，重点介绍感知觉、记忆、注意、情绪及人格等心理活动的生理和神经机制。第三部分包括第十二章至第十五章，内容涉及睡眠、性和饮食等基本行为的生理机制。

生理心理学是目前国际上发展最为迅速的学科之一，新的研究结果不断涌现，知识和理论日新月异。本教材编者是来自我国高等院校从事生理心理学一线教学和科研工作的教师，实践经验非常丰富，但由于编者学识水平和获取信息的途径有限，编写中不当之处在所难免，希望各位读者不吝指教，以便今后补充和修正。

本教材的编写得到了苏州大学医学院徐斌教授的热情支持和鼓励，同时还得到了全国高等学校本科应用心理学专业教材评审委员会各位同仁的大力支持，在此向他们致以诚挚的感谢。

杨艳杰

2018 年 5 月

目　　录

第一章　绪论

学习目标

掌握：

1. 生理心理学的概念。
2. 生理心理学研究的对象，学科性质及意义。

熟悉：

生理心理学的几种假说。

了解：

1. 心理生理学与生理心理学的联系与区别。
2. 神经心理学以及其他相关学科的概念。

自古以来，人类一直在探究心理现象产生的奥秘，心理是如何产生的？从远古时代对神灵主宰万物的坚定信念，到今天对意识的自我感知，人类已经逐渐意识到自我的存在，对心理现象的实质有了一定了解。心理是脑的功能，是人脑对客观事物的主观能动反映。大脑是生物进化阶梯上最后出现的组织，是各种心理活动的物质本体。生理心理学是心理学科学体系的重要理论学科之一，它以身心关系为命题，力图阐明各种心理活动的生理机制。本章将主要介绍生理心理学的基本概念、假说以及相关学科。

第一节　生理心理学的由来与发展

生理心理学（physiological psychology）是研究心理现象的生理机制，即研究外界事物作用于脑而产生心理现象的物质过程的科学。它是研究人类或动物的行为、经验和心理活动的进化、发育和生理机制的一门学科。主要致力于心理和行为的神经机制，特别是脑机制的研究。它与生物心理学、心理生物学和行为神经科学大致相似，是当代心理学一个重要的研究方向。

心理学成为一门科学，必须使心理学的研究对象有坚实的科学基础，即必须探讨心理现象的生理机制，开展神经系统和脑的研究。德国学者威廉·冯特（图 1-1）于 1874 年出版了《生理心理学原理》一书，指出“科学的心理学就是生理心理学”，这部著作实际上是生理心理学学科诞生的标志。此书是第一部生理心理学专著，可以说是作者设想的一门新的科学领域的梗概。它旨在说明心理学是可以采用客观的、生理学的方法进行研究的。然而从神经生理和脑功能方面探讨心理现象和行为的实验工作早已经开始了。

笔记

知识链接 1-1

图 1-1 威廉·冯特(Wilhelm Maximilian Wundt，1832—1920)

威廉·冯特

威廉·冯特(Wilhelm Maximilian Wundt，1832—1920)，德国心理学家、哲学家，现代实验心理学的著名创始人之一。冯特出生在德国巴登的一位牧师家庭里。早年习医。1856 年在海德堡大学获博士学位。1857—1874 年在该校任教，曾开设生理心理学课程，并出版《生理心理学原理》。1875 年改任莱比锡大学哲学教授。1879 年创立了世界上第一个心理学实验室。冯特是构造主义心理学的奠基人，他主张心理学研究直接经验，心理学的研究方法只能是实验性的自我观察或内省。冯特用这种方法研究了感觉、知觉、注意、联想等过程，提出了统觉学说，还根据内省观察提出了情感三维说。他还主张用民族心理学的方法研究高级心理现象，这对社会心理学的产生和发展有重要影响。冯特的哲学思想是混乱的，在身心关系的问题上，他主张精神和肉体是彼此独立的序列和过程，因而陷入了二元论。他一生的著作很多，代表作有:《生理心理学原理》《民族心理学》《对感官知觉学说的贡献》《心理学大纲》等。

资料来源:陈元晖《论冯特》，1988

回顾脑研究的历史，人类对心理活动与脑功能关系的认识，大致可以分为下面几个相对的历史时期。

一、自然哲学思想

心理学从古希腊的灵魂学演变到 19 世纪中叶英国的联想心理学，在哲学的母胎里经历了相当长的一段发展历程。但是哲学只能给心理学提供体系，不能提供科学的知识和实验技术。

公元前三世纪，中国医书记载“心者，五脏六腑之大主也，精神之所舍也”；亚里士多德说，“脑是为了冷却充满激情的心脏”；公元七世纪，古希腊哲学家德漠克利特把心理活动与呼吸功能加以类比；莱布尼兹提出了心身平行论；笛卡尔指出心身是交互的。这些思想都属于生理心理学理论的萌芽。

二、解剖生理实践

(一)脑功能定位理论

脑的功能定位以神经解剖学家 F.J. 加尔(Franz Joseph Gall)和他的学生 J.C. 施普尔茨海姆(Johann Christoph Spurtzheim)于 19 世纪初提出的首 - 尾解剖法和颅相学为起点。1866 年，布罗卡发现了额叶的言语运动中枢；1874 年，维尔尼克发现了语言感觉区；上世纪 50 年代，苏联学者指出，大脑皮层有条件反射暂时联系的能力；上世纪 60 年代，人们开始对割裂脑进行研究，提出了与脑功能定位相对应的脑等势学说，认为就学习行为和脑结构而言，脑内许多结构包括皮层下深层结构，都具有形成暂时联系的能力。

法国的神经科学家弗卢朗早在 1824 年就开始用切除部分脑区的方法来研究脑的各部分结构与心理能力的关系，获得的结论是，脑是由多个器官合成的，各器官的功能有所区别，大脑是智力器官，小脑是协调运动的器官，延髓是维持生命的器官。而大脑本身的性质

是统一的，知觉、意志和一切智力都在此器官中，而且彼此是不可分的。

这些研究确定了心理是脑的功能，脑是心理的器官。

（二）神经生理学理论

英国生理学家谢灵顿、俄国生理学家巴甫洛夫等建立了生理学实验分析法，研究中枢神经系统的功能，形成的神经生理学的经典理论是行为主义心理学的自然科学基础。

20 世纪初英国生物学家谢灵顿开始研究感觉心理学，发表了颜色视觉、闪光视觉以及触觉和肌肉动觉的研究结果，提出了内感受器、外感受器和本体感受器等术语；他阐述了神经元、突触和神经系统的整合作用的概念，并且研究了脊髓的反射机制，发现了肌肉的神经支配的兴奋和抑制的交互方式以及神经元的兴奋和抑制的空间和时间的总和作用；他强调人类意识的独特性质，认为不能将心理简化为脑功能，因此他的心理学被认为是二元论的。

几乎与谢灵顿同一时期，但观点相反的是生理学家巴甫洛夫，开创了经典条件反射的实验工作。他研究了条件反射形成和发展的许多规律，如强化、消退、自然恢复、泛化、分化或兴奋的扩散和集中；他认为胃液或唾液的条件反射的分泌就是心理性质的分泌，而条件反射则是一种高级神经活动，由此提出高级神经活动规律的学说；他认为动物有两种类型的反射活动，即无条件反射（等同于物种的本能行为）和条件反射（学习的行为），两者都属于第一信号系统。人类还有第二信号系统，即人的语言系统。两种信号系统工作的原理是一致的，都服从于条件反射形成的一切规律。他指出，人类的精神病发生于第二信号系统的障碍。人类以下的动物只能患神经病，而不会患精神病。巴甫洛夫是完全的反射论者，他的条件反射实验方法和条件反射概念对后来的行为主义心理学影响很大。

20 世纪初，行为主义心理学的创始人华生开始用外科手术剥夺大鼠的各种感觉来研究大鼠在学习迷宫中依赖的感觉暗号，并指出大鼠自身的运动觉是最主要的感觉信号。继华生之后，拉什利采用切除大鼠部分大脑皮层的方法，研究大脑皮层的损伤部位和损伤范围与学习和记忆能力损失的关系，发现大鼠学习和记忆能力损失的程度与大脑皮层损毁的部位相关不大，而与损毁的范围有显著相关，因此提出了大脑皮层功能等势说和总体活动的原则。他们的工作可以被称作是心理学家直接从事生理心理学实验研究的开始。

（三）细胞神经生理学理论

1791 年伽尔伐尼提出了关于动物电的概念，被认为是电生理学的开端。德国医生和生理学家希齐希和弗里奇在 1870 年首次发表了用电流刺激狗的大脑皮层的不同区域所获得的结果，发现刺激大脑皮层额叶的某些部位时可产生个别的肢体运动，这是大脑皮层功能定位学说的最初实验根据。1876 年费里尔将电刺激法应用于胡狼、猫、豚鼠、鸽、鱼和蛙等动物，结果确定了感觉和运动功能的脑定位原则。此后，德国生理物理学家赫尔姆霍茨测量了神经冲动传导的速率，探讨了颜色视觉和听觉的原理。这是利用微电极技术对细胞电活动进行记录，是细胞神经生理学的基本研究方法。它增加了对网状非特异系统的认识，大大超越了巴甫洛夫的经典反射弧概念。

然而，现代电生理学的真正开始是源于 1922 年厄兰格和加塞将阴极射线示波器应用于神经生理学研究，他们利用核团电极、细胞外电极或细胞内电极不仅可以刺激神经组织还可以记录电活动。20 世纪 50~60 年代，电生理学技术取得的硕果大大加深了人类对大脑奥秘的认识：一是增添了对大脑网状非特异性系统的认识，超越了巴甫洛夫的经典反射弧的概念；二是在经典三环节反射弧的结构中，必须考虑到由传入和传出神经发出的侧支联系，它不但引申出网状非特异系统的制约作用，也引申出反馈作用原理；三是除神经冲动在神经干上传导的“全或无”原则之外，还有“级量反应”的规律。

笔记

三、现代科学进展

（一）化学通路学说

化学通路学说起源于20世纪70年代，该学说主要明确了神经冲动的传导不仅在一个细胞内以电化学的方式进行，还在神经元之间还以化学传递的方式进行。脑化学通路学说，使人类对脑功能与心理活动关系的认识从器官水平推进到分子水平。

（二）当代神经科学的崛起

20世纪70年代中期，神经免疫技术和单克隆技术的出现标志着当代神经科学开始崛起。计算机体层摄影（CT）、磁共振技术（MRI）、正电子发射体层摄影（PET）、事件相关电位技术（ERP）以及神经免疫技术和单克隆技术相继出现，使脑功能研究跳出神经生理学科的狭小范围，它囊括了很多相关的学科，形成具有无限生命力的神经科学。认知神经科学是20世纪90年代迅速形成的新领域，它吸收了认知科学的原理与方法和当代神经科学的新成果，用于研究认知过程的脑机制，它不仅是认知心理学，还包括人工智能学、人工神经网络学、心理语言学和哲学中的认知论等。

知识链接1-2

我国在生理心理学相关领域的研究进展

1982年，我国学者陈霖致力于视觉研究领域，在*Science*上发表论文，提出了拓扑性质知觉理论，近年来他又从知觉学习、注意、视觉意识和视觉衰老的神经表达等方面进一步发展了视觉的“大范围首先”理论。2010年，薛贵等在记忆研究领域，探讨了记忆中学习材料的重复效应，发现多次重复刺激比不断变化的刺激表现出更大的神经表征的相似性，因而有利于情节记忆的成功编码。2003年，罗劲等在思维研究领域发现，人在思维活动时出现的顿悟现象（突然有所领悟）和大脑许多脑区的激活有关，其中右侧海马在打破思维定式中有重要作用。2000年谭力海等在语言研究领域发现，汉字不同于拼音文字，对汉字的阅读要求左侧额中回更多的参与，而在拼音文字阅读中，左侧额中回不参与，结果说明了文化对脑的塑造作用。2007年，朱滢等在人格研究领域中发现中国人的自我概念不同于西方人，西方人以独立的自我为中心，而中国人是互相依赖式的自我。中国人在评价自我和母亲时，大脑的内侧前额叶均有活动，而西方人仅在评价自我时才激活大脑内侧前额叶，表明了中西文化不同影响了自我表征的脑区。

资料来源：彭聃龄《普通心理学》，2012

第二节　生理心理学的研究对象和任务

一、生理心理学的研究对象

生理心理学是以脑为中心，研究心理现象的生理机制。生理心理学研究的前提是生物进化，它的研究包括脑与行为的演化；脑的解剖与发展及其和行为的关系；认知、运动控制、动机行为、情绪和精神障碍等心理现象行为的神经过程和神经机制。生理心理学以脑的形态和功能参数为自变量，在不同的生理状态下，研究行为或心理活动的变化。比如，损伤海马会引起期望，刺激颞叶会使人回忆起童年的往事，写一个字母和听一个字母将引起大脑皮层不同区域的激活。这种对心理活动生理基础的研究由来已久，从解剖学、生理学的研究发现了大脑功能定位，到心理活动的脑物质变化的生化研究，再到脑电波、脑成像技术的应用，历经一百多年，但其迅速发展来源于近几十年人们对认知神经科学的不断探究。

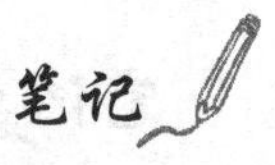

生理心理学研究的主要问题有：①解决机体对信息的获得、传递的处理加工过程；②记忆信息怎样进行编码、储存和提取；③运动器官怎样对环境刺激作出反应；④言语与思维的生理机制、情绪的生理基础以及人和高等动物基本行为的生理基础或神经机制，如随意运动、摄食与饮水、性行为、睡眠与觉醒等生理过程的脑区及脑内物质分子如神经递质、蛋白质等的关系；⑤脑功能的定位，即不同的心理活动与功能是由哪些脑区域来完成的，以及他们之间的关系怎样；⑥遗传在行为中的作用。

二、生理心理学的任务

生理心理学是研究心理现象的生理机制的科学，即研究外界事物作用于脑而产生心理现象的物质过程的科学。研究生理心理学的根本目的就是为了研究心理行为活动的生理学机制，从而理解人类自身的内在的心理与外在行为的发生、发展及其作用机制，并最终应用研究所得到的科学结果去改善人类的生活。

首先，要清楚行为的结构和功能，或者区分不同行为的本质差异和联系及其生命意义，即研究并描述不同的行为类型（patterns）。这些特定的行为类型被称为模式，也就是科学研究中的行为类型。其次，通过生物学技术与行为学整合的研究方法，探索特定行为的脑结构、系统、器官、细胞以及分子活动规律，深刻地了解特定行为的生物学机制。最后，在实践中利用上述不同层次的科学发现，探索人类的各种行为缺陷。

例如在感知觉方面，生理心理学要解决的问题是有机体如何获得信息，信息如何影响有机体的行为，外界刺激怎样由感觉器官传入神经中枢，神经中枢怎样对这些刺激信息进行处理加工，运动器官怎样对环境刺激作出反应；在记忆方面，生理心理学研究的主要问题是记忆信息怎样进行编码、储存和提取，记忆的形成与巩固同脑内物质分子如神经递质、蛋白质等存在着怎样的关系。生理心理学还研究言语与思维的生理机制、情绪的生理基础以及人和高等动物的基本行为的生理基础或神经机制，如随意运动、摄食与饮水、性行为、睡眠与觉醒等。生理心理学的研究内容是心理活动的生理机制，因此，研究并揭示心理现象产生过程中有机体的生理活动过程、特别是中枢神经系统和它的高级部位大脑的活动方式，是生理心理学的主要任务。

三、生理心理学的研究方法

生理心理学有许多经典及流行的研究方法，可以从分子细胞水平、结构功能水平以及整体系统水平三个不同层次进行介绍。基于细胞分子水平的研究方法有：单细胞电活动记录方法、基因组学方法、神经元定位方法、受体定位方法、表观遗传学方法等；基于结构功能水平的研究方法有：脑损毁法、功能性磁共振、正电子发射体层摄影、脑电图、事件相关电位、脑磁图、经颅磁刺激等；基于整体系统水平的研究方法有：行为学建模方法、家系研究、双生子研究、寄养子研究等。这些研究方法的具体介绍详见第二章。

四、生理心理学的学科性质

随着心理科学、生物学、神经科学和新技术的发展，生理心理学超越了传统生理心理学的视野和方法，越来越明显地表现出自身多学科交叉的发展特点和趋势。科学家们延伸了这个领域，给这个领域起了很多名称，如生物心理学（biopsychology）、行为神经科学（behavioral neuroscience）、行为脑科学（behavioral and brain sciences）等，这些名称也都反映出揭示行为的脑机制的基本目标。

揭示心理活动的脑机制需要综合运用多学科的知识，比如神经药理学、神经解剖学、神经生理学、分子神经生理学等学科的知识和方法。尤其是这些学科近年来形成的神经科学，

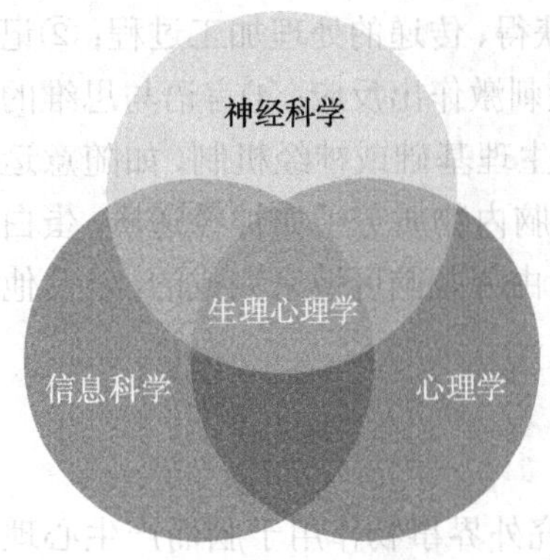

图 1-2　生理心理学与心理学、神经科学和信息学的关系

综合了研究神经系统各领域的学科，如神经解剖学、神经生理学、神经药理学、神经病理学、临床神经病学、精神病学、分子神经生物学、细胞神经生理学、生物医学成像技术等。传统观点认为生理心理学是心理学与生理学之间的边缘学科，而现代观点则认为它是心理学、神经科学和信息学之间的边缘学科。生理心理学必须在三者中吸收新理论与新技术，才能在心理活动脑机制的研究中有所发展（图 1-2）。

生理心理学本身是一个交叉性和综合性的学科，研究的对象有人类和非人被试；研究方法可能是实验研究，也可能是非实验研究；研究性质既有基础性研究也有应用性研究。它与生理学、神经解剖学、生物化学、神经心理学以及行为遗传学等都有密切的联系。生理心理学综合各邻近学科的研究成果来探索心理现象以及心理活动赖以产生的脑的组织和工作的奥秘。生理心理学研究脑的各部分结构的功能，结合现代生物科学技术，从比较、演化、个体发育的观点出发研究脑与行为的关系，了解脑的各个部分是如何参与脑的整体工作的。

生理心理学也关注一些比较实际的问题，比如抑郁症、恐怖症、身心疾病、精神分裂症等人类异常行为的脑机制等。

五、学习生理心理学的意义

生理心理学的发展促进了将行为水平的研究方法渗透到神经生物学微观领域，同时将神经生物学研究方法渗透到心理学领域。从多学科、多角度、多层次对心理行为现象展开研究。生理心理学的研究成果对人工智能、机器人学的理论发展提供重要的理论依据，对于医学、教学、运动科学、文化艺术等具有基础性理论意义。

第一，生理心理学为科学心理学的建立作出了重要贡献，它在解释心理的实质方面有着不可替代的作用。随着新的研究成果不断涌现，这门学科对心理科学的发展必将继续产生重要影响。

第二，人类的科学事业正在面临着物质的本质、宇宙的起源、生命的本质和智力的产生四大问题的挑战，智力是如何由物质产生的是最后的问题，也是最难的问题，需要生理心理学的解释。学习生理心理学对认识论和哲学理论发展有重要意义。

第三，生理心理学的研究成果能够为高新技术的发展提供良好的思路。例如对智能计算机、机器人学的理论发展提供重大的理论启发。

第四，研究生理心理学的巨大动力和这门学科的生命力，在于它对人类自身的心理活动寻根究底。

第五，生理心理学能够为许多实践领域服务，对于教学、教育、运动科学、文化艺术及社会福利、环保事业具有基础性理论意义。尤其是为人类的医疗卫生事业服务，提高身心健康水平，增进人类身心健康。

第三节　生理心理学研究的理论假说

生理心理学研究的理论假说主要是脑结构和功能关系的假说。比如脑是怎样使我们产生了心理活动的？意识是脑的必然功能还是纯属偶然？大脑活动为什么会产生意识？本节将主要介绍关于脑结构和功能关系的四大假说。

一、定位学说与整体学说的统一

（一）定位学说

脑功能的定位学说（localization theory）开始于加尔（Gall）和斯伯茨海姆（Spurzheim）的颅相学说（phrenological theory）（图 1-3）。

德国解剖学家弗朗兹·约瑟夫·加尔于 1796 年提出了颅相学，他认为人的心理与特质能够根据头颅形状确定。加尔及其同事乔安·克里斯托弗·斯伯茨海姆，一起检查了几百位患者、朋友、犯人、精神病院患者和其他一些人的头，并给头部画了一张有 27 个区域的颅骨图（后来被斯伯茨海姆扩大为 37 个区域），每个区域都代表一个支撑它的器官或者皮质层，某种特别的功能就位于这些部位（图 1-3），在那些有某种特征很突出的人当中，这些部位的功能就会提高。加尔和斯伯茨海姆认定了好色区（就在脑勺下方）、仁慈区（前额上方正中间）、好斗区（每只耳朵后面）、威严区（头顶前方）、愉快区（前额中间靠两边的地方）等等。加尔在 1810—1819 年出版了一系列著作用以描述他的发现。斯伯茨海姆参与了前两卷的写作。

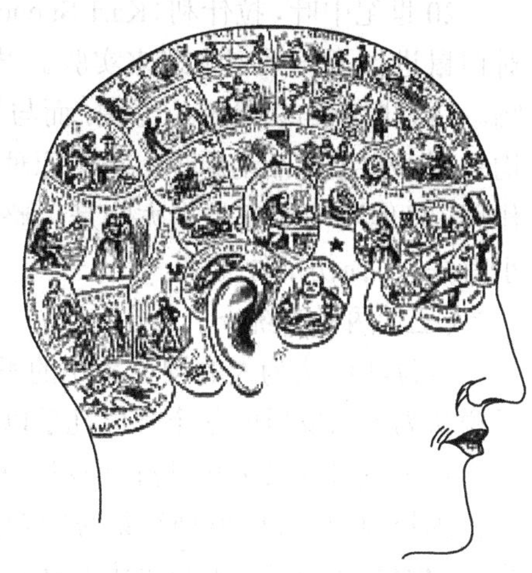

图 1-3 颅相学示意图（1883 年）

颅相学从一开始就遭遇到了科学界的坚决反对，而且这些反对也不无道理。加尔虽然收集并提供了大量证据，但都是为了符合他的理论而选取的一些证据；他应该随机抽取样品，并显示这些包块与所谈及特征的过度发育之间存在一种联系，而与正常或者其特征不那么过度发育的人头上的包块不存在这种互动关系。另一个原因是，当一个有颅骨突出现象的人没有所预测特征时，加尔就用其他使该问题出现偏差的大脑部件的“平衡动作”这个术语来辩解。由于加尔能应用“平和动作”来证明他所选择的一切功能，因此大部分科学家都认为他的这些证明是毫无价值的。1843 年，弗朗西斯·马戎第（François Magendie）将颅相学称作“当代的伪科学”（a pseudoscience of the present day）。但不可否认的是，颅相学影响了 19 世纪精神病学与现代神经科学的发展，并且推动了脑结构与功能定位研究。

1811 年，贝尔（Bell）根据高等动物和人的脑形态与功能的不同，将其分为大脑、小脑，这一发现成为脑功能定位理论的开端。真正的定位学说是开始于对失语症人的临床研究。1825 年，波伊劳德（Bouilland）首先提出语言定位于大脑左半球的额叶。1836 年，达克斯（Dax）就描述过 40 名额叶受伤而导致语言障碍的患者。1861 年，布罗卡（Broca）发现了位于额叶的“言语运动中枢”。1874 年威尔尼克（Wernicke）发现了语言感觉区，大大发展了脑功能定位理论。

20 世纪 40—50 年代，定位学说得到了进一步发展。研究发现，记忆可能定位在颞叶和海马，杏仁核也与记忆有关，下丘脑与进食和饮水有关，这些发现都支持了脑功能的定位学说。

（二）整体学说

在定位学说风行的时候，有学者提出了脑功能的整体学说（wholistic theory）。19 世纪中叶，弗罗伦斯（Flourens）采用局部毁损实验方法，切除动物一部分皮质导致行为损伤，结果发现经过一段时间，动物能康复到接近正常的情况。动物行为损伤的程度与切除大脑皮质的大小有关，而与特定的部位无关。但是他的实验所用动物是鸡和鸽子等，都是没有新皮质的，不能和人类相比。实验采用局部毁损法发现动物可以恢复功能，从而提出脑功能的整体学说。拉什利的脑毁损实验发现脑损伤后对习惯的形成造成很大的障碍，并且这种

笔记

障碍与损伤的面积有密切的关系，提出了均势原理和总体活动。大脑皮质的各个部分几乎以均等的程度对学习发生作用，并且大脑以总体发生作用。

20 世纪中叶，拉什利（Karl Spencer Lashley）的研究支持了整体学说。他用脑损伤技术对白鼠进行了一系列走迷宫实验。结果发现，切除部分大脑皮质，动物的习惯形成受到影响。这种影响与切除部位无关，而与切除面积有关。由此，他提出了两条重要的活动原理：均势原理和总体活动原理。均势原理是指大脑皮质的各部位几乎以均等的程度对学习发生作用；总体活动原理是指大脑是以整体发生作用的，学习活动的效率与大脑损伤的面积大小有关，与损伤部位无关。

（三）两者的统一

定位学说认为人的神经系统的不同部位各有其功能，并排列在不同的等级上。而整体学说认为大脑皮质的各个部位几乎以均等的程度对学习发生作用。

19 世纪末到 20 世纪初，谢灵顿和巴甫洛夫，几乎同时建立了生理学实验分析法，以反射论为指导，研究中枢神经系统的功能。巴甫洛夫认为条件反射必须在大脑皮质参与下形成，即“暂时联系”是大脑皮质的功能。但在此以后的大量研究表明，没有大脑皮质的动物，甚至在无脊椎动物海兔也能够建立条件反射。因此，在这一方面可以认识到，“暂时联系”是神经元的普遍特征，但它们有相对的“专门化”（specialization）。例如，简单的运动性条件反射中枢在小脑，简单空间辨别学习的中枢在海马，复杂的空间关系学习需要下颞叶或颞顶枕联合皮质的参与。因此，“暂时联系”的形成作为神经系统的普遍功能是符合等势原理的。但是，学习类型的繁简不一，因此参与的神经网络就不能一样，这一点又符合功能定位学说。所以，在学习过程中，等势原理、总体活动原理与功能定位同时存在于大脑皮质中。

二、功能系统学说

功能系统学说由巴甫洛夫学派生理学家阿诺欣首先提出。脑内包括一些相对独立而又紧密联系的功能系统，在这些功能系统之间存在复杂的联系通路；脑的复杂活动是通过脑内功能系统来实现的，这些功能系统既有分工又有整合。苏联科学家鲁利亚（Luria）认为，脑是一个动态的结构，是一个复杂的动态功能系统。鲁利亚对大量的脑损伤患者进行过临床观察和康复训练，观察到脑的一定部位的损伤会引起一定的心理功能的障碍；但脑的一种功能并不仅仅和某一部位相联系，脑的各个部位之间还有紧密的联系。鲁利亚根据研究事实，把脑分成三个相对独立，但又相互联系的功能系统。

（一）第一功能系统

第一功能系统即调节激活和维持觉醒状态的激活系统，也叫动力系统。由网状结构和边缘系统组成。它的基本功能是保持大脑皮质的一般觉醒状态，提高它的兴奋性和感受性，并实现对行为的自我调节。第一功能系统并不对某个特定的信息进行加工。这个系统受损，大脑的激活水平或兴奋水平将普遍下降，进而影响对外界信息的加工和对行为的调节。

（二）第二功能系统

第二功能系统即信息接受、加工和储存的系统。它位于大脑皮质的后部，包括皮质的枕叶、颞叶和顶叶以及相应的皮质下组织。基本作用是接受来自机体内外的各种刺激（包括听觉、视觉以及一般躯体感觉），然后对它们进行加工、储存并把它们保存下来。第二功能系统由许多脑区构成。每个脑区又分为一级区、二级区、三级区等不同级别。

一级区是刺激的直接投射区，它具有高度特异化的功能。如 Brodmann17 区是视觉的直接投射区，41、42 区是听觉的直接投射区，3、1、2 区是躯体感觉的直接投射区，他们都是不同感觉的一级皮质、一级区具有高度专门化的功能，负责对刺激的特性作出分析。一级区受损，机体将丧失视、听觉或躯体感觉。二级区是对信息进行综合的脑区，位于一级区的

笔记 

附近，对一级的信息进行综合。二级区受损，机体仍可保留初级的感觉能力，但是将产生各种形式的失认症。如 18、19 区就是视觉二级区，它对一级区加工过的视觉信息进行综合，反映刺激物的整体特性，三级区常常负责对来自集中通道信息进行进一步的加工分析。

三级区位于枕叶、颞叶和顶叶的交界处，其作用是对信息进行空间和时间的整合，反映事物之间的关系。三级区受损，机体将丧失各种同时性的空间整合的能力。例如，由于枕叶损伤引起的阅读功能障碍，可以借助对字母的触摸和描绘而恢复起来。

（三）第三功能系统

第三功能系统，即行为调节系统，是编制行为的程序、调节和控制行为的系统。它主要包括额叶的脑区。其中一级运动区，它主要包括额叶的脑区。一级运动区，在中央前回，是运动的直接投射区。由大脑发出的各种动作指令，通过这个区域直接调节身体各部位对动作发生反应。二级区位于运动区的前面，称运动前区。其主要作用是实现对运动的组织，制定运动的程序。三级区位于额叶面，主要作用是产生活动的意图，形成行为的程序，实现对复杂行为形式的调节和控制。当这些脑区受到破坏时，患者将由于不同脑区的受损而产生不同形式的行为障碍。

神经心理学研究证明，前额皮质受到损伤的患者将丧失计划与组织行动的能力，不能够将行为的结果与原有计划、目的进行对照，也不能矫正自己的行为。进一步研究表明，额叶与工作记忆、情绪加工、社会认知等高级神经功能有关。鲁利亚指出，用开环的反射弧的模式，将心理功能都定位在一定的脑区，用纯传入的感觉完成感知觉和纯传出实现运动的时代已经过去。现代的概念应该是以复杂的自身调节系统或者“反射环路”的模式（每个环节都包括传入、传出成分）。他认为，人的行为和心理活动是三个功能系统相互作用、协同活动的结果，其中每个功能系统又起各自不同的作用。

鲁利亚认为，三个功能系统相互作用、协调活动，既分工又合作，保证了各种心理活动和行为活动的完成。人的行为和心理活动是这三个功能系统协同活动的结果。脑的三个功能系统的学说对了解脑的整体功能有重要意义。他的研究，特别是关于心理功能定位的研究，丰富和发展了脑功能的学说。

三、模块学说

模块学说（module theory）是 20 世纪 80 年代中期在认知科学和认知神经科学中出现的一种重要学说（Fodor，1983）。这种学说认为，人脑在结构和功能上是由高度专门化并相对独立的模块（module）组成。这些模块复杂而巧妙地结合，是实现复杂而精细的认知功能的基础（沈政，1997）。例如，在视觉研究领域发现，猴的视觉与 31 个脑区有关。颜色、运动和形状知觉是两个大的功能模块，它们之间精细分工和合作。并且在解剖学上这些模块分别定位在脑的不同部位，是视觉的神经基础。视觉皮质是大脑中最大、功能最强的部分，由 40 块不同的、具有特殊功能的模块组成。相比之下，大脑中的听觉处理中心只有 20 个模块。最近的一些心理学家甚至发现，不同类别的词汇或概念可以分属于不同的功能模块或解剖模块，有研究证明，脑颞叶的某些脑区损害，可导致有关工具的词汇或动词的识别障碍，这提示不同词性的词汇或不同功用的词汇可能属于不同的模块。

当代的认知神经心理学家正试图沿着这一方向发现更多的功能分离的证据，为解开脑的秘密作出更多的贡献。

四、神经网络学说

神经网络学说（neural network theory）是在神经科学和认知神经科学的快速发展的过程中诞生的。人们逐渐认识到人类的心理现象，特别是高级复杂的认知活动，如记忆、语言、

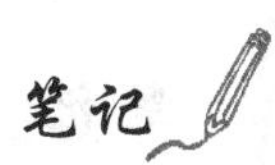

面孔识别等，都是由不同脑区协同活动构成的神经网络实现的，而这些脑区可以经过不同神经网络参与不同的认知活动，并且在这些认知活动中发挥着各自不同的作用。这些脑区组成的动态的神经网络构建了人类各种复杂认知活动的神经物质基础。最早采用神经网络观点来描述人类语言产生的神经科学家是格奇温德（Norman Geschwind）。他认为，人们阅读的时候，词汇的视觉信息会在视觉区得到登记，然后经过角回转化为听觉代码，再由威尔尼克区接受并理解这些信息，之后再传送到布洛卡区，由布洛卡区控制运动皮质，最后读出词汇。

在神经成像分析技术不断发展的今天，学者们在精确分析不同脑区的特定功能的同时，还能有效地分析出不同脑区之间的功能联结，脑区之间的功能相互影响，脑功能与脑结构之间的关系等，不断展示出不同神经网络在特定认知活动中所发挥的重要作用。

第四节　生理心理学相关学科

生理心理学是研究心理现象的生理机制，即研究外界事物作用于脑而产生心理现象的物质过程的科学，因此它与许多学科具有相关性，其中与心理生理学、神经心理学、认知神经科学等具有很大的相关性。

一、心理生理学

心理生理学（psychophysiology）是介于心理学和生理学之间的一门学科，研究心理-社会因素如何引起生理变化等一系列问题。1960 年美国心理学家戴维斯（Davis）等发起成立心理生理研究会（The Society for Psychophysiological Research，简称 SPR），标志着这门学科的独立。心理生理学研究中人们感兴趣的基本问题是，各种情绪（喜、怒、哀、乐、忧、惧等）的生理反应是什么，有什么差异？生理心理学与心理生理学的研究对象基本相同，即都是探讨心脑关系的，但是它们在研究方向和方法等方面存在差别。生理心理学研究范围比较广，侧重研究生理过程对心理行为的影响。而心理生理学研究范围比较窄，侧重于研究心理活动对生理活动的影响；生理心理学是以生理变量为自变量，以行为或心理变化为因变量进行研究。心理生理学则是采用人为的方法使人产生某种心理或情绪的活动，然后观察其生理变化，推测或假设某些中间的过程；心理生理学研究的主要内容是心理因素对自主神经系统（也称植物性神经系统）功能的影响，如受自主神经系统控制的一些器官的生理变化——心脏搏动的节律、皮肤的汗腺活动、呼吸周期、血管和胃的收缩等。其研究方法主要是测量法、描记法、实验法和观察法。研究心理生理学常用的主要仪器是多道生理描记器。运用这种仪器，研究者可以同时记录心理因素引起的一系列生理变化的指标，如心电、脑电、皮电、肌电、血压、血容量、心率、呼吸率。在实验对象上，生理心理学多用动物做研究，很少使用人作被试，心理生理学则较多使用人作被试。

心理生理学的一个分支领域——生物反馈的研究证明，借助于对自己意识状态的控制，可以调整自主神经系统所支配的内脏器官的活动。心理生理学的研究成果对医学、生理学、心理学、体育及司法部门都有应用价值。

二、神经心理学

神经心理学（neuropsychology）是心理学的重要分支学科之一，是一门心理学和神经生理学交叉的新兴的边缘学科。它的主要任务是研究人的高级神经系统功能和心理之间的相互关系及其规律，确定心理活动的大脑物质基础，并采用最新的心理学方法为诊断脑的局部性病灶提供根据。神经心理学一词虽然最早是由美国哈佛大学心理学教授波林于

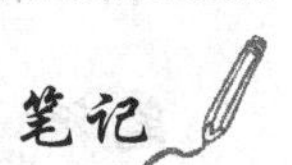

1929 年提出的，但作为一门学科系统地加以论述，应从鲁利亚在 1973 年出版的《神经心理学原理》这本书开始。整个发展则经历了如下阶段，即思想萌芽（公元前 3000 年到 19 世纪），作了一些有关高级心理功能和脑关系的定位和经验论述；19 世纪到 929 年进入了科学发展阶段，通过对动物行为的研究和脑损伤患者的行为研究，阐述了大脑功能与各种行为的关系，并提出了脑和行为的基本理论；1929 年开始了系统的高级心理功能所控制的行为与脑组织结构和纤维通路的关系研究。潘菲尔德（Wilder Graves Penfield）用弱电流直接刺激接受开颅手术患者的大脑皮质各部位，获得了有关皮质感觉、运动更为精确的部位。鲁利亚研究了脑外伤患者的高级心理功能，提出了大脑功能基本联合区的学说。美国神经病学家斯佩里（R.W.Sperry）通过"割裂脑"手术的研究，提出了两半球功能不对称性的学说。近 20 年来发展了速示、双听等技术，可以在无创伤条件下将外界刺激分别进入正常人的左、右大脑半球，使神经心理学获得了长足的发展。斯佩里在 20 世纪 60 年代对患者进行了实验心理学的研究，发现人类大脑左、右两半球在完成各类心理活动时有明确分工，因此获得了诺贝尔奖。

神经心理学的研究目前基本上分为两个方面，即实验神经心理学和临床神经心理学。

神经心理学研究方法有神经心理测验（单个测验与成套测验）、神经心理问卷等，对治疗前后患者的一般智力、知觉 - 运动功能、语言、灵活性、反应速度、技巧和注意力的测验，均有诊断和治疗的价值。

三、认知神经科学

认知神经科学（cognitive neuroscience）诞生于 20 世纪 70 年代后期，是一门由认知科学和神经科学交叉而产生的新兴学科，融合了心理学、认知科学、计算机科学和神经科学等领域的研究，从基因 - 脑 - 行为 - 认知的角度来阐明认知活动的脑机制。目前认知神经科学有宏观和微观两个研究层次：宏观方面，包括对脑损伤患者进行神经心理学临床研究和对正常人进行脑功能成像研究；微观方面，采用分子生物学的方法，对不同功能进化水平的动物进行分子、细胞、神经环路等多层次的神经生物学研究。当前认知神经科学在宏观和微观领域都取得了突破性进展，深刻影响了传统心理学的研究范式。

认知神经科学的特点是强调多学科、多层次、多水平的交叉。它把行为、认知和脑机制三者有机结合起来，试图从分子、突触、神经元等微观水平上和系统、全脑、行为等宏观水平上全面阐述人和动物在感知客体、形成表象、使用语言、记忆信息、推理决策时的信息加工过程及其神经机制。传统的研究手段有认知行为实验、神经心理学检查、单细胞活动记录、神经结构解剖等。近十年来认知神经科学的一个重要发展就是利用神经影像技术，对正常人在进行某种认知操作时的脑活动模式进行无创伤性的功能成像。例如，研究者可以要求正常实验对象躺在医院的磁共振扫描仪中，从事上述认知任务。

四、其他相关学科

（一）计算神经科学

计算神经科学（computational neuroscience）是使用数学分析和计算机模拟的方法在不同水平上对神经系统进行模拟和研究。即从神经元的真实生物物理模型，它们的动态交互关系以及神经网络的学习，到脑的组织和神经类型计算的量化理论等，从计算角度理解脑，研究非程序的、适应性的、大脑风格的信息处理的本质和能力，探索新型的信息处理机制和途径，从而创造脑。它的发展将对智能科学、信息科学、认知科学、神经科学等产生重要影响。

笔记

(二)纳米神经生物学

纳米神经生物学(nanoneurobiology),即在纳米级微观水平上研究蛋白质变构的动力过程或膜动力过程与心理活动的关系及其干预手段。尽管当前纳米科学技术取得的主要进展体现在纳米材料学、纳米微刻技术等领域。但一些超微型机器人或神经器件的研究正在酝酿之中。这一学科在未来可能会有很大的作为。

(杨艳杰)

思考题

1. 简述生理心理学的概念、学科性质以及研究对象。
2. 试述鲁利亚脑的三个功能系统学说。
3. 试述生理心理学的主要任务。

笔记

第二章　生理心理学的研究方法

学习目标

掌握：

1. 神经元定位的基本方法。
2. 功能磁共振基本原理及其心理学应用。
3. 事件相关电位主要成分的意义。

熟悉：

1. 经颅磁刺激的基本作用模式。
2. 行为建模的基本方法。

了解：

1. 细胞分子水平的主要研究方法。
2. 基因组学，表观遗传学的心理学应用。

本章将从分子细胞水平、结构功能水平以及整体系统水平三个层次来介绍生理心理学经典以及流行的研究方法。重点阐述生理心理学主要研究方法或技术的基本原理，以把握神经元或神经组织的基本结构，在功能上是如何参与到诸如情绪、记忆等基本认知活动中的。在掌握基本传统知识的同时，了解科学前沿动态，深入思考脑与心理活动的关系。

第一节　细胞分子水平研究方法

一、单细胞电活动记录方法

（一）概述

单细胞电活动记录（single-cell recording）是记录实验动物的单个神经元活动的重要方法，是用单细胞放电特征来解释心理现象的技术。

研究者试图建立细胞活动与特定刺激模式或行为之间的相关来确定单个神经元的反应特性。该技术首先由霍奇金·哈斯利（Hodgkin Huxley）于20世纪30年代使用，后来被广泛运用于非人类物种的几乎所有脑区的研究中，成为从感觉、运动神经元的研究到探索高级脑区的功能的重要且关键的方法。

（二）基本原理及方法

单细胞电活动记录的基本思路是：将一个微电极插入动物特定脑区的单个神经细胞内，记录单个细胞的放电特征。虽然此法对脑组织有损伤，但损伤较轻，对脑组织尤其对脑功能不具有破坏性。记录动物在进行相关心理实验过程中与该任务相关的神经细胞放电情

笔记

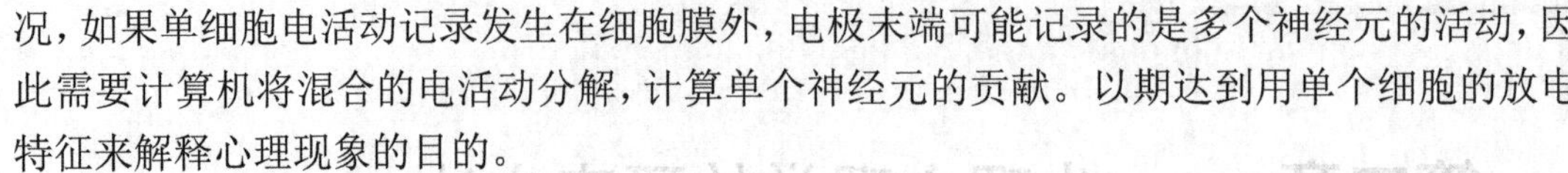

况，如果单细胞电活动记录发生在细胞膜外，电极末端可能记录的是多个神经元的活动，因此需要计算机将混合的电活动分解，计算单个神经元的贡献。以期达到用单个细胞的放电特征来解释心理现象的目的。

（三）心理学应用

单细胞记录技术广泛用于生理心理实验中，许多重要的发现均得益于此项技术。在经典的视网膜神经节细胞感受野的侧抑制机制研究中就是通过该技术发现的。该研究发现呈同心圆式的视网膜神经节感受野细胞——“开中心细胞”和“闭中心细胞”。在进行面孔识别任务研究时，有研究记录猴脑的颞下回皮质的神经元放电情况，发现面孔神经元对面孔有着强烈的反应而对非面孔物体表现出微弱的反应或不反应；且面孔神经元对面孔的位置、大小和朝向具有固定的反应。又如，阿列克撒·里尔（AlexaRiehle）等记录了猴在预备和执行某一个动作时其皮质初级运动神经元的局部场电位变化，证实了大脑局部区域的同步性。杰妮芙·摩兰（Jennifer Moran）和罗伯特·德西蒙（Robert Desimone）训练动物内隐注意视野中一个刺激并同时忽略其他刺激，他们记录了纹状体视觉 V4 区通路的单细胞反应，发现空间选择性注意影响了 V4 区神经元放电频率。

当单细胞记录方法被引入心理学领域中，很多人乐观地认为脑功能的秘密从此将被揭开，但人们很快就意识到，对于一群神经元来说，单个细胞的行为是这群神经元相互调节之下决定的，并不是这个细胞自行决定的。因此，人们在延续单细胞记录方法的同时，也在努力研究确定一组神经元放电模式的特点，这有可能比逐个确定单个神经元的反应特性能更好地去揭示一个脑区的功能。

二、基因组学方法

（一）概述

基因组学（genomics）出现于 20 世纪 80 年代，随着 90 年代的基因组计划的启动，基因组学取得了长足发展。利用 DNA 序列和人类、鼠的基因图谱的知识，科学家目前可以定量地平行测量基因表达，观察基因表达如何随着时间或者环境因素发生改变。随着基因组 DNA 测序的完成，基因组研究任务重心从以全基因组测序为目标的结构基因组学（structural genomics）向以基因功能鉴定为目标的功能基因组学（functional genomics）发展。它从基因组信息与外界环境相互作用的高度，阐明基因组功能，掌握基因的产物及其在生命活动中的作用。脑功能基因组学通过在分子水平上揭示大脑的学习、记忆、思维和认知行为的生理机制，从而为治疗各种脑疾病和开发人类潜能提供理论基础。

（二）基本原理及方法

脑功能基因组学研究主要有三大技术支持：基因组学及蛋白组学技术、转基因技术或基因敲除技术和化学遗传方法。

1. 基因组学及蛋白组学技术 研究者可以对整体动物大脑中基因与蛋白的表达活动与脑功能联系起来进行整合性的系统研究，从而揭示在学习记忆、思维等认知行为过程中大脑内基因与蛋白表达图谱的变化。如利用基因芯片技术对整个基因组数万个基因的表达进行同步、系统分析，测定并绘制大脑在正常、衰老或疾病状态下的基因表达图片，发现与脑认知功能、脑衰老、脑疾病相关的基因。

2. 转基因技术和基因敲除技术 通过同源重组将外源基因定点整合到靶细胞基因组上某一位点或者从原有基因序列中敲出某些基因片段，从而实现定点修饰改造染色体上某一基因的技术。

3. 化学遗传学方法 通过天然产生或者人工合成的小分子化合物改变大脑内基因的表达及活性，然后进行功能分析，在生理及行为学层面深入探讨基因的功能。

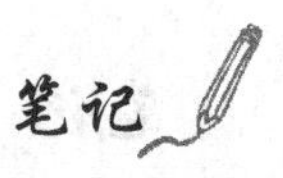

（三）心理学应用

基因组学方法在心理学研究中的运用，首先体现在对心理疾病的探索中。罗宾·谢灵顿(Robin Sherrington)曾提出精神分裂症的病理基因可能位于第5号染色体上，当研究者引进分子遗传技术时，却发现了只能说明一小部分易感性变异的基因。其次，在物质依赖与成瘾方面的研究，迈克尔·鲍曼(Michael Bohman)等探索了酒精对基因表达的影响，观察特定的基因与酒精耐受性和依赖性的关系，发现与酗酒者存在某种关系的特殊基因可能位于第11号染色体上。他们所调查的所有酗酒者中，有2/3的人携带这种基因，而正常人群中只有大约1/5的人拥有该基因。进一步研究发现，其他物质的成瘾也与该基因有关。再次，在对学习记忆的研究方面，我国科学家钱卓构建了第1个海马敲除小鼠模型，并发现NMDA受体在大脑中敲除会导致小鼠学习记忆能力衰退。最后，利用基因芯片技术对小鼠的大脑皮质、海马内上万个基因的表达进行了一系列的同步测量，结合分子细胞生物学、高通量筛选等技术，发现影响大脑疾病，学习记忆的分子机制，为开发治疗大脑疾病的新型药物提供理论依据。目前取得的这些成果说明，脑功能基因组学已经将先进的技术带入生理心理学的研究，为生理心理研究注入新的活力。

三、神经元定位方法

（一）概述

神经元定位属于细胞水平的神经解剖学方法。如果仅采用大体解剖的方法难以了解脑组织的精细结构，以及神经系统中各部分的联系，更难深入揭示复杂心理现象的神经生物本质。

（二）基本原理及方法

我们从显微解剖与组织学的角度，介绍神经元定位的两种基础而重要的方法。

1. 神经细胞染色法 意大利生理学家卡米罗·高尔基(CamilloGolgi)于1873年首创向神经元注入硝酸银的染色法，即著名的“高尔基染色法”；通过该法能够清晰地辨认神经细胞及其突起，发现脑和脊髓的细微结构。此后，染色技术日趋成熟，如当前常用的苏木素VG染色法，神经细胞尼氏(Nissl)染色，Marsland、Glees神经纤维染色法，Loyez氏神经髓鞘染色法。此外，还发明了荧光染色法，用荧光物质注射到神经元中，在细胞内扩散，或者将荧光分子与抗体或其他神经元相关的分子结合，并通过紫外线来观察组织。

2. 神经束路追踪技术该技术 使得研究者能观察到神经元之间的联系。其中一种重要的方法为变性法，该方法可以用于追踪由于疾病或脑损伤而变性的轴突。运用Marchi染色还可以选择性地对变性轴突的髓鞘进行染色，当细胞死亡或者轴突从细胞体上切断时会出现这种选择性染色现象。辣根过氧化物酶(horseradishperoxidase，HRP)是多年来一直沿用的经典方法。HRP是一种逆行性示踪剂，将其注射到轴突末端，会被轴突吸收并沿着轴突逆行扩散至整个胞体，之后将动物处死取脑，对脑的组织切片进行染色即可进行组织定位。此外还有顺行性示踪剂，如果将逆行和顺行示踪剂结合使用，研究者就可以建立神经系统环路的联系图谱。还有一种广为应用的方法是用放射性同位素标记的材料作为示踪剂，例如含有放射性元素葡萄糖，通过放射自显影技术可以显示出染色的效果。

（三）心理学应用

目前神经生物学、生理心理学等学科使用的脑细胞结构图谱是布鲁德曼(Brodmann)图谱，采用Nissl染色法系统地将皮质表面各个部分的样本进行染色，从而获得皮质上不同区域细胞结构上的差异图。随后依据细胞形态、密度以及分层上的差异，将皮质进行了分区，并设计了现今仍在广泛应用关于认知神经科学领域的编号系统。在动物视网膜神经节细胞的研究过程中，研究者通过对动物视网膜上的神经节细胞进行注射染色，观察树突、轴突以

笔记

及突触形成区域。在动物神经系统发育过程中，通过核苷酸标记可以确定动物出生前特定发育期内的神经元去向。

四、受体定位方法

（一）概述

神经递质和神经调制物在神经元之间发挥传递信息的作用。在它们所作用的细胞存在能够与相应的神经递质或神经调制物特异结合的蛋白质。这类蛋白质发挥受体，功能当与配体（指能与受体特异结合的物质的总称，包括有关的神经递质、神经活性物质和常用的受体拮抗剂及其激动剂）结合后，将引起神经元内传递信息。通过对神经元受体的定位不仅可以用于了解药物的作用机制，而且对阐明脑的化学构造和功能以及神经的病理性变化具有重大意义。

（二）基本原理及方法

研究受体在神经系统内的定位和分布的方法主要有三类：配体标记法、免疫组织化学染色法和原位杂交法。第一，配体标记法。斯科特·杨（Scott Young）和迈克尔·卡拉（Michael Kuhar）于 1979 年创建了放射自显影技术检测受体。即利用放射性核素发射的射线，使感光材料中的卤化银等感光，经过显影即可根据放射性标记物所处部位实现受体的定位和定量。该方法主要在组织切片上进行，利用标记的配体和受体结合以显示受体所在部位。第二，免疫组织化学染色法。先制备针对某种受体或其亚型的特异性抗体，用免疫细胞（组织）化学或免疫荧光组织化学染色方法，即可准确显示和定位受体及其亚型所在的部位。第三，原位杂交法。该方法是通过应用已知受体基因的碱基序列，合成与之互补的并带有标记物的探针，使探针与切片上神经元中待测的 mRNA 进行特异性结合，形成杂交体，然后再应用与标记物相应的检测系统，在核酸的原有位置对受体的 mRNA 进行定位的方法。这一技术为从分子水平研究神经元内基因表达及其调控提供了有效的工具。

（三）心理学应用

脑受体定位技术为揭示中枢神经系统在生命过程中的奥秘提供了非常重要的手段。针对抑郁症发病机制假说之一的“5- 羟色胺水平低下的假说”，有人通过受体定位技术发现，抑郁症患者的 5- 羟色胺受体少于正常个体，这种低水平 5- 羟色胺受体可能反映了人群的遗传差异。阿夫沙洛姆·卡斯皮（AvshalomCaspi）等从单胺氧化酶水平及其受体水平，发现儿童遭受虐待和伤害后犯罪的危险性增大，但如果对虐待或伤害有良好适应的儿童，单胺氧化酶浓度水平较高。此外，脑受体定位技术还广泛用于物质依赖研究。用配体标记法对吗啡依赖和戒断大鼠的脑组织阿片受体进行定位和定量，发现吗啡依赖过程中阿片受体显著下降，通过纳洛酮戒断，阿片受体又逐渐回升但仍显著低于正常水平，提示阿片受体可能是阿片类依赖于戒断的关键。脑受体定位技术在近 20 年的科研工作中运用并取得了许多重要进展。随着工程学、生物学、计算机技术等相关学科的发展，脑受体定位技术在临床和实验神经病学、生理心理学、人类智能研究等领域的地位将是举足轻重的。

五、表观遗传学方法

（一）概述

表观遗传学（epigenetics）是遗传学中出现的一个前沿领域。这一概念早在 1942 年由沃丁顿（C.H. Waddington）首次提出，并指出该方法主要研究基因型和表现型之间的关系。它是研究基因型不发生改变的情况下基因表达可发生遗传改变的学科。从传统的遗传学的角度来看，同卵双生子具有完全相同的基因型，所以如果这两个双生子在同样的环境下成长，

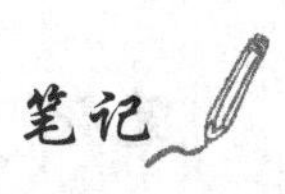

从逻辑上说，两人的气质和体质应该非常类似，但是，一些双生子长大成人后往往在性格、健康和疾病易感性等诸多方面有着很大差异，显然，这不符合经典遗传学理论的预期，但这说明在相应的基因碱基序列没有发生变化的情况下，一些生物的表现型发生了变化。因此，表观遗传学为生物遗传研究以及生理心理学研究提供了新的思路。

（二）基本原理及方法

现代科学认为，表观遗传方式的遗传是指单细胞或多细胞把遗传信息传递给子代的过程，这种传递不伴有编码蛋白质基因的核苷酸序列改变。近年来，表观遗传学已成为基因表达调控的研究热点之一。其研究内容包括 DNA 甲基化表观遗传学（DNA methylation based epigenetics）、染色质表观遗传学（chromatin based epigenetics）、表观遗传基因表达调控（epigenetic gene regulation）、表观遗传学变异（epigenetic variation）、表观遗传基因沉默（epigenetic gene silencing）、DNA 甲基化在发育中的作用、表观遗传在进化中的作用（evolutionary role of epigenetics）等方面。广义上，DNA 甲基化、基因沉默、基因组印记、RNA 剪接、RNA 编辑、RNA 干扰（RNA interference，RNAi）、染色质重塑、组蛋白乙酰化、蛋白质剪接和蛋白质翻译后修饰等均可归为“表观遗传”范畴。尤其 DNA 甲基化、组蛋白乙酰化、RNA 编辑等表观修饰机制被认为在基因激活与失活、个体发育和表型传递过程中的作用更大。于是，表观遗传学成为许多生命学科的研究前沿，成为当今遗传学基因研究的一个热点，具有重要的理论和实际意义。

（三）心理学应用

表观遗传学修饰可能是研究药物成瘾的新视角，DNA 甲基化改变的相对稳定性可能是成瘾记忆长期存在的分子基础。有研究认为表观遗传机制参与了重型抑郁障碍的发生。抑郁症中女性患病率是男性的两倍，作为表观遗传学重要研究内容之一的非对称 X 染色体失活可能是女性多发重型抑郁的潜在原因。雷诺德斯（Renolds）发现，S- 腺苷甲硫氨酸可以产生抗抑郁作用，该物质是 DNA 甲基化时的甲基供体，因此其抗抑郁作用可能与 DNA 甲基化改变有关。有关孤独症研究发现，表观遗传修饰因子 DNA 甲基化转移酶以及甲基化结合蛋白在丙戊酸孤独症大鼠模型的海马脑区表达发生变化，大鼠孕期接触丙戊酸可能引起脑内基因表达谱异常，增加子代大鼠对孤独症的易感性。此外，表观遗传突变、基因组印记还在精神分裂症、双相情感障碍等重型心理疾病也得到了深入的研究。虽然重度心理疾病的表观遗传学研究起步不久，技术尚不成熟，且脑组织样本不易获取，但作为一个颇具有启发性的研究领域，其价值确实值得肯定。

第二节　结构功能水平研究方法

一、脑损毁法

（一）概述

脑损毁技术（brain lesions）是生理心理学最早最成熟的研究行为的技术之一，几个世纪以来，人们一直通过在原部位人工损毁或者自然损毁部分脑组织后以评估动物或人类的行为。该技术始于 19 世纪人类开始认识脑的功能，该时期生理心理学研究的焦点问题在于脑等势学说与脑功能定位说的争论。法国神经病学家皮埃尔·弗洛伦斯（Pierre Flourens）最早采用脑局部切除法损毁鸟类的脑的不同部位，并发现某一脑区的损伤并未造成行为上特定缺陷，支持脑等势学说。直到 1861 年保罗·布罗卡（Paul Broca）报道一则运动性失语症病例，尸检结果发现在左侧额下回部存在损伤，证明了大脑存在言语运动中枢，第一次支持了人类的脑功能定位学说。该研究为 20 世纪神经心理学发展奠定坚实的基础。

笔记

（二）基本原理及方法

常用建构脑毁损模型的方法包括：用真空泵的玻璃管吸出的皮质表面的吸出法；用足够强电流破坏脑组织的电损毁法，但电极处所产生电压的作用范围内都可能造成破坏；以及较新的神经化学损毁法，能够更好地控制损伤范围，甚至能够造成暂时性神经传导中断的可逆损伤。脑毁损的基本逻辑是基于脑的特定部位执行某种特定功能，对应着某种机体行为。如果相应脑区受损后，这部分功能会出现障碍甚至丧失。例如，若破坏某部位脑区后，动物不能执行相关视觉任务，就可能推论出该动物失明，被破坏的这部分脑区在视觉功能中起一定的作用。但这一方法的逻辑简单直接，解释脑毁损的效应需谨慎。例如，我们是如何判定脑毁损导致动物失明？是因为撞到障碍物，还是因为在迷宫中不能趋近提示食物位置的灯光，或者是因为瞳孔不再有聚光反应？如果动物运动协调能力有障碍，也可能撞到障碍物，没有食欲则可能降低在迷宫中的觅食动机，或者它的视力很好，只是瞳孔的光反射消失等等。

（三）心理学应用

目前脑损毁法仍大量运用于寻找和探索脑区功能的任务之中。例如，用在言语的左半球优势或视觉功能依赖于后部皮质区域研究中的应用；通过阻断脑区或者神经环路，研究言语功能中眼动控制和字词识别与理解的功能；用乙酰胆碱拮抗剂影响海马区域突触的动作电位，造成该区域功能暂时受阻，研究暂时性遗忘现象等。但人工脑损毁法仅限于动物实验，其研究结果给人类脑功能研究带来经验基础。而非实验性脑毁损实验可利用当今神经影像学技术，精确定位人体内脑损伤，通过认知心理学精确分析脑损伤后的行为缺陷。

二、功能性磁共振

（一）概述

脑成像的最新进展是功能性磁共振（functional magnetic resonance imaging，fMRI）技术的发展与应用。该技术不仅具有对软组织结构具有高的空间分辨率，而且不需要造影剂就能够快速地、无损伤地获得脑神经元活动的影响。该技术为脑功能研究提供了重要的手段。

（二）基本原理及方法

1990 年，小川诚二（Seiji Ogawa）等人根据脑功能活动区氧合血红蛋白（HbO_2）含量的增加导致磁共振信号增强的原理，得到了关于人脑的功能性磁共振图像，即血氧水平依赖的脑功能成像（blood oxygen level dependent fMRI，BOLD fMRI）。大多数的 fMRI 实验基于这种血氧水平依赖（BOLD）的对比原理。当脱氧血红蛋白与氧合血红蛋白（HbO_2）的比率发生变化时，fMRI 探测器就能够得以检测。当受试者对特定的刺激作出反应，激活相应的脑区，神经元活动导致局部血流量和氧交换量增加，但局部耗氧率（oxygen consumption rate）并没有等量地增加，氧的供应量大于消耗量，其结果导致氧合血红蛋白含量增加，脱氧血红蛋白含量降低，fMRI 图像强度则发生相应变化。

fMRI 技术具有高空间分辨率。现有的 fMRI 的空间分辨率可以达到毫米级，利用 fMRI 技术，可以确定特定的功能区域。可以同时观察多个脑区的活动，探讨各个功能区域之间的相互关系。由于许多高级功能通常需要脑的多个功能区域的协同工作，所以这对于研究脑的高级功能非常有利。但是，正因为 fMRI 依赖于血流测量，而血流的增加晚于神经活动，即先有神经活动的变化再有相应的血流发生变化存在时间差，所以 fMRI 的时间分辨率受到血流动力学因素的影响，无法达到电生理方法（如 EEG、MEG）那样的毫秒级的时间分辨率。

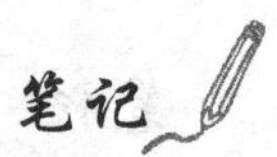

（三）心理学应用

迄今为止，fMRI 已经被运用于各种神经加工过程的研究，研究范围涉及感觉和运动皮质的活动，例如，当个体计划一个使用工具的动作时，更多激活左侧半球的左后颞叶、额下皮质等，表明左侧半球参与到与工具有关的运动计划中。研究还包括注意、语言、学习、记忆等高级认知功能；如，约瑟夫·霍普芬格等（Joseph B. Hopfinger，2000）在线索化实验范式下，对引导注意的空间线索进行反应，用该技术发现注意控制网络激活，如，上额叶、下顶叶、上颞叶和后扣带回；在言语加工方面，杰弗里·宾德（Jeffrey R. Binder）发现大脑一些区域对于真假词或者颠倒语音顺序条件下，它们的激活程度相同，说明其大多数不涉及单词加工的词形和词义加工。威廉姆斯·凯利（Williams Kelley）等学者发现记忆编码时，不同的刺激材料激活额叶的区域不同，如，对词语编码时激活左侧额叶，对于面孔编码则激活右侧额叶，而编码物件时则激活双侧额叶。此外，用 fMRI 研究很多情绪任务时，我们发现杏仁核、眶额叶等与情绪相关脑区会被激活。

fMRI 技术利用其优越的空间定位优势不断地为我们提供宝贵的研究数据，但其本身也在不断发展之中，如，将 fMRI 与电生理方法（如 EEG 或 MEG）结合起来，从而获得高时间分辨率和空间分辨率。

知识链接 2-1

弥散张量成像

弥散张量成像（diffusion tensor imaging，DTI）是磁共振成像（MRI）的特殊形式，用于描述大脑结构的新技术，DTI 反映了大脑白质纤维束（如内囊、胼胝体等结构）中水分子弥散的各向异性的特点。造成水在脑中弥散各向异性的原因在于轴突的髓鞘细胞膜限制了水的弥散。常规的磁共振成像如 T_2 加权像、磁化传递成像虽然可以显示大脑白质和灰质之间的差别，但不能提供大脑白质纤维具体的解剖信息。但 DTI 可以显示相邻体素之间白质纤维是如何连接的。随着计算机软件的不断开发和利用，人们利用 DTI 所获得的数据进行大脑白质纤维成像，即弥散张量纤维束成像（diffusion tensor tractography，DTT），是 DTI 技术的进一步发展，可以辨认大脑内的特殊纤维通道及其相互之间的连接。在弥散各项异性上，表现出来的功能差异成为最新研究对象。例如，有研究显示颞顶区白质各项异性的程度与阅读障碍个体的阅读成绩相关，可能反映了大脑感觉和言语加工区域的信息传递强度的差异。

资料来源：Y Assaf et al. Journal of Molecular Neuroscience，2008，34：51-61

三、正电子发射体层摄影

（一）概述

正电子发射体层摄影（positron emission tomography，PET）是 20 世纪 70 年代发展起来的核医学成像技术。它通过获得正电子标记药物在人体中的三维密度分布的信息，以及该分布随时间变化的信息，实现功能成像。虽然它与 fMRI 类似都是测量与神经活动相关的代谢变化，非直接测量神经活动，但人们通过这两项认知神经科学中最令人惊喜的两种新的成像技术，可以确定解剖位置与认知过程的关系。

（二）基本原理及方法

PET 测量心理活动相关的局部脑血流变化，事先要向血液中注射含有放射性元素的示踪剂，通常为碳、氟、氧和氮的同位素（^{11}C，^{13}N，^{15}O，^{18}F）1 种或 2 种。这些示踪剂通常为生物生命代谢的某些化合物，参与体内细胞代谢。由于它们的不稳定状态，放射性核素中的正电子会从原子核中释放出来，与体内的负电子发生湮灭，能产生两个能量相等、运动相反

笔记

的γ光子。由于机体不同部位吸收示踪剂的能力不同，同位素在体内各个部位的浓聚程度不同，湮灭反应产生光子的强度也不同。PET通过捕获γ光子来显示体内核素的分布情况，将采集到的信息经储存、影像重建而获得机体横断面、冠状断面和矢状断面图像。在认知研究中，通常将含有同位素^{15}O的水注入血液中，尽管身体的所有区域都会吸收一些^{15}O，但PET的基本假设是：在具有高度神经活动的脑区血流会增加。在经典的PET实验中，实验结果通常报告控制条件下和实验条件下的两种局部脑血流量变化。

（三）心理学应用

目前PET除了用于临床鉴别诊断，了解患者脑代谢情况以及功能状态，在注意，工作记忆，言语加工，运动控制，物体识别等许多认知领域也得到运用。例如，斯蒂文·彼得森等（Steven E. Petersen et al.）早期使用PET考察人们在选择性注意某些特征（如颜色、形状、运动）时，纹外皮质的特异性变化，对颜色的选择性注意激活了背外侧枕叶的纹外皮质，对于形状的注意则激活梭状回、海马旁回等，对于运动速度的选择性注意则激活左顶下小叶区域等。爱德华·史密斯（Edward Smith，1996）证实正常个体在执行空间和词语工作记忆任务时激活不同大脑区域，在空间工作记忆，大脑激活区主要出现在右半球；对于语词记忆，则激活左侧半球。又如，在所有已经被研究的失语症患者中，在静息态的PET扫描中都显示出颞顶叶（缘上回、角回、颞上回等）的代谢减退。

但是，由于PET的时间分辨率较低，成像时间较长（通常需几十秒），实验设计存在局限，如不宜使用事件相关设计（event-related design）；成像受放射性同位素的限制，不适宜单个被试重复实验；使用成本昂贵，难以大规模推广。从2000年开始，业界将PET和CT设备整合为PET/CT，融合后的图像既有精细的解剖结构又有丰富的代谢活动。此外，宾夕法尼亚大学首次将fMRI与PET整合，创造了一种对脑功能和脑结构检测更为精确的方法，对于脑和神经系统疾病方面的精确诊断将有着非常重要的作用。

四、脑电图

（一）概述

脑神经细胞的活动，可用神经电生理的方法检测而得到脑电波。早在1875年，英国生理学教授理查德·卡顿（Richard Caton）首次报道脑电图（electroencephalogram，EEG），他借助电极从头皮连续记录兔子的大脑皮质表面的交流型电活动，该电波与呼吸或心跳无关，是一种大脑的生理变化，只要大脑没有死亡，就会不断产生脑电。它是通过电极记录下来的脑细胞群的自发性、节律性电活动。后来他又发现动物受到刺激时这种脑电波会发生变化，利用这种变化来研究身体部位与大脑皮质各区域的关系，并探讨各区域的功能，成为后来神经诊断学中诱发电位（evoked potential，EP）发展的基础。但由于其研究未受重视，直到1929年，人类EEG才被德国精神病学家汉斯·伯格（Hans Berger）发现。

（二）基本原理及方法

神经电活动是一个电化学过程。神经元的轴突产生动作电位，传至神经末梢，释放神经递质，触发下一个神经元突触后膜的电位变化。虽然一个神经元所产生的电位是微小的，但是当一大群神经元共同活动时会产生足够大的电位，再通过放大器的作用，能够让被放置在头皮的电极测量到。

（三）心理学应用

EEG技术所测量的是心理活动时的大脑总体电活动信号，其时间分辨率高，但其空间分辨率较低，对于探讨认知过程存在一定局限性，还无法完全满足直接观察人脑处于不同心理活动状态的脑成像要求。但许多心理学研究者把大脑的电活动放在特定任务中，从总体EEG信号中提取诱发的成分。目前，EEG是睡眠觉醒认知研究的重要方法。在不同的意

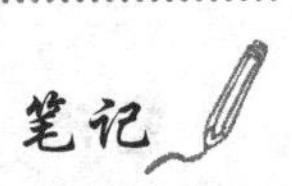

识状态下，EEG 具有频率振幅差异，例如 EEG 在深度睡眠中的特征是慢波及高振幅，可能是由于大量神经元有节律的改变其活动状态引起的，相比在兴奋状态下，波形呈高频低振幅，放松状态下则呈高频高振幅的特征。也有将 EEG 运用于长时记忆的研究中，如探索长时记忆的编码或提取过程特征。此外，通过 EEG 可以诊断一些神经疾病，如癫痫发作如果起源点未知，则在 EEG 记录上表现出双侧对称性，如果是局灶性发作则相反，波从特定区域开始然后扩散至全脑。EEG 成为监控脑功能状态的重要手段。

五、事件相关电位

（一）概述

脑电和诱发电位记录可追溯到 20 世纪 20 年代，现代事件相关电位技术则是以 1964 年格雷·沃尔特（W. Grey Walter）发现伴随性负波（contingent negative variation，CNV）和 1965 年撒穆尔·萨顿（Samuel Sutton）发现 P300 成分作为标志。事件相关电位（event-related potential，ERP）是指当给予或撤销作用于感觉系统或大脑的某一部位的一种特定外界刺激时，或当出现某种心理因素时，脑区的电位变化。虽然这些脑电变化十分微弱，并且掩埋在自发电位 EEG 中难以观察，但利用诱发电位锁时（time-locked）关系，经过叠加处理，则可以提取 ERP 成分。这些成分反映了与特定的感觉、运动或者事件相关的认知神经活动，成为解释心理现象的有利工具。

（二）基本原理及方法

头皮记录的脑电是相隔一定距离的脑内神经元群电活动的表现。单个神经元的电活动信号都非常微弱，只有将大量神经元活动信号总和起来才可能被记录到。而且对于一个特定事件的神经反应相对较小，在 ERP 实验中，通常需要叠加大量的试次（trail）才能精确地测到。总和神经元的电活动需要两个条件，一是神经元的电活动要同步，二是各个神经元的电活动形成一致的电场方向。但实际上脑组织很难完全满足这两个条件，因此在头皮上实际记录到的脑电只是一部分参与神经元的电活动。突触后电位频率变化较慢，持续时间较长，容易同步形成 ERP。因此，目前一般认为 ERP 主要由大量神经元的突触后电位同步形成。

（三）心理学应用

ERP 由于其价位低、无侵入性，已被证明是心理基础研究中一个重要的工具。ERP 是直接测量脑组织反应的直接电信号，时间分辨率远高于认知神经科学赖以形成的其他方法，如 fMRI、PET，更适合探讨关于心理的时间进程问题。在 ERP 心理实验中，研究者主要聚焦于 ERP 成分中的晚期成分（50~500ms）和慢波成分（500ms 以后），因为该两种成分能够反映心理功能变化，而早期成分（10ms 以内）和中期成分（10~50ms）更多反映刺激的物理学性质。ERP 测量的是从刺激到反应的连续过程，可以显示受自变量影响的认知加工阶段。例如，解释 Stroop 效应中当字色与字义不一致时，反映时变慢是由于知觉过程变慢，还是因为反应过程变慢。ERP 除了反映大脑认知控制能力外，还反映大脑的自动加工性，为人类非意识加工、无意识状态、内隐认知等难以研究的脑自动加工领域提供了研究方法与有效的研究途径，如我国学者罗文波和罗跃嘉（Luo Wenbo，2010）采用注意瞬脱实验范式，控制目标项与探测刺激之间干扰项的数目制造意识与无意识条件，利用 ERP 技术的 P300 与 N170 成分研究面孔情绪加工的效应等。此外，ERP 还广泛运用于感知觉、记忆、情绪、认知控制等方面。

但是，ERP 主要缺点是空间分辨率低，且主要采集的电信号更多地反映皮质信息，反映皮质下信息的能力受限。目前研究者已成功将 ERP 与 fMRI 结合，用以共同获得高时间分辨率和高空间分辨率的数据资料。

笔记

六、脑磁图

（一）概述

美国麻省理工学院的大卫·科恩（David Cohen）于 1968 年首次使用脑磁图技术（magnetoencephalography，MEG）进行测量，被认为是脑磁图技术的创始人。由于磁场不受头皮软组织、颅骨等结构的影响，并且 MEG 检测发生源的误差小，有良好的空间分辨率，其时间分辨率可以记录毫秒级的神经生理变化，最重要的是对人体无侵害并且检测方便可以用于直接探测大脑神经功能活动。

（二）基本原理及方法

MEG 所测量的磁场来源于大脑皮质锥体细胞树突产生的突触后电位。当大量锥体细胞同时产生神经冲动，形成电流时，就会产生磁场，称为脑磁场。这些磁场相当微弱，需要特殊的设备才能测量并记录。因此需要建立一个严密的电磁场屏蔽室，在屏蔽室中被试的头部置于超冷电磁测定器中，MEG 的核心部分是超导探测器（superconducting quantum interference device，SQUID），用大量的液氦使 SQUID 保持超导状态，以确保探测磁通道中产生的微弱电流信号不损耗，使得探测磁场的灵敏度大大提高，然后记录脑磁波并形成图形，称为脑磁图。MEG 还具有综合信息处理系统，通过计算机指令能将获得的信号转换成曲线图或登高线图信息，与 MRI 或 CT 等解剖学影像信息叠加整合，形成脑功能解剖定位。

（三）心理学应用

目前脑磁图在临床上和人脑功能研究中得到广泛应用。其主要应用在于：对癫痫病患者进行癫痫灶定位和对神经外科患者颅脑手术前进行脑功能区定位；获得性失语症（landau-kleffner syndrome，LKS）为儿童时期癫痫的一种形式，瑞特瓦·帕托等（RitvaPaetauet al.）对患有 LKS 的儿童进行 MEG 源定位并与 EEG 进行比较，发现大脑外侧裂周围或者言语环路被癫痫活动干扰，导致部分言语网络丧失功能。另外，MEG 可以测评在实验研究中执行不同行为或完成不同认知任务时的脑区活动，例如，在对于视觉搜索的特征注意和空间注意机制的研究中，玛索·申菲尔特、汉斯·海因茨等（Mircea A. Schoenfeld et al.）用 MEG 结合 fMRI 技术，让被试选择性注意随后诗词中颜色或运动维度的变化，发现基于特征的选择性注意对视觉皮质水平加工存在影响。

七、经颅磁刺激

（一）概述

经颅磁刺激（transcranial magnetic stimulation，TMS）是一种能够无创地在大脑中产生局部刺激的方法，并于 1965 年由比克福特（Bickford R.G.）和弗莱明（Fremming B.D.）进行了首次现代模式的经颅磁刺激实验。其非侵入地产生无痛感应电流激活大脑皮质，改变大脑生理过程。

（二）基本原理及方法

TMS 设备主要包括两个部分：一是储存着高电流电荷的电容器，二是用于传递能量的刺激线圈感应器。当储存高电流的电荷的电容器在极短时间内，在线圈内释放大量电荷产生磁场，磁力线以非侵入的方式分别穿过头皮、颅骨和脑组织，并在脑内产生反向感应电流，引起神经元放电。皮质内的电流激活较大的锥体神经元，并引起轴突内的微观变化。TMS 引起的主要脑内反应，可以用宏观的脑电映射方法观测到阶段性的电生理变化以及用宏观的 PET、fMRI 等脑成像方法观测到的继发性的血流动力学变化。这些反应既可以引起暂时的大脑功能的兴奋或抑制，也可以引起长时程的皮质可塑性的改变，从而在患者身上产生治疗效果。

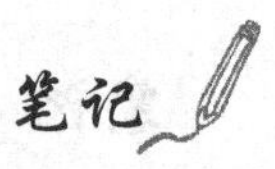

（三）心理学应用

当前，TMS 技术已应用于生理心理学研究中。例如，斯温·贝斯特曼等（Sven Bestmann et al）利用该技术证明空间注意可以直接在皮质上产生作用，并用 TMS 直接刺激视觉皮质而引发一种光幻觉（phosphene）的视知觉现象。在用 TMS 作用于前额叶及联合皮质探索人类认知功能的系列研究中，低频 rTMS 刺激背侧前额叶皮质探索对记忆任务的注意力影响，dTMS 刺激双侧颞叶是否可以促进对视觉对象的工作记忆；用于探索视觉抑制或易化、跨感觉通道相互作用的研究；当 TMS 作用于前额叶时，可以对情绪形成调控，目前已有 TMS 用于临床治疗如抑郁症等情绪障碍的相关报道。基于脑内信息处理的时空动力学变化，脑电图、脑磁图成像和功能性磁共振可以进一步促进以功能研究为主的 TMS。

知识链接 2-2

光学成像技术

光学成像技术（intrinsic optical imaging）除了可以通过注入燃料，然后测量动作电位、离子浓度的局部能量代谢外，还可以采用可见光或者近红外光作为光源，通过测量局部血氧代谢和因血流改变引起的内源性信号，直接观察脑组织表面的血流动力学变化，并推测神经元活动。由于基于内源性信号的光学成像创伤性较小，因此适合于认知活动的神经机制研究。在生理心理学研究领域中，光学成像技术在视觉刺功能柱的研究中已取得重要进展；通过该技术让被试进行连续操作任务或数字运算任务，研究额叶的功能；在言语、记忆等高级认知功能的研究中也开始有所涉及，并随着技术的精细化、成熟化，光学成像技术在认知科学中的应用可能会越来越大。

资料来源：罗跃嘉《认知神经科学教程》，2006

第三节　整体系统水平研究方法

一、行为学建模方法

（一）概述

行为模式的建立或选定是生理心理学研究的起点和基石。为了考察某一心理过程，生理心理学经常选定行为模式，对其行为变量和生理变量（例如，奔跑的速度、对刺激的反应速度、心搏的变化等）进行观察和测量；或者通过对脑的功能干预，观察在实验条件下该行为模式的变化，从而了解这一心理活动的生理机制。根据行为特点及其与心理过程的关系，生理心理学常将行为模式分为不同类型，除一些传统类型，如基本遗传行为、后天习得行为类型以及情绪性行为模式外。近年又出现了许多特殊的行为模式，大大丰富了生理心理学的方法学体系。

（二）基本原理及方法

经典条件反射理论以及操作性条件反射理论成为生理心理学行为建模的主要理论基础。经典条件反射现象是由生理学之父巴甫洛夫（Ivan Petrovich Pavlov）发现，其本身也是一种著名的学习行为模式。该行为模式建立的基本要点是条件刺激（CS）与非条件刺激（US）之间的多次配对呈现。如果原来的条件刺激单独呈现也会出现与非条件刺激同时呈现时的行为反应，则说明无关动作变成了条件刺激，条件反射已经形成。操作条件反射是由美国心理学家斯伯尔赫斯·金纳（Burrhus F. Skinner）于 1938 年提出。他认为操作条件反射就是建立刺激（S）与反应（R）之间的连接，当一个行为发生之后，接着给予一个强化刺激，那么该行为发生的频率增加或减少。

笔记

(三) 心理学应用

常用于生理心理学研究的行为模型主要包括：第一，基本行为类型模式。用于建立例如摄食、饮水、性行为、防御和睡眠等人和动物本能行为的模型。基本行为类型以非条件反射作为形成基础，具有稳定性和重复性，是由遗传而来的脑内“固定神经联系”。第二，习得行为类型。它是动物与人类个体出生后，以基本行为为基础，由于个体不同的经历而形成的新行为，是“暂时的神经联系”。当代生理心理学对习得行为类型，根据其形成条件和生理心理学机制的不同，将其分为联想学习行为、非联想学习行为、观察模仿学习行为和印记习得行为等四大类。第三，情绪性行为模式。实验室建立两大类情绪性行为模式：阳性情绪性行为模式和阴性情绪性行为模式。自我刺激行为模型是阳性情绪行为的典型代表，当安放电极于动物脑的某些部位，动物会主动地不断按压杠杆以获得电刺激，似乎可以产生某种“愉快体验”；而给实验箱底的栅栏通电，动物足底受到电击，会引起动物的痛苦体验，在此基础上以光或声为条件刺激建立起躲避条件反应，则是最常见的阴性情绪行为模式。第四，特殊行为模式。除传统行为模式之外，出现的其他行为模式，如给动物强的声音刺激时诱发的震颤、抖动等行为变化的惊觉反应（startle response）、考察用药前后动物的自发活动、探索行为及焦虑、抑郁状态等。第五，社会行为模式。该模式用于研究动物的社会行为生理心理学机制行为建模方法。从上述五个方面的行为模式研究中可以看到，除了经典的行为模式之外，随着生理心理学与邻近学科的交叉发展，又出现了许多新的行为模式。此外，近年发现一些传统行为模式研究通过计算机监控，可以发挥更高的效率。

二、家系研究

(一) 概述

家系研究（family method）是研究者通过调查个体的家族，包括直系亲属和旁系亲属，确定想要研究的某种心理疾病、异常行为或心理特征遗传情况的方法。用亲属之间特征上的相关程度来分析遗传力的方法。家系调查是进行遗传咨询的首要步骤和依据，系谱分析在医学遗传学上有助于区别单基因病和多基因病，有助于区分某些表现型相似的遗传病以及同一遗传病的不同亚型。

(二) 基本原理及方法

家系研究理论依据是遗传决定的性状表现或遗传病的发病情况在家系中的遗传遵循一定规律。因此，通过家系调查与分析，可以初步了解并推测本家系中相关成员的基因型、预测未来孩子的表型，为防止或减少某些遗传病的发生、减轻某些遗传病的症状提供参考。单基因遗传病的家系特点主要有以下几点：第一，常染色体显性遗传病。致病基因在常染色体上，与性别无关，而且是显性遗传。其家系特点为：家系中连续几代都有该病患者；男女成员中均有患者，患病成员的后代中也有患者，未患病成员的后代中则无此病患者。第二，常染色体隐性遗传病。致病基因在常染色体上，与性别无关，而且是隐性遗传。其家系特点为：患者在家系中出现得比较分散，常表现为隔代遗传。第三，性连锁显性遗传病。一般致病基因在X染色体上，随X染色体显性遗传给后代。家系特点为：家系中代代均有此病患者。若父亲患病，则所生女儿必患病，而儿子均正常。若母亲患病，则无论子、女都有一半概率患病。第四，性连锁隐性遗传病。致病基因在X染色体上，是隐性的。家系特点为：家系中患者一般都是男性，无父传子现象。家系中男患者与正常女子结婚，所生子女一般均无病状，但其外孙中可能出现患者。如果男性患者与携带者的女性结婚，所生子女中均有一半概率是患者。女性携带者与正常男子结婚，所生儿子有一半概率患病，女儿有一半概率为携带者。

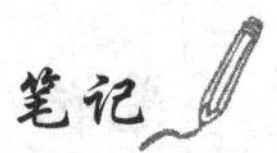

(三)心理学应用

家系研究广泛用于心理疾病的遗传性研究。国内外的家系调查共同发现精神分裂症患者近亲中的患病率比一般居民高数倍。最早的家系调查是由恩斯特·鲁宾(Ernst Rubin)在慕尼黑进行,发现患者的兄弟姐妹中该病的患病率最高。弗朗茨·卡尔曼(Franz J. Kallmann)调查了1087名精神分裂症患者家属中的发病率,发现其兄弟姐妹患病率也非常高。上述调查更支持遗传作为精神分裂症病因的可能性。

三、双生子研究

(一)概述

双生子研究(twin study)是通过比较同卵双生子之间和异卵双生子之间在心理发展特征上的一致性,来了解遗传和环境因素对这种心理发展特征的影响。最早提出并应用双生子法的是英国著名心理学家、遗传学家弗朗西斯·高尔顿(Francis Galton),他曾于1876年应用该方法研究遗传与人类智力和才能的关系。随后,许多学者都开始应用双生子法来研究遗传和环境因素对某些疾病或性状所产生的影响。但由于当时尚未建立起较精确的卵型鉴定法(zygosity determination),不能准确区分同卵双生子和异卵双生子,所以影响了双生子法的广泛应用和深入研究。直到1924年西蒙斯·艾勒玛(Siemens Elema)首次提出了卵型鉴定法后,该技术的应用才日趋广泛和深入。目前,双生子研究已经成为国际公认用于区分遗传和环境作用的理想方法之一。

(二)基本原理及方法

医学遗传学认为,同卵双生子(monozygotic twins,MZ)是由同一个受精卵发育而成,同卵双生子在遗传结构上完全相同,而异卵双生子(dizygotic twins,DZ)之间只有50%左右的遗传结构相同。双生子同时在母体中孕育,出生后所受的环境影响也大致相同,但同卵双生子与异卵双生子在遗传相似程度上有显著的差异。同卵双生子在不同环境中生长发育可以研究不同环境对其表型的影响;异卵双生子在同一环境中发育生长可以研究不同基因型的表型效应。通过比较同卵双生子之间和异卵双生子之间在心理发展特征上相似程度的差异,可以了解遗传和环境因素对这种心理发展特征的影响程度。

(三)心理学应用

双生子研究几乎在所有心理疾病的遗传性研究中都有所应用。最早的双生子研究是汉斯·路亨伯格(Hans Luxenberger,1928)在慕尼黑以及弗朗茨·卡尔曼(Franz J.Kallmann,1946)在纽约的双生子调查发现,在MZ中,同病率远大于DZ。国内研究对50对精神分裂症双生子研究结果表明MZ同病率约为DZ同病率的3~6倍。有研究显示,分开抚养的同卵双生子精神分裂症患者同病率不低于同家庭抚养的同卵双生子的同病率,说明遗传因素是精神分裂症发病的危险因素。但也有些研究得出这样的结论,若同卵双生子分开成长,患病率将有一定程度的降低,虽然这种观测较少,但该差别还是表明了环境因素的作用。

四、寄养子研究

(一)概述

家系调查和双生子研究主要支持遗传因素的作用,对环境因素的作用尚不能完全排除,发病率较高可能是由于家庭成员异常精神行为的影响。另一种评估某种行为特性是否具有遗传性的方法是比较早年被收养的人群和他们的亲生父母、养父母,即寄养子研究(adoptee study)。该研究方法是为了区分遗传因素与环境因素的作用。

(二)基本原理及方法

寄养子研究的基本假设为:如果该特征主要是遗传效应,具有该特征的养子其生物学

笔记

亲属的特征率应高于寄养亲属；如果该特征主要是环境效应，则与之相反，寄养亲属的特征率高于生物学亲属。

如果一个孩子一出生就被收养，那么，出生后环境因素可能和养父母有关，遗传因素则和亲生父母有关，出生前的环境因素也和亲生母亲有关系。寄养子研究需要研究寄养子父母的情况，这样才能使其亲生父母和收养父母的行为特性具有生物学意义。如果寄养子某种特征与亲生父母极为相似，则可以推论该特性可能受遗传因素影响。为了确认这一点，需排除寄养子出生前环境因素的任何可能差异。或者，若寄养子与养父母相似，则推论这种特征受环境因素影响（可能需要进一步研究以确定这些环境因素是什么）。当然，也有可能遗传因素和环境因素相互作用导致了这种特征，如果是这样，那么寄养子应该既像他的亲生父母也像他的养父母。

因此，寄养子研究的方法是以父或母为先证者，子女出生后即由其他家庭领养。然后，比较那些和具有某种特征的父母共同生活的子女及由正常父母领养的寄养子女的具有该特征的比率。以养子（女）为索引者，调查他们的亲生及寄养父母及其亲属的具有该特征情况，并与对照寄养子组比较。

（三）心理学应用

寄养子研究较广泛地应用于心理疾病的遗传性研究。马克·凯尔蒂（Mark Kelty）对精神分裂症的寄养子研究发现，患精神分裂症或精神分裂症谱系疾病的养子，其生物学亲属患病的比例，远高于对照组的生物学亲属，表明有遗传效应；患病养子的生物学亲属的患病率，显著高于其寄养亲属，也表明有遗传效应；患病养子的寄养家属的患病率与对照组的寄养家属相比，无显著差异，可排除环境效应。比较患病养子的半同胞和对照组半同胞，他们的精神分裂症的患病率分别为12.7%和1.6%，前者高于后者。由于半同胞的生物学父母中有一个是共同的，故而也提示遗传效应在起作用。此外，菲尼·舒尔辛格（Fini Schulsinger）等研究发现自杀死亡的抑郁症寄养子的血缘双亲中自杀风险是养父母自杀风险的5倍，是健康寄养子血缘双亲自杀风险的10倍。此外在探讨非成瘾物质依赖、人格特质以及智力研究方面受遗传还是环境因素的影响研究中，寄养子研究成为继家系研究、双生子研究重要的方法补充。

（冯正直）

思考题

1. 在心理学研究中，使用经颅磁刺激的目的何在？
2. 功能性磁共振与事件相关电位的基本原理是什么？在生理心理学研究中如何应用？
3. 设计一组实验来研究遗传与环境对某心理特征的影响。

笔记

第三章　生理心理学的神经基础

学习目标

掌握：

1. 大脑皮质的基本功能。
2. 边缘系统的组成与功能。
3. 脑的可塑性。
4. 大脑的侧性优势的概念。

熟悉：

1. 中枢神经系统的基本组成。
2. 大脑发育的关键期与脑功能障碍。

了解：

1. 大脑功能的研究方法。
2. 脑损伤后恢复的机制。

心理是神经系统特别是脑的功能，从低等动物最简单的动作到高等动物人最复杂的思想或情感反应都是神经系统活动的产物。随着神经系统的发生、发育和衰老等自然变化，心理或行为也会从幼稚、成熟到退化不断发生变化。神经系统是由中枢神经系统和周围神经系统组成，是机体调节自身以适应外界环境的重要器官。中枢神经系统是感觉信息加工和行为整合的关键结构；而周围神经系统由接收感觉信息的传入神经、支配肌肉运动的传出神经的躯体神经系统以及调节内脏等自主活动的自主神经系统构成。

第一节　神经系统的基本组成

神经系统由中枢神经系统（central nervous system）和周围神经系统（peripheral nervous system）组成。中枢神经系统包括位于颅腔内的脑和位于椎管内的脊髓。周围神经系统包括中枢神经与周围器官之间的神经系统，根据所支配的周围器官的性质不同，周围神经又可分为躯体神经和自主神经。

一、中枢神经系统

中枢神经系统是神经系统的主要部分，由脑和脊髓构成。脑（brain）又由端脑（telencephalon）、间脑（diencephalon）、中脑（mesencephalon）、脑桥（pons）、小脑（cerebellum）和延髓（medulla oblongata）六部分构成，其中端脑和间脑合称为前脑（forebrain），前脑是脑的最复杂的部分，也是最重要的部分。脑桥和小脑合称为后脑，延髓和后脑合称为菱脑（rhomb-

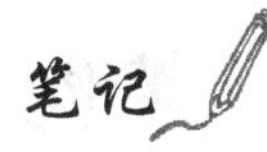

encephalon)。一般又将延髓、脑桥和中脑合称为脑干。

（一）大脑

大脑又称为端脑，由左右两个大脑半球通过胼胝体连接而成，是脑的最高级部位。最外层为大脑皮质（或称大脑皮层），大脑皮质下包括一组被称为基底神经节（basal ganglia）的皮质下结构。间脑由丘脑和下丘脑构成。胼胝体周围皮质即边缘包括扣带回、海马、齿状回等及有关的皮质下结构如间脑中的下丘脑等构成边缘系统（limbic system）（图 3-1）。

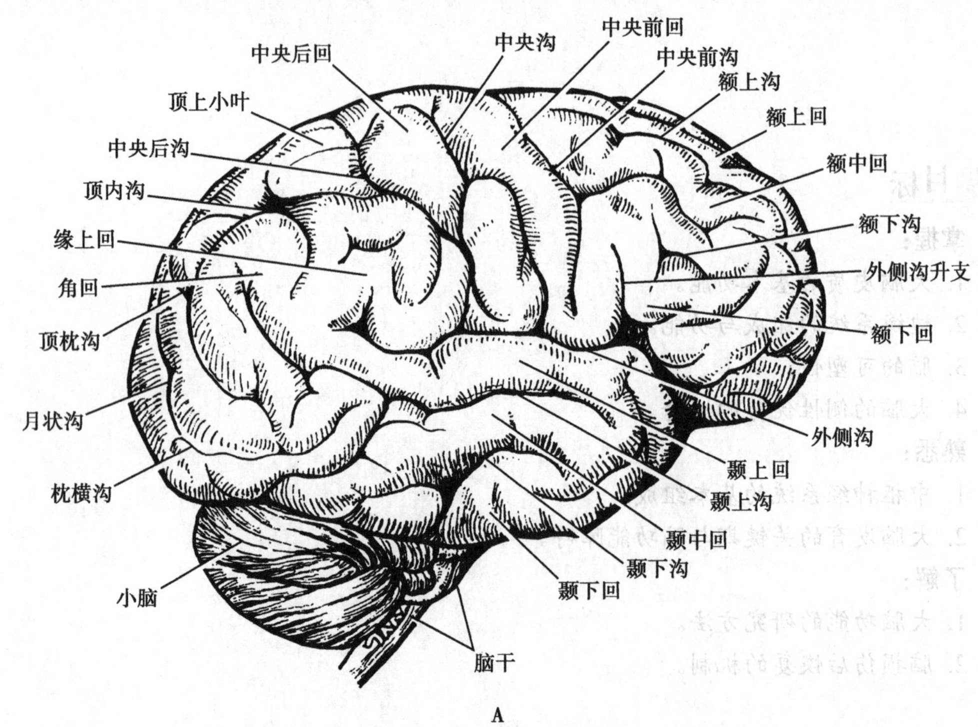

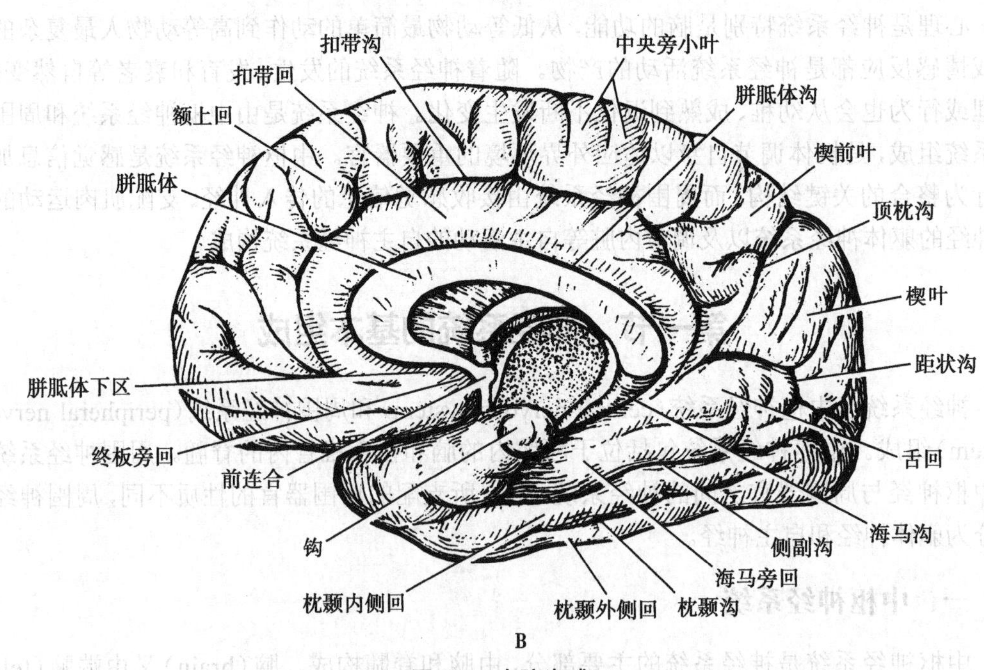

图 3-1 大脑半球

A. 内侧面；B. 外侧面

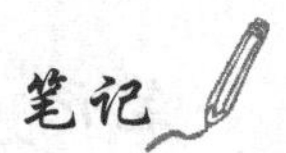

1. 大脑皮质 高等动物及人类的大脑半球出现许多隆起的大脑回和凹陷的大脑沟或裂，低等动物的大脑皮质表面相对平坦，沟回很少。哺乳类动物的大脑半球的外表面为大

脑皮质，其是哺乳动物大脑最重要的部分，大脑皮质主要由神经元的胞体、树突、和树突相互连接的轴突及胶质细胞组成。由于大脑皮质的表面神经细胞较为集中，外观上颜色较暗呈灰色，因此也被称为大脑灰质。

每侧半球有三条较大的大脑沟把大脑划分为五个大脑叶：外侧沟（lateral sulcus）在半球的外侧面，起于半球的前下方向后上方斜行；中央沟（central sulcus）顶端起于半球上缘中点偏后，与纵裂垂直，下端接近外侧沟，上端延伸至半球内侧面；顶枕沟（parieto-occipital sulcus）在半球的内侧面的后部，自后上方斜向前上的一条深沟，越过半球上缘延伸至半球的外侧。中央沟以前和外侧沟以上的部分为额叶（frontal lobe）；外侧沟以下的部分为颞叶（temporal lobe）；大脑内侧，顶枕沟后方为枕叶（occipital lobe）；外侧沟上方、中央沟后方、顶枕沟前方为顶叶（parietal lobe）；被埋于外侧沟的底部，表面被额叶、顶叶、颞叶所覆盖那一部分大脑皮质为岛叶（insula）。每个大脑叶都包含很多回，如在大脑半球背外侧面上有：中央前回、中央后回、额上回、额中回、额下回、缘上回、角回、颞上回、颞中回、颞下回、颞横回；在大脑半球的内侧面有：舌回、扣带回；大脑半球的底面有：眶回、海马旁回、齿状回。

2. 大脑髓质 大脑半球的髓质（medullary substance），又称大脑白质，由大量有髓神经纤维纵横交错而成，外观颜色较为透明，肉眼看呈白色。组成大脑髓质的神经纤维联系于皮质各部分之间以及皮质与皮质下结构之间，因其联系的部位的不同而被分成3类纤维，即联络纤维、连合纤维和投射纤维。联络同侧半球内各部分皮质之间的纤维为联络纤维；连合纤维为连接左、右大脑半球大脑皮质之间的纤维；投射纤维为联系于大脑皮质和皮质下结构之间的上、下行纤维束。

3. 边缘系统 根据进化和功能的区分，大脑皮质可分为新皮质和边缘叶，其中大部分在生物进化过程中出现较晚，被称为新皮质。边缘叶（limbic lobe）为大脑半球内侧面胼胝体周围和侧脑室下角底壁周围的弧形部分。边缘叶包括隔区（septal area）（胼胝体下区和终纹旁回）、扣带回、海马旁回、海马和齿状回等，边缘叶和相关的皮质下结构包括杏仁核、合称为边缘系统（limbic system）。边缘系统在种系发生上出现较早，纤维联系十分复杂（图3-2）。

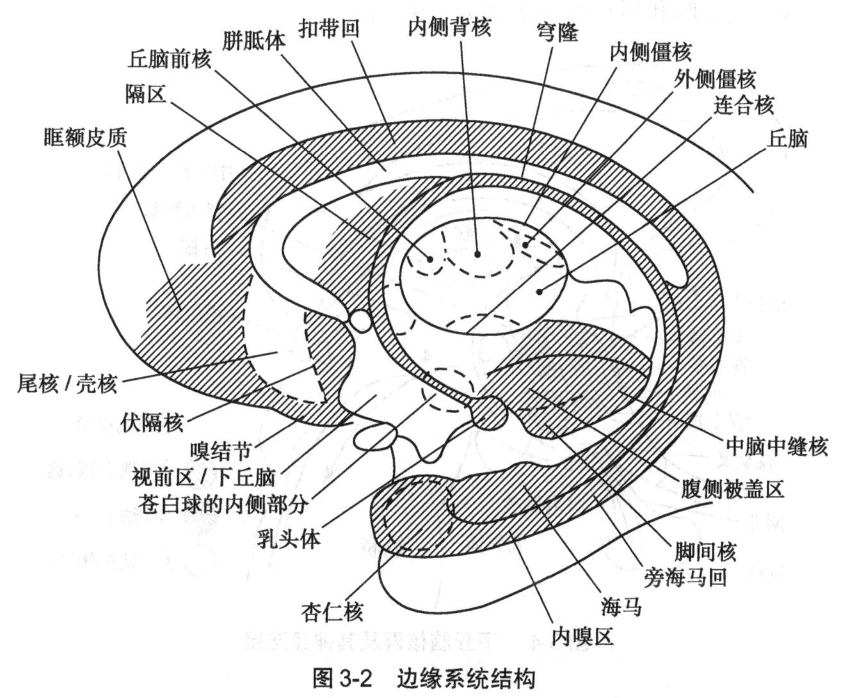

图3-2 边缘系统结构

笔记

4. 基底神经节 基底神经节（basal ganglia）又称基底核（basal nuclei），位于侧脑室前下方，丘脑外侧的较大的神经核簇，传统上包括三个主要的结构：尾状核（caudate nucleus）、壳核（putamen）和苍白球（globus pallidus）。壳核和苍白球合称为豆状核；尾状核和豆状核合称为纹状体，其中，苍白球是进化最古老的部分，称为旧纹状体；尾状核、壳核在进化过程中出现较晚，被称为新纹状体。此外，由于中脑的黑质与间脑的底丘核与上述核团的联系密切相关，且有重要的调控运动的功能，因此有人也将之归属于基底核（图 3-3）。

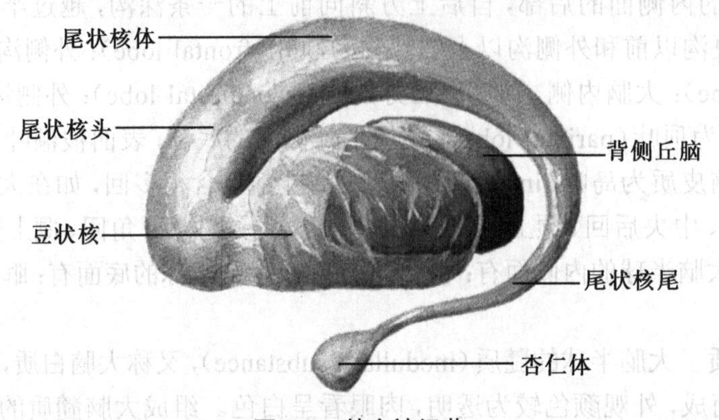

图 3-3 基底神经节

基底神经节与额叶皮质有丰富的连接，负责行为程序的规划和记忆及情绪的某些方面。参与运动的控制，调节随意运动的产生及肌紧张。基底神经节病变引起的运动紊乱主要表现为肌张力及运动异常。临床上常见的典型病变为帕金森病和舞蹈病。前者的病理变化在黑质，涉及投射到纹状体的多巴胺神经元，表现为肌张力过高、随意运动减少、震颤、运动起始困难等；后者表现为运动过多、肌张力降低等。基底神经节还与摄食、言语等的肌肉运动有关。

（二）间脑

间脑位于端脑和中脑之间，围绕着第三脑室，其结构与功能都十分复杂。由于发育过程中端脑高度发育和扩展，间脑的大部分被大脑半球所掩盖。间脑包括：丘脑（背侧丘脑）、下丘脑、上丘脑、底丘脑和后丘脑五个部分（图 3-4）。

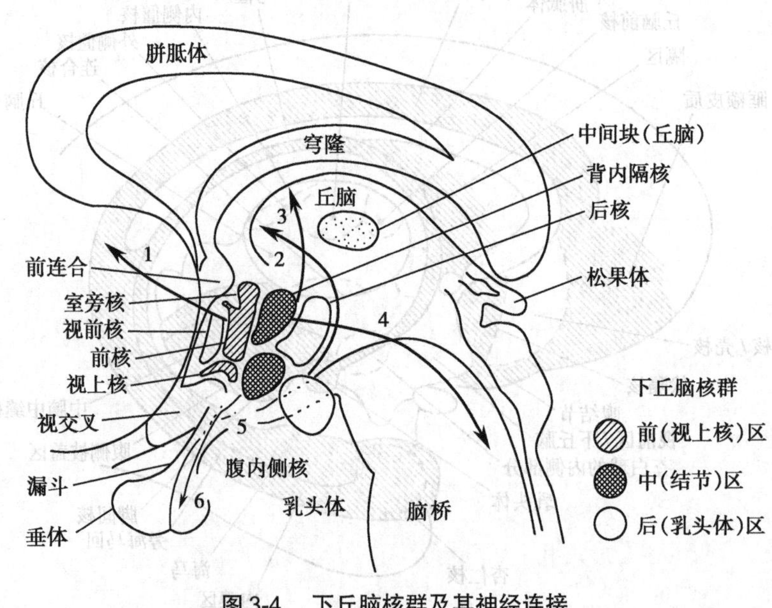

图 3-4 下丘脑核群及其神经连接

笔记

1. 丘脑 丘脑（thalamus），也被称为背侧丘脑（dorsal thalamus），组成间脑的背侧部，是间脑中最大的脑区，位于大脑半球的中间，中部和尾部紧靠基底节，由两个对称的、前后径长的椭圆形大灰质团块组成。两侧丘脑之间为第三脑室的狭窄腔隙，丘脑的内侧面构成第三脑室侧壁的上半部。丘脑的前端为丘脑前结节，后端为丘脑枕，外侧以终纹与尾状核为界。在丘脑背面的中部有脉络沟，是侧脑室脉络丛的附着处，此沟把丘脑的背面分为内、外两部分，内侧部较宽，构成侧脑室中央部的底。丘脑是所有躯体感觉传入通路的皮质下中枢，也是大脑皮质与小脑、纹状体、黑质之间相互联系的枢纽。

2. 下丘脑 下丘脑（hypothalamus）位于丘脑腹侧，构成第三脑室两侧和底部。在第三脑室壁上有浅的下丘脑沟，是丘脑与下丘脑的划分界限。下丘脑是靠近脑基底部的一个小的脑区，但结构复杂，由众多的神经核团和神经纤维组成。通常将下丘脑从前至后分成三个部分：前下方是由两侧视神经汇合而成的视交叉，后方是一对称为乳头体的突起；在视交叉和乳头体之间为灰结节，构成下丘脑的底部；从灰结节发出垂体柄延伸到神经垂体，形成下丘脑和神经垂体的联系通路。下丘脑与前脑的其他部分和中脑有广泛的连接，控制着机体许多重要的功能活动，在人的生命活动中不可或缺。

3. 上丘脑 上丘脑（epithalamus）位于丘脑的背内侧，胼胝体压部的下方。由松果体、后连合、缰三角和丘脑髓纹组成。松果体能产生褪黑素。缰三角内的缰核是边缘系统与中脑间的中继站。

4. 底丘脑 底丘脑（subthalamus）又称为腹侧丘脑。底丘脑主要由底丘脑核构成，是锥体外系的重要结构。是丘脑向中脑的过渡区域，背侧与丘脑相连，腹内侧连接下丘脑，腹外侧连接内囊，内尾侧延续于中脑的被盖部。

5. 后丘脑 后丘脑（metathalamus）位于丘脑后外下方，由内侧膝状体和外侧膝状体构成，它们分别是听觉和视觉传导通路的中继站。

（三）中脑

中脑（midbrain）位于间脑和后脑之间，结构较为简单，由大脑脚（cerebral peduncle）和四叠体（corpora quadrigemina）构成。与脑桥、延髓共同构成脑干，是脑干中最短的节段。背侧有中央导水管贯穿，上接第三脑室，下通第四脑室。中脑腹侧的两侧各形成一个粗大的柱状隆起，称大脑脚，由大脑皮质发出的下行纤维束构成。中脑的背侧部形成顶盖，形成两对突出的圆形隆起，即一对上丘和一对下丘，它们合称为四叠体。顶盖的下方上丘与外侧膝状体之间的隆起为上丘壁，下后与内侧膝状体之间的隆起为下丘壁。上丘是皮质下视觉信息加工中枢，下丘为皮质下听觉信息的加工中枢。在低等脊椎动物中，上丘与下丘分别为视觉和听觉的高级中枢。在哺乳类动物中，上、下丘仅为皮质下的视觉、听觉的初级反射中枢。

（四）后脑

后脑（hindbrain），大脑靠后的部分，包括小脑、脑桥和延髓。延髓、脑桥、中脑和前脑中央的一部分结构组成脑干。

1. 小脑 小脑（cerebellum）位于延髓和脑桥的背侧，小脑的前面与脑干背面共同围成第四脑室。小脑借三对小脑脚与脑干相连。小脑下脚由来自脊髓和下橄榄核向小脑投射的纤维组成；小脑中脚主要由脑桥核发出的纤维组成；小脑上脚主要由小脑的传出纤维以及来自在大脑皮质等处的传入纤维组成。小脑可分为左右小脑半球及中间的蚓部。位于小脑表面的灰质称为小脑皮质，白质位于其深部称为小脑髓质，埋藏在髓质内的灰质团块称小脑核（cerebellar nuclei），也称中央核（central nuclei），其中最大的是齿状核。按功能可将小脑分为古小脑（archicerebellum）、旧小脑（paleocerebellum）以及新小脑（neocerebellum）。不同的部分具有不同的调节功能。

笔记

2. 脑桥 脑桥（pons）位于中脑与延髓之间，是连接大、小脑的“桥”，在小脑的腹侧面，与延髓、小脑相连围成第四脑室。脑桥与延髓的背侧面共同构成第四脑室的底，呈菱形，称之为菱形窝，小脑覆盖在第四脑室的顶部。第四脑室内有脑脊液，与中脑水管、脊髓中央管相交通，脑桥的腹侧面向两侧延伸并逐渐变窄，形成脑桥臂；脑桥中分布有与睡眠、觉醒有关的核团。

3. 延髓 延髓（medulla oblongata）位于脑干的最尾部，向下在枕骨大孔处与脊髓相连，向上与脑桥尾部相连。腹侧面以横行的延髓桥沟与脑桥分界，背侧面的上半部参加四脑室底（菱形窝）的构成，以髓纹与脑桥分界。延髓腹侧沿正中线两旁，各有一纵行隆起，称为锥体，由大脑皮质下行的锥体纤维构成。延髓末端，锥体束的纤维交叉至对侧，称为锥体交叉。

（五）脊髓

脊髓（spinal cord）是中枢神经最低级部分，位于椎管内，起始于枕骨大孔，终止于尾骨。它通过脊神经与机体各组织器官联系。并借脊髓白质中的上行、下行传导束，将外周器官与脑联系；脊髓灰质内的中间神经元构成低级的中枢。脊髓虽然能独立完成简单的脊髓反射活动，但在整体中仍受高位中枢的控制。

脊髓是节段性结构，根据对应的身体部位，可将脊髓分成颈、胸、腰、骶和尾等五段，31对脊神经，每对脊神经与外周相连。脊神经由前根（运动纤维）与后根（感觉纤维）组成。脊神经支配的肌肉区域称为肌节，彼此互相重叠。因此，一个脊髓节段受损可引起几块肌肉的肌力减退，不会完全瘫痪。脊神经所支配的皮肤区域称为皮节，神经分布也有重叠，若一条后根受损，只引起所支配区域的感觉减退，不会使感觉完全丧失。神经干是由若干脊髓节段的传入、传出纤维组成，故当神经干受损时，所支配区域的肌肉完全瘫痪，感觉全部丧失。

二、周围神经系统

周围神经系统是除了脑和脊髓以外的所有神经组织，包括躯体神经系统和自主神经系统。

（一）躯体神经系统

躯体神经系统（somatic nervous system）为支配躯干和四肢躯体性结构的周围神经，包括与脊髓相连的脊神经和脑直接联系的脑神经。

1. 脊神经 脊神经通过椎管的椎间孔出入脊髓与外部相连，共31对，与脊髓的节段一致，每一对脊神经都与相应的脊髓节段联系。颈神经8对（C_1~C_8），胸神经12对（T_1~T_{12}），腰神经5对（L_1~L_5），骶神经5对（S_1~S_5），尾神经1对。每对脊神经都以前、后两列根丝的形式分别通过脊髓的前外侧沟和后外侧沟进出脊髓。一个节段的根丝分别集合形成脊神经的前根和后根。前根由传出性（运动）神经纤维组成，后根由传入性（感觉）神经纤维组成。脊髓的感觉功能分布于脊髓的背侧，而运动功能则受脊髓腹侧的调节。外周传入的感觉信息沿着脊髓背侧的纤维束上行传导，中枢的运动传出信息沿着脊髓腹侧的纤维束上行传导。外周传入的感觉信息沿着前根纤维为脊髓前角运动神经元的轴突，后根纤维为脊神经节神经元的轴突。躯体感觉神经元的胞体位于脊髓的背根神经节，运动神经元胞体位于脊髓灰质内。中枢的运动传出信息沿着脊神经离开脊柱后，走行至分配区的肌肉或感觉受体，在走行的过程中多次分支，各分支常与血管相伴随，尤其是支配骨骼肌的分支。

2. 脑神经 脑神经或称颅神经，指和脑直接连接的周围神经，共12对。大多数参与头面部和颈部的感觉和运动功能。脑神经的分类相对复杂，按所含纤维的成分和功能的不同，脑神经可分为感觉神经、运动神经和混合神经三类。嗅神经、视神经和前庭蜗神经属于

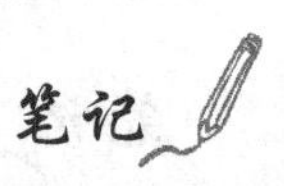

感觉神经，分别接受视觉、嗅觉或听觉和平衡觉等的传入信息；动眼神经、滑车神经、展神经、副神经和舌下神经属于运动神经，分别支配眼球、颈部、舌、咽等部位的骨骼肌运动；三叉神经、面神经、舌咽神经属于混合神经，除了分别接受味觉或头面部的不同部位感觉传入以外，还支配面部表情、咀嚼和吞咽等肌肉运动。迷走神经属于副交感神经，是脑神经中行程最长，分布最广的神经，它的分支弥散地分布于整个胸腔和腹腔，调节胸腔和腹腔器官的功能。

（二）自主神经系统

自主神经系统（autonomic nervous system）控制平滑肌、心血管肌及腺体的调节，其中枢位于脊髓和各级脑内。根据传出效应分为交感神经系统和副交感神经系统。自主神经的结构与功能有如下特点：

1. 传出纤维到达效应器前，先在外周的自主神经节中交换神经元，分别被称为节前纤维和节后纤维。交感神经节在脊柱旁，因此节前纤维短，节后纤维长；而副交感神经的神经节在效应器旁，故节前纤维长，节后纤维短。

2. 自主神经中交感神经的初级中枢，即节前神经元的胞体，在胸腰脊髓灰质的侧角；副交感神经的初级中枢在脑干的第 3、7、9、10 对脑神经核及骶髓的侧角中。静息状态下，自主神经中枢的神经元有低频的冲动发放到效应器，称为紧张性，如在安静状态下，心脏的神经支配中迷走神经（副交感）紧张性高，故心率较慢；若阻断迷走神经就会引起心率加快。

3. 根据释放的递质，可将自主神经纤维分为三种：①胆碱能纤维：释放乙酰胆碱，包括全部节前纤维、副交感节后纤维及部分交感节后纤维（如支配汗腺的）；②肾上腺素能纤维：释放的递质是去甲肾上腺素，包括大多数交感神经节后纤维；③嘌呤能纤维：释放的递质是三磷酸腺苷或腺苷，主要分布于一些内脏及血管的平滑肌，抑制平滑肌的运动。

第二节　神经系统的形成与发育

神经系统的形成与发展起始于胚胎早期，是一个从形态到组织发生复杂的变化过程。神经系统的变化贯穿于整个生命发展过程，这个变化以神经细胞的增殖、迁移、分化、髓鞘化、突触增生以及细胞凋亡等一系列事件的发生为基础。

一、神经系统发育的基本过程

（一）神经系统的结构与形态演化

人类的神经系统发育开始于胚胎早期。卵细胞受精后开始分裂、发育，形成胚胎。胚胎继续发育分化成内胚层、中胚层和外胚层。内胚层分化为内脏器官，中胚层分化成为骨骼和骨骼肌，外胚层分化成为皮肤、毛发及神经系统。

胚胎发育至第 3 周初，位于背面中线处的外胚层增厚形成长条状的神经板，继之，神经板在正中线上凹陷形成一条纵沟称为神经沟，沟的两侧缘逐渐隆凸成为神经褶。两侧神经褶向中线靠拢融合成隧道形的神经管。神经管外侧的外胚层的一部分分化成为索条状的神经嵴。神经管和神经嵴是神经系统发生的原基。神经管不断的延长和增厚，到胚胎第 4 周时，神经管的头端部分明显膨大成为脑的基础，膨大部后方的神经管余下部分为脊髓的基础。胚胎早期脑的原基称为脑泡（brain vesicle），开始分为菱脑泡、中脑泡和前脑泡。菱脑泡在早期发育迅速，形成后脑泡和末脑泡，后脑泡演化为小脑、脑桥，末脑泡演化成为延髓。中脑泡背侧发育成顶盖，腹侧发育成为后盖；前脑泡演化成为嗅球和大脑半球。

笔记

（二）神经系统组织的发生

随着中枢神经系统形态的变化，神经管壁的构造也在不断地发生变化。构成神经管壁的神经元经历增殖、迁移、分化、髓鞘化及突触生成等发育的过程，最终发育成神经组织。

神经管形成后神经管内壁的神经干细胞快速分裂并转化成神经细胞，这一过程称为神经细胞增殖。原来构成神经板的单层柱状上皮细胞增殖后形成神经上皮，神经上皮的内、外两面分别覆盖着一层基底膜，分别称为内界膜和外界膜。神经上皮细胞胞体发出突起止于内界膜；但神经上皮细胞与外界膜之间的关系随着细胞的分裂而有变化。分化过程中，神经上皮细胞核在内、外界膜之间移动，在接近外界膜时细胞核开始分裂，形成两个子细胞。一个子细胞附着于内界膜后其细胞变长，胞体继续向外界膜方向延伸，重复分裂过程；另一个子细胞与内界膜脱离并向外界膜方向迁移成为游离的神经母细胞。由于神经母细胞形成的增多，使得神经上皮层的外侧部出现密集的细胞层，称为套。套层进一步分化成为中枢神经的灰质。套层细胞发出突起形成轴突和树突，轴突伸向外方组成边缘层。随着神经管壁神经元的不断发育，套层分化成为中枢神经的灰质，边缘层分化成为中枢神经的白质。

二、脑的发育

（一）脊椎动物脑的生长与分化

人类中枢神经系统的发育大约开始于胚胎形成后的2周。如上所述，胚胎背侧增厚形成神经板，两侧隆起形成神经褶，中央下陷形成神经沟；两侧神经褶融合成神经管。神经管前端增大分化为后脑、中脑和前脑，其余的部分形成脊髓，充满液体的神经管形成脊髓的中央管和脑室，液体为脑脊液。

1. 神经元的生长与发育 神经元的生长和发育经历着增殖、迁移、分化、髓鞘化及突触形成等过程。增殖（proliferation）是指新的神经细胞的产生。在神经系统发育的早期，神经管壁的细胞开始分裂，一部分细胞继续保持在原来的位置，并不断分裂；一部分细胞变成原始神经元和神经节细胞。细胞迁移（migrate）是神经元移动到脑内的目的地，当细胞分化成为神经元和神经节细胞后就开始沿着不同的方向迁移，一些沿放射线方向从深部移动到脑的表面，一些沿着脑表面向不同的方向移动。

分化（differentiation）是神经干细胞分化成结构和功能不同的特殊神经细胞。原始神经元的外观与其他细胞一样，随后这些细胞开始分化，形成轴突和树突。轴突生长先于树突。在有些情况下，轴突在神经元迁移时生长，看起来像拖着一条尾巴一样。当神经元迁移到目标位置时，树突开始生长。髓鞘化（myelination）是神经细胞制造的绝缘的脂质鞘，它可提高神经传导速度，人类髓鞘形成始于脊髓，然后是后脑、中脑与前脑。髓鞘化不像增生和迁移那么快，可以持续数十年，甚至终生。突触形成（synaptogenesis）是神经元生长发育的最后阶段。神经元不断形成新的突触，淘汰旧的突触，这一过程持续终生。

2. 新神经元的发生 传统的观念认为成年脊椎动物的脑不能产生新的神经元，这一观念源于19世纪末著名西班牙神经解剖学家卡厚尔（Santiago Ramon Cajal）的工作，认为脊椎动物的脑在胎儿期（最晚在婴儿期）形成所有的神经元，过了这个时间点，神经元可以改变它的形状，但不能再有新的神经元产生。但以后的研究人员陆续发现了例外。首先被发现的是嗅觉受体细胞，因为它们暴露于外界及有毒化学物质时，半衰期只有90天。鼻内嗅黏膜中有一群神经元（干细胞）终生处于未成熟状态，它们周期性地分裂，其中始终有一个细胞未成熟，而另一个发育以替代凋亡的嗅觉受体细胞，其轴突生长投射到相应的脑区。随后，研究者们又发现脑内也存在一群类似的干细胞，它们在某些时候会分裂形成子细胞，迁移到嗅球，并转化为胶质细胞或神经元。

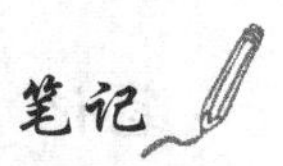

以后，研究人员又发现了一些脑区有新神经元形成的证据。例如，鸟的脑内有负责发出鸣叫的脑区，在该脑区的几种神经元有稳定的替代作用。老的神经元一旦凋亡，就有新的细胞来补充。再如，北美有一种非迁徙性的小鸟，它们在夏末储藏种子，等到冬季再挖出来。与这种行为相对应的是，在夏末与空间记忆相关的海马会生成新的神经元。

成年哺乳类动物的大脑内也有新神经元产生，目前认为，成年脑有三个脑区存在内源性神经干细胞，即海马齿状回颗粒下层、侧脑室的脑室下区和室管膜区，这些干细胞也会分化出新的神经元。海马新生神经元不一定是记忆所必需的，但有助于记忆的形成。这些新生神经元也会像幼年动物的神经元那样，经历一个高度可变的时期。在这个时期内，它们整合到代表新记忆的神经环路中，随着新的学习过程不断进行，更多的新生神经元得以保存，使得海马保持着“年轻”的状态以应付新的学习任务。

成年灵长类动物的大脑皮质中可能不再形成新的神经元。因为细胞从诞生至凋亡所携带的 DNA 都不会发生变化，因此，研究者们使用检测 DNA 中的放射活性标记物浓度的方法来证明成年人大脑皮质是否产生新的神经元。在检测大脑皮质时，研究者发现，DNA 中的放射活性标记物 ^{14}C 的浓度与这个人出生时环境中的 ^{14}C 浓度相近。上述研究结果不支持成年灵长类大脑皮质有新神经元的形成。

（二）轴突如何发现通路

在神经系统发育的过程中，神经元发出的轴突是如何通过较长的距离延伸到靶点的，它们是怎样找到正确路径的？

1. 突触化学通路的发现　1924 年，著名生物学家 Weiss P 在蝾螈（一种具有再生能力的两栖类动物）身上移植了一条额外的腿，当新的轴突分支到达移植腿的肌肉时，该腿就能与其邻近的腿完全同步活动。对此他作了错误的解释，认为神经随机地与肌肉接触，并传送许多信息给肌肉，每个信息能调动不同的肌肉。肌肉好像是可接收不同频率的收音机，每块肌肉只对其中一个信号做反应。

（1）轴突连接的特异性：以后的实验证明，P·韦斯的解释是错的。蝾螈的移植腿与其相邻的那条腿是同步活动的，因为每一条轴突都能找到正确的肌肉。

在 Weiss P 的研究以后，人们研究了感觉神经元轴突是如何找它们的目标的。在美国著名脑科学家斯佩里（Sperry）的研究中，他切断了蝾螈的视神经，受损的神经向脑内生长并正确地与顶盖相连接。他同时发现当新的突触形成，蝾螈重新获得正常的视觉。后来，他又做了这个实验，在切断视神经后，将眼球翻转 180°，当视神经轴突再次生长到顶盖时，Sperry 发现，轴突仍然连接到了原来的靶点。每一个轴突都能与它原来在顶盖中的目标重新建立了连接，这可能是受到了化学物质的引导。

（2）化学梯度：视网膜神经元的轴突是循着靶点表面的化学标记物到达大脑特定的部位，其中特异性程度有多高，还需要探讨。此外机体是否对亿万个神经元的轴突都能合成独特的化学标记物？回答是否定的。目前估计，人类大约有 3 万个基因，其编码能力远远不够为大脑中数十亿神经元编制出各自的特异性目标。但事实上，轴突能十分准确的找到各自的靶点。它们是怎样做到的呢？对两栖类动物的研究表明，神经网膜轴突可能是通过化学梯度到达靶点的。在两栖类动物的顶盖区有一种蛋白质 TOPDV（TOP 是局部，DV 是背腹侧），这种蛋白的浓度在视网膜背侧比腹侧高 30 倍；顶盖腹侧要比背侧高 10 倍。当轴突从视网膜向顶盖生长时，有高 TOPDV 的视网膜轴突与高浓度的顶盖细胞连接；低 TOPDV 的视网膜轴突与低浓度的顶盖细胞连接，另一种蛋白质的梯度则引导眼球前后轴突。

2. 轴突竞争是普遍原则　通过上述实验，我们可以推测，当轴突刚到靶点时，它会在大概正确的部位与多个细胞形成突触，而每一个靶细胞也会与多个轴突形成突触。起初，轴

突与许多突触后细胞形成广泛的连接，其中一些突触后细胞逐渐增强，而另一些则被淘汰。对此现象，杰拉尔德·埃德尔曼（Gerald M. Edelman）称之为"达尔文主义"（neural Darwinism），他认为在神经系统发展过程中，也遵循这一原则：开始形成较多的突触，随后，通过选择加工，保留一些，淘汰一些。突触竞争原则是一个十分重要的理论，但可能不是简单的"优胜劣汰"，而是有着十分复杂的分子生物学基础。

（三）决定神经元存活的因素

每一脑区在发展过程中形成确定数量的神经元是一个极其复杂的过程。因为每一个神经元都要接受从特定部位传来的轴突，又要将自身的轴突送往规定的部位。但是，各脑区的发育并非同步。有些脑区的神经元在输入轴突到达前已经发育。但检查健康成活的神经系统，并未发现有缺乏适当联系的神经元存在。那么，神经系统究竟是如何保持正确的数量和连接的呢？

Levi-Motalcini 的研究发现，肌肉并不决定有多少突触形成，而是决定有多少轴突存活。就交感神经系统而言，其神经元的数量远多于其实际需要的。当交感神经在肌肉上形成突触后，肌肉就释放一种被称为"神经生长因子"（nerve growth factor，NGF）的蛋白质来促进轴突的存活与生长。没有接收到 NGF 的轴突就会变性，导致胞体死亡。也就是说，神经元的生命始于一种"自杀程序"：轴突如果没有在一定时期与恰当的突触后细胞建立起联系，神经元就通过"细胞凋亡"的机制死去。NGF 可终止细胞凋亡的程序。

NGF 是神经营养因子（neurotrophic factors，NTFs）中的一种，NTFs 作为机体产生的一类小分子蛋白质，不仅能在神经元的发育过程中调节其生长分化，也能在促使神经元的修复、调节突触可塑性等神经系统生理活动中起着重要作用。除了 NGF 以外，神经系统也对脑源性神经营养因子（brain-derived neurotrophic factor，BDNF）及其他神经营养因子做出反应。BDNF 是成人大脑皮质中含量最丰富的一种神经营养素。神经营养因子在神经元生长的不同时期起不同的作用，也可增加脑损伤后轴突的再生。

神经系统的所有脑区内，初始的神经元数量都远多于成年后存活下来的神经元的数量。每一脑区都会经历神经元大量凋亡的时期，这种细胞丢失是正常发育的一部分。事实上，特定脑区中细胞的丢失可作为该脑区发育和成熟的标志。例如，人类在 20 岁前后，其前额叶皮质会显示出一定程度的细胞丢失。与此同时，这些区域的神经活动增强，而且与这些脑区有关的记忆水平也明显提高。显然，细胞的成熟与细胞的凋亡是并存的。

神经系统成熟后，细胞凋亡机制便进入休眠状态，只有经历创伤事件时如脑卒中，才会重新启动。尽管成年人不再需要神经营养因子来维持神经元的存活，但神经营养因子仍会发挥其他的作用，如促进轴突与树突分支的形成。神经营养因子的缺乏可导致大脑皮质神经元及其树突萎缩。

三、发育关键期与脑功能障碍

脑发育的过程中存在着关键时期，在这一时期，发育中的脑对一些在成年后影响不大的因素如营养不良、毒性化学物、感染等极为易感。例如，麻醉药对成人只引起暂时的意识丧失，却可以杀伤婴儿的神经元；甲状腺功能低下导致成人精神不振，却可导致婴幼儿精神发育迟滞；糖尿病血糖控制不良对成人可以没有明显的症状，却可导致儿童记忆与注意及其他认知功能的长远损害。

在胚胎早期，神经细胞的迁移和分化对神经系统的发育十分重要，在这一阶段影响神经细胞迁移或分化的因素均可导致大脑功能受损，如酗酒的孕妇产下的小孩常会患"胎儿酒精综合征"（fetal alcohol syndrome），这是一种明显的警觉减低、多动、不同程度的精神迟滞、运动障碍、心脏缺损以及面貌畸形为特征的障碍。这种患儿的大脑皮质不像正常人那

笔记

样有清晰的神经元层，而是锥体细胞、星形细胞、粒状细胞的混合堆积。主要的原因是酒精的毒性作用能破坏脑内胶质细胞的迁移，使神经元失去胶质骨架引导而不能迁移到准确的位置。这种孩子成年后，有酗酒、药物依赖、抑郁及其他精神障碍，即使受损程度较轻的个体，也会在学习、记忆、注意等方面表现出缺陷。除酒精以外，产前暴露于其他物质也可带来危险。吸可卡因孕妇的孩子们，其 IQ 稍低于正常，语言技能较差。孕妇吸烟会增加孩子患注意缺陷、攻击行为、记忆和智力缺损的概率。

在胚胎发育后期，神经元分化、突触生长、突触凋亡与重建，至胚胎 9 个月时，神经元数量已基本确定，这一时期对脑的结构与功能的发育起着十分重要的作用。脑内的一系列蛋白营养因子，如脑源性神经营养因子、神经生长因子等，会促进树突和轴突的生长。不利的环境因素或母体不能提供足够的营养，突触生长会受到干扰，导致脑发育障碍。动物实验证明，孤独症（autism）患者的脑发育异常可能与母亲怀孕早期的应激有关。

在婴儿出生后几个月内，突触数量迅速增加。4 岁左右儿童，其大脑皮质各区的突触密度达到顶峰。在整个儿童期，突触密度保持在显著高于成年人的水平，到青春期，突触数目逐渐减少，接近成年人的水平。脑的高级认知功能也按时间顺序相继发育。在婴儿出生以后，哺乳期的母亲服用的药物可通过乳汁影响婴儿，如氨基糖苷类抗生素可损伤听神经，镇静剂可影响醒 - 睡节律。在婴儿期，环境因素对脑发育的影响会起更重要的作用，无论人或动物，早期的感觉剥夺都会产生难以逆转的感觉功能障碍。丰富的环境刺激有助于脑的正常发育，而单调的环境会抑制脑的发育和成熟。

四、脑损伤后的可塑性

可塑性（plasticity）在这里是指有功能分区的脑系统受损后，对它的相关行为活动类型长期改变的预期。已有的研究表明，虽然切除的神经元不会再生（如脊髓离断后导致永久性截瘫），但神经组织能以重组（recognize）来应答损伤。神经科学家用手术切断猴前臂的传入通路，发现接受该信息的大脑皮质代表区会逐渐发生功能转移，对触摸动物的面部起反应。有人用激光束使猫眼点状受损，发现受损眼的视皮质对周边的视觉信息也会起反应。聋哑人用视觉语言进行交流，则正常反映听觉信息的颞叶皮质由于接不到刺激转而对其他信息（如来自视觉系统）进行处理。

基于上述发现，神经心理学家们推论，脑并不像有些人比喻为类似有固定线路的电脑“硬件”；事实上，脑内的“硬件”是可以改变的。随着刺激的变化，脑通过形成新的突触来自行重新安排，或者对其原有的线路选择新的用途。近年来，随着影像技术的发展，人们对此有了更进一步的了解。

（一）脑损伤与短期内恢复

造成脑损伤的原因主要有：肿瘤、感染、放射性等有毒物质以及帕金森病、阿尔茨海默病等退行性疾病。在年轻人中，最常见的是由于摔伤、交通意外事故、运动意外事故或其他非贯通性的“闭合性脑损伤”。在老年人中，脑血管意外或脑卒中是常见的脑损伤的原因，卒中分为缺血性和出血性两种，常见的是缺血性卒中，其原因是血栓或其他阻塞物堵住了血管；其次是出血性卒中，其原因是血管破裂造成的。现在认为，在脑损伤后，如果医生能及时处理，可能减轻脑卒中的影响。对于缺血性脑卒中患者，能在卒中后短时间内，最好是 3 小时内给予一种被称为组织纤溶酶原激活剂（这种药物能溶解血栓），可获得较好的疗效。实验研究结果发现，最有效的预防脑卒中后脑损伤的办法是给动物的大脑降温，而对于人类来说，从安全的角度考虑，不能把人类的体温降到实验动物那么低，但在脑卒中后头 3 天内将患者的体温降到 33~36℃常常是有益的。

年龄对于脑损伤后的恢复有影响，早在 1938 年，Margaret Kennard 就指出，年轻的脑受

笔记

损后的恢复要优于年老的脑。后人称之为"Kennard 原则"。例如，10 天龄大鼠的杏仁核受损后恢复良好，而 40 天龄大鼠的杏仁核受损后恢复就差。对于人类，2 岁幼儿左半球皮质全部丧失后，随着右半球的发育，可以发展某些语言功能，而成年人有类似损伤则语言功能难以恢复。但是"Kennard 原则"也有许多例外，在半球损伤儿童获得语言能力的恢复有很大的差异，主要取决于脑损伤的医学情况。

（二）脑损伤后恢复的机制

1. 神经功能联系失能 对脑-行为关系的许多研究都是依靠分析毁损某些脑区后动物的行为反应，发现脑损伤后出现的行为缺陷所反映的远多于受损细胞的功能。由于任何脑区的活动都会刺激其他脑区，因此任何一个脑区损伤都会在一定程度上剥夺了对另一脑区的刺激，从而干扰另一脑区的正常功能。例如，某人的左侧额叶的某些区域受损后，包括颞叶在内的其他脑区的活动也会减低。这种现象称为神经功能联系失能（diaschisis），是指一些神经元受损后，幸存的神经元的活动性减少。又如，下丘脑受损可使大脑皮质活动减退。

如果神经功能联系失能是脑损伤后行为缺陷的主要参与者，那么使用刺激性药物增加对脑的刺激可能有助于康复。在 Feeney 等的动物实验研究中，对老鼠和猫的皮质进行了损伤，根据损伤部位的不同，动物表现出了运动障碍或深度知觉障碍。注射安非他明（amphetamine）显著改善了这两种障碍。注射阻断多巴胺突触的药物氟哌啶醇后，则阻碍了行为的恢复。

2. 轴突的再生 虽然已被损坏的细胞体不能恢复，但受损的轴突在某些情况下可以再生长。外周神经的轴突因挤压受损后，变性部分会以每天 1mm 的速度，随着髓鞘的径路又长回到原来的靶点。如果轴突被切断，切口两边的髓鞘不能正确对接，变性的轴突就没有径路可循。

在成熟哺乳动物的脑和脊髓中，受损伤的轴突最多只能生长出 1~2mm。因此，脊髓损伤引起的瘫痪是永久性的。然而，某些鱼类的轴突能再生出相当长的一段，基本上可以恢复到正常的功能。中枢神经系统切割伤后，轴突受损后的恢复在鱼类较哺乳动物好的原因，可能是成年哺乳动物脊髓受伤后形成的瘢痕较鱼类厚，瘢痕组织不仅对轴突生长造成了机械屏障，而且还会合成一些被称为"硫酸软骨素蛋白多糖"（chondroitin sulfate proteoglycans）的化学物质，抑制轴突的生长。近来研究者们已搭建一个蛋白质桥，并借此为轴突创造一条通路，以跨越瘢痕间隙。当这种技术应用到仓鼠时，被切断的视神经轴突能够再长出来，并建立起了突触，使得大部分仓鼠重新获得了部分视觉。

3. 侧支芽生 轴突受损后，那些失去了神经支配的细胞通过释放神经营养素来诱导其他轴突形成新的分支与空缺的突触接触，这就是"侧支芽生"（sprouting）。几个月后，分支填补了大多数空缺的突触。例如，损毁大鼠蓝斑（locus coeruleus，LC）中的半数神经元，则前脑许多由 LC 供应的突触丧失；6 个月后，存在的突触有足够的侧支芽生，使得信息输入几乎完全恢复。侧支芽生并非只发生于脑损伤之后，在正常情况下，脑不断丢失旧的突触，通过侧支芽生形成新的突触来替代。多种证据表明，轴突的侧支芽生是提高任务成绩所必需的。

脑损伤后有时可能会发出无关的轴突侧支芽生，它们可能是有益的，也可能是无用的或有害的。因为它们所提供的信息不会与受损的轴突一样。例如，双侧内嗅皮质损伤后，其他脑区的轴突会出现侧支芽生来填补海马中空缺了的突触位置，因为这些侧支芽生来自于密切相关的轴突，所以是有益的。

4. 去神经超敏性 正常肌细胞只对神经肌接头处的神经递质乙酰胆碱起反应，若切断轴突或轴突失活数天，肌细胞会形成更多的受体对其表面上广泛区域内的乙酰胆碱变得敏

笔记

感。这样的过程也见于神经元，传入轴突被破坏后对神经递质的敏感性增加被称为去神经超敏性（denervation supersensitivity）。这种超敏性的原因包括受体数目的增加，以及受体效能的增加。受体效能的增加可能是由于第二信号系统变化引起的。

去神经超敏性有助于解释为什么人们在失去某些神经通路上的许多轴突后仍能保持正常的行为。但也有可能产生令人不快的后果，如由于脊髓损伤破坏了许多轴突，突触后神经元对剩下的轴突表现出过高的敏感性，即使是正常的刺激也可能导致过度的反应。

5. 感觉代表区的重组 正如本章节中前面的内容所提到的，生活经历能改变大脑皮质的连接以增加其对重要信息的表征，这被称为重组。一些研究结果表明：①经常使用可使感觉皮质扩大；②缺乏传入信息的皮质代表区可被邻近部位的信息取代；③截肢患者的幻肢感觉是皮质代表区对来自身体其他部位的刺激做出的反应；④截肢后，脑可以发生更为广泛的重组。这种变化可能反映了轴突的侧支芽生伸展填补了突触的空白；也可能反映了突触后神经元受体敏感性的增加。这说明，对使用信息较多的区域，大脑皮质的轻度重组可给予额外的空间。

这些研究传递给我们一个重要的信息，那就是，在一定限度内，脑内的神经连接终生都保持着可塑性。

知识链接 3-1

生活经历影响感觉代表区重组的研究结果

1. 长期练习弦乐者，其体感皮质中左手手指的感觉代表区扩大。

2. 在工作日测量盲文出版社校对员示指的感觉代表区要大于其假日期间的代表区。

3. 截去猴的第三手指（使皮质代表区得不到该指的传入信息），然后，定期仔细检查皮质的相关代表区，随着时间的推移，第三指的皮质代表区被第二、四指所取代。

4. 对 12 年前前臂感觉神经被切断的猴作大脑皮质信号记录时发现，一块以前对前臂做出反应的皮质对面部做出了反应。

知识链接 3-2

“幻肢感觉”与皮质代表区重组

在 20 世纪 90 年代前，没有人知道幻肢是怎样产生的。大多数人认为，幻肢的感觉来自于截肢后遗留下来的残肢，甚至企图通过再多切除一些的办法来消除幻肢。但现代科技证明，只要体感皮质中与该肢体的相关区域发生重组，并对来自体其他部位的刺激做出反应，就会产生幻肢。所谓幻肢是指截除肢体后引起的被截除肢体的感觉。

6. 行为的习得性调节 很多脑损伤的康复依赖于学习，以充分利用平时用得少的未受损的功能。例如，管状视野者（失去外周视野）学会用转头来进行补偿周边视力的缺损。

脑损伤患者或动物可以学会使用最初表现为丧失而实际上只不过是受损的能力。例如，实验性切断动物背根，使下肢的感觉丧失，但动物仍能运动其肌肉，这种肢体运动称为“去传入”（deafferented）。虽然动物能运用其肌肉，但很少去做。例如，猴的肢体“去传入”后，不能自发用其行走、抓物以及作任何随意运动。研究人员最初的假设是，猴由于失去感觉的反馈而不能运用其肢体。然而，在以后的实验中，切断两前肢的传入神经，尽管损伤更广泛，但猴仍能重获使用两侧去神经前肢的运动。它能以中等速度行走，在金属网壁上向上或侧行，用拇、示二指摘取葡萄。由此可见猴不能运用一侧去神经的肢体，仅仅是由于用三肢行走要比使用受损肢体运动来得容易，当两肢去传入时，猴就被迫使用四肢。

一个重要的提示是，许多脑损伤的人，尤其是在损伤初期，甚至没有为尝试使用受损的

笔记

能力而付出大量的努力。他们能够做的要比正在做的和他们认为自己能做的要多得多。因此，对脑损伤患者的治疗，有时需要指出他们能做多少，已经做了多少，并鼓励他们去实践这些技能。

第三节 脑的结构与功能

一、大脑皮质的结构与功能

哺乳动物大脑最重要的部分是大脑皮质（cerebral cortex），它由大脑半球外表面的细胞层构成，其延伸到内部的轴突组成大脑白质。两半球之间有神经元与对侧交流，形成强大的胼胝体及较小的前连合。其他几个连合连接皮质下结构。大脑皮质中不同区域细胞的微观结构明显不同，不同的结构对应不同的功能。

大脑皮质由各种神经细胞和纤维组成，胞体层平行于皮质表面，并由纤维层分开。在人类和大多数哺乳动物中，大脑皮质总共分为六层（laminae），由表面向下依次分为：（Ⅰ）分子层；（Ⅱ）外粒层；（Ⅲ）外锥体层；（Ⅳ）内粒层；（Ⅴ）内锥体层；（Ⅵ）多形层。各层的厚度因脑区的功能而异，某些脑区可缺少某种细胞层。皮质Ⅴ发出长轴突到脊髓和其他远距离区域，在运动皮质中是最厚的，并且对肌肉有着最强的控制力。皮质Ⅳ接收从丘脑的感觉核发出的各种轴突，在大脑皮质感觉区（视、听、躯体感觉）最厚。近年有些个案报道，具有精确形象记忆者的视皮质、能精确辨别音调的音乐家的听皮质都厚于常人。

人及其他哺乳动物的大脑皮质在32周胎儿的大脑皮质已经形成6层结构，在以后的发展中，各层的变化使有的脑区失去6层的典型结构。神经科学家根据大脑皮质组织结构的不同把大脑划分为不同的脑区。为了便于理解，我们将这些脑区分为四个脑叶：额叶、顶叶、颞叶、枕叶。

大脑皮质的基本功能是对感觉材料进行整合和精细加工。随着对脑损伤患者研究的深入，神经心理学家推断出大脑皮质各叶一些彼此独立的脑功能系统：额叶与思维、智能和行为有关；颞叶与听觉、嗅觉和记忆有关；枕叶和岛叶分别是视觉和味觉的中枢；而顶叶则与人的空间感觉有关。比如人类大脑皮质一定区域的损伤，会引起听、说、读、写不同语言功能的障碍，由此确定了大脑皮质中有关语言活动的代表区。随着认知神经科学的最新理论与无创性脑成像技术、多导微电极记录和分析技术以及分子神经生物学等最新研究手段的结合，使人们对大脑各区域的神经心理功能有了更深入的认识。

（一）额叶

额叶是脑发展最晚的部分，约占人类大脑的1/3，包括初级运动皮质和前额叶皮质，从中央沟一直延续到大脑的最前端。额叶的后部是中央前回，位于中央沟之前，通常将其区分为三个主要的部分：①中央前回的运动区（4区）。②包括额上回、额中回和额下回后部的前运动区。有眼运动区（6区、8区和9区的一部分），前言语区（Broca区，相当于44区和45区的一部分），辅助运动区（MsⅡ，相当于内侧额回）等。除躯体运动外，还负责眼球运动（两眼同向侧视等）及言语运动。③包括额上回、额中回和额下回的前部以及眶回和内侧额回大部分的前额区。相当于9、10、11、12、32、45、46、47区。与皮质各叶、小脑、丘脑及脑神经的一些运动核有联系，参加复杂的躯体、内脏及一些心理活动如情感。按鲁利亚三级区的观点，运动区相当于一级区（运动指令的执行）；前运动区相当于二级区（运动的组织）；前额区相当于三级区（高级整合）。

额叶的功能广泛而复杂，几乎涉及所有认知功能，如抽象思维、智力整合、情感、工作记忆、计划以及决策等心理过程。额叶与记忆功能关系密切，对非人灵长类的研究表明，有两

个主要的神经回路参与工作记忆活动，一个是皮质 - 皮质神经回路：由前额皮质、顶后皮质、扣带回、海马等结构组成；另一个是皮质 - 皮质下神经回路：由前额皮质、纹状体、苍白球、黑质等组成。额叶不同部分之间存在着明显的记忆功能差异。主动的工作记忆功能可能较多取决于左额叶，额叶的眶面和内侧面的一些皮质部似乎是边缘丘脑记忆系统的一个组成部分。额叶皮质的外侧面和背侧中部的一些部位与大脑新皮质后部的特定部位有密切的交互联系，形成了重要的皮质环路。这些额叶区是对组织复杂行为与高度特异化的学习、记忆有关的部分。

前额叶皮质可能是执行控制功能的关键结构。前额叶工作记忆过程由于能满足执行控制所需的特性（信息的暂时性存储、提取、加工）被认为是执行控制的重要神经基础。执行功能是指人对许多认知加工过程的协同操作。即：在实现特定目标时，所使用的灵活而优化的认知神经机制。研究结果表明，前额叶损伤的患者会出现智力、推理或社交等障碍。如无法从事计划组织活动、容易分心或无法转移注意力；虽然短时存储表现正常，但是做决定、分类转换任务时，作业成绩较低；且有易冲动、激惹、欣快和社会责任感下降等行为表现。前额叶受损引起的患者性格和行为改变称为额叶综合征。主要有行为的整合受损（丧失抽象思维的能力，不能计划和完成某一动作过程，不能考虑某一动作引起的可能后果）；明显的人格改变（对未来的焦虑和关心减少，易冲动不能自制；爱开玩笑和轻度欣快；缺乏主动性和自发性）等。由于损伤的部位及面积不同，故症状有较大差异。有研究者把这种额叶损害综合征归纳为八个方面：①自制力的缺乏，导致自夸，敌视与侵犯他人；②注意力分散而不能集中，易受无关刺激的干扰与吸引；③活动过度，多动不安；④观念飘忽，情绪不稳，多有幼稚的幻想与不恰当的戏谑诙谐；⑤缺乏主动性，缺乏计划性；⑥记忆障碍，限于近事遗忘；⑦道德与社会观念受损害，对亲人丧失感情；⑧有欣快感，对自己的严重情况缺乏自知力而自我感觉良好。

（二）顶叶

位于枕叶和中央沟之间，前界为中央沟，后界为顶枕裂，大脑外侧裂的延伸线形成下界与颞叶分开，有内、外两面。由四个部分组成：①中央后回（3、1、2 区）的第一体感区，为初级躯体感觉皮质，是触觉信息和来自肌肉牵张感受器及关节感觉器的信息的主要目的地；②位于外侧裂后肢上缘，与岛叶相邻的第二体感区，主要接受痛觉信号；③后言语区，主要部分在颞叶，也包括顶下回的 39、40 区；④味觉区，位于沟回和岛叶的前部，电刺激人类的 50 区（相当于外侧裂深入的中央区皮质）可引起味觉，“沟回发作”的癫痫患者常有味幻觉和嗅幻觉先兆。

初级躯体感觉皮质受损可导致躯体对侧相应部分痛觉、温度觉、压觉和触觉严重减退，以及辨别觉和位置觉丧失。如局麻手术中刺激该皮质，患者只有针刺感、蚁走感而无疼痛感。到达一级皮质感觉区的信息，在二级联合区进行整合，并与原来贮存的记忆信息进行对比，而成为经验的一部分。顶叶在逻辑或符号性关系的认知上极为重要。优势半球顶叶病变的患者可表现符号综合障碍，优势半球顶叶下部病变的患者对句法的抽象逻辑关系意义的理解也有困难，如患者不能理解：“我父亲的兄弟”与“我兄弟的父亲”的两种完全不同的意义。

顶叶损害症状群有以下表现：①中央后回损害时，对侧浅感觉如触觉、痛觉、温度觉可以没有明显障碍，或者病损开始时有障碍而不久即获得恢复；对侧自身肢体关节的位置觉、实体觉、两点辨别觉、重量辨别觉、刺激局部定位有明显障碍；可出现知觉消去现象，表现为两侧躯体两点同时给予触觉刺激时，患侧触觉消失，不再被感知，而单独刺激一侧时有触觉存在；感觉型癫痫发作（对侧皮肤阵发性出现异常感觉，如麻木感、蚁走感、烧灼感等）沿一定部位扩散。②优势半球顶叶损害的特殊症状群：以 Gerstmann 症状群为主，并伴有失读

笔记

症。语义性失语症（健忘性失语症），双手的观念性或观念运动性失用症（合称感觉性失用症）。③非优势半球顶叶损害的特殊症状群：以空间失认症为特征，有半侧空间失认、空间计算困难、结构性失用症，伴有穿着失用症、特征性的半侧身体失认症、一侧手的失用症、相貌失认症（对面像辨认时半侧轮廓模糊与用暗点省略化）。④任何一侧顶叶损害均可出现辨别性知觉障碍，对侧下1/4视野的同侧象限盲。另外，顶叶损害可出现半侧肌萎缩、共济失调、前庭症状、味觉障碍与幻味（脑岛顶盖部病灶）、眼球运动障碍（凝视或视线偏移，偏向病灶同侧而有对侧视野忽视现象）。⑤顶叶损害引起了空间知觉与体像知觉障碍之后，患者有一系列精神症状，如定向障碍、非现实感，人格解体，甚至自体变形感及对疾病缺乏自知力。

（三）颞叶

颞叶是两个大脑半球最外侧的部分，位于大脑外侧裂之下，有外侧面和下内侧面两部分。外侧面由两条沟分为上、中、下三个回。下内侧面包括内侧枕颞回与外侧枕颞回，以侧副裂与海马回相隔。颞上回在外侧裂内侧转入脑岛成为Heschl回（相当于41、42、52区）。颞叶后部与视皮质及上方的顶小叶相关。颞叶包括三个部分：①听区，位于前颞横回颞上回；②前庭区，确切部位尚未弄清，人可能在听区前的颞上回部分，猴在顶叶后中央回附近；③视区，猴的颞上沟在后缘皮质有一视区，接受V1、V2、V3视区的传入，与物体运动方向及速度有关。

颞叶是听觉的主要中枢，颞叶受损可表现出听觉失认（双侧颞横回）、听觉性失音乐症（颞上回中间1/3区域、颞横回前面或颞极），颞叶肿瘤可能会导致听觉和视觉上出现复杂的幻觉。颞叶在情感和动机行为中也起着重要的作用，颞叶受损会导致一系列行为障碍。之前表现出狂躁和侵略性行为的猴子颞叶损伤后，它们不能表现出正常的恐惧和焦虑。

颞叶损害症状群有下列表现：①听觉障碍；②前庭症状：颞叶病变患者处于坐位而将座椅突然倾斜时，常缺乏代偿性平衡运动而跌倒，处于站位时易向健侧方向倾倒；③视觉障碍：颞叶视放射纤维受损，可出现同侧偏盲或上1/4视野的象限性盲。颞叶损害时有单纯幻视（颜色、形状）与复合幻视（人物、动物、景色等），复合幻视常源于接近枕叶处侧面的颞叶皮质病变；④幻嗅、幻味：幻嗅、幻味的出现是沟回发作特征性的先兆症状，海马沟回的病变可引起嗅觉减退或脱失；⑤颞叶癫痫发作：表现为丰富的幻觉，记忆障碍，焦虑恐怖等情绪障碍，意识范围缩小（朦胧状态或梦幻状态、对周围环境有不真实、非现实的体验），精神自动症、神游、梦游、咀嚼动作、眼与头部的回转动作，躯体兜圈动作，最后可引起全身痉挛发作。

（四）枕叶

枕叶位于大脑皮质的后部，相当于17、18、19区，是视觉信息传导的主要目的地。包括两部分：①一级视区（17区）：枕叶末端的枕极被称为初级视觉皮质，因为这部分脑区的横截面呈现条纹状的外观，也被称为纹状皮质；②纹外皮质：18区为二级区，进行单一（视觉）模式的加工与综合，围绕Ⅵ外周，19区则围绕在18区之外，将视觉信息传向其他脑区，在跨模式整合中起着重要的作用。由于它们都是围绕在纹状皮质之外，故被称为纹外皮质。

枕叶皮质与视觉功能密切相关，损毁纹状皮质的任何区域都会导致相关视野的皮质盲。如，右半球纹状区的大面积损毁会导致左侧视野的视盲。一个枕叶皮质盲的患者有着正常的眼睛、正常的瞳孔反射，但没有模式知觉或者视觉表象能力。

枕叶损害症状群包括以下方面：①视觉障碍；②枕额叶联系障碍：视觉不仅是枕叶皮质的被动感知，也是额叶积极参与眼球运动调节并与枕叶皮质的视觉感知密切协作的过程；③失写症：枕、顶、颞、额叶的损害与联系纤维的中断均可造成书写障碍。

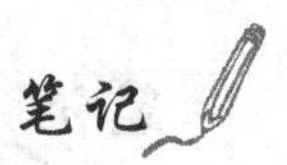

二、边缘系统的结构与功能

根据进化和功能的区分，人们将大脑半球内侧面胼胝体周围和侧脑室下角底壁周围的弧形部分称为边缘叶（limbic lobe）。它们包括隔区（胼胝体下区和终纹旁回）、扣带回、海马旁回、海马和齿状回等。将边缘叶和有关的皮质下结构包括杏仁核、下丘脑、上丘脑、背侧丘脑前核和中脑被盖等合称为边缘系统（limbic system）。这一系统在种系发生上出现较早，纤维联系也十分复杂。边缘系统是低等动物获得应对环境变化经验的最高中枢，和嗅觉与内脏活动有密切关系。并参与个体生成和种族繁衍功能（如觅食、防御、攻击、情绪反应和生殖行为等）。海马还与学习记忆有关。由于边缘系统通过下丘脑影响一系列内脏神经活动，故有人将之称为内脏脑。

最初，研究者们更关心边缘系统与情绪反应的关系。帕佩茨（Papez）曾提出情绪环路的概念。他认为扣带回、海马、穹窿、乳头体、丘脑前核、扣带回形成情绪反应的主要回路，新皮质可通过扣带调节情绪反应，这条回路被称为帕佩茨环路。后来的研究发现，引起情绪反应的其他环路，从海马、杏仁核、下丘脑、前额叶、联合皮质、海马的神经通路对情绪反应具有更重要的作用，同时，大脑皮质、边缘系统和中脑之间还形成一些往返通路调控着与奖赏或动机相关的行为。由于大脑新皮质的高度发展，低位皮质或核团的许多复杂功能逐渐上移到高位皮质，边缘系统的作用退居到从属地位。但高位皮质仍通过边缘系统控制着个体基本的学习记忆、情绪反应、内脏活动以及一些本能行为。

（一）丘脑

丘脑是间脑中最大的核团，对称地位于第三脑室的两侧。丘脑被薄层白质纤维内髓板和外髓板分为以下几个主要核群：前核群、内侧核群、外侧核群、板内核群、中线核群和丘脑网状核。这些核群又可再分为细胞构筑、纤维联系和功能各不相同的多个亚核。丘脑各核团的纤维联系广泛而复杂。丘脑不仅在其内部各核团间，且与中枢神经各部之间多存在直接的纤维联系。丘脑是外周传入大脑皮质的中继站。丘脑与大脑皮质间的往返纤维集中通过于内囊，然后分散投射至半球各皮质区，形成丘脑辐射（thalamic radiation）。根据丘脑核的联系和分布的不同可将其分为特异性中继核、非特异性中继核和联络核。丘脑后部的延伸部分称为后丘脑，主要包括内、外侧膝状体。内外侧膝状体分别接受外周听觉和视觉的传入纤维束，再分别发出投射纤维到大脑颞叶和枕叶皮质。内、外侧膝状体分别是听觉和视觉的传导中继站。在灵长类动物，大约有 90% 的视网膜纤维是通过外侧膝状体换元后投射到视皮质的。

除嗅觉以外的其他所有感觉冲动在传入到大脑皮质特定的区域之前都要经过丘脑的特异性中继核团，再由中继核团发出的纤维形成特异性的投射系统。丘脑除对来自外周感受器的各种感觉冲动传入大脑皮质的中继站外，也对传入的感觉信息进行初步的加工整合。丘脑会对触、温、冷以及疼痛刺激产生粗略的感知，这些粗略的感知还常伴有如厌恶或愉快的情绪性质。丘脑和大脑皮质间存在着广泛的往返联系，大脑皮质的下行纤维对丘脑有抑制作用。解除这种抑制可导致丘脑过度活动，产生感觉的过敏和异常。丘脑损伤会导致对侧身体的感觉障碍，例如，丘脑膝状体动脉栓塞时，可造成一侧丘脑的部分损伤而产生“丘脑综合征”，表现出对侧半身的感觉障碍，痛、温觉阈值增高，精细辨别性触觉和运动觉严重受损，同时还可出现明显的情感性色彩，如对一般的温度刺激可引起厌恶等感觉，还表现出痛觉过敏甚至感觉错乱。

（二）杏仁核

杏仁核（amygdala）是边缘系统的最重要的核团之一，附着在海马的末端，呈杏仁状，由中央核和外侧基底核组成。与面对环境时动物产生恐惧反应和逃跑行为有关，是增强惊跳

笔记
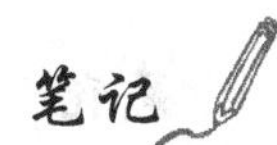

反射的最重要的脑区。情绪生理或行为反应一般由中央核控制，而中央核也接受外侧基底核的调节。外侧基底核主要通过三条途径接受来自外界或中枢的危险信号，即感觉联合皮质、听觉皮质和丘脑听觉中枢的直接传入。杏仁核的外侧和基底外侧的细胞能够接受视觉和听觉方面的信息，信息再传到中央核，中央核的传出纤维投射到中脑的中央灰质区域，信息被传至位于脑桥的负责惊跳反射的核团。从杏仁核到脑桥通路中的任何一环出现问题都会影响对恐惧的学习，这对动物逃避危险具有重要的生物学意义。

早在20世纪初，有研究者就对猴子杏仁核损伤做了经典性的研究，杏仁核损伤后的猴子表现出驯服和平静，它们试图拿起之前很回避的东西，如点燃的火柴。它们对蛇或猴群中的领导者表现出了更少的恐惧。研究者们把这一表现称为Kluver-Bucy综合征。

（三）海马

海马（hippocampus）是位于丘脑和大脑皮质之间的一个结构，在侧脑室的底部形成弓形隆起，头端呈扇形膨大，尾部逐渐变细，形状酷似海马，膨大的头端和延长的尾部合称为海马结构，是边缘系统最重要的结构。海马结构包括海马、齿状回、海马旁回及下托，属于古皮质。海马属于异型皮质，由多形层、锥体细胞层及分子层等3层构成。海马结构皮质中最具有特征的是锥体细胞和篮细胞。整个海马的层次和结构比较一致，但细胞的构筑不同，一般都将海马划分为CA1、CA2、CA3等3个区。

海马在学习记忆中起着信息筛选或调度的作用。海马头端主要通过旁嗅球联络大脑皮质不同感觉区，在特定种类的记忆保存和提取中起着重要的作用，是机体感觉和运动的整合区。海马接受各种形式的感觉（嗅觉、视觉、听觉和躯体感觉系统）传入冲动，发出的纤维广泛投射到新皮质和脑干中枢。海马神经元对伤害性刺激（疼痛）有反应，海马和情绪活动相关，又是学习、记忆的重要解剖基础和神经中枢，与近时记忆，情节记忆有关，还与认知功能关系密切。

海马结构受损，可表现出短时记忆受损，陈述性记忆受损但程序性记忆保持完好，而情景性记忆严重丧失。如海马切除的患者会不厌其烦地反复阅读同一本杂志，有时候会对他人讲一些有关他儿时的事件，紧接着在1~2分钟之后会再次对同一个人讲述同样的故事。海马是陈述性记忆、特别是情景记忆的关键位置。虽然海马受损的患者对新近发生事件的记忆存在严重障碍，但对新获得技能的记忆却没有困难。有人用动物实验证明海马受损的大鼠，表现出了对于特殊事件性质的记忆（情景性记忆）受损。

（四）纹状体

尾状核、壳核和苍白球合称为纹状体（striatum），是基底神经核的主要成分。纹状体是基底核中主要接受来自大脑皮质和某些皮质下结构的传入纤维。纹状体中，壳核主要接受来自第一躯体感觉区（S1）和第一运动区（M1）的传入，加工来自与感觉有关、经S1传入和M1中运动神经元传来的相对简单的信息；而尾状核则接受联络皮质来的纤维传入，与高级神经活动和情感活动有关。纹状体也是大脑多巴胺回路的重要组成部分，大脑的多巴胺神经回路涉及大脑的许多高级认知活动如学习、计划和选择等。纹状体边缘区，是脑内血氧供应最快速和丰富的部位。纹状体的边缘区与学习记忆脑区有密切联系，并具有调控的功能，可能是脑内一个新的学习记忆中枢。有研究者认为边缘区与脑内海马、杏仁核等有关学习记忆的结构间有密切的功能和结构联系，是联系边缘系统和Meynert基底核的中间枢纽。纹状体功能受损会导致对皮质信息的情绪调制和行为预期结果表征能力的缺失，认知功能下降。

（五）扣带回

扣带回（cingulate gyrus）是边缘系统的重要组成部分，位于大脑半球内侧面，扣带沟与胼胝体沟之间，将胼胝体不完全地包裹。可分为前扣带回（24区）和后扣带回（23区）两部

分。扣带回与其他脑区之间有广泛的联系(多为双向性),接受来自丘脑前核、新皮质的投射,同时也接受来自脑的体感系统的输入。参与多种个体及种族生存有关的功能以及情绪反应,与情感、学习和记忆密切相关。扣带回受损可影响个体的情感反应,如有研究发现扣带回毁损的猴子明显地丧失情绪反应,它们对待人或其他动物就像是对待无生命的物质一样。它们会公然去吃同伴拿着的食物,但当对方与它争夺时,它除了表示惊奇外再无任何反应。

知识链接 3-3

深度脑刺激扣带回治疗抑郁症

Mayberg 等(2005)的神经影像学研究发现,传统抗抑郁治疗无效的抑郁症患者扣带回下区代谢过度活跃。因此他们假设,慢性刺激可能"逆转这些回路中的病态代谢活性"。深度脑刺激是脑部疾病的新型疗法,与"电休克"疗法不同,这种疗法将电极放置在大脑皮质,直接向大脑的特定部位发出微弱电刺激。这些电极与植入锁骨下面的一个电波电压生成器相连,这样就可以连续释放出高频低压电脉冲。研究者纳入了 6 名重度抑郁症患者,尽管采用抗抑郁剂、心理治疗和电休克治疗,但近 1.5~10 年仍有发作。局麻下将电极植入扣带回下区双侧白质。电刺激后,患者报告突然心情平静、意识增加和兴趣增强。患者的运动速度加快,自发语言速度提高,患者说他们感到"空虚消失"了。持续 2 个月的刺激后,5 人汉密尔顿抑郁量表上的评分至少下降 50%;6 个月后 4 人有持续抗抑郁效果,其抑郁症症状大部分消失,包括精力、兴趣和精神运动速度增加,淡漠减少,开始和完成任务的能力改善。研究组关闭了其中一位女患者的电刺激,随即发现几周之后她又逐渐出现抑郁症状,但是在电路接通之后,她又很快恢复了较为良好的情绪。PET 扫描显示,疗效好的患者扣带回下区和海马回的血流减少,而前额叶和脑干血流增加。

来源:Mayberg HS,Lozano AM,Voon V,et al. Deep brain stimulation for treatment-resistant depression. Neuron,2005,45(5):651-660.

(六)岛叶

岛叶(insular)是大脑皮质的一部分,它是向内凹陷的皮质区域,与额叶、顶叶、颞叶的皮质相连并被它们覆盖;还与外侧嗅回、梨状区及丘脑的中央中核相连,前部与前边缘旁脑区和杏仁核有广泛的纤维联系。岛叶具有多种不同的功能如记忆、驱动、情感及更高的味觉、嗅觉自主控制等,刺激猴类岛叶可引起面部及肢体运动反应;在人类引起内脏反应,也有人认为是味觉区。近年来的研究显示,岛叶除了参与情绪的调节之外,还有认知功能,特别是对言语材料的认知加工起作用。目前的研究证实,双侧岛叶都参与了言语材料的编码和提取加工,左侧岛叶还是双语者语言获取的重要脑区。

三、小脑的结构与功能

小脑(cerebellum)位于大脑半球后方,覆盖在脑桥及延髓之上,横跨在中脑和延髓之间。小脑可分为左右小脑半球及中间的蚓部。小脑表面的灰质为小脑皮质,白质位于其深部称为髓质,埋藏在髓质内的灰质团块称为小脑核或中央核。小脑皮质表面有较密且深的平行横沟将之分为横行的薄片称为小脑叶片,若干叶片组成小脑小叶,叶的形成和发生与功能有关,不同部分具有不同的调节功能。按功能可将小脑分为前庭小脑或称古小脑(archicerebellum)、旧小脑(paleocerebellum)或脊髓小脑(spinocerebellum)以及新小脑(neocerebellum)或皮质小脑(corticocerebellum)。前庭小脑主要接受来自前庭器官和前庭核的传入,有调整肌紧张、维持身体平衡的作用;旧小脑是种系发生较为古老的部分,主要

笔记

的功能是控制肌肉张力和协调性；而新小脑影响运动的起始、计划和协调，包括确定运动的感觉、力量、方向和范围等。小脑受损或发育不良，患者不能保持平衡和协调，不能完成走路或跑步等动作的协调。近年来的研究表明，小脑除了参与运动功能以外，与信息加工以及学习和记忆功能有关。小脑损伤患者很难作出需要准确定位和计时的快速运动。小脑损伤的患者难以敲出节律、拍手、指着运动的物体、写字或演奏乐器。除了举重这种不需要定位和计时的运动项目以外，患者几乎不能进行所有的体育活动。小脑受损者需要更长的时间来转换他们的注意。

四、其他脑结构与功能

（一）基底核

基底核（basal nuclei）也称基底神经节（basal ganglia）是位于丘脑外侧的皮质下结构，主要由尾状核、壳核和苍白球组成。由于中脑的黑质和间脑的底丘脑与上述核团联系紧密且有重要的调控运动的功能，研究者们也将之归为基底核的范围。基底神经核有大量的联系纤维与皮质的感觉运动区、运动前区及前额叶皮质交换信息。额叶负责计划行为序列和记忆与情绪表达的特定方面，这提示基底核在运动的计划阶段起重要作用，特别是这些运动涉及需要将若干单关节运动组合为复杂运动时，将各种感觉刺激、记忆储存信息转换成合适的运动反应时，基底核起着关键的作用。如在基底神经核受损的帕金森病和亨廷顿病患者最显著的症状表现为运动能力受损，同时也表现出抑郁以及记忆、推理和注意的缺损。

（二）垂体

垂体（pituitary gland）又称脑下垂体或垂体，是一个内分泌腺体，位于下丘脑腹面的下方，由一个含有神经、血管和结缔组织的柄向上借漏斗柄与下丘脑的漏斗相连。垂体由前叶、中间叶和后叶3个部分组成。在来自下丘脑信息的作用下，垂体合成和释放激素到血液中，由血液将其运输到其他器官。

（三）脑室

大脑内部的一些充满液体的腔隙称为脑室（ventricles）。各脑室间有小孔和管道相通。每个大脑半球内有一个大的侧脑室，其后部连接位于中线的第三脑室，将左侧丘脑和右侧丘脑分开，第三脑室与位于小脑和延脑及脑桥之间第四脑室连接。脑室内的脉络丛细胞产生脑脊液（cerebrospinal fluid），脑脊液为一种类似于血浆的透明液体。脑脊液在各脑室、蛛网膜下腔的中央管流通，保护大脑不受大脑移动时产生的机械撞击的影响，并为大脑提供浮力帮助支撑大脑的重量，同时为大脑和脊髓提供所需的内环境（激素和营养）。如脑室的通道发生阻塞，脑脊液的流动受阻，在蛛网膜下或脑室内积留，对脑产生越来越大的压力。如果这种情况发生在婴儿，被称为脑积水，表现为过大的头颅，常与精神发育迟滞有关。

第四节 大脑半球偏侧化

一、大脑侧性优势概念

大脑功能侧性优势（偏侧化）（lateralization）的概念形成来自于19世纪有关失语症的研究（参见其他章节）。后来发现一些复杂的高级功能如说话、阅读、书写、计算、左右辨别等都由左侧半球主管，所以称左半球为优势半球。大脑侧性优势概念是从人的“利手”的概念类比而来的。人在长期劳动和使用工具的过程中，常习惯用一只手来进行一些日常活动，

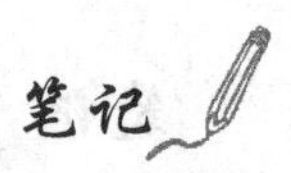

于是就有了手的优势——"利手"的概念，也由此逐渐形成大脑优势半球的概念。

大脑侧性优势是指大脑功能的不对称性(asymmetry)，其涵义是大脑的复杂功能在左右半球之间有一定的分工。但大脑两半球的功能存在差异是量的，还是质的，还是量和质都存在着差异？至今尚未完全明了。从理论上讲某一功能的不相等程度，可能是绝对的(只有一侧半球调节此功能)，也可能是相对的(一侧半球在调节该功能较为重要)，绝对的不相等是罕见的，更为常见的是相对的不相等。Milner(1974)认为大量的神经科学和神经心理学的研究表明，在两个半球对应的区域之间，既存在差异也存在相似。也就是说，大脑两半球在认知功能上也是相互补充的。Benton也认为，优势表明两半球功能的不对称性，也就是两半球以不相等的程度提供各种特殊的功能。所以，有些研究者宁愿说一侧半球具有某一特殊功能，而不说它是优势半球。Levy(1974)总结了功能不对称性的证据后认为，人的大脑两半球存在共生的关系，活动的能力与动机是相互补充的。脑的某一侧能够完成和选择完成一定的认知作业，而脑的另一侧对这一作业感到困难，或二者兼而有之。考虑到两套功能的性质，可能在逻辑上是不相容的，例如，右半球综合空间，左半球分析时间；右半球知觉形状，左半球则知觉细节；右半球将感觉输入形成表象，左半球则形成言语描述；右半球缺乏语音的分析器，左半球则缺乏完形的综合器。

认知神经科学研究的重点是大脑两半球功能的不对称性，Alan Beaton(1985)回顾了有关文献，发现关于大脑两半球不对称性的研究有以下十二个方面：利手；裂脑研究；正常人的半球不对性：方法、结果与问题；语言与偏侧化；不对称性的生物学和比较解剖学的研究；大脑专门化的个体发育；不对称性的性别差异；半球不对称性与阅读障碍；手与脑的偏侧化：左利与右手；情绪状态；不对称性与精神病理学；注意与唤醒。国内外学者十几年来在神经心理测验、利手、裂脑、半脑、言语与精神病学等方面进行了多项研究，取得了许多有价值的研究成果。

综上所述，现代脑科学研究中谈到大脑侧性优势，即大脑功能不对称性时，更多地看成为大脑两侧半球功能是相互补充，相互制约，相互代偿的，大脑各种心理功能的完整反应都是两侧大脑半球协调活动的结果。

二、利手与大脑功能侧性优势

人在长期劳动和使用工具的过程中，一些日常活动习惯用一只手来进行，于是就有了人手的优势"利手"(handedness)的概念。世界上大约90%的人习惯用右手执行高度技巧性劳动操作，称之为"右利手"。研究发现右利手人中绝大部分语言优势半球是在左侧，左半球管理右手劳动，所以长期以来"利手"被视为语言优势在哪一侧半球的外部标志。

研究资料显示，在西方国家，90%左右的人为右利手，左利手仅占5%~10%。有一些人为混合利，即左右手皆用。为了说明和探讨中国人的语言优势半球和利手情况，1981年的全国调查结果表明，中国人的左利手的比例为0.23%，不到西方国家的1/10，如果把潜在左利手也计算在内，也只有1.84%，远低于西方学者报告的比例。

知识链接 3-4

利手的评定方法和分类

为使利手评定规范化，现在多采用定式或半定式利手评定量表判断利手，例如西方有Annect的利手问卷，共12个项目，其中6个主要项目，6个次要项目；Oldfield的爱丁堡利手调查表，包括10个项目。我国学者参照以上方法，根据我国的具体情况，制定了10个项目的中国人的利手分类标准，分别是：执笔；执筷；掷东西；刷牙；执剪刀；划火柴；穿针；握钉锤；握球拍；洗脸。根据这些项目，利手的分类标准如下：强右利或强左利为10个项目全部

笔记

都用右手或左手；右利或左利为前6项都习惯用右手或左手，而后4项中1项或几项用另一只手；混合利为前6项中有1项至5项用一只手，其余5项至12项用另一只手。在混合利中以执笔为标准，如右手执笔则称混合利偏右，左手执笔则称混合利偏左。据此利手又细分为六种：强右利、右利、混合利偏右、混合利偏左、左利、强左利。有时粗分为三大类：右利（包括强右利）、混合利、左利（包括强左利）；或两大类：右利（包括强右利）和非右利（包括混合利、左利和强左利）。

鉴于我国儿童用左手写字或执筷常遭到纠正而被迫改用右手，其他项目仍用左手（即10项中有8项以上用左手），这种情况可考虑为潜在左利而计入左利中。

关于利手形成的机制和大脑功能优势的关系，学者们提出了不同的学说，大致可分成两类：一类是强调先天遗传素质和结构上的原因；一类是强调后天环境、社会文化和功能上的因素。目前倾向于认为先天遗传素质和后天环境、教育训练两者在利手形成中都起作用。由于婴儿在7个月之前没有利手倾向，多数学者认为手的运动是随着大脑功能的发展而发展的。利手的形成随大脑功能的偏侧化而逐渐偏向一侧。有研究表明，1岁之内左右手的抓物比例没有明显差异，随着年龄的增长右手率逐渐增加，2岁左右是左右手功能迅速分化形成利手的关键年龄，至3岁时多数儿童的利手就基本固定了。

过去认为利手是言语优势半球的外部标志，利手是随着个体言语的发展而发展并在言语的调节中形成的。经过许多研究，现在认为大部分左利者的语言中枢也在左半球，与右利者一样，所以不能说利手是言语优势半球的外部标志。另外，我国学者认为，儿童的利手形成和言语发展是不同生理基础上并行发展的两个过程，并不存在言语制约利手的问题。

三、大脑半球功能不对称性研究

（一）对正常人的研究

1. 视知觉和听知觉 视听知觉是正常人大脑两半球功能不对称性研究的重要途径。主要是利用速视器半边视野刺激术和同时双听技术，根据被试对到达左或右半球视或听知觉刺激的反应速度和准确性，证明特定的半球对特定的知觉类型所具有的优势。以视知觉而言，右半球视野优势（即刺激到达左半球）是各种言语材料；左半边视野优势（即刺激到达右半球）则为点的数目和位置、深度知觉/线条斜度、面部再认和形状再认等。以听觉而言，右耳优势（即刺激到达左半球）为言语材料和人声再认；左耳优势（即刺激到达右半球）为曲调、环境声音、两个咔嗒声的阈限和音高模式。

2. 一侧电休克法 即电极放置头部一侧额部，然后给予脑部电刺激发现，左半球功能被暂时抑制时，语言的知觉严重困难，言语活动下降，语言材料的记忆破坏，表现为各种失语症状，对语言的选择性注意被破坏，说明语言信号的识别和理解都是左半球的功能。右半球功能被暂时抑制时，表现为信号源的空间定向力被破坏，非言语信号（如物体发出的声音）的辨认遭到破坏，音乐旋律的知觉再认困难，言语交往中抗干扰能力下降，音调辨认不能，形象记忆破坏，不能辨认男人和女人的噪声，也不能控制自己说话时的声调和重读音节，但言语兴奋性大大提高。使用这一方法还发现，两侧半球对人的情绪状态起着不同的作用，当右半球功能被暂时抑制时，情绪高涨，欣快，言语增多，左半球功能被暂时抑制时，则情绪低落，沉默无言，自卑、自罪等。

3. 一侧麻痹法（Wada技术） 采用颈内动脉注入异戊巴比妥钠使一侧半球暂时处于麻痹状态。发现大脑语言优势半球并不依赖于右利或左利，音乐的知觉是右半球的功能，意识活动与语言优势半球相联系，而且暂时阻断两半球的联系，可以引起情绪状态的变化。

4. 脑电生理方法 研究表明两半球对言语和非言语刺激的视、听诱发电位存在着差异，并且这种诱发电位大多是某种心理功能（如期待、注意联想、记忆）而不是刺激本身所引起的。对正常人听觉事件相关电位 P300 地形图研究发现正常人大脑左侧顶颞区的电位功率高于右侧，而右侧前额区高于左侧。在与语言有关的实验中，右半球比左半球呈现较少的脑电活动（较少的 α 波），而在与空间有关的实验中则相反。

（二）脑功能障碍患者神经心理学研究

大脑两半球功能侧性化不仅可以根据临床观察加以确定，而且还可以采用神经心理测验加以鉴别。选择神经心理测验的一般原则是，能最大限度地发现不同脑区受损患者的行为、心理方面的缺陷，为认识大脑不同区域的功能和行为、心理的相关性提供可靠的信息。在具体选择测验时应该根据病史、神经病学检查和神经心理学知识选用适当的测验，可提供大脑侧性化证据的常用神经心理测验（表 3-1）。当然，可用于大脑侧性化研究的神经心理测验还有许多。

表 3-1 提供大脑侧性化证据的神经心理测验

		右半球功能测验	左半球功能测验
韦氏智力量表		操作测验	言语测验
韦氏记忆量表		触觉记忆记位	有关言语记忆分测验
Benton 视觉保持测验		√	×
人面认知测验		√	×
HR神经心理测验	失语甄别测验	结构失用	失语及计算不能
	触觉操作测验	记位	×
	触觉操作测验	左侧 < 右侧	左侧 > 右侧
	握力检验	左侧 < 右侧	左侧 > 右侧
	手指敲击速度	左侧 < 右侧	左侧 > 右侧
	感知觉检查	左侧存在更明显的障碍	右侧存在更明显的障碍

（三）裂脑人的研究

左、右两个大脑半球由 2 亿根神经纤维组成的胼胝体相连。1940 年起曾一度用切断胼胝体的外科手术方法治疗反复发作的顽固性癫痫，手术后临床观察未发现患者有明显的性格、思维、记忆等改变，从而认为胼胝体对高级神经活动并无作用。1950 年后，Sperry 等在动物实验中把胼胝体、视交叉中央同时割裂，造成真正的“割裂脑”（split brain），发现让感觉信息传入严格限于一侧大脑半球时，需要左、右大脑半球共同参与的感觉运动功能、学习记忆活动无法完成。1960 年初 Vogel 和 Bogen 将胼胝体、前连合、中央质沿正中完全割断治疗癫痫，患者在手术后经 Sperry 检查发现两侧大脑半球存在功能不对称。所以，Sperry（1961）采用外科手术将联结两侧大脑半球的胼胝体、前连合、海马连合以及视交叉纤维切断，使两侧半球各自独立地接受外界刺激及行使其功能的方法称为“割裂脑”法。它用以研究两侧半球在各自独立地接受外界信息时出现的心理活动，行为与大脑半球功能定侧化的相关性以及两半球协同活动重要性。Sperry 因“割裂脑”的研究被授予 1981 年生理与医学诺贝尔奖。裂脑人的研究使人们对于左右半球的功能特别是右半球的功能，有了更深刻的认识（图 3-5）。

笔记

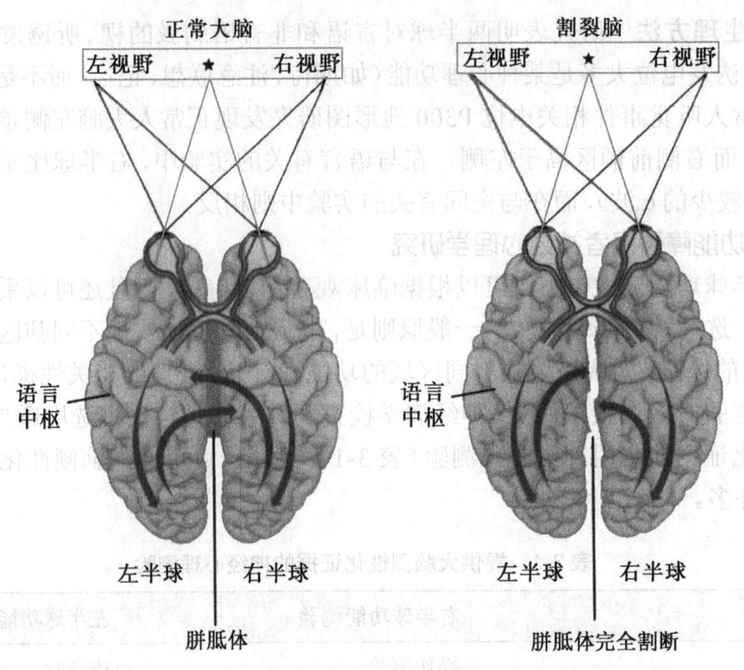

图 3-5 裂脑人示意图

裂脑人有许多特别的神经心理表现，比如用右手摸到一个物体时可以叫出它的名字，而左手摸则不能命名，但可以指出写着该物体名字的卡片。当一个图形呈现于患者的左半球视野时（即信息传至右半球），患者可以用左手在屏幕下摸出图形上的物体，但叫不出它的名字。左手拿过的物体，右手不能再认，反之亦然。要求患者用左手书写非常困难，而用右手书写则毫无困难。向患者的左半视野呈现一个问号，右半视野呈现一个美元符号，问患者看到什么时，回答说一个美元符号；要他用左手写出看到什么时，患者画出一个问号。将 10 以内的算术题如 3×4、10÷2，呈现于患者左半视野，他不能算出结果，甚至根本不理解数字的意义，说明主管计算的是左半球。要求患者用左手临摹和绘画时患者毫无困难，但用右手很难完成这一任务。同样，当要求患者用右手把一些部件拼凑成一个图形时也会出现困难。说明在空间知觉上右半球起主要作用（图 3-6）。

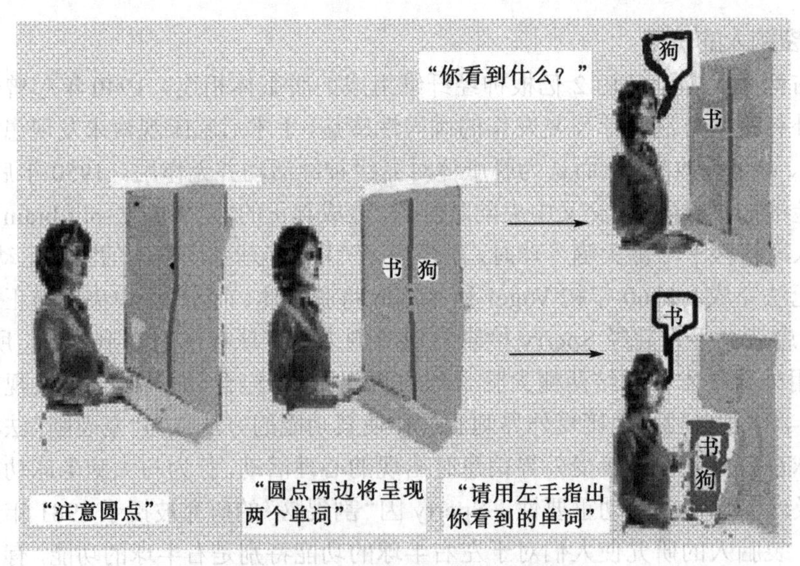

图 3-6 裂脑人神经心理实验示意图

笔记

（四）对半脑人的研究

由于各种原因（如脑肿瘤）切除一侧大脑半球而存活的人称半脑人。对半脑人研究的实验结果进行分析，使我们对两半球的相互分工、补充、调节和代偿有了更为深刻的认识。

半脑人的神经心理特征又有怎样的变化呢？传统理论认为，总的智力水平与大脑内神经元的总量有直接的关系，大脑半球任何部分的损伤都有可能表现出相应的高级功能的丧失。因而从传统理论上推测，丧失半个脑子必然会导致深度痴呆，而实际上往往并非如此。

右利手的患者左半球切除后仅表现严重的失语症，而无一般的痴呆。Smith（1966）报告了1例左半球切除的患者，他在术后立即出现了预期的右侧瘫痪、右侧偏盲和严重失语，随着存活时间的延长，患者的言语功能持续恢复，说、读、写和语言理解继续改善，在Porteus迷津测验中保存了学习能力，能解答抽象和具体的数学问题，并且在非语言的较高级智力测验中有接近正常人的结果。显然，右半球在所有这些功能上也起了作用。

右半球切除后仅产生知觉能力的高度缺陷，而言语功能和抽象思维相对地保持完整。即患者的智力无明显损害，但存在特殊的非语言缺陷，与视觉空间功能有关的测验都明显不正常。李心天等（1981）报道了1例因顽固性癫痫发作而作了大脑右半球（包括右侧部分基底节）全部切除14年后的患者，发现其整体智力保存良好，能胜任简单的工作，但右半球的视觉空间结构和抽象图形的认知有严重的损害，如在画人实验中，仅能画出一个头部，但右半球的另外一些主要功能并没有因切除右半球而完全丧失，而是不同程度地保存，如患者术前就喜欢唱歌，术后更爱唱歌，说明左半球代偿了右半球的这些功能。

根据以上两个方面的研究结果，进一步说明了大脑的某一个专门化功能，例如音乐旋律的感知，虽然是右半球占优势，但是左半球也具有此功能。正常时，两半球共同协作完成，当右半球丧失了这一专门化功能后，则由左半球给予代偿。

（五）性别差异的研究

在大脑功能不对称的研究中还发现存在性别差异，比如，女性比男性更容易成为右利手，男性左利手的比例比女性高；女性两侧半球都有言语代表区。原因可能是：一是解剖上存在差异，Bradshaw等（1977）测量脑的颞平面时发现女性的右侧颞平面较大；二是个体发育上存在差异，女性的神经生理和神经行为的成熟较男性快，男性在生理、言语方面成熟较慢，运动定位也较慢，因此男性利手与语言功能偏向同一侧半球的机会比女性要多些。这表明女性的脑功能偏向一侧化的现象不如男性（Wolff et al.，1977），女性两半球功能等能（equipotentialty），特别是语言的等能现象比男性多见，某些语言介入右半球的机会比男性多。由此类推，女性视觉空间功能比男性较差的原因可能是右半球该功能不如男性专门化。

（六）镜像书写的研究

镜像书写指所写的字左右方向相反，就像在镜子中见到的那样。可以是整个句子、整个文字全部反向，也可以部分反向；可以是有意识地写出，也可以是自发地写出。镜像书写可能与大脑两半球存在着不同的书写模式有关，是大脑两半球具有不对称性和两半球相互协调、相互补充、相互控制的又一证据。说明镜像书写与智力发展及大脑的成熟程度有密切关系。

左右半球出血、缺血均可能出现镜像书写现象，左半球出现者较多。正常儿童的镜像书写与年龄有关，学龄前儿童出现率高，随年龄的增长出现的人次和数目减少。左手出现镜像书写比右手多，双手同时书写比单手书写出现多，闭眼时镜像书写增多。聋哑人镜像书写出现总数及排列次序与正常儿童无差别；弱智儿童镜像书写的发育较同龄儿童迟缓。

目前对镜像书写有两种主要解释，一是空间扫描、肌肉运动和镜像中枢理论，认为镜像书写与视觉和肌肉运动发育及协调有关，并且左右两半球存在着不同的书写运动中枢，左半球为正常书写运动图式，右半球为镜像书写运动图式。一般健康右利手的成人中正常书

笔记

写运动图式占优势。但儿童这两种图式在大脑两半球建立不够牢固，特别是视觉形象的整合更为脆弱，加上儿童左右定向差，故常常出现镜像书写。而当脑血管病患者的左大脑半球病变使该侧的书写图式发生障碍时，右半球的镜像书写图式进而占优势而出现镜像书写。二是镜像书写的熟练理论，认为儿童开始用右手练习写字时，按一笔一画先后顺序从左到右反复练习，通过视觉和手指、手臂肌肉形成的运动在大脑中不断地反馈，在左右两半球中形成相同的书写运动模式，并不是互为镜像，但通过胼胝体传到对侧的都是镜像传导，正常情况下受到两半球协同的抑制。对某字书写的不熟练即这种图式的不稳定可导致镜像书写。正常的书写方式是用右手从左到右进行书写，书写方式的改变如双手同时书写、左手书写、从右往左书写都是不熟练书写。所以除正常书写外，其余各种书写方式在各年龄组中均可出现镜像书写。

综合以上研究，将大脑两半球不对称性功能概括如下（表 3-2）：

表 3-2　人类大脑左右半球不对称性功能

功能	左半球	右半球
视觉	字母及单词识别	复杂图形及脸孔识别
听觉	言语性声音	环境声音及音乐
运动	复杂随意运动	运动模式的空间组织
语言	听说读写	
空间和数学能力	数学能力	几何学、方向感觉和心理旋转

尽管许多研究得出了许多有价值的证据，但仍然只是初步了解大脑两半球功能不对称性问题，还有许多未解之谜，比如，大脑两半球如何整合感觉去认知外部世界？人类的意识如何被大脑半球所控制并保持整体性？语言的中枢表象在大脑两半球如何表现？大脑两半球是否具有不同的突触可塑性，从而怎样影响与学习和记忆形成、记忆检索的关系等？这些问题有待于新的无创性脑功能检测技术的完善及认知心理学、信息科学、神经生物学等相关学科的发展。进行多学科交叉研究，比如计算神经科学的发展将进一步揭示大脑两半球如何执行各种高级功能的算法。许多新概念将不断引入到大脑高级认知功能研究中，把脑功能看作是脑与环境作适应性相互作用的自组织过程的动力学分析、非线性分析，使人的高级脑功能实现高度抽象化的数学模型表达将成为现实。基于神经生物学的实验资料，具有透彻的数学和物理学上的分析脑高级功能的模型，有可能在大脑功能侧性化的研究中取得重大突破。

（朱熊兆）

思考题

1. 试述大脑皮质的分叶及其功能。
2. 前额皮质有什么功能？
3. 边缘系统的主要结构及其功能有哪些？
4. 脑损伤的可塑性表现有哪些方式？
5. 简述大脑两半球功能不对称性研究结果。

笔记

第四章 神经元的生物电活动与信息交流

学习目标

掌握：

1. 静息电位、动作电位、局部电位、阈电位、兴奋性的概念。
2. 神经元电信号的传播和交流方式。
3. 兴奋性和抑制性突触后电位的基本机制和特点。
4. 细胞内信号转导的基本类型。

熟悉：

1. 神经元和突触的基本结构特点。
2. 神经递质、调质、神经肽的概念和基本作用。
3. 内分泌系统的信号交流作用。

了解：

1. 神经元和突触的基本类型。
2. 神经胶质细胞的主要功能。
3. 神经元细胞内、细胞外、膜片钳记录技术。

心理活动和行为控制是神经系统特别是脑的功能。脑或神经系统是以神经元（neuron）为结构和功能的基本单位，通过突触（synapse）相联系而形成的神经元网络系统。神经元通过生物电活动编码、整合、传递信息，正是实现神经系统功能、心理活动的基础，因此了解神经元的生物电活动与信息交流功能是学习生理心理学的基础。

第一节 神经元与突触

神经元作为神经系统的基本结构和功能单位，通过突触与突触间的生物电活动实现神经系统的基本功能。

一、神经元和神经胶质细胞

（一）神经元

神经元由胞体（soma）、树突（dendrite）和轴突（axon）构成；大小和形态因部位、种类不同而各异（图 4-1）。通常按神经元的形态（突起为主）和功能进行分类。如根据神经元突起的数目分为单极、双极和多极神经元；根据树突是否有棘分为有棘和无棘神经元，按树突的构型分为同类树突（有直的、多向放射、带有少量侧棘的树突）、异类树突（有短而波状、分支多而密并局限于一定范围的树突）和特异树突（树突模式特殊）神经元；根据轴突的长

笔记

短分投射神经元和局部环路神经元；根据功能联系分为初级感觉神经元（primary sensory neuron）、运动神经元（motoneuron）和中间神经元（interneuron）；根据神经元的作用分为兴奋性神经元和抑制性神经元；根据所含神经递质分为胆碱能、单胺能、氨基酸能和肽能神经元等。

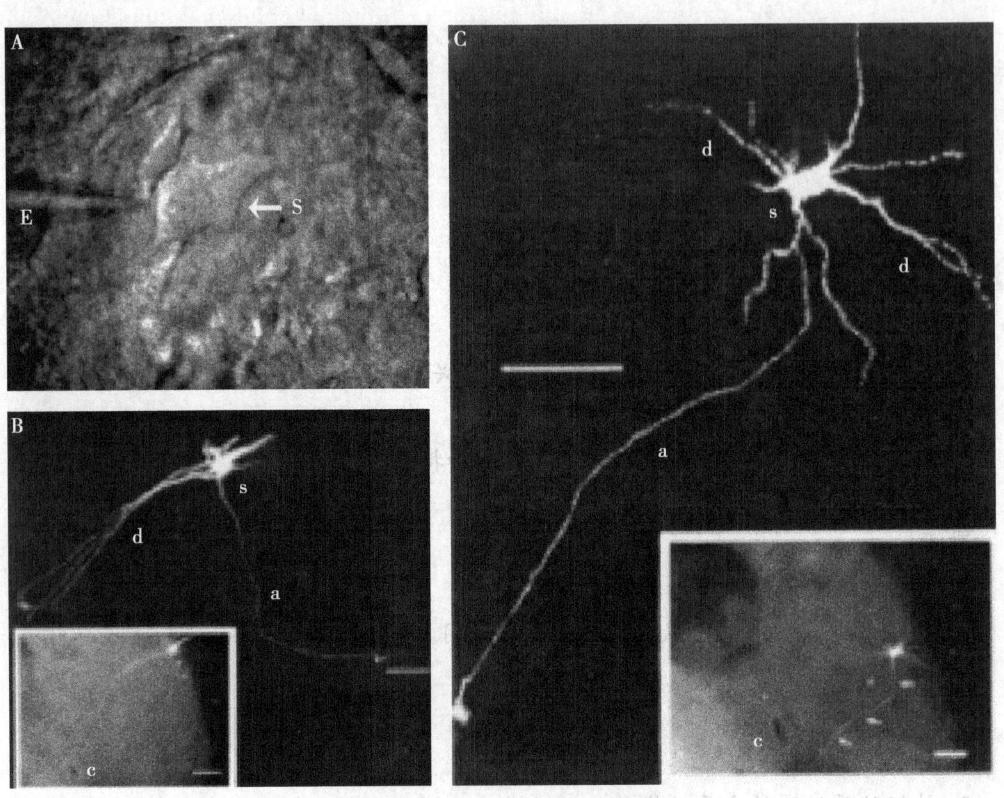

图 4-1　新生大鼠脊髓横切片神经元的各种形态

E：微电极；c：中央管；s：胞体；a：轴突；d：树突

具有神经元标志性特征的尼氏体（Nissel body）存在于胞体和树突中，由粗面内质网和游离核糖体组成，是合成蛋白质的主要部位。胞体向外发出的树枝状树突，其小分支表面隆起的树突棘（dendritic spines）是中枢神经系统神经元树突的特征性结构，一般认为树突棘是与传入纤维形成突触的部位。树突的功能是将信息传向胞体，经整合后由轴突传出。树突也可以单独完成信息传递，即由树突接受信息，然后从树突传出。有些树突末梢，在感觉器官中会和特化的结构相结合，成为感受器的组成部分。

轴突由胞体的轴丘（axon hillock）处发出，始段（initial segment）无髓鞘，兴奋阈低，常是神经冲动的始发部位。有髓纤维从始段的远侧端开始被有髓鞘，而称为无髓纤维的神经纤维实际上也有一薄层髓鞘。神经纤维的髓鞘在中枢神经系统由少突胶质细胞构成，在周围神经系统由施万细胞（Schwann cell）构成。髓鞘主要由髓磷脂组成，对兴奋传导起绝缘作用，但髓鞘并不连续，相邻两段髓鞘间的轴突部分，称郎飞结（Ranvier node）。轴突主干全长的粗细均匀一致，在主干上也可向直角方向发出侧支。轴突末端的髓鞘消失，经反复分支，分支末端膨大形成的扣状结构，称为轴突末梢或终扣（end bouton），与其他细胞形成突触。

（二）神经胶质细胞

神经组织中另一类细胞成分为神经胶质细胞（neuroglia）。哺乳动物脑中的神经胶质细胞数量约10倍于神经元，而且进化程度越高，神经胶质细胞占脑内细胞总量的比例越大。

中枢神经系统的胶质细胞分为两类：①大胶质细胞（macroglia）：源起外胚层，是神经胶质的主要部分，包括星形胶质细胞、少突胶质细胞；②小胶质细胞（microglia）：来自中胚层的胚胎单核细胞。在周围神经系统，有源于神经嵴的施万细胞，包裹神经轴突形成髓鞘；还有感觉上皮的支持细胞等。对神经胶质细胞功能的认识，近年取得较大进展（详见知识链接 4-1）。目前认为神经胶质细胞与神经元之间存在双向的信息交流，可能与神经元共同构成了中枢神经系统中的信息网络系统。

知识链接 4-1

神经胶质细胞的新功能

神经胶质细胞的功能，除了基本的支持、绝缘和屏障、保护、修复和再生、物质代谢和营养、免疫应答、维持离子平衡，以及对神经递质的调节和合成神经活性物质等作用外，近年还发现了许多新的功能，如有研究者观察到星形胶质细胞与神经元一样能对视觉刺激产生反应，而且受视觉刺激诱发的神经元活动，是通过激活星形胶质细胞再诱发血流的变化，这为功能性磁共振成像（fMRI）检测脑功能活动的原理提供了明确的解释，无疑对应用 fMRI 技术进行心理学研究提供了有力的支持。有关小胶质细胞突起具有可运动性特征的发现，对进一步了解胶质细胞的功能意义重大。另外，已发现直接与神经系统活动有关的功能有：①神经干细胞功能：在室管膜下区的一层原始的有分裂活性的干细胞，在成年期仍保留产生神经元、星形胶质细胞和少突胶质细胞的能力，已发现对星形胶质细胞通过选择性过度表达 Neurogenin2 可诱导成具有功能性突触的谷氨酸能神经元，过度表达 Dlx2 则成为 GABA 能神经元。②对神经元功能的调制：段树民实验室（2003）的研究发现，不仅谷氨酸能神经元活动增强时，可使邻近的神经胶质细胞释放 ATP，以防止神经元的过度兴奋，而且星形胶质细胞可通过释放 D- 丝氨酸，帮助产生长时程增强（LTP）反应，提示星形胶质细胞可能对脑的高级功能活动具有重要作用。③星形胶质细胞的“可兴奋性”：尽管星形胶质细胞不能产生动作电位，但星形胶质细胞间不仅以缝隙连接方式形成合胞体，而且被激活后能产生胞内钙波进行传播，故有人认为这种钙波可能是信号交流的另一种形式，可称为“内在 Ca^{2+} 可兴奋细胞”。④胶质细胞突触可塑性与学习记忆：段树民实验室（2006）发现在海马脑片 CA1 区观察到电刺激 Schaffer 侧支在 NG2 胶质细胞诱导快突触电流，具有类似于神经元兴奋性突触的长时程增强（LTP）的活动依赖性变化，鉴于突触传递的 LTP 被认为与脑的信息处理、储存、及学习记忆等有关，NG2 胶质细胞的突触可塑性对进一步认识脑的工作原理具有重要意义。

资料来源：寿天德《神经生物学》，2013

二、突触

突触是神经元与神经元及其他组织之间进行信息传递的功能连接部位，也是心理活动如学习记忆的重要结构基础。按传递机制分为化学突触和电突触。

（一）化学突触

化学突触（chemical synapse）是指通过神经递质（neurotransmitter）传递信息的突触，由突触前成分、突触后成分和突触间隙构成。突触前成分是神经分支末端的终扣，其细胞膜为突触前膜，并有大量由单位膜形成的内含递质的突触囊泡（synaptic vesicle）。囊泡是合成、贮存和释放递质的基本单位，也是递质量子释放的基础。其直径 20~80nm，呈圆形、卵圆形或扁平形。在同一个终扣内常有不同类型的囊泡存在，这是递质共存的结构基础。当神经冲动到来时，囊泡通过出胞作用释放递质。

突触间隙是指突触前膜和突触后膜之间的空隙，中枢神经系统的突触间隙一般为

笔记

10~30nm，周围神经系统的突触间隙可达 50~60nm。突触间隙含有电子致密物质，能结合递质并向突触后膜转运；其中糖蛋白与突触的识别有关，在突触的发生机制中有重要作用。由于突触间隙的存在，化学突触传递有 0.5~2ms 的突触延搁。化学突触一般是单向传递，即信息只能从突触前神经元传向突触后神经元。

突触后成分可以是神经元的树突、胞体或轴突，也可以是效应器细胞（如肌肉、腺体）等。突触后成分包括突触后膜、突触下网、突触下致密小体等。突触后膜（postsynaptic membrane）是突触后成分细胞质膜的延续，但在胞质面有比突触前膜更明显的致密物质聚集，称突触后致密质（postsynaptic density，PSD），形成了“增厚膜”的形态。PSD 是作为信息传递基础的特化结构，内含多种蛋白质，与信息传递直接有关的是受体蛋白、通道蛋白，还有使神经递质失活的酶类，如胆碱酯酶等。突触后膜上的神经递质受体可识别递质并与之结合，然后产生生理效应，完成神经信息的传递和加工。由此可见，PSD 对于心理活动的产生具有重要意义，如新近有科学家从接受脑外科手术的患者脑组织中提取出突触 PSD，且这些 PSD 蛋白质的突变与 133 种神经精神性疾病有关，涉及阿尔茨海默病等神经退行性疾病、癫痫等。

（二）电突触

电突触（electric synapse）也称缝隙连接（gap junction），电阻抗很低，以电耦合（electric coupling）方式在神经元间传递电信号。突触前膜与后膜均无增厚特化，也无突触囊泡，两侧膜的间隔只有 2~3nm。每一侧膜上都排列着多个圆柱状半通道，称为连接子（connexon），各由 6 个相同的蛋白质亚单位围成，中心有一亲水性的孔道。两侧的连接子相互准确对接，形成缝隙连接通道（gap junction channel），通道贯穿两个神经元的细胞膜，使两个神经元的胞质相通。该通道中的微孔道开口直径约 2nm，中间约为 1.5nm，带电离子可通过这些通道产生离子电流，一侧神经元产生的动作电位，可通过电流直接传到另一侧神经元。因此，其信号传递是双向的，而且传递速度快，几乎没有突触延搁。

第二节 神经元的生物电活动

神经元的功能活动是通过其生物电活动完成的，要了解神经元的信息处理功能以及其实现的心理活动，首先就要了解其生物电信号的产生和传导特性。

一、神经元生物电记录技术

神经信息主要以生物电信号为特征，故生物电记录和分析是研究神经系统生物电活动及其信息交流，以及心理活动的必要手段。

（一）细胞外记录

细胞外记录（extracellular recording）是将记录微电极插至神经元附近（不进入细胞内），当神经元产生电活动时，可记录到电极所在处与参考电极（通常在灌流液中并接地）之间的电位变化（图 4-2C）。细胞外记录不能精确观察神经元的正常极化状态（静息电位），所记录的电位幅度小（μV 级）、波形随记录位置（相对于电源或电穴的位置）的改变而不同，主要记录和分析放电的频率和潜伏期，是一种脉冲式信号记录，获得的信息量较少。细胞外记录受到周围细胞活动的影响，记录的是一种总和电位，常称作场电位（field potential）、单位放电记录等。近年发展起来的微电极阵列（microelectrode arrays）细胞外记录技术，如在直径约 5mm 的微区域内排列 8×8 个直径最小 10μm，间距最小 30μm 的电极，可以在神经组织的微区域对神经元网络进行较高空间和时间分辨率的记录和分析。现已有用于在体或自由活动动物，甚至人脑的微电极阵列记录，已成为生理心理学研究的重要技术。

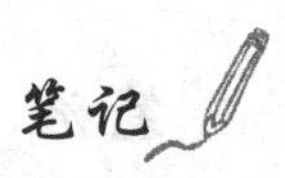

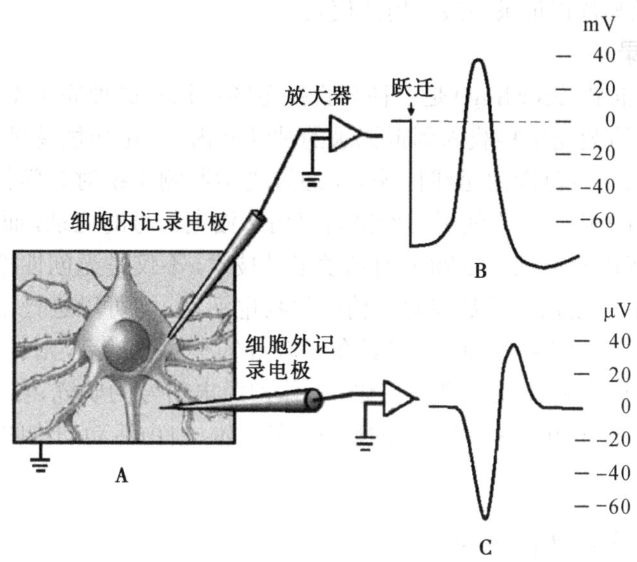

图 4-2 神经元生物电的细胞外和细胞内记录

A：细胞外记录和细胞内记录示意图；B：细胞内记录的静息电位（约 -70mV）和动作电位；C：细胞外记录的双相动作电位

（二）细胞内记录

细胞内记录（intracellular recording）是将一根电极置于细胞外作为参考电极，通过插入神经细胞内的玻璃微电极（尖端直径 <1μm），记录神经元膜内外的电位差（图 4-2B）。相对于细胞外溶液，细胞膜具有较大电阻值，在电学上隔离了细胞内外，故细胞内记录的信号幅度较大（数毫伏至百余毫伏），属于单细胞记录（细胞间有电突触存在的情况除外）。同时，细胞内记录是跨膜电位记录，较细胞外记录能获得更多的信息量，不仅可以精确记录静息电位、分析膜的电学特性和局部电位，还可以进行电压钳记录分析膜电流、离子通道活动等。

电压钳（voltage clamp）记录的基本原理，是在监测到的瞬时膜电位与设定的指令电压（command voltage）有差异时，用负反馈放大器向神经元内注入相应极性的电流使之恢复到指令电压水平，进而保持膜电位不变（电压固定），而记录到的注入电流应与引起膜电位波动的跨膜离子电流大小相等、方向相反，故用记录此注入电流的方法来代表跨膜离子电流（膜电流），即为膜电流记录。因此，电压钳记录到的使膜电位更负的注入电流，反映了正电荷进入细胞内的跨膜离子电流，称内向电流（inward current）；而记录到的使膜电位负性减弱的注入电流则相反，称外向电流（outward current）。由于常规细胞内记录的微电极尖端阻抗较大，注入电流的能力有限，通常只能用来钳制慢的电位变化，而且用同一电极进行记录和电流注入时，需要进行高速的电位记录和电流注入之间的转换，即为间断式单电极电压钳模式。

分析单个离子通道的生物电活动可借助膜片钳（patch clamp）记录技术，即对电极尖端吸附的神经元膜片进行膜电流记录的技术，若记录的是单个离子通道活动，即为单通道记录（single channel recording）。膜片钳技术与细胞内记录相比，主要是电极尖端阻抗较小，有较强的电流注入能力，同时膜片钳放大器是一种高增益低噪声的电流 - 电压转换器，可以测量微弱到 0.06pA 的电流，是进行离子通道功能分析的极好方法。膜片钳记录有多种模式：细胞贴附式、全细胞记录、内面向外式、外面向外式，其中全细胞记录（whole-cell recording）与细胞内记录相类似，但电极与膜之间的封接更紧密，电极阻抗较小，有较强的电流注入和电压钳制能力，更适合做电压钳记录，而且易与其他如电化学、光记录等技术联合应用，是

笔记

脑片或在体神经元膜片钳记录中最常用的模式。

（三）光学记录

光学记录（optical recording）是一种与直接生物电记录原理完全不同的生物电记录方法，即将电压敏感的荧光染料载入到拟记录的神经元内，而电压敏感荧光染料的光信号与膜电位及其变化在一定范围内呈线性关系，通过光学监测系统对光学信号进行监测记录，就可反映生物电的变化。一般使用的慢染料可用于慢电信号的记录，而快染料可用于动作电位等快速电位变化的记录。生物电的光学记录技术，不仅是无创性检测，而且对不易进行细胞内记录的小神经元甚至是突起末梢的生物电活动，均可以进行记录观察，同时光记录在具备较好的时间分辨率基础上，又具备了较好的空间分辨率，对神经电信号的产生和传播的研究、群体同类神经元生物电变化、在体神经电信号的研究，特别是与近年发展起来的光遗传学（optogenetics）技术结合的研究，在整体、自由活动动物的心理学研究上尤显优势。

二、静息电位及动作电位

（一）静息电位及其产生机制

静息电位（resting potential，RP）（图 4-2B）是指静息状态下神经元膜内外的电位差。以细胞外为零电位的膜内电位表示，为 −90~−70mV，这种外正内负的状态称为极化（polarization）。

静息电位的形成，是由于神经元通过离子泵（主要是 Na^+-K^+ 泵）和离子缓冲机制，主动地将 K^+ 浓集于神经元内，而将 Na^+、Cl^- 和 Ca^{2+} 排出，导致其神经元内外浓度的明显差异。同时，在静息时神经元膜主要对 K^+ 有通透性。这样，神经元内高浓度的 K^+ 要顺浓度差通过 K^+ 通道向外扩散，而有机阴离子却不能透过神经元膜，K^+ 跨膜移动导致神经元内负电性增加，这一电位梯度则对神经元外的 K^+ 产生电性吸引而抵消浓度梯度驱使的 K^+ 外流，在两种作用力相平衡时 K^+ 的跨膜净移动为零，其膜电位即为 K^+ 的平衡电位（E_K，图 4-3），所以静息电位主要是由 E_K 决定的。

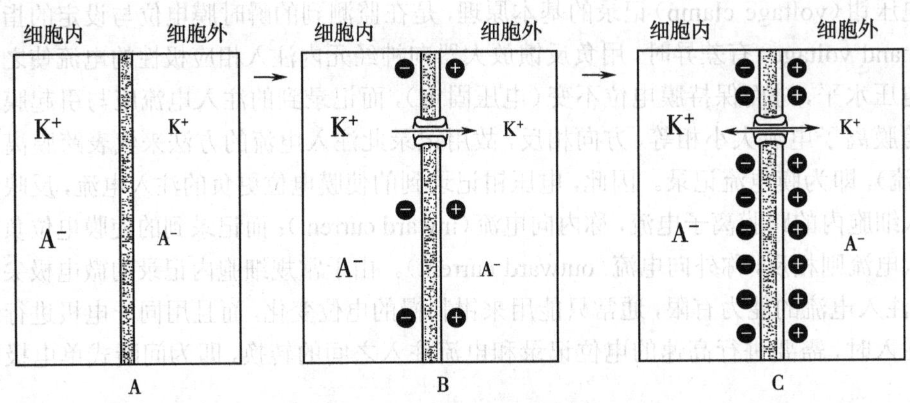

图 4-3　K^+ 平衡电位的形成

在 A、B、C 中，细胞内液的正负电荷相等，细胞外液的正负电荷相等；在 B、C 中细胞膜内侧的负电荷与细胞膜外侧的正电荷相等。K^+ 表示钾离子，A^- 表示带负电荷的离子，字体的大小表示浓度的高低

不过，大多数神经元的静息电位并不等于 E_K 值，主要与神经元膜对其他离子亦有低通透性存在有关。每一离子的平衡电位在决定静息电位中的贡献，则取决于膜对该离子通透性的大小。正是由于静息电位并不处在任何一种特定离子的平衡电位水平，故离子都会持续地顺浓度差流动，在产生动作电位和突触电位时由于离子通道的开放就更为明显。神经元需要通过逆浓度差的主动转运来恢复神经元内外的离子浓度差，如 Na^+-K^+ 泵每水解 1 分

子 ATP，可将 3 个 Na^+ 排出、2 个 K^+ 泵入神经元，这种不均衡离子跨膜移动因产生超极化而具有生电性。Na^+-K^+ 泵由 α 和 β 亚单位以四聚体 $(\alpha\beta)_2$ 方式构成，一般认为 Na^+-K^+ 泵通过蛋白质的磷酸化和去磷酸化导致的变构效应完成转运功能。

（二）动作电位及其产生机制

给予刺激时，静息神经元膜的极化状态被取消（去极化）而呈现快速的上升支，并超过 0mV 电位水平（超射），随后迅速恢复构成下降支，甚至降到更负的电位水平（超极化）；此电位变化称为动作电位（action potential，AP）（图 4-4），是神经元兴奋的标志。目前已知，各种神经元的动作电位均具有与此相似的过程和产生机制。

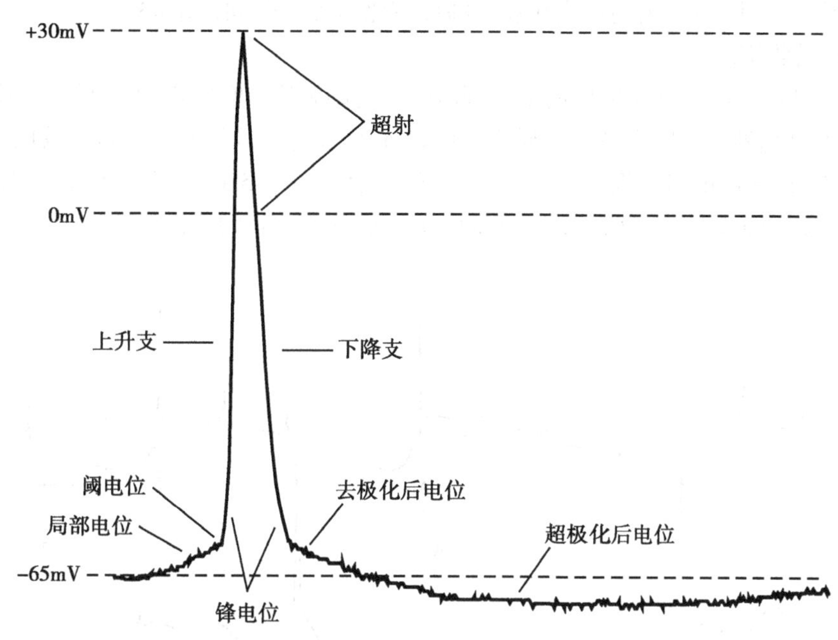

图 4-4　大鼠脊髓运动神经元的动作电位（细胞内记录）

神经元的动作电位具有如下特征：①"全或无"现象（all-or-none）：同一神经元动作电位的大小形态不随刺激强度而改变；②全幅式传导性：动作电位在同一神经元上长距离传导时，其幅度不衰减；③不可叠加性：在产生动作电位期间，由于不应期的存在，不出现总和或叠加现象。

当静息神经元膜被去极化到 -55~-45mV 时可触发动作电位，这个膜电位水平称为阈电位（threshold potential）。研究证明，触发的动作电位是先引起一个大而短暂的 Na^+ 进细胞（I_{Na}）的内向电流，并跟随一个持久的 K^+ 出细胞（I_K）的外向电流。I_{Na} 的激活快于 I_K（又称作延迟整流 K^+ 电流），I_{Na} 短暂且可失活，但 I_K 持久而不失活。由于 Na^+ 通道失活的发生慢于激活，在此时段，就有 Na^+ 的大量内流。这种内流的 Na^+，又进一步使膜去极化，并激活更多的 Na^+ 通道，这种再生性正反馈过程，使膜电位迅速达到超射水平。随着去极化使越来越多 Na^+ 通道失活和 K^+ 通道激活而转入复极化过程，在浓度差和电位差的共同作用下大量 K^+ 外流，使膜电位恢复到静息电位水平，以备产生下一次动作电位。在动作电位产生过程中，由于 Na^+ 通道的失活导致动作电位上升支和下降支的主要时段，无论多强的刺激均不能产生动作电位，称作绝对不应期（防止动作电位的叠加，并制约轴突输出动作电位的频率）；其后的下降支时段则为相对不应期（是细胞兴奋性恢复到正常的过程）。

Na^+ 内流是由膜上的电压门控 Na^+ 通道介导的，该通道由 α，β_1 和 β_2 三种亚单位组成，其中 α 亚单位是构成水相孔道的结构，有 4 个重复的结构域，每一结构域含有 6 个 α 螺旋，第 4 螺旋具有电压感受器作用，以实现通道的激活，而失活可能是电位直接触发水相孔道

笔记

内口的堵塞所致。除了产生动作电位上升支的电压门控 Na^+ 通道和动作电位下降支的电压门控 K^+ 通道外，神经元膜上还存在多种电压门控 K^+ 通道、Ca^{2+} 通道和 Cl^- 通道，都在神经元的正常功能活动中发挥重要作用。

三、神经电信号的产生与传导

神经电信号（生物电活动）是由离子的跨膜移动所致。静息电位是由膜的通透性（离子通道的开、关状态）和离子的跨膜浓度差所导致的跨膜离子电流的"平衡"状态。因此，膜的离子通透性或跨膜浓度差发生改变，均可导致膜电位偏离静息电位，产生神经电信号。按其表现和传播特性，可分为局部变化和传播性变化两类（图 4-4，图 4-5）。

（一）局部电位

可诱发神经元产生动作电位的最小刺激强度为阈强度，低于阈强度的刺激为阈下刺激。阈下刺激可引起神经元膜少量 Na^+ 通道开放、Na^+ 内流并导致局限性去极化反应，称为局部电位（localized potential），性质上是一种电紧张电位（图 4-5B）。感受器电位、突触后电位（postsynaptic potential）、效应器电位（effector potential）等都属于局部电位。

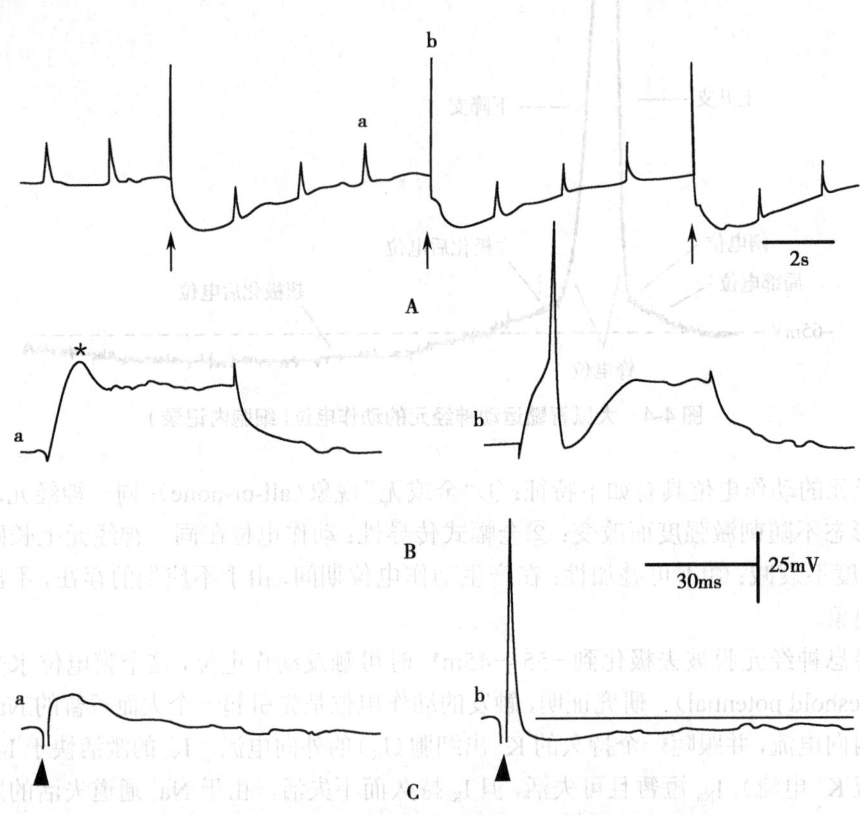

图 4-5　长时程超极化后电位对神经元兴奋性的控制

A：恒定去极化电流脉冲刺激引起的阈下反应（a）和动作电位（b，箭头）；B：A 中 a、b 标记处的快速记录，注意 a 中 * 标记的在去极化电紧张电位基础上的局部电位；C：在 A 中相应标记处给予突触前神经电刺激诱发的兴奋性突触后电位（a）和顺行动作电位（b）（汪萌芽，1994）

局部电位的特性有：①等级性（graded）：指反应程度随刺激强度变化而改变；②局限性（localized）：指只引起局部的电位变化；③总和性（summation）：即局部电位可以相加或相减，并可再分为空间总和与时间总和。总和性具有信息整合意义：①多个局部电位总和若达到阈电位水平，可引发动作电位；②不同时间、方向、幅度的局部电位总和可决定是引起兴奋还是抑制；③多个局部电位的产生模式（如发生节律）通过总和，也可进行相应的信号模式整合。

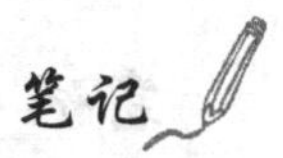

（二）动作电位

刺激能否触发动作电位，一方面依赖局部电位引起的去极化程度，另一方面则取决神经元内在的兴奋性（excitability），即神经元接受刺激产生动作电位的能力。兴奋性通常用阈电位来表征，而阈电位水平就反映了电压门控 Na^+ 通道开放的条件。阈电位与兴奋性成反比。一般神经元的阈电位水平是由静息电位去极化 10~20mV。

至于局部电位所能达到的去极化程度，一般认为只要膜电位去极化达到或超过阈电位水平，即可暴发自我再生性动作电位，这是建立在 Na^+ 通道的电压门控特性基础上的“纯电压控制机制”。另一种介导锋电位暴发的是“前电位机制”，即锋电位的暴发在于其前有一缓慢的再生性去极化的前电位（prepotential）。

动作电位在神经元网络上的扩散过程称为传播（propagation），在同一神经元上的传播称为传导（conduction），而在神经元间的传播称为传递（transmission）。动作电位的传导，是兴奋区与邻接的静息区之间有电位差，产生局部电流（local-circuit current）；在局部电流刺激下，静息区产生的去极化，达到阈电位水平则产生动作电位，按此方式，动作电位便从产生处传导到同一神经元的其他部位，这称为局部电流学说。动作电位的传导，实质是在所传导到的部位诱发一个新的动作电位，所以其大小形态在同一神经元的条件下，理应相同，故具有不衰减的特征。

动作电位的传导具有双向性，但在生理情况下，由于传入 - 传出的联系通路性质，以及具有单向性突触传递存在，所以一般不会出现双向传导的情况。至于动作电位的传导速度，神经纤维越粗，传导速度也越快，有髓纤维的传导速度（m/s）与其直径（μm）成 4~6 倍关系。有髓纤维因有髓鞘的绝缘作用，动作电位传导时局部电流不能通过结间区流入或流出，而只能在郎飞结处诱发动作电位，故呈现局部电流的跳跃式刺激现象，而且有髓纤维轴突上的电压门控 Na^+ 通道也主要分布在郎飞结处，使动作电位以跨郎飞结的形式传导，称之为跳跃式传导（saltatory conduction），进而大大加快了动作电位的传导速度。除了传导动作电位以外，近来研究也发现神经元的轴突也具有信号加工功能（参见知识链接 4-2）。

知识链接 4-2

神经元轴突的信号加工功能

传统的观点一直认为轴突的主要功能是传导兴奋，就像电缆一样。但已有研究发现轴突亦有信号加工的功能。例如，美国加州大学欧文分校听觉研究中心的神经生物学家 2007 年的研究发现，烟碱可以作用于听觉丘脑 - 皮质通路起始部调节轴突的兴奋性，进而调节听觉信号向皮质传递的效率。给予外源性烟碱能提高离体丘脑 - 皮质通路轴突诱发动作电位的概率和同步化，但对其突触递质释放机制几乎无影响，而在体实验显示阻断丘脑 - 皮质通路的 N 型乙酰胆碱受体则降低声音诱发的皮质反应，说明内源性乙酰胆碱通过激活丘脑 - 皮质通路的 N 型乙酰胆碱受体以降低丘脑 - 皮质通路信号传递的阈值，进而增大了感觉诱发皮质反应的幅度，表明神经递质可以通过调节有髓鞘的丘脑 - 皮质轴突的传导而调制感觉处理过程。另外，美国西北大学温伯格艺术与科学学院神经生物学与生理学教授斯普斯顿（Spruston）实验室 2011 年的研究发现，与生理情况下兴奋仅由胞体向轴突末梢传导的观点不同，轴突也可以从轴突末梢逆向往胞体传导兴奋；轴突可以对刺激信号进行慢速整合，并在刺激停止后继续发放锋电位达 1min 之久，表明有记忆特性；更特殊的是，这种轴突兴奋信号可以在两个神经元轴突间交流。这些发现不仅大大扩展了对轴突功能的认识，可能对学习记忆机制、癫痫等异常放电性疾病的研究亦具有重要意义。

资料来源：Nat Neurosci，2007，10: 1168；2011，14: 200.

笔记

第三节 神经元的信息交流

在了解神经元通过生物电活动进行信息处理的功能之后，还需要学习神经元之间如何通过相互的信息交流，进而实现神经元网络的信息处理功能。

神经信息是指神经生物电活动所携带的信号意义，故携带一定信息的神经电信号（局部电位和动作电位），是神经信息的具体表现形式，是其可观察的对象。局部电位主要在于改变神经元的兴奋性，膜的去极化和超极化分别代表了神经元的兴奋性升高或降低。动作电位才是神经元的兴奋或功能活动的标志。一般认为，单个神经元上的神经信息是通过动作电位的发放频率（firing frequency）和发放模式（firing pattern）来编码的，有些类似于数字信号。例如，通过动作电位的发放频率和发放模式，可以编码一种刺激的强度。由于动作电位的发放频率和模式，主要表现在动作电位发放的时间序列上，因此通过动作电位的峰-峰间期（inter-spike interval）分析，即可获得神经元的动作电位发放模式特征，进而认识神经信息的编码规律。动作电位常见的发放模式是位相型（phasic）和紧张型（tonic）。位相型放电，是在锋电位发放过程中有间歇性静息期的放电模式，又称间歇型（intermittent）放电，其中有爆发型（bursting）、周期型（periodic）等形式。紧张型放电，是指锋电位的发放呈持续、规则的一种放电模式，又称之持续型（continuous）、规则型（regular）放电，根据其发放频率、频率的变化等特性，亦可区别出多种形式。

神经信息的编码，除了单个神经元上动作电位的时间序列方式外，在中枢神经系统中，还有更为复杂的空间序列方式，即神经元间通过突触联系而形成神经元网络系统，以细胞集合（cell assembly）的方式表达一定时间序列的动作电位发放过程，进行更为复杂的神经信息编码。

无论以何种信息编码方式，都必须通过神经元间信息交流，才能完成神经系统的复杂功能。神经信息的交流，是以动作电位为载体，通过神经元间信号传递来完成的，其主要方式是突触传递（synaptic transmission）。突触传递通常指动作电位在神经元间的传播，也可用于神经元与效应器细胞间的电信号传播。除了通过突触结构完成的化学突触传递和电突触传递外，还有非突触性传递的方式存在。

一、神经电信号的传递

（一）化学突触传递

化学突触传递（chemical synaptic transmission）是突触前神经元产生的动作电位，诱发突触前膜释放神经递质，跨突触间隙作用于突触后膜，进而改变突触后神经元的电活动。故又称为电-化学-电传递。

1. 化学突触传递的基本过程 突触前神经元的动作电位传导到神经末梢的突触前膜，膜的去极化激活突触前膜的电压门控 Ca^{2+} 通道，导致神经元外的 Ca^{2+} 进入末梢内，诱发囊泡与突触前膜融合，通过出胞作用释放递质，递质经突触间隙扩散到达突触后膜，与后膜上的相应受体或化学门控离子通道结合，导致突触后膜的离子通透性改变，引起跨膜离子电流而产生突触后膜膜电位变化，称为突触后电位（postsynaptic potential）。如果突触后电位是去极化，相当于局部电位，通过总和达到阈电位水平，在突触后神经元产生动作电位。这样，突触前神经元的神经电信号通过电-化学-电的传递方式，就传递到突触后神经元。如果突触后电位是超极化，则降低突触后神经元的兴奋性，不易产生动作电位。

在化学突触传递过程中，递质的释放是关键性步骤，其主要方式为出胞过程。目前已知，神经递质的释放主要是通过突触前膜的囊泡循环机制完成（图 4-6），共分 5 个时相：

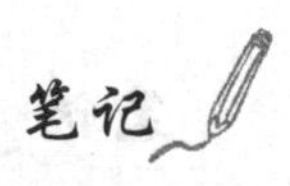

①入坞(docking):即突触囊泡靠近突触前膜活动区;②启动(priming):系由ATP水解提供能量,使囊泡贴靠突触栅栏结构(致密突起);③出胞(exocytosis):由神经冲动引起Ca^{2+}浓度上升到1mmol/L左右,介导囊泡与突触前膜接触和融合(fusion),向突触间隙释放递质;④入胞(endocytosis):囊泡膜回收成为包被囊泡;⑤再生(recycling):包被囊泡脱去包被释出空的囊泡,并重新装入神经递质。

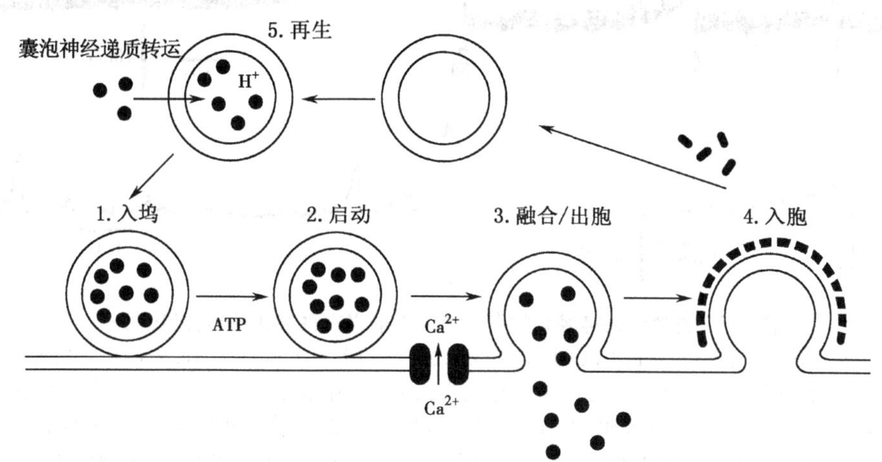

图 4-6　突触囊泡的循环(仿Nestler等,2001)

至于突触囊泡借助一系列囊泡膜蛋白和突触膜蛋白的相互作用完成入坞、启动和融合的过程,称作SNARE假说(SNARE hypothesis),SNARE指可溶性N-乙基马来酰亚胺敏感因子(NSF)附着蛋白受体(soluble N-ethylmaleimide-sensitive factor-attachment protein receptor)。该假说认为,囊泡的入坞、启动和融合是通过囊泡膜蛋白(v-SNARE)和相应的靶膜蛋白(t-SNARE)形成复合物而完成。其中v-SNARE中主要有小突触泡蛋白(synaptobrevin或VAMP)、突触结合蛋白(synaptotagmin),而t-SNARE中主要有突触融合蛋白(syntaxin)和SNAP-25,另外在囊泡膜上还有囊泡蛋白rab3,在突触前膜还有起抑制性作用的n-sec1,以及电压门控Ca^{2+}通道等。

另外,已证明神经递质的释放是Ca^{2+}依赖性过程,而且胞外Ca^{2+}的内流量与突触前膜动作电位的幅度成正比关系,递质的释放量又与内流的Ca^{2+}量成正比关系。同时,由于神经递质以囊泡为单位进行释放,每一囊泡又含有大致相同的神经递质分子数,故一个囊泡被称为一个量子(quantum),而一次动作电位可诱发成批的囊泡释放,故将这种囊泡释放方式称为量子释放(quantal release)。

2. 突触后电位　按递质对突触后膜的影响,可将突触后电位分为两类:兴奋性突触后电位(excitatory postsynaptic potential,EPSP)引起突触后膜去极化;抑制性突触后电位(inhibitory postsynaptic potential,IPSP)引起突触后膜的超极化。根据突触后电位的时间参数,又可将突触后电位分为潜伏期为数毫秒,时程为几十毫秒的快突触后电位(如快EPSP);潜伏期为数百毫秒,时程为数秒~十几秒的慢突触后电位(如慢EPSP)(图4-7);还有潜伏期为数秒,时程为数十秒~数分钟的迟慢突触后电位(如迟慢EPSP)。

兴奋性突触传递的机制为:突触前神经元的轴突末梢兴奋→突触前膜释放兴奋性递质(如谷氨酸等)→递质经过突触间隙扩散并作用于突触后膜受体→后膜对正离子(Na^+、Ca^{2+}和K^+,主要是Na^+)的通透性升高,产生局部兴奋(EPSP)→轴突始段产生动作电位→兴奋传播。

抑制性突触传递释放抑制性神经递质(如甘氨酸、γ-氨基丁酸等),对Cl^-或K^+通透性升高导致Cl^-内流或K^+外流为主,突触后膜的超极化产生IPSP,又称为突触后抑制。

笔记

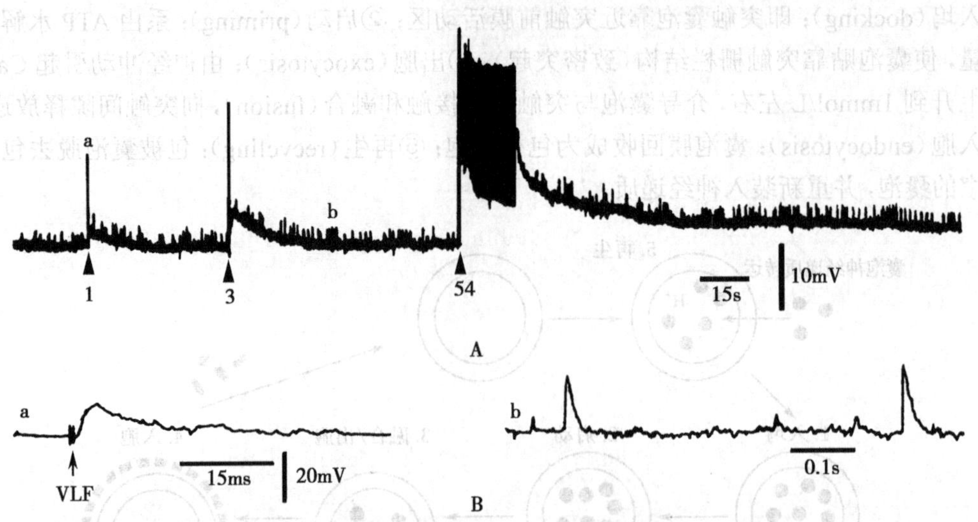

图 4-7　脊髓运动神经元的自发和诱发的兴奋性突触后电位（EPSP）

A 中三角箭头表示腹外侧索电刺激（VLF），数字表示 30Hz 的串刺激脉冲数；Ba 中箭头所指为单次 VLF 电刺激的伪迹，a 和 b 是在 A 中相应标记处的快速采样记录。图中显示，没有电刺激时可记录到随机发放的自发 EPSP（噪声样上折线，波形如 Bb 所例示），给予 VLF 电刺激则诱发快 EPSP（A 中 a 处的长上折线，波形如 Ba 所示），随后还记录到慢 EPSP（A 中电刺激后的慢去极化波），其幅度和时程随刺激脉冲数增加而增大，达到阈电位水平则引发强烈的动作电位发放

化学突触传递的细胞电生理特征有：①刺激强度依赖性（等级性）；②突触延搁（synaptic delay）；③高频刺激脱失现象；④被低钙高镁或无钙溶液可逆性取消；⑤被河豚毒素（TTX）可逆性取消；⑥伴有膜电阻改变，如快 EPSP 或快 IPSP 伴膜电阻减小表明有离子通道的开放，慢 EPSP 伴膜电阻增大提示有离子通道的关闭或失活；⑦与膜电位水平有关，如快 EPSP 幅度通常在膜电位去极化时减小，而在超极化时增大，但快 IPSP 幅度的变化则刚好相反，由此可测出突触电位的翻转电位（reversal potential），也就是使突触电位消失的膜电位水平；⑧与神经元内外的离子浓度有关，通过改变神经元内、外的候选离子浓度，观察突触电位的变化，可分析突触电位的离子机制；⑨特异性药物的影响，可分析介导突触电位的神经递质及其受体类型，以及相应的信号转导机制。

3. 突触整合　突触电位的整合是神经元间信息交流和处理的基本方式之一。中枢神经系统中一个神经元可接受数以千计的突触前神经末梢与之形成突触联系，而这些突触联系可以具有多种多样的性质，如产生 EPSP 或 IPSP，可以与胞体接触，也可以与树突甚至轴突联系，而且这些突触传入具有时间上的不同，如快的突触电位和慢的突触电位等。因此，中枢的突触后神经元是兴奋还是抑制，能否产生动作电位，取决于这些突触电位在性质、空间、时间上的相互作用，这一过程称为突触整合（synaptic integration）。由于突触电位属于局部电位，具有总和的性质，所以突触整合的基本方式是总和。这样，不同的 EPSP 之间，IPSP 之间以及 EPSP 与 IPSP 之间，均可依据其时间和空间属性进行总和，以决定在突触后神经元产生的总和反应的大小和持续时间，进而决定神经元的最终信号输出。突触电位的总和有线性（简单相加）和非线性（分流作用）。一般慢突触电位是快突触电位的调制因素，也就是通过相互作用而改变快突触传递的效能。

（二）电突触传递

电突触传递（electrical synaptic transmission）是电信号直接通过缝隙连接通道的电流扩布来实现的神经元间传播过程。与化学突触传递相比，电突触传递的不同点在于直接通过电耦合进行电信号的传递，即突触一侧神经元的电位变化可直接通过缝隙连接通道传入另一侧神经元。一般来说，电突触的传递几乎没有突触延搁，绝大部分是双向的，并具有信号

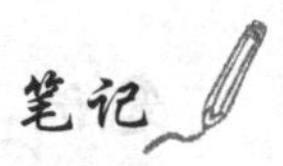

传递可靠、不易受各种因素的影响，传递速度快、易于形成同步化活动等优点。

（三）非突触性传递

非突触性传递（non-synaptic transmission）系指非突触性化学传递（non-synaptic chemical transmission），除了经典的交感肾上腺素能神经元等通过其轴突末梢上的曲张体（varicosity）进行信息传递外，广义地说，神经内分泌细胞的作用也可归入非突触性传递，只是其释放的是神经激素，其扩散的方式是血液运输，扩散的距离更远，且其作用也更广泛。

二、神经递质与调质

递质（transmitter）是指由神经末梢（突触前成分）所释放的特殊化学物质，该物质能作用于神经元或效应器（突触后成分）膜上的特异性受体，完成信息传递功能。调质（modulator）是神经元所产生和释放的另一类生物活性物质，它本身并不能直接跨突触进行信息传递，只能间接调控递质的活动，如影响递质在突触前膜的释放及其基础活动水平、增强或减弱递质的效应等。

要确定某一神经活性物质属于递质还是调质有时较为困难。一般认为，递质是作用于突触后膜受体引起离子通道开放，并产生兴奋或抑制性电位变化的化学物质；调质与突触后膜受体结合，是通过第二信使来改变膜的兴奋性，或作用于突触前受体改变其他递质释放的化学物质。因此，乙酰胆碱、氨基酸类等是神经递质；而神经肽一般属于神经调质。然而，目前多数人认为递质和调质没有严格区分的必要，很多情况下，递质可起调质作用，调质也可作为递质而发挥作用。

（一）神经递质分类

神经递质一般分为三类：①“经典”的神经递质：是贮存在神经末梢囊泡中的小分子物质，包括乙酰胆碱（acetylcholine，ACh）、去甲肾上腺素（norepinephrine，NE）、肾上腺素、多巴胺（dopamine，DA）、5-羟色胺（5-HT）、组胺、腺苷三磷酸（ATP），以及谷氨酸（glutamate，Glu）、γ-氨基丁酸（γ-aminobutyric acid，GABA）和甘氨酸（glycine，Gly）等；②神经肽：是储存于突触囊泡内的大分子物质，如速激肽、阿片肽、胆囊收缩素、神经降压素等多肽；③一些特殊的或有待确定的候选递质，如一氧化氮（NO）、一氧化碳（CO）、腺苷等。

（二）神经递质的合成、储存、释放和清除

经典的小分子递质是在神经末梢合成并储存的，其合成的酶系也存在于神经末梢。肽类神经递质由胞体合成，并被装入囊泡，通过顺行轴浆运输转运到轴突末梢储存。NO和CO也是在神经末梢合成的，但它们不能被装入囊泡中储存，而是立即透过神经元膜进行扩散，并作用到靶点上，可以作为递质或化学信使，甚至可以从突触后神经元扩散出来，逆行到突触前神经元，调节递质的释放，成为逆行递质。

囊泡内的递质释放是一种出胞作用，为 Ca^{2+} 依赖性量子释放；另外，还有非囊泡式的递质释放，如GABA可以直接从胞质中释放，NO和CO可以直接扩散，GABA和谷氨酸可经转运体逆向转运而释放，ACh也有随机漏出式释放等。

神经递质的清除方式主要有：由特异的酶分解神经递质，被突触前膜重摄取（reuptake）后再利用，或被胶质细胞摄取后而清除，或经扩散稀释后进入血液循环到一定的场所被分解清除。

（三）神经肽

1. 神经肽的分类 最早发现的神经肽（neuropeptides）是P物质（substance P，SP），近20多年来，神经肽的研究是神经生物学中最重要的进展之一，1978年报道的仅有10余种，而现在研究较多的神经肽已达60余种。主要包括速激肽类（tachykinins）、内源性阿片肽

类（endogenous opioid peptides）、胰高血糖素相关肽类（glucagon-related peptides）、垂体肽类（pituitary peptides）、下丘脑调节肽类（hypothalamic regulatory peptides）、胆囊收缩素样肽类（cholecystokinin-like peptides）、铃蟾肽样肽类（bombesin-like peptides）、胰多肽相关肽类（pancreatic polypeptide- related peptides）、内皮素类（endothelins）、心钠素类（atrial natriuretic factors）、降钙素基因肽超家族（calcitonin gene peptide superfamily）等种类。

2. 神经肽的特点 神经肽主要分布于神经组织传递神经信息，也分布在非神经组织，传递其他形式的信息。因此，在生物合成、储存、释放、清除，以及分子结构和作用方式上，神经肽都与经典递质不同。如与经典递质相比，属于大分子物质，合成复杂且不能在神经末梢中合成，通常也没有重摄取作用，高频或串刺激是神经肽释放的最佳刺激，呈间断性释放，消除主要靠扩散稀释和酶解，神经肽不仅可发挥神经调质作用，也可具有神经递质的作用，甚至是激素样作用。

3. 递质共存 在同一神经元内，可有两种或两种以上的递质同时存在，即为递质共存现象，常见的是神经肽和经典递质的共存。神经递质不仅共存，还能同时释放，如共存于神经末梢大囊泡的递质，在高频刺激或串刺激时同时释放，进而发挥协同和调制作用，加强突触传递的生理功能，其意义在于：①共存的递质释放后，起协同传递信息的作用；②可通过突触前调节的方式，改变相互的释放量，加强或减弱突触传递活动；③可直接作用于突触后受体，以相互拮抗或协同的方式来调节器官的活动，使机体的功能调节更加精密完善、更加协调。

4. 神经肽的作用机制 通常，神经肽引起的突触后电位变化较经典递质引起的要缓慢且持久，主要与如下作用机制有关：①共存的神经肽与经典递质释放后，神经肽较经典递质弥散缓慢，清除也缓慢；②神经肽与经典递质分别作用于特异的受体，从而激活了一组神经信息传递过程。神经肽主要是激活 G 蛋白偶联受体介导的反应，需要通过一系列的生物化学反应过程，才能产生效应；③神经肽酶解后，可以形成具有生物活性的片段，继而通过正反馈或负反馈或双向反馈调节产生综合效应；④神经肽通过突触后膜的受体 - 受体相互作用方式，调节其他受体对其配体的亲和力，从而产生生物效应；⑤神经肽的氨基甲酸酯化，可使一些神经肽片段甚至是单个氨基酸，呈现其在神经传递中的生物效应；⑥神经肽可以通过调控基因的表达，改变某些蛋白质的合成，进而发挥长效的调节作用。

三、受体与信号转导

受体（receptor）就是能与生物活性物质（如神经递质、激素等）结合并向胞内转发信息、引起生物学效应的生物大分子，通常存在于细胞膜上，也有胞质中或核内的受体（统称核受体）。与受体结合的相应生物活性物质则称为配体（ligand），受体与配体的结合具有特异性（specificity）、饱和性（saturability）和可逆性（reversibility）特征，其中特异性是受体最重要的特性。

（一）受体的分类

受体按结构特点和信号转导通路可分为离子通道型受体、G 蛋白偶联受体、酶联型受体、招募型受体和核受体等类型。离子通道型受体本身就是离子通道，该类受体激活后其离子通道开放，神经元膜对特定离子的通透性增加，进而快速改变神经元的膜电位和兴奋性。G 蛋白偶联受体（G protein-coupled receptor，GPCR）是一种通过与之偶联的 G 蛋白进行信号转导的受体，该类受体激活后，通过激活膜内侧相应的 G 蛋白，再进一步激活效应器酶和改变第二信使浓度，调节下游的靶标引起相应的生物学效应，其反应速度相对较慢。

酶联型受体本身具有酶的活性或与酶结合成复合体，该类受体激活后，通过其酶活性

直接作用于效应器分子，产生生物学效应，其结构上通常由一个或几个亚单位组成，每个亚单位只有单跨膜区段，主要包括神经营养因子、生长因子等受体，通常又可分为几个亚类：酪氨酸激酶受体（包括神经营养因子的酪氨酸蛋白激酶受体、胰岛素受体等）、丝 / 苏氨酸激酶受体（包括转化生长因子 -β 受体等），以及鸟苷酸环化酶（GC）受体（包括心钠素受体等）。

招募型受体也是单跨膜受体，受体分子的胞内域本身没有任何酶的活性，故受体本身不能进行生物信号的放大。但招募型受体的胞外域一旦与配体结合，其胞内域即可在胞质侧招募激酶（可看作特定的酶联型受体）或转接蛋白，激活下游不涉及经典第二信使的信号转导通路。该类受体中最重要的是细胞因子受体。核受体又称转录调节因子受体，其配体通常是类固醇激素等脂溶性激素，如糖皮质激素、雌激素受体，以及甲状腺激素的受体等。这些受体的本质是一些转录调节因子，可调节靶基因的表达而引起生物学效应。各类受体介导的主要细胞内信号转导通路归纳于图 4-8。

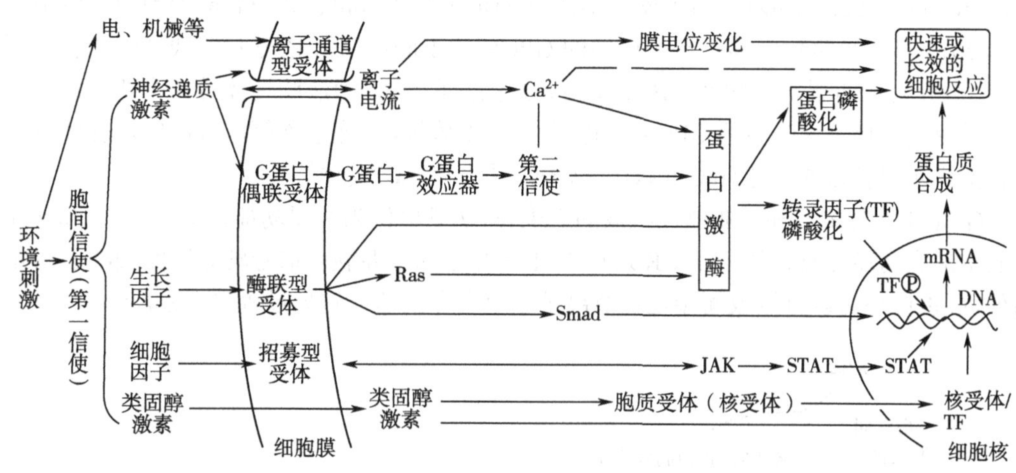

图 4-8　主要受体介导的细胞内信号转导通路

Ras：小 G 蛋白；Smad：Smad 蛋白，一种转录因子（TF）；JAK：Janus 蛋白激酶；STAT：信号转导子与转录激活子

（二）离子通道型受体与快突触传递

离子通道型受体的结构都由 4 或 5 个亚单位组成，在膜上由多亚单位围绕成一个亲水性孔道，即有选择性的离子通道。根据亚单位结构的不同，离子通道型受体又可分为若干亚类，最常见的有 Cys- 环受体亚类、离子型谷氨酸受体、环核苷酸受体相关离子通道等。Cys- 环受体亚类是以结构中有特征性半胱氨酸残基（Cys）形成的 Cys- 环进行命名的，主要包括烟碱型乙酰胆碱受体（nAChR）、5- 羟色胺 3 型受体（$5\text{-}HT_3R$）、甘氨酸受体（GlyR）、γ- 氨基丁酸 A 受体（$GABA_AR$）等，前两者是非选择性的阳离子通道，而后两者则是 Cl^- 通道。离子型谷氨酸受体（iGluRs）是以谷氨酸等兴奋性氨基酸为配体的离子通道型受体，主要包括 N- 甲基 -D- 门冬氨酸受体（N-methyl-D-aspartate receptor，NMDAR）、α- 氨基 -3- 羟基 -5- 甲基异噁唑 -4- 丙酸受体（α-amino-3-hydroxy-5-methyl-4-isoxazole-propionic acid receptor，AMPAR）和海人藻酸受体（kainic acid receptor，KAR）三种，后两种受体通常又合称为非 NMDAR。三种 iGluRs 均为非选择性的阳离子通道，但 NMDAR 对 Ca^{2+} 有较高通透性。环核苷酸受体相关离子通道主要有环核苷酸受体（如 HCN 通道等）、IP_3 受体（IP_3R）和 Ryanodine 受体（RyR），都是由胞内配体如 cAMP、cGMP、IP_3 等激活的，也属于非选择性的阳离子通道，而 IP_3R 和 RyR 主要是胞内钙库上的钙通道。

由于离子通道型受体本身即为离子通道，配体与之结合即导致离子通道开放，选择性离子的跨膜移动而改变膜电位，进而迅速改变神经元的兴奋性，是反应最迅速的一类受

笔记

体。同时，离子通道型受体是直接将胞外或胞内化学信号转化为电学效应，而神经元的生物学效应通常就表现为生物电活动，故离子通道型受体成为神经电信号在神经通路中进行快速传递的合适机制。例如，突触前膜释放谷氨酸激活突触后膜的 iGluRs、5-HT 激活 5-HT_3R、ACh 激活 nAChR，均通过非选择性的阳离子通道开放，在生理条件下出现阳离子内流为主的跨膜电流，导致神经元膜去极化产生快 EPSP，升高突触后神经元的兴奋性。反之，突触前膜释放 GABA 或甘氨酸，激活突触后膜的 $GABA_A$R 或 GlyR，开放 Cl^- 通道，在生理条件下出现 Cl^- 内流，导致神经元膜超极化产生快 IPSP，降低突触后神经元的兴奋性。

（三）G 蛋白偶联受体与慢突触传递

GPCR 的结构特点是构成 7 个跨膜区段的单一多肽链，位于胞外的 N- 末端或跨膜区可形成配体结合域，而位于胞内的 C- 末端参与形成 G 蛋白结合域，美国科学家罗伯特·莱夫科维茨（Robert J. Lefkowitz）和布莱恩·克比尔卡（Brian K. Kobilka）因“G 蛋白偶联受体的研究”共享 2012 年诺贝尔化学奖。至今已知的 GPCR 达 1000 多种，依氨基酸残基组成和序列的异同，可分为代谢型谷氨酸 /$GABA_B$ 受体、视紫红质、肠促胰液肽受体等 3 个亚类。其中视紫红质亚类包括了大多数的 GPCR，如肾上腺素受体等，代谢型谷氨酸 /$GABA_B$ 受体亚类主要包括代谢型谷氨酸受体（mGluRs）、$GABA_B$ 受体和 Ca^{2+} 受体等。

G 蛋白是由 α、β 和 γ 亚单位组成的三聚体，α 亚单位为主要功能性亚单位，β 和 γ 亚单位通常形成功能性复合体。GPCR 通过 G 蛋白介导的主要胞内信号转导通路归纳于图 4-9。另外，G 蛋白还可以直接或间接地调节离子通道中介的信号转导过程等（图 4-9）。

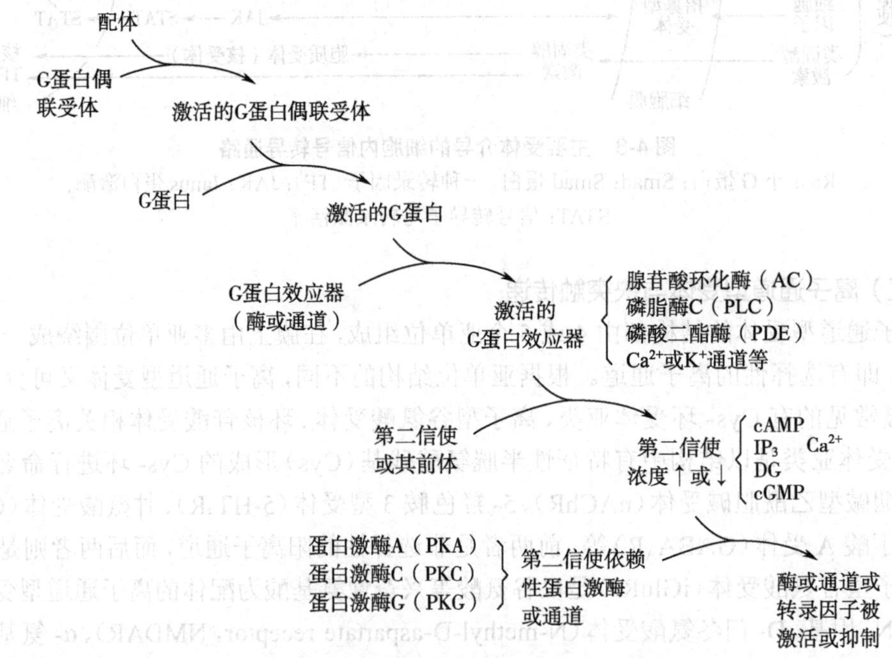

图 4-9　G 蛋白偶联受体介导的细胞内信号转导通路

cAMP：环磷酸腺苷；IP_3：三磷酸肌醇；DG：二酰甘油；cGMP：环磷酸鸟苷

在上述胞内信号转导通路中，G 蛋白激活效应器酶产生的胞内第二信使，可在神经元介导重要的作用。其中 cGMP 是由鸟苷酸环化酶（GC）催化 GTP 生成的，至少有三方面作用：①参与 GC 受体的作用过程；②在视网膜感光细胞中可以直接调节 cGMP 门控 Na^+ 通道，当光子通过视黄醛活化视紫红质，激活的 G_t 再激活 PDE，PDE 分解 cGMP 进而抑制 cGMP 对 Na^+ 通道的活化，使细胞处于超极化状态；③参与 NO-GC-cGMP- 蛋白激酶

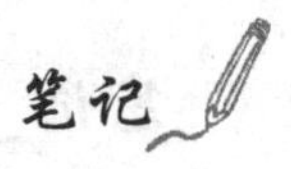
笔记

G(PKG)信号通路，这是NO发挥许多生理作用的主要机制，如在小脑中PKG对AMPA受体的磷酸化下调AMPA受体功能，进而参与长时程抑制(LTD)，而在海马的兴奋性突触传递中，NMDAR所介导的胞内Ca^{2+}浓度升高可以激活NO合酶产生NO，此时NO作为逆行信使，作用于突触前而激活NO-cGMP信号转导系统，被证实参与了突触长时程增强(LTP)。另外，IP_3通过动员胞内Ca^{2+}而升高胞内Ca^{2+}浓度，除直接发挥作用外，Ca^{2+}还可以进一步激活Ca^{2+}/钙调素(CaM)依赖的蛋白激酶(CaMK)，引起特异的蛋白质磷酸化而介导细胞效应。而上述多种胞内信号转导所引起的生理效应，大多是通过蛋白激酶对效应蛋白的磷酸化而实现的，说明蛋白磷酸化水平的调节是生物调节最基本和最重要的公共通路，而蛋白质的磷酸化水平取决于磷酸化和脱磷酸化两个过程的平衡，其中磷酸化由蛋白激酶催化，而脱磷酸化由蛋白磷酸酶催化。在神经系统中与信号转导相关的蛋白激酶主要有PKA、PKC、PKG、CaMK Ⅱ和酪氨酸蛋白激酶(PTK)等。

由于GPCR最显著的特征是受体被激活后必须经过G蛋白的转导，甚至通过第二信使系统，才能产生生物学效应，所以产生比较缓慢而持久的反应。在神经系统的突触传递中，一些GPCR可通过G蛋白或经其转导而影响离子通道的活动，进而产生慢的突触后反应，成为神经信号慢突触传递的主要机制。GPCR通过G蛋白对离子通道活动的调制，有直接的作用即G蛋白直接门控(如毒蕈碱型AChR激活的内向整流钾通道)或调节离子通道的活动，也有间接的作用，即G蛋白激活胞内信号转导通路，通过第二信使系统及其下游通路如蛋白激酶，再对离子通道进行磷酸化调节，或者是第二信使直接门控离子通道。间接作用是GPCR对离子通道调节的最主要方式，如α_2-肾上腺素受体和5-HT_2受体分别通过AC-cAMP-PKA和PLC-DG-PKC通路对GlyR进行调节，而第二信使IP_3、cAMP、cGMP等可直接激活IP_3R、环核苷酸门控离子通道HCN等。

(四)受体间的交互作用

由上述各种受体介导的信号转导通路可知，这些信号转导通路不仅是细胞间信息交流的重要途径，而且显示出极大的复杂性，并存在非常精细的调节机制，最为重要的就是受体间的交互作用，又称受体间的串话(cross-talk)。狭义的受体间交互作用，系指受体蛋白分子之间直接发生的相互功能调制作用，但传统上将受体及其通过信号转导通路所发生的交互调制作用，也称作受体间的交互作用，此为广义的概念。

受体蛋白分子之间的直接相互作用，是通过受体蛋白分子间的物理和化学作用完成的。如在GPCR之间的直接相互作用下，可以通过不同的GPCR之间或同种GPCR的不同亚型间形成功能性寡聚体方式完成，如$GABA_{B(1)}$或$GABA_{B(2)}$受体只有共表达形成异二聚体时才具有功能，A_1腺苷受体和D_1多巴胺受体形成异二聚体导致A_1受体激动剂抑制多巴胺与D_1受体的亲和力等。同样，在GPCR与离子通道型受体之间，也存在直接物理作用而产生交互影响，如D_5受体的C-末端可直接结合于$GABA_AR$的γ2S亚单位胞内结构域上，进而调节$GABA_AR$的功能。至于离子通道受体间，也可以通过非胞内信号转导系统的机制产生直接交互作用，如NMDAR和AMPAR之间存在交互抑制，而在$GABA_AR$和GlyR间存在不对称性交互抑制等。

受体在其信号转导通路的各个环节上，均可发生间接的相互作用。例如在GPCR之间的间接相互作用中，通常发生在G蛋白及其转导通路的水平，特别是信号通路下游活化的蛋白激酶对受体和效应器的磷酸化作用是产生众多GPCR交互作用的环节。由于各种受体的信号转导通路中有多种G蛋白参与，故其涉及的交互作用相当繁杂。在GPCR与离子通道型受体之间，有报道α_2受体激活时通过抑制cAMP-PKA通路增强GlyR功能，而激活5-HT_2受体则通过增强DG-PKC通路上调GlyR功能。在离子通道型受体间发生的间接交互作用，一般是通过Ca^{2+}-CaM及其下游分子来实现的，如激活AMPAR和NMDAR均

笔记

能通过 Ca^{2+}-CaM-CaMK Ⅱ和 Ca^{2+}-CaM- 钙调神经磷酸酶（CaN）协同增强 GlyR 介导的 Gly 电流。

由此可见，正是受体介导的细胞内信号转导通路间的交互作用存在，显示了信号转导过程的极端复杂性，通过信号转导通路间的交点和节点的形成（参见知识链接 4-3），事实上已构成了有的学者所称的“信号转导通路网络”。

知识链接 4-3

信号转导通路间的交点和节点

信号转导通路间的串话是指信号转导通路间，通过信号分子间的相互作用（互作，interaction）或信号分子的共享等机制形成的相互联系（interconnection），使得细胞内转导中的信息可以在不同信号转导通路间交汇或分发，进而构成完善的信号整合和传递系统。信号转导通路间的串话主要有两种基本形式，即交点（junction）和节点（node），前者指上游不同信号转导通路信号的交汇（convergence）处，又称为信号整合子（signal integrator）；后者指信号向不同下游通路的分发（divergence）处。例如，在经典的 AC-cAMP-PKA 信号转导通路中，细胞外各种信使分子通过离子通道型受体、GPCR、酶联型受体等，对不同的 AC 亚型发挥激活或抑制的作用，此处多种 AC 到一种 cAMP，构成了上游不同通路的交点，而 cAMP 激活的 PKA 又可以通过磷酸化多种蛋白质而产生多种效应，构成了下游不同通路的节点。信号转导通路间交点和节点的存在，相当于信号转导网络的物理结构，信息作用则体现为信号转导通路的控制，通常所说的单链式信号转导通路只显示上、下游信号分子间的激活作用，是信号网络的基本构架，而交点和节点的相互串话，不仅为信息的多向传递，更为单链式信号通路或信号网络的调控机制提供了基础，涉及正反馈、负反馈、前馈以及系统控制等机制。

资料来源：Walhout M，et al，eds. Handbook of Systems Biology，2013：311-327.

四、神经电信号传递的调制

神经电信号的传递特别是化学性突触传递，可以受到多种方式的调制（modulation），这也是化学性突触传递易受各种因素影响的体现，即各种因素只要影响到突触传递过程的任一环节，就可改变突触传递的效能。因此，突触后电位的整合也可以看作是一种突触传递的调制，如将快 EPSP 看作基本的电信号传递过程，那么 IPSP 与其的作用就降低其传递作用，而慢 EPSP 或迟慢 EPSP 则增强其传递效能。这种调制均发生在突触后膜，属于突触后机制（postsynaptic mechanism）。若相关因素通过改变突触前递质的释放来影响突触传递的效能，则属于突触前机制（presynaptic mechanism）。通过影响突触间隙中递质的作用也可改变突触传递的作用，如胆碱酯酶抑制剂对神经 - 肌肉接头传递的影响，递质重摄取抑制剂对突触传递的影响等。

还有一类突触传递的调制，是指突触前膜的重复刺激导致突触传递效能的改变，称之为突触可塑性（synaptic plasticity），可以有降低的，也有升高的，有短时程的，也有长时程的，如 LTP（图 4-10）和 LTD 等（详见第七章），一般认为这是学习与记忆的重要生理学机制，也是从神经元的生物电活动和突触传递水平研究心理活动的典型例子。

另外，各种内源性神经活性物质或药物，也可以通过突触前或突触后机制，影响突触传递的效能，也是一种突触传递的调制作用，如外源性促甲状腺激素释放激素（TRH），不仅在脊髓运动神经元引起伴有膜电阻增大的去极化反应，同时增强背根刺激诱发的快 EPSP（图 4-11）。

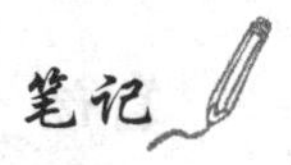
笔记

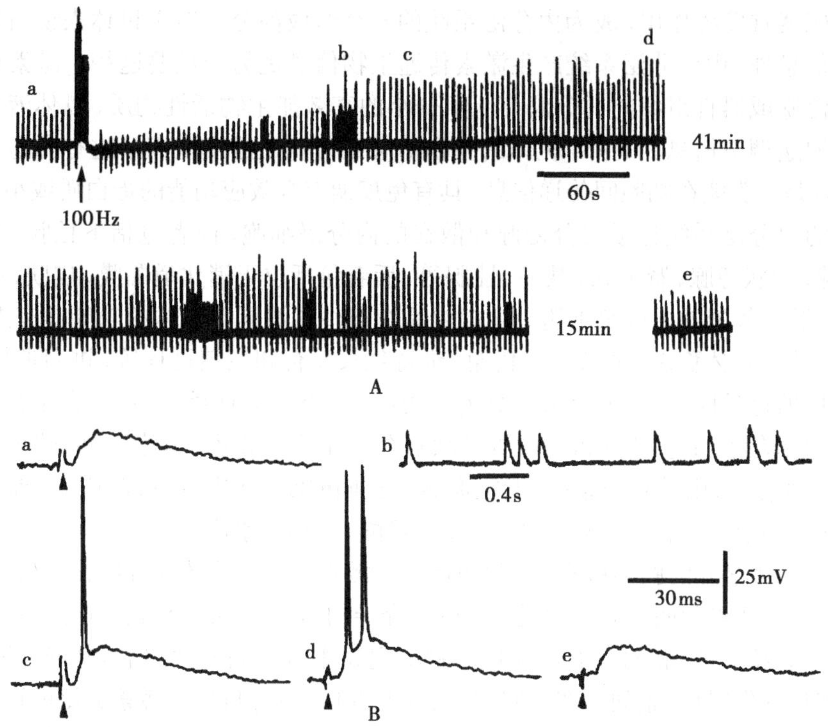

图 4-10　大鼠海马脑片 CA1 锥体神经元兴奋性突触后电位的 LTP

A：海马脑片 CA1 锥体神经元的细胞内生物电记录，观察到 Schaffer 侧支的高频强直电刺激（100Hz），使 Schaffer 侧支电刺激在 CA1 锥体神经元产生的兴奋性突触后电位出现了 LTP 现象。41 分钟和 15 分钟为记录的间隔时间；B：在 A 中相应标记处的快速采样记录，三角箭头表示 Schaffer 侧支的单次电刺激。b：为自发性突触后电位

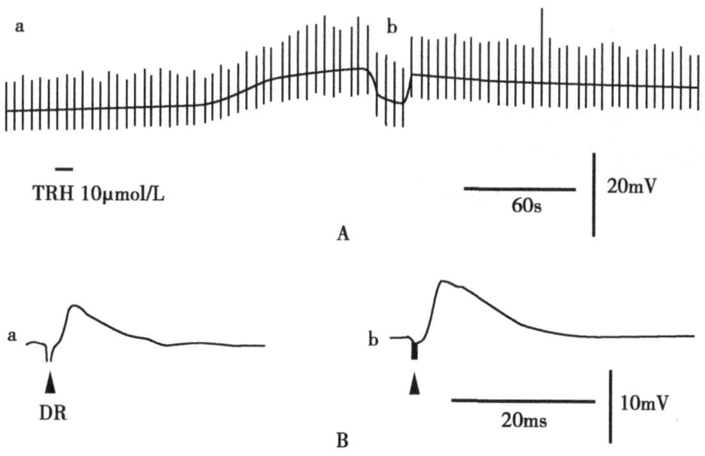

图 4-11　促甲状腺激素释放激素（TRH）对脊髓运动神经元的作用

A：灌流 TRH（10μmol/L，短横线）在脊髓切片运动神经元诱发伴膜电阻增大（向下折线）的去极化反应（b 处通过电流注射钳制膜电位到静息电位水平），同时增大背根刺激（DR）引发的快 EPSP（向上折线）；B：在 A 中标记处对快 EPSP 进行的快速采样记录

五、其他信息交流

神经系统中存在非突触性化学传递（如单胺能神经元轴突末梢上曲张体的信息传递），这主要是指近距离的非突触性化学递质传递，远距离的则是神经内分泌细胞释放的神经激素介导的信息传递，如下丘脑视上核和室旁核的大神经内分泌细胞释放加压素和催产素所进行的信息传递等。神经激素（neurohormone）的特点是由神经元的轴突末梢分泌，但经血

笔记

液运输到靶器官发挥作用，成为内分泌系统的一个组成部分。对于机体来说，除了神经电信号传递信息外，由内分泌系统产生激素传递生物信息是另一重要途径。激素（hormone）是由内分泌腺或器官组织的内分泌细胞所分泌的高效能生物活性物质，以体液为媒介，在细胞之间递送调节信息。另外，机体的生物信息还可以通过细胞因子进行传递，细胞因子（cytokines）是一类能在细胞间传递信息、具有免疫调节等效应功能的蛋白质或小分子多肽。

人体的内分泌系统包括内分泌腺和散在的内分泌细胞，前者包括下丘脑、垂体、松果体、甲状腺、甲状旁腺、肾上腺、胰岛、性腺等，后者包括位于消化道黏膜、皮肤、心、肺、肾、脂肪细胞、胎盘等处的内分泌细胞。内分泌系统产生的激素对机体的功能具有重要的调节作用，涉及整合机体稳态、调节新陈代谢、维持生长发育和生殖过程等，进而调控机体的行为活动。根据化学性质，一般将激素分为三类：①胺类激素有肾上腺素、去甲肾上腺素、褪黑素、甲状腺激素等；②多肽和蛋白质类激素有下丘脑调节肽、垂体激素、胰岛素、甲状旁腺激素、降钙素、消化道激素等；③脂类激素有类固醇激素（皮质醇、醛固酮、雌激素、孕激素、雄激素、胆钙化醇等）和廿烷酸类（花生四烯酸、前列腺素族）等。

除甲状腺激素外的胺类激素、多肽和蛋白质激素均经膜受体介导的信号转导通路发挥作用，而甲状腺激素和脂类激素则通过核受体介导的信号转导通路发挥作用（见图4-8）。激素的作用具有特异性（指对含有其受体的靶细胞起作用）、高效性（信号转导通路的生物放大作用）和相互作用（激素间存在协同、拮抗和允许作用）等特性。激素分泌的过程，除了内分泌系统内部的激素间进行交互调节外，也受到神经系统的调控，其中下丘脑是神经活动调节内分泌活动的重要中枢。因此，神经系统可以通过调控内分泌系统的功能来调节机体的相关功能活动，而激素也可以调节脑的功能，构成完善的行为调控系统。

（汪萌芽）

思考题

1. 静息电位与动作电位的离子机制是什么？
2. 局部电位的特点和类型有哪些？
3. 化学突触传递的机制如何？
4. 试述突触后电位的分类及其整合功能。

笔记

第五章　感知觉生理心理(一)

学习目标

掌握:

1. 感受器一般生理特性。
2. 听觉传导通路及脑结构。

熟悉:

1. 感觉信息的加工过程。
2. 痛觉、味觉、嗅觉传导通路及脑结构。

了解:

1. 前庭觉。
2. 躯体觉。
3. 疼痛的闸门控制学说。

我们能够倾听优美的旋律,能够看见数百种不同的色彩,能够闻到一万种不同的气味。这些似乎习以为常。但这些感觉器官是如何感知环境中的变化,大脑又是如何破译来自感觉器官的信号呢?希望通过本章的学习帮助你找到答案。

第一节　感知觉的概述

感知觉是个体对刺激信息的识别与解释,是人脑对直接作用于感觉器官的内外环境信息的加工和整合。感觉是最基本、最简单的心理现象,没有感觉不仅不可能产生知觉,而且也不可能产生其他一切心理现象。知觉不是感觉的简单相加,而是感觉的有机整合。

一、感受器的类型及其适宜刺激

(一)感受器的类型

感觉起源于感受器的兴奋。感受器是分布在体表或身体内部,感受机体内外环境变化的结构。感受器多种多样,最简单的感受器是感觉末梢,如感知痛觉的游离神经末梢;有些感受器是在裸露的神经末梢外周包绕一些结缔组织,如环层小体、触觉小体和肌梭等;还有一些结构和功能上都高度分化的感受细胞,如视网膜中的感光细胞,内耳柯蒂氏器的毛细胞以及口腔黏膜上的味蕾等。这些感受细胞连同它们的附属结构构成了复杂的感觉器官。高等动物主要的感觉器官包括眼(视觉)、耳(听觉)、前庭(平衡觉)、鼻(嗅觉)、舌(味觉)。

感受器种类繁多,通常有以下几种分类法:根据其特化程度分为:一般感受器和特殊感受器。前者分布于全身各部,如感知痛、温、触、压等感受器;后者仅分布于头部,包括视、

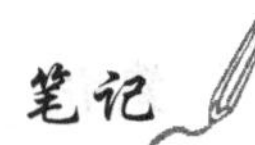

听、平衡、嗅、味的感受器。按分布部位和接受刺激的来源分为：内感受器、外感受器和本体感受器。内感受器分布于内脏，接受来源于机体内部的刺激，如渗透压、温度、离子和化合物浓度等的刺激。这里需要注意的是嗅黏膜的嗅觉感受器和舌的味蕾，其刺激虽来自外界，但这两种感受器与内脏活动有关，通常也将其列入内感受器。外感受器主要分布在皮肤和体表，接受来自外界环境的刺激。本体感受器主要分布于肌腱、关节和内耳的位置觉感受器，接受来自机体运动时产生的刺激。根据感受器所能感受的适宜刺激种类分为：机械感受器、温度感受器、光感受器、化学感受器、痛感受器等。尽管感受器结构各不相同，但它们的功能却是一样的，能够接受内外环境的刺激，并将其转化为电信号，沿传入神经至中枢神经系统。虽然大多感受器的传入冲动都能引起主观感觉，但也有一些感受器只是向中枢神经系统提供了内、外环境中的变化信息，引起各种调节性反应，在主观上并不产生特定的感觉。

(二) 感受器的适宜刺激

各种感受器都有自己最敏感、最容易接受的刺激形式，这种特定的刺激称为该感受器的适宜刺激(adequate stimulus)。如一定波长的电磁波是视网膜感光细胞的适宜刺激，一定频率的声波是耳蜗毛细胞的适宜刺激等。每种感受器只有一种适宜刺激，对其他形式的刺激在正常强度下几乎不起反应。当然非适宜刺激也可使某些感受器引起反应，但所需阈值极高，反应也极其粗糙。如脑受到重击后出现眼冒金星的现象，这时眼部的感受细胞对压力的阈值要比皮肤压力感受器的阈值高得多。正因为如此，机体内外环境发生的各种变化，总是先作用于与它们相对应的感受器，其意义在于对内外环境中某种有意义的变化进行精确的分析。表 5-1 为人体主要感觉类型及与之对应的感受器和适宜刺激：

表 5-1　人体的主要感觉类型和相应的感受器

感觉类型	感受器名称	适宜刺激
视觉	视杆和视锥细胞	380~760nm 的可见光
听觉	内耳柯蒂器毛细胞	16~20 000Hz 的声波
嗅觉	上鼻道及鼻中隔后上部的嗅上皮	气体(挥发性物质)
味觉	味蕾	液体中水溶性物质
前庭觉	椭圆囊、球囊、三个半规管的毛细胞	直线加速度和旋转加速度
皮肤觉(触觉、冷觉、温觉、痛觉)	皮肤感觉神经末梢	温度、光滑度等

二、感觉信息的加工机制

外界刺激到达感受器，从刺激到感觉的产生需要经历感受、换能、编码三个阶段，是大脑对感觉信息的剖析(decomposition)过程。

(一) 感受

感受是感受器对适宜刺激的物理能量的接受。人的感官只对一定范围内的刺激做出反应，只有在这个范围内的刺激，才能引起人们的感觉。这个刺激范围及相应的感觉能力，我们称之为感觉阈限(threshold)和感受性(sensitivity)。感受性也叫感觉的敏锐程度，是感觉器官对刺激的感受能力。感觉阈限则是衡量感觉能力的客观指标。每种感觉都有绝对感受性与绝对感觉阈限以及差别感受性和差别感觉阈限。刚刚能引起感觉的最小刺激量，叫绝对感觉阈限；而人的感官觉察这种微弱刺激的能力，叫绝对感受性。刚刚能引起差别感觉的刺激物间的最小差异量，叫做差别感觉阈限，对这一最小差异量的感觉能力，叫差别感受

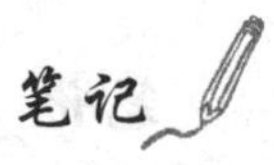

性。感受性和感觉阈限之间呈反比关系。

(二)换能

不论什么刺激作用于感受器,感受器都要将这些刺激转换成神经纤维上的动作电位或锋电位,这个过程称为换能。从这个意义上来说,一切感受器都是生物换能器,它的基本作用就是尽量不失真地将适宜刺激转换成电信号。大量研究表明,适宜刺激转换成动作电位之前,一般都要在神经末梢或感受细胞产生一种过渡性的电位变化,在传入神经末梢产生的膜电位变化称为发生器电位(generator potential),而在感受细胞产生的电位变化称为感受器电位(receptor potential)。发生器电位和感受器电位都是类似于局部兴奋的电变化,它们不是"全"或"无"的,大小在一定范围内与外界刺激强度成正比,不能作远距离传播,而只能以电势差的形式在膜上扩散传导一个很短的距离,可以在局部实现时间总和和空间总和。但是感受器电位和发生器电位的改变可以使邻近的具有通透性的膜去极化,当去极化达到膜的阈电位时,就会产生动作电位。如下图所示,用一个轻微的触压刺激作用于皮肤环层小体的表面上时,在靠近环层小体的神经纤维上可以记录到刺激所引起的电变化。当刺激强度依次增大时,记录到的发生器电位依次增大(a → b → c),当电位达到一定值时(d),它会突然转变成膜的快速自动去极,产生一次锋电位(动作电位)(图 5-1)。

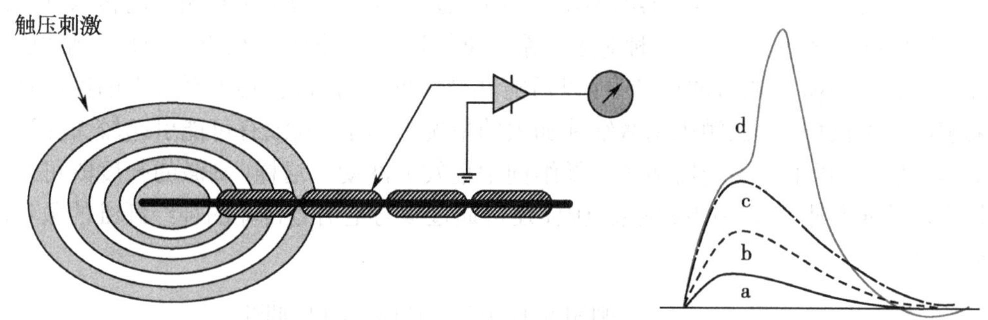

图 5-1 环层小体的发生器电位和动作电位的产生(仿李新旺,2008)

(三)编码

感受器在把外界刺激转变为神经冲动的过程中,不仅发生了物理能到生物电能的转换,更重要的是把刺激所包含的环境变化的信息也转移到了新的电信号系统即动作电位的序列之中,这一过程称为编码(encoding)作用。脑就是根据这些电信号序列才获得对外部世界的认识的。编码是把一种形式的信息转变为另一种形式的信息的一套法则,就如同发电报时将文字转变为用点或横表示的摩斯电码一样。感觉编码不仅见于感官,而且存在于神经系统的各个水平。目前认为有两种编码的形式,即专线编码(labelled-line coding)和跨纤维特征编码(across-fibre pattern coding)。我们用一个例子来说明这两者之间的区别。请想象这样一个场景,你在前线统率大军,给坐落在另一个山头上的总部发信号的唯一方法是挥舞旗帜:挥舞大旗意味着需要增援,挥舞小旗意味着需要补给,挥舞个头中等的旗子意味着需要武器,这种编码是一一对应关系,每种旗帜代表一个含义,叫做专线编码。它存在一个很大的问题就是每种新信号都需要一种新旗帜。另外一种编码用两种或多种旗帜的不同组合来代表不同的含义,如一面大旗和一面小旗同时挥舞可以表示"待命"的意思,这是一种只需要少数原始因素就能变换出多种复杂含义的编码,称为跨纤维特征编码。第一种编码指的是在感觉神经元和大脑皮质之间形成一一对应的关系,即特定感觉由专门的神经元传送。跨纤维特征编码意味着,几种神经元交互作用以制造不同的信号,就像用尺寸不同的信号旗通过组合发送不同信号一样,大多数感觉系统似乎就是通过这两种编码方式组织信息的。

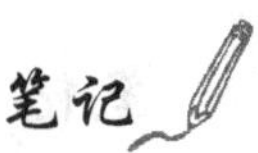

那么，感受器是怎样把刺激的质和量编码在神经电信号之中的呢？

首先考虑外界刺激的“质”，如听觉或视觉等刺激在性质上的不同是如何编码的。众所周知，来自感受器的传入冲动，都是一些在波形和产生原理上基本相同的动作电位，并无本质上的差别。因此，不同性质感觉的产生不可能是通过某些特异的动作电位波形或强度特性来编码的。实验和临床经验都表明，不同种类感觉的引起，不但取决于刺激的性质和被刺激的感受器，也取决于传入冲动所到达的大脑皮质的终端部位。因为机体的高度进化，使得某种感受器细胞只对某种特定性质的刺激发生反应，而由此产生的传入冲动也只能沿着特定的途径到达特定的皮质，产生特定的感觉。所以不论刺激发生在感觉通路上的哪个部分，也不管这个刺激是如何引发的，它所引起的感觉都与感受器受到刺激时引起的感觉相同。例如，用电刺激作用视神经，人为地使它产生传向枕叶皮质的传入冲动或者直接刺激枕叶皮质使之产生兴奋，均会引起光亮的感觉。因此可以认为不同性质感觉的产生，是由传输电信号所使用的专有线路决定的。

既然动作电位是“全或无”式的，因而刺激的强度也不可能通过动作电位的幅度大小或波形改变来编码。根据在多数感受器实验中得到的实验资料，刺激的强度是通过单一神经纤维上冲动的频率高低和参加这一信息传输的神经纤维的数目的多少来编码的。图 5-2 显示在人手皮肤上进行触压感受器的实验，说明在感受器的触压重量和相应的传入纤维的动作电位发放频率之间，存在着某种对应关系。重量过轻时，神经纤维全无反应，到达感受阈值时（大约为 0.5g）开始有冲动产生；以后随着触压重量的增大，传入纤维上的冲动频率也越来越高。不仅如此，在触压刺激继续加大的情况下，同一刺激有可能引起较大面积的皮肤变形，使一个以上的感受器和传入纤维向中枢发放冲动。这样，刺激的强度既可通过每一条传入纤维上冲动频率的高低来反映，还可通过参与电信号传输的神经纤维的数目的多少来反映。

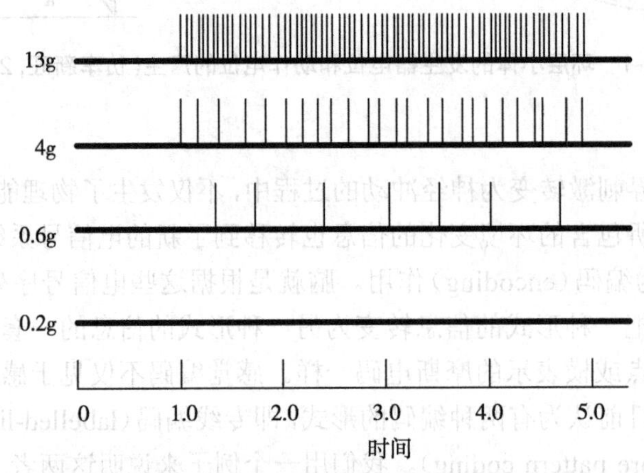

图 5-2 不同重量的触压刺激在单一传入纤维上引起的冲动频率的改变(仿李新旺，2008)

(四)感觉适应

感觉具有随环境和条件变化而变化的特点。例如，刚进浴池感到水热，泡一段时间就不再感觉那样热了，这是皮肤感觉的适应。“入芝兰之室，久而不闻其香，入鲍鱼之肆，久而不闻其臭”则是嗅觉适应。还有我们大家非常熟悉的明适应和暗适应。据研究，除痛觉之外各种感觉都存在适应现象。当一种强度不变的刺激持续作用于感受器时，传入神经纤维的冲动频率逐渐下降，引起的感觉逐渐减弱或消失，这一现象称为感受器的适应现象(adaptation)。不同的感受器适应出现的快慢有很大差别，并各有其意义，通常把它们区分为快适应感受器和慢适应感受器两类。

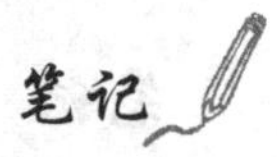
笔记

快适应感受器,如皮肤触觉感受器,当它们受到刺激时只是在刺激开始后的短时间内有传入冲动发放,以后刺激仍然在作用,但传入冲动频率可以逐渐降低到零。快适应可以看作是一种信息封闭的形式,目的在于避免神经系统被那些不再能提供有效信息的刺激所淹没。例如,触觉的作用一般在于探索新异的物体或障碍物,它的快适应有利于感受器再接受新的刺激。

慢适应感受器,如肌梭、痛觉、颈动脉窦压力感受器。它们在刺激持续作用时,一般只在刺激开始以后不久出现一次冲动频率的下降,但以后可以较长时间维持在这一水平,直至刺激撤除为止。慢适应有利于对机体某些功能如姿势等进行持久的调节,并对那些特别重要的刺激保持高度的警惕性。值得注意的是适应并非疲劳,因为对某一刺激产生适应之后,增加此刺激的强度又可引起传入冲动的增加。

第二节 听 觉

对于大多数人,听觉是仅次于视觉的第二重要的感觉。听觉在人类的生活中起着重大作用,是人们进行交流交际的重要手段。物体振动在空气中引起声波,声波作用于听觉器官,引起听觉器官感受细胞的兴奋并转换为神经信息,经各种听觉中枢分析后就产生了听觉。

声音有三种物理特性:振幅、频率和相位,对应人的三种主观感受:响度(loudness),音高(pitch),音色(timbre)。响度代表声音能量的强弱。音高代表人耳对声音频率的主观感受。音色由声音波形的谐波频谱和包络决定(图5-3)。

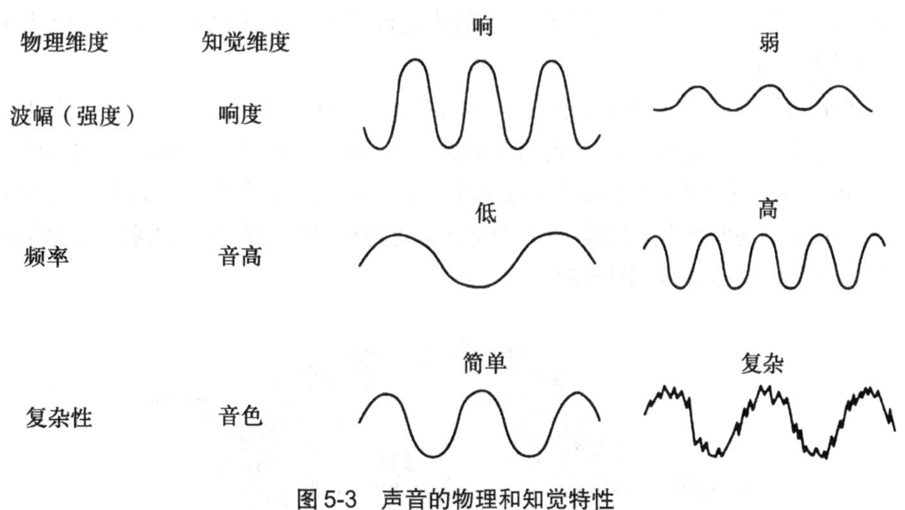

图5-3 声音的物理和知觉特性

一、听觉感受器的结构

听觉器官由外耳、中耳和内耳组成。

外耳是指能从人体外部看见的耳朵部分,包括耳郭和外耳道,是聚音装置。耳郭的主要结构为软骨,其主要功能是从自然环境中收集声音并导入外耳道。当声音向鼓膜传送时,外耳道能使声音增强,外耳道还具有保护鼓膜的作用。

中耳是鼓膜后面,耳蜗前面的鼓室,鼓室内有锤骨、砧骨和镫骨3块听骨。3块听骨互相连接组成听骨链。锤骨的长柄同鼓膜相连,镫骨的末端底板嵌在内耳的前庭窗上,共同形成一个传递声波的杠杆。当声波振动鼓膜时,三块听小骨发生连锁性运动,从而使镫骨底板在前庭窗上振动,将声波的振动从外耳传入内耳。由此构成传音装置(图5-4)。

笔记

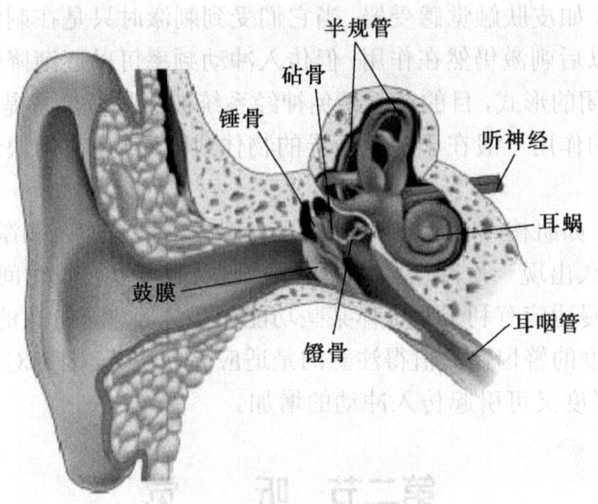

图 5-4　中耳和内耳的结构

声音以声波方式经外耳道振动鼓膜，鼓膜呈椭圆形，本身面积为 50~90mm^2，其有效面积为 55mm^2，厚度约为 0.1mm。形状与漏斗相似，顶点朝向中耳。由于表面积的差异，鼓膜接收到的声波就集中到较小的空间，声波在从鼓膜传到前庭窗的能量转换过程中，会发生增压效应。声波经过鼓膜、听骨链到达镫骨时其声压将提高 22.14 倍，相当于声强级 27dB。

中耳的咽鼓管把鼓室和咽腔连接起来，从而与外界大气沟通，以调节鼓室内气压使其与外界大气压相等。当中耳腔内的压力与体外大气压的变化相同时，鼓膜才能正常的发挥作用。人在打哈欠的时候有时会听不到声音，就是因为在打哈欠时，咽鼓管会开放，造成耳内气压增高，鼓膜外凸，由此引起听小骨与鼓膜之间传导声波出现障碍，所以会造成暂时失聪，听不到或听不清声音。

内耳迷路器官由三个半规管、前庭和耳蜗组成，为感音装置。前庭是前庭窗内微小的、不规则开关的空腔，前庭与半规管内有平衡觉感受器，能感知各方面的运动，调节身体平衡。耳蜗(cochlea)是被颅骨所包围的像蜗牛一样的结构，其中充满了液体，其主要功能是负责感音。声音传递到内耳，在耳蜗由机械振动变为神经冲动传递到大脑。耳蜗由两层膜、三个腔室和一个感受器组成(图 5-5)。

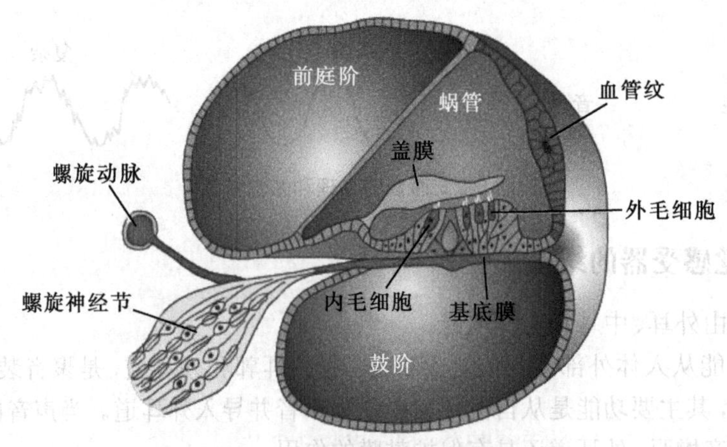

图 5-5　耳蜗横剖面结构图

耳蜗管横断面上的前庭膜(vestibular membranes，VM)和基底膜(basal membrane，BM)将耳蜗分为三个腔室：前庭阶、鼓阶和蜗阶。在前庭阶和鼓阶内充满了外淋巴，蜗阶内充满了内淋巴。两种淋巴液的化学组成成分不同，外淋巴与细胞外液类似，含有浓度较高的

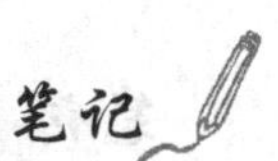
笔记

钠离子；内淋巴与细胞内液类似，含有浓度较高的钾离子。前庭阶和鼓阶中的外淋巴在耳蜗顶部相通。外界压力波从前庭窗经前庭阶进入鼓阶，至圆窗处能量耗尽。前庭窗与圆窗处在不同的平面，声波压缩期的高峰先到达前庭窗再到达圆窗，圆窗起缓冲作用，构成相位差。相位差减少声波同时到达两窗的抵消作用，从而使内淋巴液发生波动，这种波动可以引起基底膜的振动，刺激螺旋器上的毛细胞感音。部分中耳炎患者，圆窗由于骨化作用被盖住，基底膜无法自由的进行弯曲，因此患者的听力就会受到损伤。通过外科手术，在圆窗位置的骨头上打一个小孔，就可以治愈。

螺旋器又称柯蒂氏器(organ of corti)，是把振动转换为神经冲动的关键部位，由基底膜上的内侧毛细胞和外侧毛细胞以及支持细胞组成。毛细胞是声音的感受细胞，支持细胞主要具有支持作用，毛细胞通过杆状的支持细胞固定在基底膜上。人类的耳蜗大约有3500个内毛细胞和36 000个外毛细胞，内毛细胞呈一字排开，外毛细胞排成三行，每行约12 000个。毛细胞有毛发状的附属物——纤毛，纤毛按照高度不同而成行排列。部分毛细胞纤毛的底端接触到坚实的盖膜，盖膜像架子一样对毛细胞起着支持作用。声波使得基底膜产生运动，而盖膜相对静止，由此导致了毛细胞纤毛的弯曲变形。这种弯曲引起毛细胞的周期性去极化和超级化，产生紧张性谷氨酸分泌的周期性变化，这就产生了感受器电位。

二、听觉传导通路及脑结构

(一)耳蜗的声音传递

声音刺激经过外耳道-鼓膜-听骨链-前庭窗膜-前庭阶外淋巴产生行波(travel wave)，再从基底膜的底部向顶部传递。耳蜗通过压-电换能，可以将声波的振幅与频率编码成听神经的动作电位。柯蒂氏器通过耳蜗神经节将听觉信息传递到大脑。耳蜗神经节由于耳蜗的形状致使其神经节内的细胞体呈螺旋状排列，因此又称螺旋神经节，是听觉神经的一部分。这些神经元由细胞体的两端伸出轴突，使之可以具有持续的动作电位。

每个耳蜗神经大约包含着5万个传入轴突，这些轴突进入耳蜗与毛细胞的基底部形成突触连接，接受来自毛细胞的兴奋。耳蜗神经中树突组成听神经的一部分，进入延脑的耳蜗背核和前核。内排的毛细胞单独占有传入纤维，每个内毛细胞大约与20根传入纤维构成突触连接；为数众多的外毛细胞与感觉纤维形成突触，大约30个外毛细胞占用一根纤维。在人和动物的听神经中除了传入神经之外，还有自脑内的传出神经，在听觉系统中，大脑皮质对低位中枢和外周感觉器官就通过这些传出神经进行支配，能在各级水平上对神经冲动进行调节控制。这些传出神经发源于上橄榄核群，由延髓的一组神经核构成。它们进入耳蜗与毛细胞或听觉纤维的末梢形成突触连接，传出性终扣可以分泌乙酰胆碱，这一物质对毛细胞有抑制作用，由此可以调节毛细胞或神经纤维末梢的兴奋性。

(二)听觉中枢加工

听觉中枢包括脑干、中脑、丘脑的大脑皮质，是感觉系统中最长的中枢通路之一。听觉的传入通路非常复杂，至少包括四级神经元。传入通路的第1级神经元在蜗体的螺旋神经节中，这些神经节中的双极细胞发出的神经纤维经听神经进入延髓后，止于耳蜗神经节，在耳蜗神经节换能到2级神经元，从耳蜗神经核发出的大部分神经纤维交叉到对侧，直接上升或者经过上橄榄核上行，在中脑的四叠体下丘换成第3级神经元，构成外侧丘系，外侧丘系上行进入下丘及丘脑后部的内侧膝状体换能到第4级神经元，其神经纤维投射到大脑皮质颞叶听觉中枢。从耳蜗核发出的小部分不交叉的神经纤维到同侧的上橄榄核，直接上行到内侧膝状体换神经元后，投射到听觉皮质区。大脑每个半球都接受双耳传入的信息，但主要是对侧耳的信息。此外，听觉信息还被传入到小脑和网状结构。

笔记

螺旋神经节中含有一级传入神经纤维的细胞体，来自内毛细胞的Ⅰ型传入纤维可以提供大量来自耳蜗的输出。外毛细胞的传入纤维为Ⅱ型纤维。关于Ⅱ型纤维细胞传送信号的本质目前尚不明确。Ⅰ型传入纤维对相应音调的反应是放电增加；当声音停止时，放电反应在短时间内也会停止；因此它们表现的是动态和静态的反应。Ⅰ型纤维对不同频率声音的反应强度不同，构成了一条反应曲线，以最敏感的频率表示，称为特征频率(characteristic frequency，CF)。反应频率曲线范围的宽度表示声压级水平的高度。

一级听觉传入纤维分支终止于脑桥的腹侧及背侧的耳蜗核。这是进入中枢后的第一个转换站，从这里开始展开对声音的平行处理，即对音调、响度和时程的信息同时进行处理。从腹侧耳蜗核发出的轴突到两侧上橄榄核复合体(superior olivary complex，SOC)和对侧下丘(inferior colliculus，IC)。听觉纤维在脑桥交叉形成斜方体(trapezoid body，TB)。来自TB的一些纤维进入三叉神经核面神经形成鼓膜反射的运动部分。SOC比较来自两耳的输入计算声源的方位。SOC投射到外侧丘系核。背侧耳蜗核发出的轴突到对侧外侧丘系核。

三、听觉刺激及其加工

(一)听觉刺激的特点

听觉是个体对声波物理特征的反映。声波是一种振动机械波，人耳能感受到声波频率范围是20~20 000Hz，超出这个范围的声音我们就无法听到。声波具有振幅、频率和波形三种物理维度，与之相对应的是响度、音调(又称音高)和音色三种心理维度。将物理量转换为心理量需要编码的参与。声音刺激传入听觉器官，经过加工可以转换为神经细胞的电位形式，这种电位传递到我们大脑就可以被我们理解，这个过程经过编码才能实现。

振幅是声波的强度。声波的振幅是指示波器中显示出的纯音正弦曲线的最大高度，声波的振幅的大小取决于作用在声源上的力的大小。振幅的测量方法是对声波的压力测量，它可用声压、声压级、声强、声强级等来度量。声波造成的压力变化用分贝(dB)量来测量。响度又称声强或音量，是声音强度的知觉，表示声音能量的强弱程度，属于心理量。响度主要与声音的振幅有关，振幅增加，响度也会增加。响度是听觉的基础，正常人听觉的强度范围是0~140dB(也有人认为是-5~130dB)。响度同样受频率的影响，响度的心理单位是宋(song)，一个宋为40dB时所听到的1000Hz的音调的响度。

声音频率是指声波每秒振动的次数，单位是赫兹(Hz)。音调是人对声波频率的主观感觉，它和声波频率有关。心理上的主观音调主要与声音刺激的频率大小有关，但并不是完全取决于刺激频率，声音刺激的强度对音调也有一定影响。在心理学上，规定音调的单位为美(mel)，1000美的音高为1000Hz(声压级为40dB)声音刺激的主观感觉。

音色是复音主观属性的反映。对波形进行傅立叶分析可以发现，复音主要由低频的基音和高频的泛音组成。日常生活中的声音都不是只有一种频率，而是多种频率的声音混合在一起。音色是在听觉上区别具有同样响度和音高的两个声音不同的特征，声音音色主要由其谐音的多寡、各谐音的特性所决定。使用不同的乐器演奏相同的曲子，即使响度和音调相同，听起来也不一样，这主要是音色的作用。乐音具有周期性的振动，乐音中的泛音越多，听起来就越好听。低音丰富，给人以深沉有力的感觉，高音丰富给以活泼愉快的感觉。

(二)听觉刺激的加工

位于听觉中枢以下的听觉传导通路叫外周听觉系统。外界传入的声音信息从外周听觉系统传导至中枢听觉系统，中枢听觉系统对声音进行加工和分析，具体包括感觉声音的音调、音强、音色、判断方位等。听觉中枢对听觉信息的音调、响度、计时(timing)的三个声音

特点进行并列加工(parallel processing)。并列加工自耳蜗核开始。

1. 音调的神经编码 音调的知觉特性与频率的物理特性相一致，神经系统对音频的编码有两种方式：部位编码(place coding)和时间编码(temporal coding)。下面我们对两种编码分别展开阐述。

贝克西(G.V.Bekesy)提出的行波论是部位编码的典型代表。贝克西认为声波在内耳的传播是以行波的方式进行。经基底膜的振动产生的行波从耳蜗底部开始逐渐向顶部移动，在移动过程中其波幅也产生了变化。因为耳蜗螺旋部的基底膜紧张度不同(耳蜗底部较高，而顶部较低)，行波传播速度和振幅都逐渐降低。行波经过最大振幅之后就逐渐衰减。不同频率的行波引起不同感受细胞的最大兴奋，在耳蜗内感受细胞对不同声音频率进行分工编码。行波论认为，基底膜底部接受高频声波刺激，顶部接受低频声波刺激，中间部位接受的声波刺激按频率依次排列。

时间编码主要涉及较低频率和较高频率。这种观点认为不同频率的声音使听神经兴奋后发放不同频率的神经冲动，这些神经冲动的频率是声音频率分析的依据。时间编码是根据动作电位的时相锁定(phase locking)，低频是一波一个动作电位；高频则是根据排放原则涉及的发放模式。在内侧膝状体及其以下的各级中枢都可以观察到神经元的发放与声波频率的时相锁定关系，在耳蜗核和上橄榄核水平更为明显。

2. 音强的神经编码 整个声压范围(0~100dB)是由不同敏感度来标记的。但听觉传入纤维反映声压水平的上限约为30dB，超出此范围即达到饱和，即声压水平的增加不再增加效应。声音强度分析的依据来自于三个方面：感受细胞和神经元的兴奋阈值的高低，被兴奋神经单元总数的多少，发放神经冲动的频率高低。声音强度越大，单根听神经纤维的放电频率也就越高，在空间上活动纤维的数目也增多，因而感觉声音就很响。

3. 音色的神经编码 听觉系统通过分析构成复音的各种声音，可以激活听觉系统中不同的神经模式，从而辨别不同音色的声音。当复音刺激基底膜时，基底膜对组成复音的各个泛音有不同部位进行回应，这种回应构成耳蜗神经活动的独特编码模式，这种模式可能与听觉联合皮质环路有关。实际上对复音的识别非常复杂，目前对音色神经编码的研究尚缺乏系统性的实验证据。

4. 声音定位 声音定位(localization of sounds)是判断声源所在的位置，是听觉系统复杂的综合功能。对于正常人，由于两耳之间存在一定距离，从某一方位传出的声音到达两耳时有一定的强度差和位相差。强度差是指声音到达两个鼓膜的强度不同，相位差是指同时到达两个鼓膜时间上不同。它们的大小和声源的方位有关。双耳感受到的声音强度差和相位差是声源定位的主要依据。只有声源到达两耳的距离完全相同时，才能使两耳产生同样强度的兴奋，此时声源可能在身体的正前方或正后方。当人们的头部保持不动时，不易对发生在正前方或正后方的声源进行判断，但较容易判断偏离身体中线位置的声源位置。声源的纵、横坐标平面分别是标高(elevation)与方位角(azimuth)。这两种坐标判断的机制不同。

发现标高的关键是耳郭。外界传入的声波既可以直接进入耳朵，也可以由耳郭反射进入，这种方式到达鼓膜的时间稍微滞后前一种方式。从垂直面不同方向来的声音有不同的反射，因为耳郭的形状特殊，因此有不同的延迟时间。听觉系统使用延迟时间去计算垂直面上的声音位置(图5-6)。

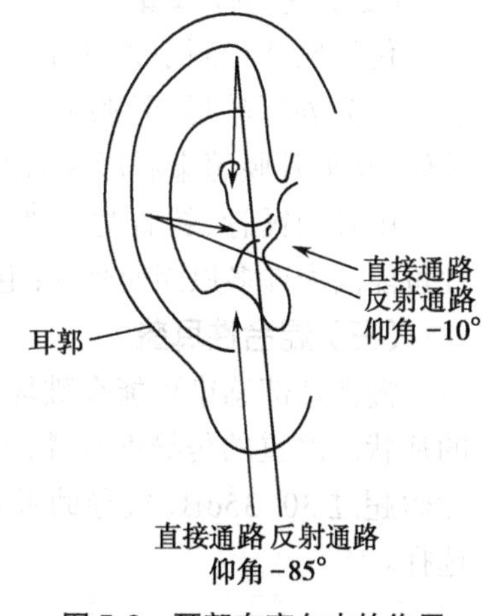

图5-6 耳郭在定向中的作用

声音定位主要是上橄榄核复合体完成的，因为一些听

笔记

觉神经元只有在两侧鼓膜(也包括基底膜的弯曲)多少有点不同时才会有所反应。确定水平面上声音的位置有两种方法:耳间水平差和耳间时间差。比较两耳输入而构成双耳定位,使用方位角度定位可以精确到1°。

高频声音的波长较短,如果声波来自左侧或右侧,由于头部本身构成了声波传播的障碍物,使其到达对侧耳中的音强受到耗损,接近声源的那只耳朵接受的刺激强度较大,这样在两耳之间形成了强度差,导致神经元单位发放频率不对称,据此对声源进行定位。一般成年人能标准定位 2000~3000Hz 的声源。外侧上橄榄核(lateral superior olivary nucleus,LSO)对来自于两耳不同强度的声音进行不同回应,是靠双耳音强差对高频声源进行定位的神经中枢。

低频声音的波长较长,头的阻隔作用较小,双耳听到的声音强度差别也较小。在这种情况下,判定声源方位主要靠耳间时间差。即声波同一相位到达双耳的时间先后不同。来自正前方或正后方的声音同时到达双耳,来自一侧的声音到达近侧耳的时间比远侧耳约早 600 毫秒,介于两者之间的声音到达双耳的时间差为 0~600 毫秒。耳间时间差也是人们判断声源方位的一种主要依据。听觉神经元单位发放存在时相锁定(phase locking)机制。所谓时相锁定机制是指双侧神经元为了对同相声波产生同步性单位发放,神经元在声波某一相位时,需要改变单位发放频率,这种机制称为听觉神经元单位发放的时相锁定机制。由于两侧神经单元单位发放的时相锁定机制,导致一侧神经元增加单位发放频率,从而造成两侧神经元单位发放的不对称性,产生了时差效应,据此对声源方位进行准确的空间定位。靠双耳时间差进行空间定位的神经中枢是内侧上橄榄核(medial superior nucleus,MSO)。

四、听觉障碍

(一)神经性耳聋

神经性耳聋分有先天与后天之分。先天性耳聋可由耳蜗的发育不全,胆脂瘤等原因造成。后天性神经性耳聋的常见原因有内耳感染,耳毒药物的侵袭、头部外伤、高分贝噪声、衰老、自免疫反应等。在 20 世纪 80、90 年代,对耳毒性抗生素的研究还不够,因此非常多的患者是因为注射了庆大霉素及其他氨基糖苷类药物,引起毛细胞损伤造成的耳聋。

目前神经性耳聋的主要治疗方法包括助听器或人工耳蜗的佩戴。助听器的主要功能是对环境声响的放大,使受损频率成分的声音达到患者的听觉阈之上;人工耳蜗将声音信息转化为电信号,直接对耳蜗螺旋中心的听神经施加电刺激。这两种方法都要求中枢听觉系统的完好。

(二)传导性耳聋

传导性耳聋源于外耳和(或)中耳的声音传导链的异常,使得声音无法传达到内耳,可能是因为外耳畸形、耳膜或中耳三小骨的功能异常、耳膜的缺陷等会造成不同程度的听力障碍,例如耳膜感染后形成的肉芽组织若贴到中耳内侧时,可能会使耳膜功能异常。

中耳的锤骨、镫骨与砧骨(听小骨)若功能异常,也会造成传导性耳聋。听小骨的活动性可能因为许多原因而受损:包括外伤、感染或关节僵硬,都有可能影响听觉。

(三)混合性耳聋

慢性耳部感染可能会破坏耳蜗或中耳听小骨,如果两者都受损则会出现上述两种耳聋的症状。严重的传导性耳聋,一般需要增加可传导声音的辅助设备。如果传导部分的听觉障碍超过 30~35dB,气导助听器可能无法改善听觉障碍,那么骨传导助听器可能是较好的选择。

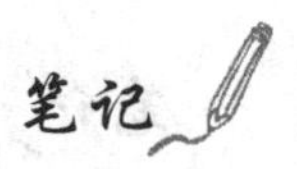

(四)语前聋

语前聋是在语言习得之前就出现的听觉障碍，一般可能是先天听觉异常或是在婴儿时期的听觉受损。语前聋会损害一个人的口语能力。若儿童的家庭习惯使用手语，则儿童的成长过程中很少会有语言发展迟缓的问题，但大部分语前聋不是因为遗传，是因为疾病或外伤造成的，而家庭中的其他成员没有手语沟通的经验。若在刚开始的 2 至 4 年内植入人工耳蜗，语前聋的儿童可以在口语学习上有显著的进步。

第三节　味觉与嗅觉

味觉和嗅觉是人们比较熟悉的两种化学觉。味觉是指口腔中的食物对味觉器官化学感受系统的刺激并产生的感觉。嗅觉是外界刺激作用于嗅觉器官产生的一种主观感觉。味觉和嗅觉会整合和相互作用，并且这两种感觉与它们的感受器官之间也存在一定的相互影响。

一、味觉感受器的结构

味觉与饮食有关，其生物学意义在于回避潜在的伤害机体的食物或选择对身体有益的食物。食物放入口腔，它的分子溶于唾液，同时刺激舌上的味觉感受器官。从味觉的生理角度分类，有四种基本味觉：酸、甜、苦、咸。还有一种味觉是鲜味，是由谷氨酸单钠(monosodium glutamate，MSG)引起的。我们经常说的辣味，是食物成分刺激口腔黏膜、鼻腔黏膜、皮肤和三叉神经而引起的一种痛觉；而涩味是食物成分刺激口腔，使蛋白质凝固时而产生的一种收敛感觉。大多数脊椎动物都有味觉系统，对 5 种味觉起反应。味觉对防止有害物质进入有机体内部具有重要的生物学意义，甜味感受器是食物探测器，大多数甜的食物都是可食用的。咸味感受器用于探测氯化钠，如果机体氯化钠排出增加，血液中的钠离子就会减少，有机体就会主动的选择含盐的食物。酸或苦的食物往往意味着食物已经腐坏，大多数动物都不喜欢吃这两种口味的食物。此外，味觉对机体的情绪调节也有一定作用，味觉引起的情绪变化在脑内的储存时间较长，对机体的习得行为具有较大影响。

味觉感受器是一种上皮细胞，50~150 个成簇的感受器细胞与支持细胞(也有人说是 20~50 个感受器细胞)共同组成味蕾(taste buds)。味蕾是味觉的感受器，在人的舌、腭、咽及喉部有大约 10 000 个味蕾。这些感受器大部分围绕着乳头(舌上面的小的隆起)排列。味蕾主要分布在舌的背面，特别是舌尖和舌侧。还有一部分分布在会厌、咽后壁、前腭帆及软腭等处的黏膜上皮内。味蕾主要由味细胞和支持细胞组成，其形状是椭圆形。微绒毛位于味细胞的顶部，并且向味孔方向伸展，与唾液接触，细胞基底部有神经纤维支配，可接受水溶性化学物质的刺激。人吃东西时，口腔中食物通过咀嚼及舌、唾液的搅拌，会促使味蕾受到不同味物质的刺激，产生味觉冲动，这种神经冲动经味蕾的传入神经纤维分别进入面神经、舌咽神经和迷走神经，再经延髓到丘脑，最后投射到大脑中央后回最下部的味觉中枢，产生味觉，品尝出饭菜的滋味。

人的 4 种基本味觉：酸、甜、苦、咸，分别由不同刺激引起，并且这些味觉在舌上的最敏感部位也不同，感受不同味道的味蕾分布在舌的不同部位。舌尖主要是感受甜味的味蕾；感受酸味的味蕾主要位于舌的两侧后半部分；舌根部集中着感受苦味的味蕾；在舌尖和舌两侧的前半部分主要是感受咸味的味蕾。此外，在机体的舌和口腔中还存在大量的触觉和温度感觉细胞，在嗅觉的参与下，大脑在中枢神经可以把各种感觉综合起来，由此就能产生多种多样的复合感觉。味觉感受器的功能不仅在于辨认不同的味道，还对有机体营养摄取和机体内环境恒定的调节起到一定作用(图 5-7)。

笔记

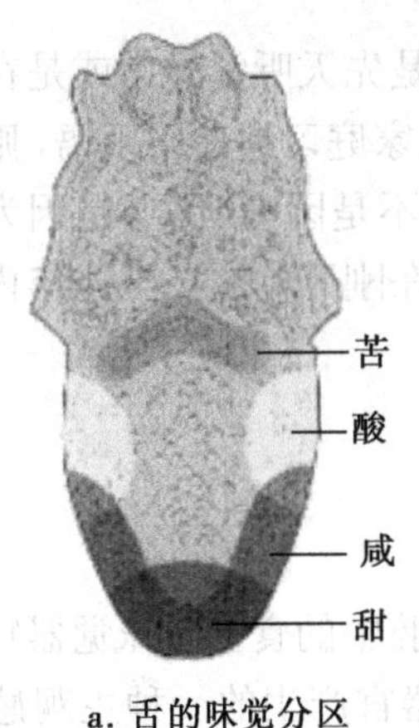

a. 舌的味觉分区

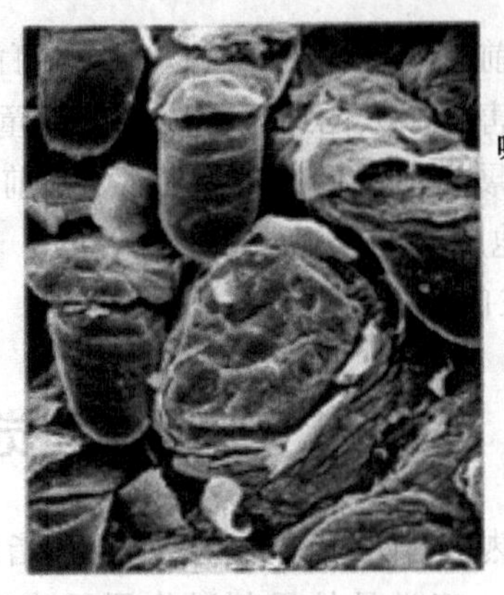
b. 味蕾

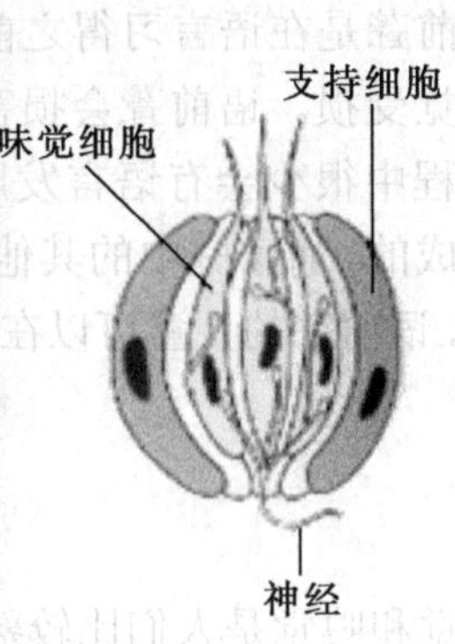

图 5-7 舌的味觉

二、味觉传导通路及脑结构

味觉的转换与突触上化学物质的传递相似，味觉分子与感受器结合，引起膜通透性的改变，产生感受器电位。不同物质与不同类型的感受器相结合，就会产生不同的味觉感受。

引起咸味的物质需要离子化才能被我们感知。咸感受器的最佳刺激是 NaCl，但并不是唯一的，许多金属阳离子（如 Na^+、K^+、Li^+）与卤素或其他小的阴离子（如 Cl^-、Br^-、SO_4^{2-} 或 NO_3^-）结合的各种盐都有咸味。咸味的感受器似乎是一种简单的钠通道。当有唾液存在时，钠进入味觉细胞使其去极化，触发动作电位，使细胞释放递质。使用钠通道阻滞剂盐酸阿米洛利（amiloride）可以阻滞氯化钠激活味觉细胞减少咸味。

酸感受器对酸溶液中的氢离子起反应。有研究者认为这是由味细胞纤毛膜上的钾通道完成。一般情况下这些通道是打开的，允许 K^+ 流出细胞，而氢离子与其结合就关闭了钾通道。通道的关闭防止 K^+ 向外流动，引起膜的去极化，从而引起动作电位。

苦的典型刺激物是生物碱，如奎宁；甜味的刺激物是葡萄糖、果糖等。实际上，有些分子可以同时引起这两种感觉，从而提示甜、苦的感受器可能是相似的。例如塞尔维亚橘子的皮含有一种糖苷，尝起来很苦，在分子中添加氢离子则变得很甜。苦感受器与一种称为味觉蛋白（gustducin）的 G 蛋白结合，它与视网膜中传递光信息的 G 蛋白——传递蛋白（transducin）很相似。当苦味分子与受体结合，味觉蛋白就激活磷酸二酯酶，分解 CAMP。苦味分子的检出是由于受体引起细胞内 cAMP 降低。大多数甜味分子有一 0.3nm 的氢离子位点接受氢离子，甜感受器有一与之相匹配的位点。

味觉信息由第 7、9、10 这三对脑神经传送入脑。舌前部的信息经面神经鼓索支传入；舌后部由舌咽神经的舌支负责；迷走神经传入的信息来自腭及会厌部。来自不同方向的神经纤维均止于孤束核，孤束核是一级转换站。灵长类此核的味神经元轴突到达丘脑的腹后内侧核；它还接受三叉神经传来的躯体感觉。丘脑味觉神经元再将信息传到位于脑岛及额盖叶区（opercular region）的一级味觉皮质。这里的神经元将信息传向尾外侧眶额皮质（lateral caudalisorbitofronatal cortex）的二级味觉皮质。与其他感觉模式不同，味觉代表区在同侧脑，即来自舌同侧的信息传递到大脑同侧（图 5-8）。

笔记

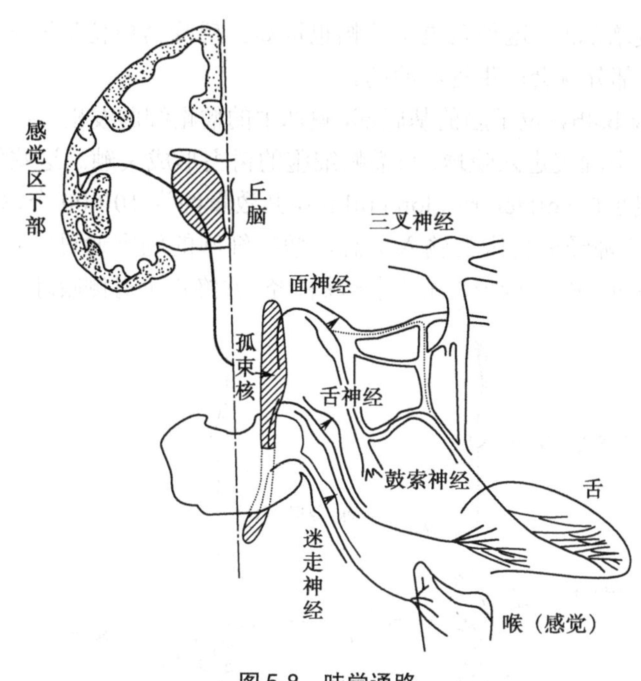

图 5-8 味觉通路

三、嗅觉感受器的结构

嗅觉是一种远距离感觉，即它是一种通过长距离感受化学刺激的感觉。嗅觉的生物学意义是帮助个体选择食物并避免摄入变质食物；它还可以帮助动物追踪猎物或辨认捕食者；辨别敌友和吸引、接纳配偶。嗅觉信息不仅仅与机体的饮食有关，而且在某些情况下还可以引起机体的防御反应，当某些气味非常刺鼻时有机体会自动抑制呼吸系统。

能够引起气味的刺激是由很多挥发性物质构成的，其分子量在 15~300 范围内，包括无机物和有机物。不同人对于同一种气味物质的嗅觉敏感度有很大的区别。机体的嗅觉敏锐度在不同情况下也会发生很大的变化。某些疾病，如感冒、鼻炎等都会降低嗅觉的敏感度。此外环境中的温度、湿度和气压等，也都对嗅觉的敏感度产生一定影响。不同气味可以使人产生不同的感觉，从而影响人的心理和行为。例如，芬芳的花香味可以使人精神振奋，减轻疲劳；香水的气味可以提高人的魅力；饭菜的香味可以引起我们的食欲等。

人的鼻腔两侧约有 $5cm^2$ 的嗅上皮黏膜斑，其上存有约 5000 万个嗅感觉细胞，它接受气味分子的刺激。嗅上皮位于鼻腔顶部，约有 1/10 的空气可以到达嗅上皮，因此我们在闻一些气味时有时需要使劲吸气。嗅感受细胞包括支持细胞和基底细胞，其外端膨大为有纤毛的嗅泡。根据嗅感受细胞的形状，可分为杆状细胞和球状细胞两种。琼斯（Jones）及瑞德（Reed，1989）发现一种名为 Golf 的蛋白质，这种 G 蛋白可以激活催化环磷腺苷合成的酶，进而可以打开钠通道并使嗅细胞的膜去极化。布克（Buck）及埃里克斯（Axel，1991）用分子遗传学技术发现一个可以编码嗅感受器蛋白的基因组。人类与啮齿类有 500~1000 种不同的感受器，每种感受器都对不同的气味敏感。

四、嗅觉传导通路及脑结构

嗅感受细胞的细胞体位于筛板的嗅黏膜中，像味觉细胞一样，嗅感受器细胞的生命周期较短，约为 60 天。细胞发出的突起通向黏膜表面，分成 10~20 根纤毛穿透黏液层，气味分子必须溶解在黏液里，并刺激嗅纤毛上的感受器分子，才能产生嗅觉信息。当特殊气味吸入鼻内时，在嗅上皮的黏膜中可以记录到嗅电位，这是一种缓慢负电位，并且会发生一定

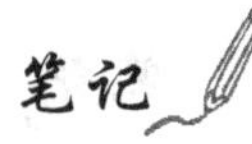

变化。当气味浓度增加时，这种负电位波幅也增高。感受器电位达到一定强度时，在嗅感受细胞发出嗅丝的部分就会产生神经冲动。

嗅球（olfactory bulbs）位于脑的基底部，嗅球中的僧帽细胞发出二级纤维构成嗅束。每一个嗅细胞发出一个轴突进入嗅球，与僧帽细胞的树突形成突触。这些轴突与树突形成的众多突触丛称为嗅小球（olfactory glomerulus），其数量约为 10 000 个，每个小球接受约由 2000 个轴突组成的神经束传来的输入信息。僧帽细胞的轴突通过嗅束伸展到其余脑区。某些轴突终止在脑内，另一些经过脑到另一嗅神经，并终止于对侧嗅球（图 5-9）。

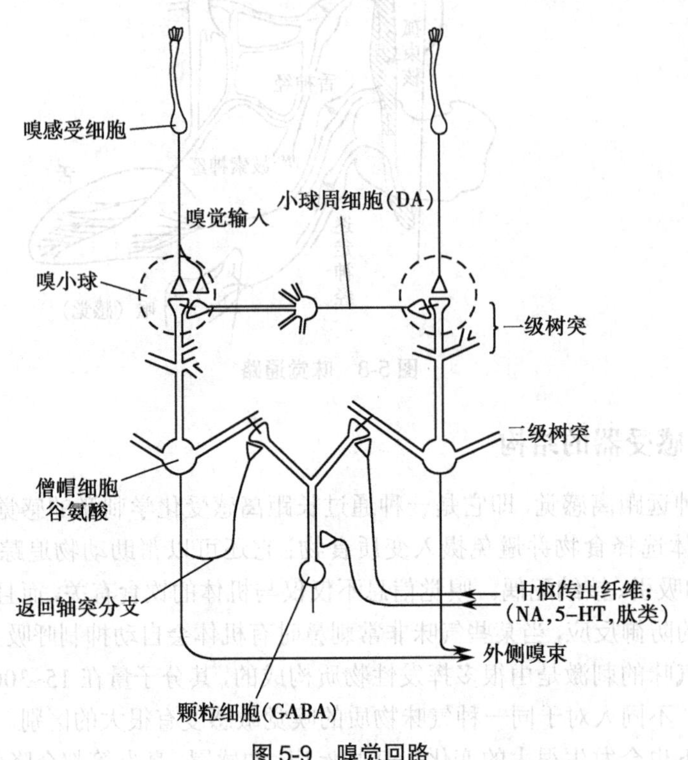

图 5-9　嗅觉回路

嗅束轴突投射到杏仁核，还投射到边缘皮质的两个区：梨状皮质（pyriform cortex）及内嗅皮质（entorhinal cortex）。杏仁核将嗅信息发送到下丘脑；内嗅皮质发送信息到海马；而梨状皮质发送信息到下丘脑，并经丘脑背内侧核到眶额皮质。眶额皮质还接受味觉信息，因此它可以参与味、嗅信息的整合。下丘脑也接受大量嗅信息，它可能控制对食物的接受和拒绝，甚至在有些哺乳动物中可见到嗅觉对生殖的控制。有许多哺乳动物还有另一种反应嗅刺激的器官：犁鼻器（vomeronasal），它在动物对反应生殖生理及行为的气味中有重要作用。

五、味觉与嗅觉异常

嗅觉和味觉在生理上是相互依赖的，其中一种功能的障碍会影响另一种。味觉异常可以归咎于神经疾病，但应寻找局部的致病原因。通过糖、盐、醋（酸）和奎宁（苦）测试两侧的舌背味觉，可以检测舌咽神经和面神经对味觉功能的完整性。过度吸烟引起口腔黏膜干燥，干燥综合征，头颈部的放射治疗，或舌剥脱症能够损害味觉，不同的药物（如具有抗胆碱能特性的药物和长春新碱）都能改变味觉。这些情况都可能影响味觉感受器。

不能感知一些气味（如瓦斯或烟味）是很危险的。在认为这些症状无害前，应先排除一些严重的系统性和颅内的疾病。脑干的病变（累及孤束核）是否能引起味觉和嗅觉的疾病目前还不确定，因为其他神经系统的体征通常已先出现。失嗅症（嗅觉丧失）很可能是最常见

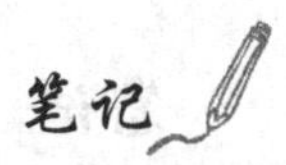
笔记

的功能异常。嗅觉过敏症(对气味敏感性增加)通常反映了神经症或表演性人格,但也伴有间歇性的癫痫发作。在鼻窦感染性疾病中,因部分嗅球损伤或精神压抑会发生嗅觉障碍(讨厌的气味或嗅觉错位)。一些病例因不良的口腔卫生常合并有味觉障碍。钩状回性癫痫会引发短暂的、生动的、令人不快的幻嗅。急性的流感通常可引起短暂的嗅觉减退症(嗅觉减退)和味觉减退症(味觉减退)。

第四节 机械感觉

一、前庭觉

与耳蜗一起构成内耳的前庭是感知头位和头位变化的器官,当头部和身体运动产生的加速度刺激前庭感受器后,就可引起眼球、颈肌和四肢的肌反射运动来保持身体平衡。前庭系统除了感知直线加速度和角加速度外,还有信号综合加工作用,又有类似锥体外系的功能,可以管理身体较细致的运动。

(一)前庭器官的解剖结构

1. 前庭系统 前庭系统包括两部分:前庭囊(vestibular sac)和半规管(semicircular canal)。他们分别是内耳迷路中的第二和第三成分。每侧前庭器官包括球囊(saccule)和椭圆囊(utricle)和三对半规管。前者的囊斑(macula)和后者的壶腹嵴(ampulla crista)是感受装置。囊斑含支持细胞和感觉毛细胞,毛细胞表层含纤毛,伸入耳石膜内。耳石膜是由耳石和胶质蛋白组成的,耳石移动,刺激毛细胞,产生的电活动由与其接触的神经末梢传入。壶腹含有感受器,称为壶腹嵴,是一个柱状上皮毛细胞构成的嵴,细胞的纤毛埋在胶质顶中。球囊和椭圆囊的囊斑可感受直线加速度,对重力有反应,并且可以使大脑感知我们头的方向;壶腹嵴则接受角加速度的刺激。它们在感受加速度刺激时是有一定刺激阈值的,与刺激方向、大小、时间及头位变化的速度都有关系,而且易受人体内外条件的影响,对于平衡的旋转不敏感。半规管大约有三个平面:矢状面、横切面和水平面。每一个规管上的感受器都会对一个平面上的角加速度产生最大的反应。半规管是由漂浮在骨质内的有膜规管构成的。半规管都以末端膨大壶腹与椭圆囊相互连接,其中充满内淋巴。

2. 感受细胞 半规管和前庭囊的毛细胞在形态上很相似。每个毛细胞都包含有几个纤毛,长度上逐渐从短到长。这些毛细胞与在耳蜗处发现的听觉毛细胞相似,并且它们的转导机制也是相似的:纤毛上的剪力使离子通道开放,然后钾离子进入细胞后使纤毛膜发生去极化。

半规管内部充满液体,当我们的头部开始旋转时或者旋转过后开始休息时,惯性的作用使得这些液体将吸盘推到一侧或另一侧。这些毛细胞的纤毛被一种凝胶物质覆盖。当头部倾斜时,凝胶块物质中耳石的重力发生移动,导致在毛细胞的一些纤毛上产生一种剪力。

每个毛细胞都有一根长的纤毛和几根短纤毛。这些细胞能够与双极细胞的树突建立突触联系,这些双极细胞的轴突经由前庭神经进行投射传送。这些感受器细胞也能接受来自延髓和小脑处神经元末梢纤维的投射,但是这些纤维联系的功能是不清楚的。来自延髓内前庭核的前庭信息传导至小脑、脊髓、延髓、脑桥和颞叶皮质。这些通路连接主要负责姿势的控制、头部的运动以及眼动,而且还与晕动病中的眩晕现象有关。

(二)前庭器官的功能

两个前庭囊(椭圆囊和球囊)的功能是截然不同的。前庭系统的功能主要包括保持平衡,维持头部以竖直的位置以及调节眼动使之作为头部运动的补偿。刺激前庭不会产生任何明显的感觉。某一低频刺激前庭囊能够产生眩晕,而刺激半规管会导致头昏眼花以及节

笔记

律性的眼动(眼球震颤)。然而,我们并不真正知道来自这些器官的信息加工过程。

1. 球囊和椭圆囊的生理功能 感觉细胞的顶部分布着两种感觉纤毛,静纤毛和动纤毛。动纤毛呈"极化"排列形式,纤毛嵌入壶腹嵴顶或囊斑上的耳石膜内,并因加速度刺激而一起发生运动。在正常生理情况下,主要依靠静纤毛束的倾斜。无刺激时纤毛保持在自然位置,只能记录到静息电位。静纤毛束向动纤毛方向倾斜,即去极化(depolarization),放电增多,呈兴奋现象。静纤毛束背离动纤毛位置倾斜,情况则相反,呈超极化或抑制现象。

2. 半规管生理功能 人体每侧内耳中都有三个半规管,三者围成的面可以感受空间任何方向的角加速度。当个体旋转开始或停止的瞬间由于内淋巴的惯性引起胶质顶移向相反方向。这就刺激相应的毛细胞而产生动作电位由前庭支传入。在静息状态下,来自两侧壶腹的是平衡的基础放电。水平半规管中,增加放电频率的正性刺激发生于胶质顶偏向椭圆囊;而减少放电频率的负性刺激发生于胶质顶离开椭圆囊。在垂直半规管中,胶质顶移向椭圆囊减少放电频率;而胶质顶离开椭圆囊增加放电频率。

3. 前庭通道 前庭神经和耳蜗神经构成了第八对脑神经(听神经)的两大分支。能够产生前庭神经轴突的双极细胞胞体位于前庭神经节处,前庭神经节似乎是前庭神经上的节结。

尽管大部分前庭神经的轴突在延髓内的前庭核形成突触联系,但是还有一些轴突直接到达小脑。前庭核神经元发出的轴突投射到小脑、脊髓、延髓和脑桥。另外也有前庭到颞叶皮质的投射。然而详细的通路目前还不清楚。大多数研究者认为皮质的投射主要与头昏眼花这种感觉有关。而前庭到较低级的脑干上的纤维投射活动主要是产生与晕动病有关的眩晕和呕吐。前庭到控制颈部肌肉的脑干核团上的纤维投射,参与维持头部处于竖直的位置。

也许最有趣的就是前庭神经与那些控制眼部肌肉的脑神经核(第3、第4和第6对脑神经)之间的纤维联系。当我们走路或者跑步时,我们的头就会有所震动。前庭系统的作用就是控制眼动来弥补突然而来的头部的运动。这个过程叫做前庭眼动反射,它的作用是维持一个相对稳定的视网膜图像。我们可以自己来检测一下这个反射:眺望一个远方的物体然后轻轻地撞击一下你头部的一侧。注意这时你会发现你眼前的景象会跳跃一下,但是程度并不是很厉害。对于那些前庭损伤或者是缺少前庭眼动反射的人来说,当他们走路或跑步时看东西是有困难的,所有东西都会因为运动而看得模糊不清。

二、躯体觉

躯体觉(somatesthetic sense),亦称皮肤感觉。一般认为,躯体感觉包括痛、温、触、压四个主要的感觉类型。

(一)触-压觉

触觉(touch senses)是微弱的机械刺激兴奋了皮肤浅层的触觉感受器引起的;压觉(pressure senses)是较强的机械刺激导致深部组织变形引起的感觉;两者在性质上类似,可统称为触-压觉。触点在皮肤表面的分布密度和该部位对触觉的敏感程度成正比,如颜面、口唇、指尖等处密度较高,手背、背部密度较低。皮肤在接受每秒5~40次的机械振动刺激时,还可引起振动觉,这被认为与触觉感受器有关。与触觉有关的传入纤维既有有髓的Ⅱ、Ⅲ类纤维,也有纤细的Ⅳ类无髓纤维。

(二)温度觉

人的皮肤上有"热点"和"冷点",刺激这些点能引起热感觉和冷感觉,热感觉和冷感觉合称温度觉(temperature sensation)。与之相适应,在这些部位存在有热感受器(warm receptors)和冷感受器(cold receptors),分别感受加在皮肤上的热刺激和冷刺激。冷感受器

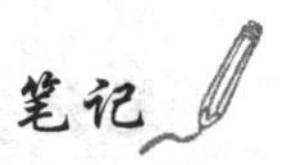

在皮肤温度低于30℃时开始引起冲动发放，热感受器在超过30℃时开始发放冲动，47℃时频率最高。一般皮肤表面冷点较热点多4~10倍；冷点下方主要分布有游离神经末梢，由Ⅲ类纤维传导传入冲动；热感受器可能主要也是游离神经末梢，传导纤维以Ⅳ类为主。

(三)实体觉

在日常生活中，经常遇到各种自然刺激，都是复合刺激，如当用手拿苹果时，就会感到苹果的大小、形状和质地，即同时兴奋了多种类型感受器，引起的是复合触觉(complex tactile sensation)，又称实体觉(stereognosis)。实体觉是躯体知觉(somatic perception)，除了外周不同的机械感受器编码皮肤表层的触觉刺激和深层的压觉刺激外，还有手部和指尖位置和运动信息，更需要各级感觉中枢，尤其顶叶皮质对各种信息进行整合，并结合以往的经验作出判断。

这些感觉在身体的各个部位都存在感受器，可以提供发生在身体表面和内部的信息变化。例如，皮肤的触觉感受器传递外力触压信号，肌肉、关节和肌腱的感受器提供身体的运动状态和位置信息，而内脏感受器感受体内器官生理状况的变化等等。躯体感觉也是动物适应环境的最基本功能。来自头面部的躯体感觉信息通过脑神经传入中枢神经系统，头面部以下的躯体感觉经31对脊神经传入中枢，经过丘脑最后投射到顶叶的感觉(中央后回)。从感受到中枢的传递过程中，各种不同的躯体感觉保持相对独立的传导路径。感觉皮质接受对侧身体的感觉信息传入。当皮质损伤后，仅出现知觉障碍，而躯体感觉不受影响。

(四)躯体感受器及其功能

躯体感受器的类型很多，在体内分布也很广泛，主要包括三大类：

1. 与本体感觉有关的高尔基腱器官(Golgi tendon organ)、肌梭(musclespindle)和前庭器(vestibule)。高尔基腱器官和肌梭都位于骨骼肌肌肉内，可以感受关节的空间位置和自动控制肌肉的伸缩运动；前庭器位于内耳，与身体的平衡觉以及骨骼肌运动控制有关。

2. 皮肤神经末梢及其附属结构，与触觉、温度觉或痛觉感觉有关。这些附属结构主要包括环层小体(pacinian corpuscle)、麦斯纳小体(Meissner corpuscle)鲁菲尼终端(Ruffini ending)、梅克尔盘(Merkel disk)等对振动、触压或温度等物理刺激敏感。

3. 分布于内脏的感觉神经末梢，对化学或物理刺激敏感。皮肤感受器可以感受到机械触压、温度变化以及伤害性疼痛。人的皮肤表面还布满呈点状分布的独立神经末梢或附属结构，约有20万个对温度刺激敏感，50万个对触压刺激敏感，300万个对痛觉刺激敏感。皮肤表面的感觉点分布密度与该部位感觉的敏感度成正比。换言之，感觉越敏感，感受器的分布密度越高。例如，人类触觉敏感度在指尖和口唇处最高，胸腹部次之，手腕或足等处最低，感受器的分布密度亦随之变化。任何形式的过度刺激都可以兴奋皮肤感受器。触压觉适宜刺激主要是机械的，温度觉刺激主要是物理的，而痛觉刺激较为广泛，包括机械、物理、化学或心理等刺激。感受器兴奋可以引起门控通道的开放以及离子内流变化，从而产生感受器电位。感受器电位变化达到阈电位时，感觉传入神经纤维便可产生去极化动作电位，经过中枢不同部位编码后，再被送到大脑皮质的感觉区。运动觉、平衡觉以及痛觉的加工机制将会在运动和疼痛章节里详细地论述。

(五)躯体觉传导通路与脑区

外周的感觉传入神经主要有四种类型纤维：Aα、Aβ、Aδ和C。Aα的直径最大，由于还有较厚的髓鞘包绕，因而动作电位传导速度最快，主要传导肌肉的本体感觉；Aβ的直径较大，也有髓鞘包绕，动作电位传导速度较Aα稍慢，主要传导皮肤机械感受器的冲动；Aδ的直径细，有少量髓鞘包绕，动作电位传导速度更慢，与温度或疼痛觉的传导有关；而C纤维直径最细而无髓鞘包裹，动作电位传导速度最慢，主要与痛或痒等感觉传导有关。感觉信息在直径粗的有髓鞘轴突中传递快，而在较细的无髓鞘轴突中传递慢。因此，运动、牵拉或

笔记

触觉等信息传递到大脑的时间相对短，而痛温觉信息的时间较长。

头颈部的躯体感觉通过脑神经直接进入脑。颈部以下的躯体感觉先进入脊髓背根，在脊髓后角(dorsal column)换元后再传递至大脑。痛温觉在体内分布范围最广，除了躯体以外，还包括内脏的痛温觉。内脏痛觉相对原始，沿着古老而无髓鞘的C纤维慢通道向大脑传递。躯体感觉传入经脊髓或延髓三叉神经核(颌面部躯体感觉)上行，部分纤维进入丘脑后，再发出丘脑束(lemniscal pathway)投射到对侧大脑顶叶的中央后回初级躯体感觉皮质(primary somatosensory cortex)。痛温觉传入纤维经白质前连合交叉，通过丘脑侧束(extra-lemniscal pathway)，再投射到对侧大脑顶叶的次级感觉皮质(secondary somatosensory cortex)。初级躯体感觉皮质接受来自对侧特定区域的感觉信息。例如，来自右脚的感觉信息传递到左侧中央后回感觉区，来自左面部的感觉信息传递到右侧中央后回颌面部感觉区。初级躯体感觉皮质的神经元数量与感觉神经末梢在体表的分布密度相对应。例如，在大脑的感觉代表区，手或口部的感觉神经末梢分布多，神经元的数量就多，而躯体感觉神经末梢分布少，大脑皮质的神经元数量就少。

(六)躯体感知觉的加工与重塑

与其他感知觉的脑加工机制类似，初级躯体感觉可以将感觉信息再传递至皮质的次级感觉或其他区域，进行“what”和“where”的知觉加工。例如，后顶叶皮质的次级感觉区参与触觉的移动、位置和空间关系等信息的知觉加工，还参与感觉与视觉信息的整合，并产生运动或姿势判断的躯体意识。顶叶皮质下部损伤患者可以通过视觉辨认物体，但不能通过触觉识别物体，被称为触觉失认症(tactile agnosia)。

同种系动物躯体感觉皮质的定位没有明显的差别，但触觉经验可以改变躯体感觉皮质的功能。这提示躯体感觉皮质也具有可塑性，可以随个体经历的差别而发生变化。例如，盲人躯体感觉皮质的大小与指尖阅读有关，指尖阅读者远大于非指尖阅读者；小提琴演奏者左手手指的皮质感觉区大于非演奏者。也有临床个案报告，若触摸截肢患者的其他部位，如面部或躯干等，他会感到触摸来自被截的肢体，表明肢体感觉区的功能已被其他感觉区所取代。目前，对感觉皮质重塑的机制所知甚少，可能与感觉失用后脑功能的代偿机制有关。

三、痛觉

疼痛是一种不愉快的感觉和情绪方面的体验，这种体验是与实际存在或潜在伤害相联系的，或者是患者从受伤害角度进行陈述的一种症状。疼痛既是生理现象(客观存在的症状)，也是心理现象(主观体验)。它是伤害性刺激作用机体引起的一种复杂感知(痛觉)，常伴有负性情绪活动和机体的防卫反应(痛反应)，但疼痛的感受和反应有较大的个体差异。

(一)痛的分类

习惯上分为快痛、慢痛与内脏痛三类。

1. 快痛 感觉鲜明、定位清楚的锐痛或刺痛，随刺激作用迅速产生、迅速消失，由Aδ类粗纤维以15m/s快速传导，情绪反应较弱。

2. 慢痛 定位不明确、在刺激后0.5~1秒才能被感知的“烧灼痛”，疼痛强烈而难以忍受，刺激消除后还持续存在，并伴有情绪反应及心血管和呼吸方面的变化，慢痛由直径纤细、传导速度不超过1m/s的无髓鞘C类纤维传导。肌肉、韧带、骨膜等深部组织及内脏痛觉一般均表现为慢痛。

3. 内脏痛与深部组织痛 内脏痛定位也不明确，能引起邻近体腔壁骨骼肌的痉挛和疼痛，称为体腔壁痛，这种疼痛与躯体痛相类似，也是由躯体神经如膈神经、肋间神经传入的。此外某些内脏痛往往引起体表部位发生疼痛或痛觉过敏，这种现象称牵涉痛(referred

pain),这是由于内脏病变时,疼痛扩散到受同一或紧邻的脊髓节段所支配的皮肤区。产生牵涉痛的部位往往符合神经节段支配规律,例如心绞痛患者常发生左肩、左上臂、前臂以及小拇指与环指的放射痛,胆囊炎与胆石症常有右肩的放射痛,阑尾炎时常感上腹部或脐区有疼痛等。

(二)痛觉信息传递系统

1. 伤害性感受器 伤害性感受器(nociceptor)是游离神经末梢,由Aδ或C纤维传导,可分为对高阈值机械刺激产生反应的Aδ或C机械伤害性感受器,以及对伤害性机械刺激和伤害性热刺激均产生反应的Aδ或C多模式伤害性感受器(polymodalnociceptor);还有只在炎症等病理情况下开始活动的寂静伤害性感受器(silent nociceptor)。伤害性感受器受刺激后产生疼痛,重复刺激可使敏感性增加,并引起C的伤害性感受器产生持久的、逐步的、增强的神经发放,称为兴奋性升级(windup)。Aδ感受器引起定位明确的浅表痛,又称快痛;C感受器引起定位模糊的深部痛,又称慢痛。心理物理学测定表明:感受器发放的冲动频率低于0.3次/秒,不引起疼痛感觉;到0.4次/秒时达到痛觉的阈值;一旦冲动频率达到或超过1.5次/秒时,产生持久的疼痛。Melzack及Dennis(1978年)将Aδ及C分别称为预警(warning)及提醒(reminding)系统。疼痛的化学感受学说的提倡者(林可胜等)认为,所谓痛感受器,实际上都是化学感受器,不论是温度还是机械刺激引起疼痛,实际上都是损伤了组织。

2. 脊髓的痛觉传导通路 伤害性感受器的传入纤维进入背角,Aδ纤维主要终止于第Ⅰ、Ⅴ层,C纤维主要终止在第Ⅱ层。第Ⅱ、Ⅲ层也称胶状质(substantiagelatinosa),还接受大量粗的有髓鞘纤维传入。脊髓背角还有投射神经元,并接受来自大脑的下行纤维,起着对伤害性信息进行初级的整合作用。

Aδ或C纤维在脊髓背角交换神经元交叉到对侧,组成前外侧系统上行,其中外侧脊髓丘脑束(新脊髓丘脑束)经丘脑腹后核投射到大脑皮质的体感Ⅰ区,司痛觉,有分辨功能。内侧的脊髓丘脑束、脊网束和脊髓中脑束,投射到边缘系统和丘脑的髓板内核群,经多突触转换,再广泛投射到大脑皮质,还接受网状结构传入,是痛觉情绪反应的神经基础。有学者将这条种族发生上比较古老、与痛觉情绪反映有关的通路称为旁中央上行系统(paramedial ascending system)。近年来发现,摘除前额叶后,痛的情绪反应消失;摘除扣带回的前部,便完全失去痛觉。PET研究证实,这两个脑区积极参与疼痛的感觉。

疼痛传入径路是三级传导,即痛觉感受器-脊髓后角-大脑皮质中央后回。脊髓后角被称为痛觉"闸门",痛觉信号在此进行调控。电生理研究表明,刺激低阈值的粗传入纤维能减弱脊髓背角神经元的伤害性反应;相反,阻断粗纤维传入能增强背角神经元的伤害性反应。提示脊髓背角神经元的伤害性反应是细纤维传入信息和粗纤维传入信息之间的动态平衡。

(三)疼痛的高位中枢调控

1. 脑内镇痛结构 20世纪60年代,我国学者邹冈将吗啡微量注射到家兔第三脑室周围和脑中央灰质区,可产生很明显的镇痛效应。接着有人用弱电流刺激清醒大鼠的中脑中央灰质,也得到很强的镇痛效应。这两组实验说明,脑内存在着镇痛结构。后来发现,间脑(如下丘脑弓状核)和延髓(如中缝大核)也存在着镇痛结构。

2. 脑内阿片受体和阿片肽 阿片止痛在民间已有很长的历史,20世纪70年代发现脑内存在阿片受体,吗啡类通过这些受体而镇痛。阿片受体的确立导致脑啡肽的发现。此前已发现有脑啡肽(enkephalin),β内啡肽(β-endorphin)和强啡肽(dynorphin)三类阿片肽,分别由三种不同的前体降解生成。并已克隆出与镇痛有关的三种阿片受体亚型。新近发现的δ受体的内源性配体为内吗啡肽(endomorphin),还有待进一步证明。

笔记

3. 内源性镇痛系统 很早以来人们就用鸦片镇痛、催眠和诱发快感，但并不知道作用机制是什么。直到20世纪60年代，研究者陆续发现脑内起镇痛作用的部位和结构以及有镇痛作用的活性物质。脑内镇痛结构和镇痛物质共同组成调制痛觉的内源性镇痛系统(endogenous analgesic system)。研究最多、了解最清楚的是脑干到脊髓背角神经元的下行抑制系统(descending inhibitory system)。此系统主要由中脑中央灰质、延髓的中缝大核及附近结构组成，经脊髓背外侧束下行对背角伤害性信息的传递进行调制，抑制躯干四肢的疼痛；也抑制三叉神经脊束核痛敏神经元的活动，对头面部的痛觉产生抑制作用。中脑中央灰质接受来自额叶皮质、岛叶、杏仁核、下丘脑的传入。因此，大多数更高级中枢的痛觉调制至少部分地通过这条通道来实现。如经验的记忆、情境的判断、焦虑、注意和暗示等心理因素，都有可能对下行抑制系统产生正面或负面的影响，从而使人们对疼痛的体验有千变万化的差异。

(四)痛觉的感知和行为

痛觉是一种奇妙的现象。它不仅仅是一种感觉，它可以通过某种类型的缩回反应来确定，在人类中是通过口头的报告来确定疼痛。痛觉会受到其发生环境的影响。例如，一个正在专注地做一项重要工作的人与一个安静坐着的人相比，前者会较少受到疼痛刺激的影响。痛觉还会受到鸦片剂、催眠、安慰剂、情感甚至其他一些刺激，如针刺的影响。

痛觉似乎有三个不同的知觉和行为方面(Price，2000)。首先是感觉方面即疼痛刺激强度纯粹的感知。第二个方面是疼痛立即引起的情感反应(难过)或是个体受到疼痛刺激伤害的程度。第三个方面是慢性疼痛带来的长期的情感影响，这威胁到人们未来的舒适和幸福。痛觉的三个方面似乎涉及不同的脑机制。痛觉的感觉方面是由从脊髓到丘脑的腹后外侧核，进而到初级和次级体感皮质的通路所介导的，而疼痛引起的难过或痛苦是由到达前扣带回和岛状皮质的通路产生的。

有一种有趣的痛觉形式发生在截肢后。在肢体被切除后，大约有70%的截肢患者诉说他们感觉到切除的肢体还是存在的，并且经常会疼痛。这种现象叫做幻肢(Melzak，1992)。对幻肢现象的经典解释是在切除肢体上存在有感觉轴突的活动。神经系统很可能把它当作来自切除肢体上的活动。当神经被切除，并且近端和远端的连接不可能再重新建立时，在切除末端的近处会形成节点，称作神经瘤。可以通过切除这些神经瘤上的神经来治疗幻肢疼痛，也可以把将这些神经输入信息传入脊髓的背根处切除，或者是损伤脊髓、丘脑或大脑皮质的体感通路来治疗幻肢疼痛。这些治疗办法会在一段时间内起作用，然而有时这种疼痛经常会再度复发。

(五)疼痛的闸门控制学说

Wall和Melzack(1965年)提出闸门控制学说(gate control theory)来解释脊髓背角对疼痛信号传入的调控机制。此学说的核心是脊髓对伤害性信息的节段性调制，背角胶质层起着关键的闸门作用。他们认为参与闸门控制的有四类神经元：①低阈粗纤维(Aβ)传入；②高阈细纤维(Aδ、C)传入；③投射(传递)神经元，由它激活作用系统引出复杂的痛体验和痛反应；④对投射神经元起抑制作用的胶质层中间神经元起着闸门作用。细纤维活动，抑制胶状质的中间神经元，使闸门开放，易化投射神经元；粗纤维活动加强时兴奋中间神经元，使闸门关闭，投射神经元活动受抑制，减弱疼痛的感受。在完整机体内，脊髓在高位中枢调控下，脊髓闸门受中枢的控制。这就为注意、情绪、期待以及过去经验的回忆等心理因素调控感觉传入提供了可能性。

临床资料表明，伤害性刺激强度与痛觉强度无直接对等关系。伤害性刺激引起的疼痛效应具有情景及个人特异性，其性质和强度受着个人独特的既往经历、产生疼痛的语境意义以及当时的心理状态的深刻影响。因此，Melzack和Casey(1968年)提出，疼痛实际包

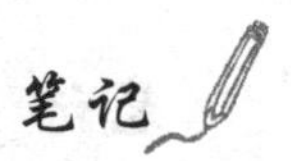

含三个维度，各有不同的解剖基础和生理机制。①感觉 - 分辨维度(sensory-discriminative dimension)：在脊髓痛觉传导通路中的新脊髓丘脑束、脊颈束及脊柱突触后纤维束，以较快的传导速度，将伤害性信息传到丘脑的腹后核和体感Ⅰ区皮质。对疼痛的时间、空间和强度进行精细的调节。②动机 - 情感维度(motivational-affective dimension)：伤害性信息通过脊髓丘脑束、脊网束和脊髓中脑束到达网状结构、髓板内核群和边缘系统。刺激中脑中央灰质的背侧，能引出明显的厌恶反应和疼痛所伴有的行为；刺激丘脑髓板内核群，可激起动物的恐惧样反应，并伴随有逃跑行为；边缘系统与情绪的关系更为密切。因此，这些结构是强大的行为内驱力和不愉快情绪的基础。③认知 - 评价维度(cognitive-evaluative dimension)：临床资料表明，有关文化价值、经验的记忆、焦虑、暗示等认知活动，对疼痛的复杂体验发生深刻的影响。也有证据表明，感觉传入的鉴别和定位也涉及以往的经验。人在战斗中负伤，可能并不感到伤口的疼痛，但对静脉注射反而感到非常痛苦。电击或切割狗的皮肤时，立即喂以食物，如此反复多次后，狗会将这些伤害性刺激作为进食的信号而加以接受，没有任何疼痛的表现。但是当把这些刺激施加在躯体的其他部位，或不喂以食物，狗就会狂吠起来。认知评价活动以大脑皮质为基础。皮质内的联络纤维及皮质到边缘系统和网状结构的下行纤维，调制分辨系统和动机系统。因此，疼痛的心理过程是由大脑皮质管理的。

(六)疼痛的神经化学基础

1. 外周损伤部位的致痛物质 致痛物质是指作用于神经末梢，能兴奋感受器并使其产生传入冲动的化学物质。伤害性刺激引起神经末梢兴奋是一个换能过程。伤害性感受器具有化学敏感性，组织受损释放许多致痛物质。这些物质有的是直接从受损细胞释出的，如K^+、H^+、组胺、ACh、5-HT、ATP等；有的则由受损细胞释放出酶在局部合成，如缓激肽、前列腺素和白三烯等；还有细纤维末梢释放的P物质。此外，皮肤受损后，巨噬细胞和肥大细胞释放的细胞因子，如IL-1、IL-6、TNF等可直接兴奋或敏化伤害性感受器。缓激肽仅参与急性疼痛，5-HT参与血管性疼痛，ACh只在远高于正常值时才引起明显疼痛，细胞外K^+浓度高达10~20mmol/L和pH<6即可诱发疼痛，PGE1起间接致痛作用。

2. 脊髓背角中参与痛觉调制的物质 脊髓背角的P物质和谷氨酸由细纤维末梢释放，参与伤害性信息的传递。目前已经明确，谷氨酸通过非NMDA受体介导短时程的快递反应，P物质通过NK-1受体、谷氨酸通过NMDA受体共同介导长时程的反应。胶质层中的抑制性中间神经元含有GABA及脑啡肽。有许多GABA能末梢呈轴突 - 轴突型突触结构，提示对伤害性信息传递是突触前抑制。由于C纤维传入末梢和背角神经元突触后膜存在阿片受体，说明阿片肽(脑啡肽)调节伤害性信息传递，兼有突触前及突触后机制。脑干下行纤维释放5-HT及NE，参与下行机制作用。椎管内注射5-HT或NE可出现镇痛效应。

3. 脑内的痛觉调制物质 近30年来研究发现，弓状核的β内啡肽能神经元；室旁核和视上核的加压素能和缩宫素能神经元；尾核的中脑中央灰质中的脑啡肽能神经元；脑干的中缝核群(中缝背核和中缝大核)的5-HT能神经元都与镇痛有关。蓝斑的NE能神经元作用较复杂，在脑内起致痛作用，投射到脊髓有镇痛作用。这些结构和物质组成了不同的内源性镇痛神经网络，说明内源性镇痛系统不是单一的。其中有阿片肽参与并能被阿片受体拮抗剂纳洛酮阻断的，称为阿片性镇痛系统；不能被纳洛酮阻断的，则为非阿片性镇痛系统。

4. 脑对脊髓背角的下行调制 在家兔第三脑室和中脑中央灰质注射吗啡可产生镇痛效应。电刺激大鼠中脑导水管周围灰质也引起镇痛。以后的研究也表明脑内有下行调制脊髓背角的控制系统。除上述第三脑室周围、中脑中央灰质、中脑导水管周围灰质之外，它们还包括下丘脑弓状核、延髓中缝大核等。关于痛觉调制物质可分为阿片性镇痛系统，如弓

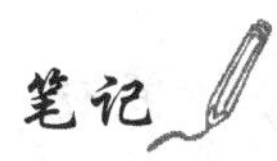

状核的β内啡肽能、尾核和中脑中央灰质的脑啡肽能等，它们的镇痛作用可被阿片受体拮抗剂纳洛酮所阻断；其余不能被纳洛酮阻断的则为非阿片性镇痛系统，如室旁核、视上核的升压素能、缩宫素能，中缝核的5-HT能神经系统等等。蓝斑的去甲肾上腺素(NE)能在脑内为致痛，下行到脊髓为镇痛。

(全鹏)

思考题

1. 描述音调、音色的概念。
2. 如何进行声源定位？
3. 味觉的传导通路及脑结构主要有哪些？
4. 机械感觉有哪些？
5. 前庭系统的功能？

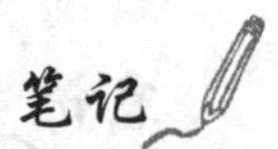

第六章　感知觉生理心理(二)

学习目标

掌握：

1. 视网膜的结构和功能。
2. 视锥细胞、视杆细胞和神经节细胞。
3. 颜色视觉理论。
4. 感受野、功能柱和超柱。

熟悉：

1. 大脑皮质的视觉通路。
2. 物体知觉的腹侧通路和空间知觉的背侧通路。
3. 视觉失认证。

了解：

1. 大脑皮质的颜色通路、运动及深度通路。
2. 视错觉和视幻觉。

感知觉是动物或人类认识客观世界的基础。视觉(vision)是动物和人类最重要的一种感知能力，其对生存的重要性不言而喻。在演化早期，动物只有简单的光感细胞，后来根据不同的生存环境需要，逐渐演化出数量、大小、形状、功能等完全不同的视觉系统。随着视觉器官的演化和发展，与视觉相关的脑结构和功能也在不断分化。在人类，视觉不仅参与辨别环境等生存活动，也是进行艺术欣赏、阅读等高级认知活动的重要感知觉系统。据统计，人类约有 1/3 的大脑皮质参与视觉加工，人脑获得的外界信息中有 70%~90% 来自视觉系统，由此可见视觉对人的重要性。

眼睛是视觉的外周感受器官，光是视觉产生的外部条件，与视觉有关的眼内结构是眼的折光系统和视网膜。折光系统由角膜、房水、晶状体和玻璃体组成；感光系统由视网膜上的感光细胞及与其相联系的双极细胞和神经节细胞等构成。来自外界物体的光线，通过眼的折光系统成像在视网膜上。视网膜上的视杆细胞和视锥细胞对光刺激高度敏感，能将外界光刺激所包含的视觉信息转变成电信号，并在视网膜内进行加工编码，经视神经传向视觉高级中枢，最后形成视觉。人的视觉系统只能感知波长 380~760nm 的电磁波，也称为可见光(visual light)，它只是电磁波谱中很窄的一部分，但却包含了太阳光谱中最主要的波长范围，足够感受日常生活和工作中的全部颜色。有些动物能够感觉到范围更广的电磁波，比如，蛇能够探测到热源发出的红外辐射，这让他们能够在黑暗中探测到恒温动物(它们的猎物)。蜜蜂能看到花朵反射的紫外线，对于人类来说，这些紫外线混在白光中，根本无法分辨。

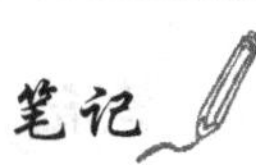

除此以外，光的色调和亮度是视觉形成的两个基本要素。光的波长决定色调，人眼能觉察到的最短波长的光在 380nm 左右，我们感觉为紫色。随着波长的增加，感知的色调也在不断变化。光的强度对应知觉的亮度，电磁波的强度增加，光线的亮度也随之增加。第三个视觉形成的基本要素——饱和度，即光的相对纯度。当所有电磁波的波长都相同时，颜色最纯，饱和度也最高。相反，当电磁波含有全部波长的可见光时，我们看到的只有白色。饱和度介于这两者之间的颜色则是由不同波长的光混合而成。尽管人们对视觉形成的神经机制进行了大量研究，但大脑究竟是怎样“看”世界的，仍然是当代生理心理学的核心挑战之一。

第一节　视觉的外周加工

一、视网膜的结构和功能

如果用照相机来比喻眼睛，巩膜就相当于照相机的机身；瞳孔是光圈，光圈的大小由虹膜的扩大或缩小所控制；角膜和晶状体像一组镜头；视网膜相当于底片。光线通过瞳孔入眼，经过折光系统的折射最后投射到视网膜(retina)(图 6-1)。

视网膜位于眼球的最内侧，仅有 250μm 厚，但结构十分复杂，由四层细胞组成(图 6-2)。从最外向内分别为色素细胞层、感光细胞层、双极细胞层和神经节细胞层。色素细胞层不属于神经组织，血液供应来自脉络膜一侧。临床上见到的视网膜脱离，就发生在此层与其他层次之间。色素细胞层对视觉的产生并非无关紧要，它含有黑色素颗粒和维生素 A，对同它相邻的感光细胞起着营养和保护作用，如黑色素颗粒能吸收光线，防止光线反射而影响视觉，也能消除来自巩膜侧的散射光线。感光细胞层包括视锥和视杆两种感光细胞，它们的功能是将视觉信息转变成神经信号，传递给内层的双极细胞，随后双极细胞再将神经信号传递给最内层的神经节细胞。你会发现，感光细胞层背对光线，光线需要穿过双极细胞层和神经节细胞层才能到达，然而这两层是高度透明的，光线通过它们时并无失真和变形，因此对我们的视觉没有任何影响。视网膜中除了这种纵向的细胞间联系外，还存在另

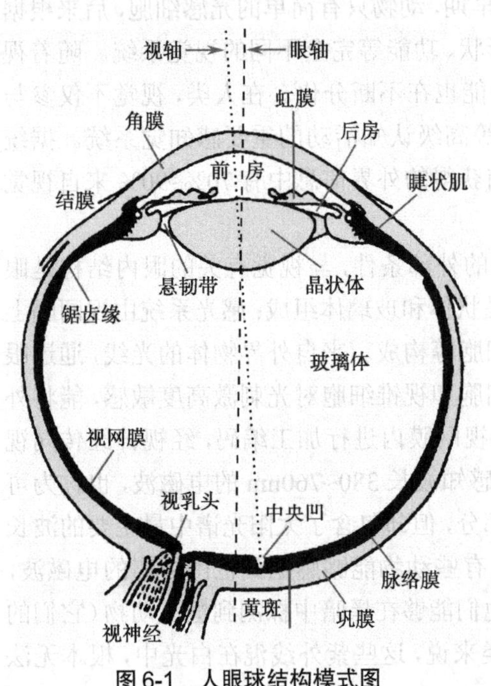

图 6-1　人眼球结构模式图

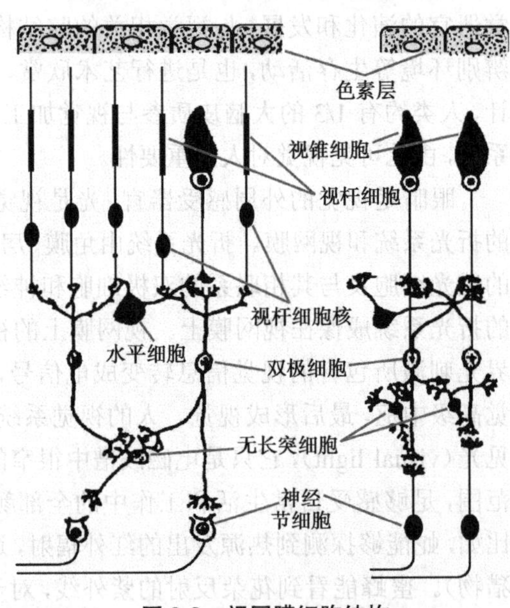

图 6-2　视网膜细胞结构

笔记

外两种细胞建立横向联系，如在感光细胞层和双极细胞层之间有水平细胞，双极细胞层和神经节细胞层之间有无长突细胞。这两种细胞的突起在两层细胞之间横向伸展，在水平方向上传递信息，起到整合相邻感光细胞信息的作用。

每一根视神经包含约80万根轴突纤维，而在视网膜中却有1.2亿多个感光细胞，表明感光细胞与神经节细胞之间存在着信息的汇聚，这种汇聚程度依赖于感光细胞在视网膜上的分布。在视网膜的周边部，几百个视杆细胞汇聚到一个神经节细胞上，而在视网膜的中央，汇聚程度明显减少，甚至可以看到一个视锥细胞只同一个双极细胞、一个双极细胞也只同一个神经节细胞联系的情况。这种低汇聚或无汇聚的“单线联系”显然是视锥系统有较高精确分辨能力的结构基础。并且，视网膜的中心有一黄色区域称为黄斑，其中央有一小凹，即中央凹。在黄斑中心的中央凹处，只有视锥细胞而没有视杆细胞，因此中央凹处具有最高的视敏度。从中央凹向视网膜的周边部，视锥细胞的数量减少，而视杆细胞数量增加，单线联系的方式也越来越少，这可以解释为什么中央凹附近比周边区有更高的视敏度。

视网膜上另一个特征性的结构是视盘(optic disk)，也称为视乳头，是神经节细胞的轴突汇聚成视神经离开眼球的位置，此处无感光细胞，在视野上呈现为固有的暗区，称生理盲点(blind spot)。但一般情况下，我们感觉不到盲点的存在，这是因为，脑会自动填补这一区域视觉信息的空缺。此外，双眼视野的重叠往往能够让一侧盲点被对侧眼睛补偿。如果你按照图6-3介绍的方法去做，就会发现自己的盲点。

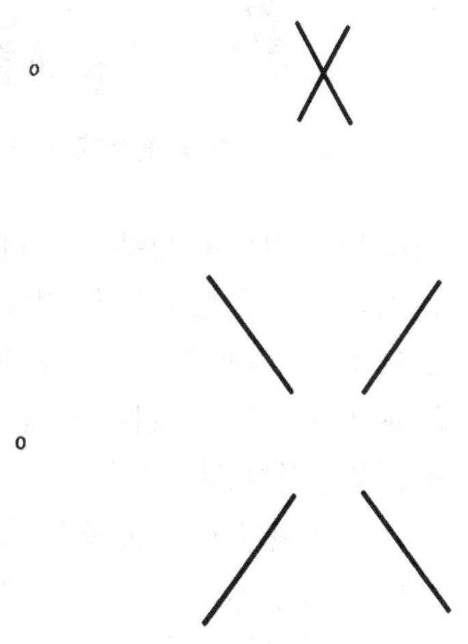
图6-3　视网膜盲点的演示图

闭上左眼用右眼注视图片上的圆圈，前后移动书本和你的距离，观察发生了什么？在书本距离眼睛约25cm处“×”消失了。现在重复上面的过程看下面的图片，在同样的距离，你看到了什么——空白消失了，你知道这是为什么吗？

二、视觉感受器

视网膜上存在两种感光细胞，按照其形状分别命名为视杆细胞(rods)和视锥细胞(cones)。由视杆细胞和与其相联系的双极细胞、神经节细胞等组成视杆系统，又称暗视觉系统，它们对光的敏感度较高，能在昏暗环境中感受弱光刺激，但无色觉，对物体细节的分辨能力较差。视锥系统又称明视觉系统，由视锥细胞和与其相连的双极细胞、神经节细胞等组成，它们对光的敏感性较差，需在强光照射下才能被激活，但可产生色觉，且对被视物体的细节具有较高的分辨能力。除此以外，视杆细胞和视锥细胞仍存在一些差异。

首先，视杆细胞和视锥细胞在视网膜上的分布不同。视锥细胞主要分布在视网膜的中心，而越靠近视网膜的周边部视杆细胞越多。人眼视觉的特点与上述细胞分布相一致，在明亮处中央凹的视敏度最高，且有色觉功能；在暗处则视网膜周边部敏感度较高，能感受弱光，但分辨能力差，且无色觉功能。

其次，视杆细胞和视锥细胞数量不同。人类每只眼的视网膜中约有1.2亿个视杆细胞和600万个视锥细胞，视杆细胞的数量是视锥细胞的20倍。尽管视杆细胞在数目上比视锥细胞多很多，但我们获得的大部分环境信息恰恰来自后者。因为视杆细胞对暗光敏感，主要在光线较暗的环境(如夜间)中发挥作用，区分明暗度；视锥细胞光敏度差，需要环境有一

笔记

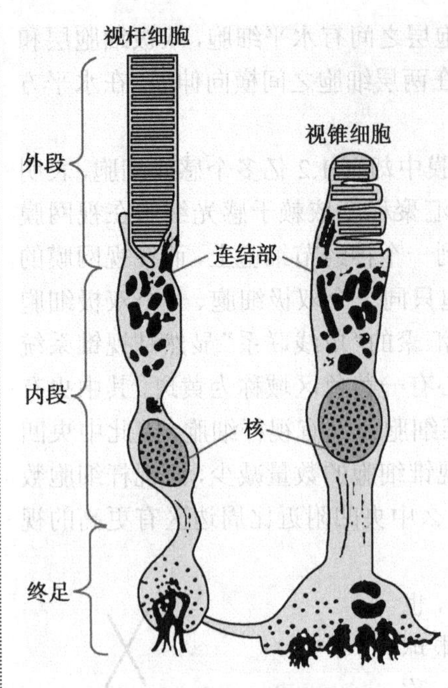

图 6-4 感光细胞模式图

定的亮度，在此基础上才能感知细节和色彩。所以，我们在暗处都是色盲，而且缺少中央视觉。

再次，视杆细胞、视锥细胞与双极细胞、神经节细胞的联系方式不同。视杆系统普遍存在汇聚现象，即多个视杆细胞与一个双极细胞联系，而多个双极细胞又与一个神经节细胞联系。这样的感光系统不可能有高分辨力，但这样的聚合方式正是视网膜对弱光保持高敏感性的结构基础。相比之下，视锥系统细胞间联系的汇聚就少得多，甚至可以看到一个视锥细胞与一个双极细胞、一个神经节细胞相联系的方式，这种一对一的联系方式，使视锥系统有很高的分辨能力。

最后，视杆细胞和视锥细胞所含感光色素不同。视杆和视锥细胞均由外段、内段和终足构成，视杆细胞外段呈长杆状，视锥细胞外段呈圆锥状，因此得名，见图 6-4。外段是感光色素集中的部位，在感光换能中起重要作用，外段包括数百个折叠紧密的盘膜，是细胞膜内褶形成的结构，其间镶嵌着蛋白质即感光色素——一种对光敏感的化学物质，感光色素是行使光 - 化学 - 电转换的物质基础。人眼一个视杆细胞上含有约 1000 万个感光色素分子，称为视紫红质（rhodopsin），由视蛋白和 11- 顺视黄醛两部分构成。而视锥细胞外段的感光色素分子数目较少，大多数脊椎动物具有三种不同的视锥色素，吸收三种不同的光谱，这与视杆细胞无色觉功能而视锥细胞有色觉功能的事实是相符的。视锥细胞的感光色素也是由视蛋白和视黄醛结合而成，只是视蛋白的分子结构略有不同。正是视蛋白分子结构中的微小差异，决定了与它连接在一起的视黄醛对某种波长的光线最敏感，因而才区分出三种不同的视锥色素。

从动物的种系来看，某些只在白天活动的动物，如鸡、鸽子、松鼠等，其感光细胞以视锥细胞为主；而另一些在夜间活动的动物，如猫头鹰等，其视网膜上只有视杆细胞。

下面，我们以视杆细胞为例分析在视觉信息的换能过程中发生了哪些变化。视黄醛有两种形态：全反型视黄醛的分子链是伸直形式的，11- 顺视黄醛的分子链是弯曲形式的。视蛋白只能和 11- 顺视黄醛连接形成视紫红质。但是，11- 顺视黄醛非常不稳定，只能在黑暗中存在。光照时，视紫红质曝光，弯曲的视黄醛分子链伸直变成全反型视黄醛，而视蛋白不能与全反型视黄醛相连，导致视黄醛分子的脱落，也就是视紫红质迅速分解为视蛋白和全反型视黄醛，颜色也由原来的玫瑰色变为灰黄色，视紫红质的分解使感光细胞产生暂时超极化的膜电位变化，即感受器电位。这在所有被研究过的感受器电位中是很特殊的，因为别的细胞的感受器电位一般都表现为膜的暂时去极化。超极化的感受器电位以电紧张的形式扩布到细胞的终足部分，影响终足处的递质的释放，使感光细胞释放兴奋性神经递质谷氨酸的频率降低，正常情况下神经递质使双极细胞膜发生超级化，因此，其释放量减少引起双极细胞膜去极化。去极化作用使双极细胞释放更多的神经递质至神经节细胞，从而激活神经节细胞，最终产生动作电位。

在这里为了更清晰的描述，我们略去了水平细胞和无长突细胞的作用，而且在此神经回路上感光细胞和双极细胞不产生动作电位。它们通过膜电位的变化调节神经递质的释放，去极化递质释放增多，超级化递质释放减少。在亮处分解的视紫红质，在暗处又可重新合成，它是一个可逆的反应，其反应的平衡点决定于光照的强度。在视紫红质分解和再合

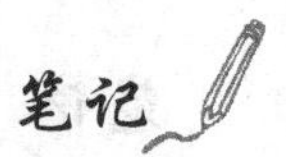

成的过程中，有一部分视黄醛被消耗，这需要通过食物来补充，视黄醛的前身是维生素A，因此，长期维生素A摄入不足，将会影响人的暗视觉，引起夜盲症(nyctalopia)。

三、明、暗编码

在视觉系统研究中，使用微电极记录单个神经元的电活动是最重要的生理学方法之一。如要确定一个神经节细胞的感受野，首先将一根微电极插入麻醉动物的视神经，记录其单位发放，然后将一个移动的视觉刺激直接投射到动物视网膜上，直到电极检测到由视觉刺激引起的神经活动，就可以找出影响神经节单位发放的视网膜区域，即该神经节的感受野。美国约翰·霍普金斯大学的史蒂芬·威廉·库夫勒(Stephen William Kuffler)为这一领域的研究作出了开拓性贡献。

早在60多年前，哈特兰(Hartline，1938)发现，蛙的视网膜上有三种神经节细胞：ON细胞，OFF细胞，ON/OFF细胞。当视网膜受到光照时ON细胞发生反应，撤光时OFF细胞有反应，给光和撤光的瞬间ON/OFF细胞发生短暂反应，但似乎它与视觉形成没有直接关系。后期库夫勒(Kuffler，1952—1953)用小的光点刺激猫视网膜，同时记录单条神经纤维动作电位时发现：神经节细胞的感受野由一个圆形的中心区和一个环形的周边区组成，它们对视觉刺激产生拮抗反应。如ON细胞被照射在中心部的光线激活，被照射在外周部的光线抑制，也称为“给光”细胞；OFF细胞的反应方式恰好相反，即光照射到中心区时产生抑制反应，光照射到周边区时产生兴奋反应，又被称为“撤光”细胞。如用弥散光同时照射中心和周边，兴奋和抑制似乎可以抵消，而抵消的程度取决于它们受到光刺激的相对面积大小。这种中心-外周的反应方式增强了神经系统分辨明暗对比度的能力，ON细胞善于发现暗背景上的明亮物体，而OFF细胞善于发现亮背景上的暗物体(图6-5)。

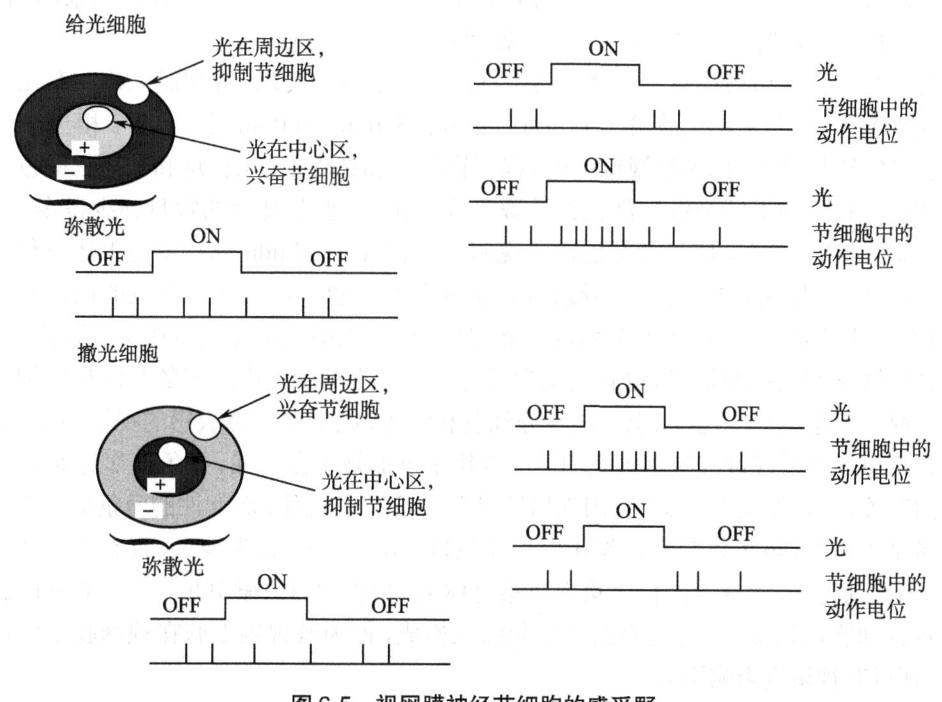

图6-5 视网膜神经节细胞的感受野

四、颜色编码

颜色视觉(color vision)是指对不同颜色的识别，即不同波长的光线作用于视网膜后在人脑引起的主观印象，是一种复杂的物理心理现象。我们常说人眼可以区分出红、橙、黄、

笔记

绿、青、蓝、紫七种颜色,但仔细地检查可以发现,人眼可以分辨可见光谱(380~760nm)内的约150种不同的颜色,每种颜色都与一定波长的光线相对应。因此,在可见光谱的范围内,波长长度只要有3~5nm的增减,就可被视觉系统分辨为不同的颜色。很明显,视网膜中不可能存在上百种对不同波长的光线起反应的视锥细胞或视色素。那么,我们如何感知上百种不同的颜色呢?下面我们来学习颜色视觉的有关理论。

(一)感光细胞——三原色编码

物理学上从牛顿时代或更早就证明了这样一条规律,即一种颜色不仅可以由一定波长的光线引起,而且可以由两种或两种以上的其他波长的光线混合生成。例如,把可见光谱上的七色光在牛顿色盘上旋转就会引起白色的感觉。用红、绿、蓝三色光作适当混合,就可以产生可见光谱上任何颜色的感觉,因此人们把红、绿、蓝定为三原色。1802年,英国的物理学家兼医生托马斯·杨(Thomas Young)认为既然三种不同颜色的光(红、蓝、绿)以合适的比例混合可以产生任何颜色,说明不同波长的光是可以分离的。而我们能够看到不同的颜色,可能是因为我们的视网膜上存在对这三种不同颜色的光敏感的感受器。这一理论在19世纪60年代得到赫尔姆霍兹(Helmholtz)的支持,因此也被称为Young-Helmholtz理论或三原色学说(trichromatic theory)。其基本内容是:人的视网膜上存在三种视锥细胞及相应的三种感光色素,分别对红、绿、蓝的光线特别敏感,当介于三者之间波长的光线作用于视网膜时,它们可以对三种视锥细胞或感光色素起不同程度的刺激作用,从而在中枢产生某种颜色的感觉。

在这里需要强调的是,不同颜色的光的混合与不同颜色的颜料混合是两回事。光的混合是将不同波长的光叠加在一起,遵循的是加色法原理。而颜料混合遵循减色法原理,物体呈现的颜色是光源中被颜料吸收后所反射的光的颜色,更多的波长则被颜料吸收了。比如画画时我们将黄色和蓝色混合得到绿色,但如果把黄色和蓝色的光混合起来,便得到白光。电视机和显示器上的白色就是由红、蓝、绿三种光点构成。

对高等灵长类动物视网膜光感受器进行的生理学研究发现,视网膜上确实存在三种不同的视锥细胞,其最大的吸收峰分别位于420nm、530nm、560nm处,差不多相当于蓝、绿、红三色光的波长,因此称为蓝视锥细胞、绿视锥细胞和红视锥细胞,这和上述三原色学说的理论相符。视网膜上绿视锥和红视锥的数目几乎相等,但蓝视锥的数目却少得多(只占总数的8%左右)。色觉缺陷也就是通常所说的"色盲(color blindness)"就是上述三种视锥细胞异常的结果,导致对某种波长不敏感,因而对某种颜色不能辨认。常见的色盲有以下三种:红色盲也称第一色盲,不能分辨红色和绿色,他们眼中的世界笼罩在黄色和蓝色里,缺乏对红色敏感的视锥细胞,但也有人认为是患者的红视锥细胞中填充的是绿视锥细胞的视蛋白。绿色盲也称第二色盲,也不能区分红色和绿色,缺乏对绿色敏感的视锥细胞,另有观点认为是患者的绿视锥细胞里填充的是红视锥细胞的视蛋白。红、绿色盲都与X染色体上的基因有关,男性发病多于女性,因为男性只有一条X染色体,而女性的两条染色体中只要有一条是正常的,就可以起到补偿作用。蓝色盲(第三色盲)较为少见,仅有千分之一的发病率,与性别无关,致病基因位于第七对染色体上,故男女患病概率相等。患者视网膜上缺乏蓝视锥细胞,他们眼中的世界由红色和绿色构成,但因蓝视锥细胞在视网膜上所占比例不高,所以对视敏度影响不大。

有些色觉异常的原因并非由于缺乏某种视锥细胞,而是由于某种视锥细胞的反应能力减弱,导致患者对某种颜色的识别能力较差,这种色觉异常称为色弱。色弱常由后天因素引起,与健康营养条件有关,可以防治。

(二)神经节细胞——对比色学说

1870年,德国生理学家黑林(Ewald Hering)虽然同意Young-Helmholtz学说中有关混合

笔记 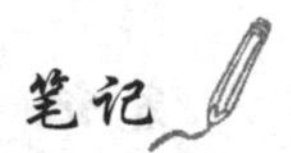

三原色可以得到可见光谱上所有颜色的说法，但不同意黄色是红色和绿色的混合产物。他认为黄色也是与红、绿、蓝一样的原色，也就是说存在四种原色，即红、绿、蓝、黄学说，又称为对比色学说(opponent color theory)。黑林认为视网膜上只有两种颜色敏感性节细胞：红 - 绿细胞与黄 - 蓝细胞，这两种对比色在感觉上是互不相容的，既不存在带绿的红色，也不存在带蓝的黄色。如果等量的黄光和蓝光相混合，由于两者是相互拮抗的，相互抵消，结果就会产生白色的感觉。等量的红光和绿光混合，也会产生白色效应。对颜色敏感的神经节细胞以中心 - 外周的方式进行反应，比如某些神经节细胞在感受野的中央对红色兴奋而对绿色抑制，而周边区的反应方式恰好相反。还有一些对颜色不敏感的神经节细胞也接受视锥细胞的传入信息，但不能辨别波长，只是简单地编码中央与周边区的相对亮度，他们的作用相当于“黑 - 白检测器”。

那“红”、“绿”、“蓝”三种视锥细胞获得的色调信息是如何翻译成红 - 绿、黄 - 蓝两种神经节细胞的兴奋或冲动呢？比较容易理解的是纯红、纯绿或纯蓝的编码。例如，红光激活“红”视锥细胞，进而兴奋神经节上的红 - 绿细胞，产生红色；绿光激活“绿”视锥细胞，进而抑制红 - 绿节细胞，产生绿色；同样蓝光激活“蓝”锥细胞，抑制黄 - 蓝节细胞，产生蓝色。相对而言黄色的加工就较为复杂。黄光的波长介于红光和绿光之间，我们看见黄色不是因为我们具有对黄色反应的感光细胞，而是由红视锥细胞和绿视锥细胞的输入信息共同决定的。红视锥细胞和绿视锥细胞的激活对红 - 绿节细胞影响不大，因为红色的兴奋作用和绿色的抑制作用相互抵消了，却可导致黄 - 蓝节细胞黄色部分的激活，大脑知觉为黄色。对比色学说很好地解释了为什么我们从未见过发红的绿色或发蓝的黄色。

有关三原色学说与对比色学说的争论持续了很长时间，随着研究的深入，目前认为在视锥细胞对颜色的感知上遵循三原色学说，但到水平细胞及其以后各级细胞，对颜色信息的编码遵循对比色学说。

(三) 视网膜——皮质学说

三原色学说和对比色学说虽然非常有说服力，但两者还不能完全解释某些视觉现象，尤其是颜色恒常性。物体的颜色会受到光源色的影响而发生变化，我们的眼睛却具备虽然改变光源色仍能分辨目标颜色的能力。如用红色的灯代替白炽灯，我们依然能分辨出香蕉是黄色、纸是白色、黑板是黑色。这是因为色彩的感知不仅靠眼睛，同时也受到记忆和经验等心理因素的影响，产生视觉调整的作用，这种现象称为颜色恒常性。颜色恒常性的生物学意义是显而易见的，它使得绿色树叶不因在黄昏中略显红色，红唇也不会因为在烛光中略显黄色。

为了解释颜色恒常性，Edwin Land 提出了视网膜 - 皮层学说(retinex theory)：当视网膜各部分的信息到达大脑时，视皮质通过对输入信息的比较，决定每个区域的亮度和颜色知觉。

根据上述情况，色觉机制的现代观点认为，颜色视觉过程可以分为几个阶段：第一阶段，视网膜上有三种不同的视锥细胞，它们分别对蓝、绿、红光的波长敏感。当某一波长的光线作用于视网膜时，使三种视锥细胞产生不同程度的兴奋。第二阶段，信息由视锥细胞向中枢传递过程中，对比色编码取代三原色编码，神经节细胞以中心 - 外周对立的方式反应，即红 - 绿，黄 - 蓝，黑 - 白反应。第三阶段，在视皮质形成准确的颜色知觉。也就是说，Young-Helmholtz 的三原色学说和 Hering 的对比色学说都只是对颜色视觉的某些方面的正确认识，必须通过两者的互补才能较为全面地揭示色觉的机制。

笔记

第二节　视觉的传导通路及脑结构

一、感受野的编码与加工

(一)感受野

视觉系统中的感受野(receptive field)是指能够引起某个神经元发生反应的视网膜区域,也就是某个神经元能够"看到"的那部分视野,只有光线落到这个视野范围内,才能引起该神经元的兴奋。因此,神经元感受野的位置依赖于向它传递视觉信息的光感受器的位置。在视网膜周边部,一个神经节细胞接受很多感光细胞传递的信息。然而,中央凹附近的神经节细胞主要接收一个视锥细胞的视觉信息,因此视网膜中央感受野较小,而周边部较大。

1. 外侧膝状体神经元的感受野　外侧膝状体神经元与神经节细胞的感受野基本相似,也是相互拮抗的同心圆式的感受野,但其感受野的周边区对中心区的拮抗作用更强、更明显。

2. 视皮质神经元的感受野　大多数视觉信息在枕叶的视觉皮质进行加工。枕叶的17区、18区、19区分别被称为第一视区(V1)、第二视区(V2)、第三视区(V3)。颞叶的20区称为第四视区(V4),颞中区(middle temporal,MT)是第五视区(V5)。V1区将信息传给V2区作进一步处理,V2区再将信息传递到其他脑区。V1区与简单视觉有关,V2区与图形或客体的轮廓或运动感有关,V3区加工动态物体的形状,V4区负责颜色和形状知觉,V5区负责运动和立体知觉。

20世纪50年代,休贝尔(Hubel)和威赛尔(Wiesel)对猫外侧膝状体和视皮质的神经元功能进行了研究。他们发现,视皮质里有3种神经元,只有当特定视野里的成像符合一定特征和方向时,这些神经元才会发放神经冲动,它们被称为特征探测器,并因此获得1981年"诺贝尔生理或医学奖"。这三种特征探测器分别是简单细胞、复杂细胞和超复杂细胞。

(1)简单细胞(simple cells):主要分布在V1区,其感受野也有拮抗的给光-撤光区,但不是同心圆式的,而是呈长条形排列。简单细胞的感受野与神经节细胞和外侧膝状体细胞的同心圆式感受野之间的关系,可以理解为前者是后者在视网膜上依次交叠排列而成。简单细胞的感受野存在最佳朝向即方向选择性,与给(撤)光区朝向相同的光带(暗带)落在感受野能诱发最强反应,光带朝向仅变化10°或20°角,就可使反应显著减少或消失,与最佳朝向呈90°角的光带几乎不能引起任何反应,因此,简单细胞主要与检测线条的边界及在视野中的方向和位置有关(图6-6)。

(2)复杂细胞(complex cells):主要分布在V1、V2区,其感受野与简单细胞相似,但没有清晰的给光区和撤光区,对落在感受野中任何位置的相同朝向的线段刺激都有相似程度的反应,即只有方位信息,没有位置信息,如图6-7所示。复杂细胞的感受野相当于由几个简单细胞的感受野平行排列组合而成,因此比简单细胞的感受野范围要大一些。

(3)超复杂细胞(hypercomplex cells):主要分布在V1、V2区,它们接受简单细胞和复杂细胞的信号传入,其感受野与复杂细胞类似,但在长轴一端或两端存在抑制区,当刺激光带长度超过端点,细胞的反应就会降低甚至停止,因此又称为有端点细胞。通常这些细胞的最佳刺激是一定长度的线段。

除了上述三类细胞外,视皮质中还存在着一种感受颜色的细胞。在1978年,研究者用细胞色素氧化酶(cytochrome oxidase,CCO)染色视皮质发现散在于视皮质中的细胞簇,被称为CCO小杆(blobs)。它的感受野缺乏方向性,对光带不起反应,但对颜色敏感,而且对颜色反应如同外侧膝状体,有相互拮抗的同心圆式感受野,对红-绿、黄-蓝起反应。感受颜色的外侧膝状体小细胞不仅终止于小杆区神经元,而且有一部分投射到小杆间区。

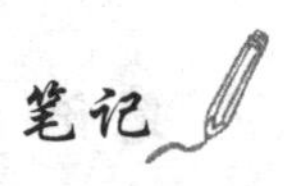

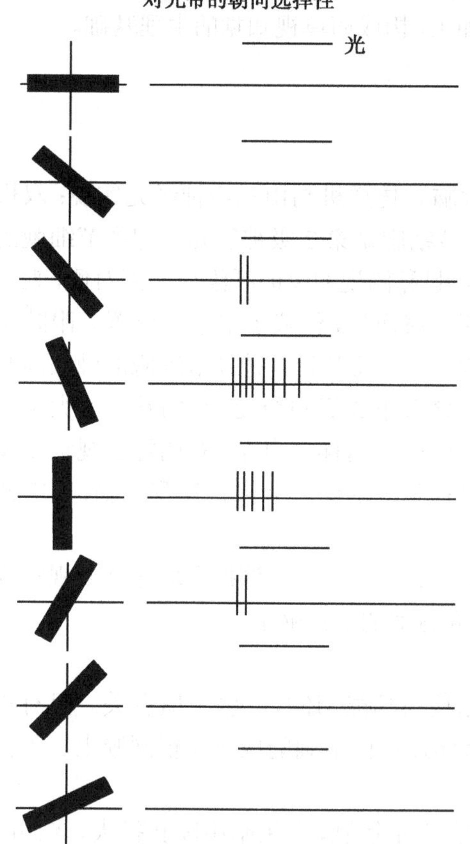

图 6-6　简单细胞的感受野

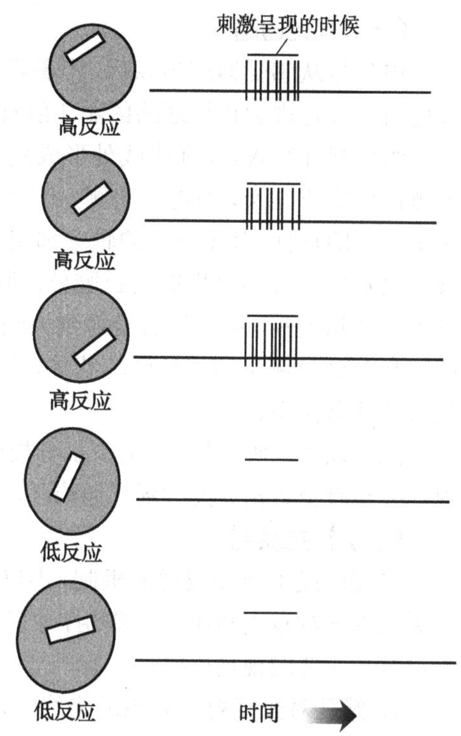

图 6-7　视皮质复杂细胞的感受野

(二)功能柱与超柱

休贝尔(Hubel)和威赛尔(Wiesel)还发现,视觉皮质是由功能柱(functional columns)组成的,它们由具有相同感受野并具有相同功能的视皮质神经元,以垂直于大脑表面的方式排列成柱状结构。功能柱贯穿大脑皮质的6个层次,只对某一视觉特征发生反应,如颜色柱(color column)、眼优势柱(ocular dominance column)、方位柱(orientation functional column)。

1. 方位柱　是具有相同最优反应方位的视皮质细胞组成的功能柱,对视觉刺激在视野中出现的位置和方向的特征进行提取,不仅对边界线、边角的位置,而且对其出现的方向与运动方向均能进行特征提取,也就是能对这些刺激做出最佳反应。

2. 眼优势柱　左眼优势柱与右眼优势柱宽均为0.5mm,左右相间规则性排列,每个柱内的细胞均对同一只眼所看到的图像给予最大反应。眼优势可以根据分别刺激同侧或对侧眼的感受野所产生的反应的大小来决定。

3. 颜色柱　位于眼优势柱内,直径为0.1~0.15mm,同一柱内所有细胞有相同的光谱反应特性。颜色特异性的变化与方位变化互不相关,说明方位柱与颜色柱是互相独立的功能单位,但颜色柱与眼优势柱发生重叠关系。

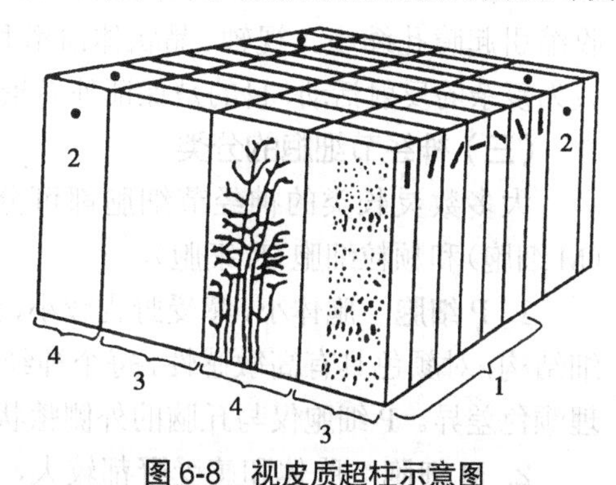

图 6-8　视皮质超柱示意图

视皮质上存在着由方位柱和眼优势柱组合起来的功能单位,称为超柱(hyper-column),见图6-8。超柱是视皮质的基本功能单位,为

笔记

1mm 见方，2mm 深的小块，包含一组对各种朝向有最佳反应的方位柱和一组对双眼有用的眼优势柱以及若干处理颜色信息的颜色柱。超柱对投射在同一视野中的各种特征，如颜色、方位等，进行同时或并行地信息提取，并进行初步加工，构成简单视知觉的生理基础。

二、视网膜内的信息加工

(一) 视觉通路

电信号从感受器产生以后，沿着视神经传至大脑。传递机制由三级神经元实现：双极细胞可看成是视觉传导通路的第 1 级神经元，神经节细胞是第 2 级神经元。神经节细胞的轴突组成视神经入脑，在中线处形成视交叉，来自两眼鼻侧视网膜的纤维交叉到对侧，来自颞侧的纤维不交叉，仍走在同侧。交叉的百分比因种属而异，依赖于眼睛的位置。眼睛位于头两侧的物种，几乎所有的轴突都交叉到对侧，如兔子、荷兰猪。神经节细胞的轴突离开视交叉后大部分轴突投射到丘脑外侧膝状体，其中含有第 3 级神经元，它们发出的大量纤维组成所谓的视辐射，最后投射到大脑皮质的视觉中枢。这样来自左、右视野的视觉景象就被投射到对侧半脑的外侧膝状体，也就是说左侧视野内的信息会被传递到右脑，而右侧视野的信息传递到左脑。

除此以外，神经节的轴突少部分投射到中脑的上丘、顶盖前区，调控眼球运动及视觉反射。甚至有少数轴突投射到其他脑区，如控制觉醒和睡眠的低位脑干。

(二) 视觉反射

在视网膜上折光成像的机制，不仅涉及眼的结构与功能，还与大脑中枢有关。只有视觉系统的各种反射机制相互作用，才能保证外界客体连续而准确的成像在视网膜上。下面介绍几种主要的视觉反射：

1. 瞳孔对光反射 入眼的光线量通过改变瞳孔大小控制，在黑暗中瞳孔扩大，光照时瞳孔缩小的反应，就是瞳孔对光反射。在一只眼的角膜前给光或撤光引起其瞳孔的变化，称为直接反射；与此同时，由于中脑的交互联系引起对侧瞳孔也发生变化称为间接反射。反射路径是视神经、视束到达顶盖前区，这里是瞳孔对光反射的中枢。由顶盖前区发出的神经冲动到达同侧和对侧的缩瞳核，再由缩瞳核发出的节前纤维至双侧睫状神经节，所以光刺激不但能引起同侧眼瞳孔收缩，也可引起对侧眼的瞳孔收缩。

2. 皮肤 - 瞳孔反射 身体任何部位的皮肤受到强刺激引起疼痛感，会反射性地引起瞳孔扩大，称为皮肤 - 瞳孔反射。这是一种交感神经兴奋的自主神经活动，是人的意志所无法控制的，因此常以刺激是否足以引起瞳孔扩大，作为有无疼痛的生理指标。同时这一反射对个体生存与保护具有重要的意义，强烈的皮肤刺激引起瞳孔散大，入眼的光强度增大，可以引起机体对痛刺激的密切注意。

3. 调节反射 从凝视远方景物立即改为注视眼前近物时，为使其能在视网膜上清晰成像，两眼内直肌收缩改变视轴，睫状肌收缩引起晶状体曲率增大，折光率增大，瞳孔括约肌收缩引起瞳孔缩小。视轴、晶状体曲率和瞳孔同时变化的反射活动就是调节反射，是一种较为复杂的反射活动，目的是保证外界景物在视网膜上清晰成像。

(三) 神经节细胞的分类

大多数灵长类的神经节细胞都可分为三类：小细胞神经元（P 细胞）、大细胞神经元（M 细胞）和颗粒细胞（K 细胞）。

1. P 细胞 胞体小，感受野也较小，绝大多数位于黄斑或其附近，适合检测视野中的精细结构，对颜色具有高敏感性，每个神经元可被某些颜色兴奋，而被其他颜色抑制，负责处理颜色差异。P 细胞仅与丘脑的外侧膝状体相连。

2. M 细胞 胞体和感受野都较大，几乎在整个视网膜都有分布，与 P 细胞不同，它们

对颜色不敏感，对细节反应也没有那么强烈，而对移动的刺激和物体的外形反应强烈，适合负责运动物体的觉察。M 细胞主要位于视网膜周边部，因而周边视觉对物体的移动敏感而对颜色和细节不敏感。大多数 M 细胞与外侧膝状体相连，仅有少数与丘脑的其他视觉区域相连。

3. K 细胞 胞体小，感受野最小。与 P 细胞相似，但不是主要聚集在黄斑周围，而是分布在整个视网膜。各种类型的 K 细胞的轴突分别终止于外侧膝状体、丘脑的其他部分和上丘。

三、丘脑、大脑皮质的视觉系统

(一) 外侧膝状体核

外侧膝状体核(lateral geniculate nucleus，LGN)是神经节细胞将信息传入脑的必经之路。LGN 含有 6 层细胞，每侧外侧膝状体只接受来自对侧视野的信息。内侧两层(1~2)胞体较大，故称为大细胞层(magnocellular layers)，接受神经节 M 细胞的投射。外侧 4 层(3~6)为小细胞层(parvocellular layers)，接受神经节 P 细胞的投射。在这些主要层次之间还存在由极小细胞构成的颗粒细胞层。大、小细胞分别属于不同的系统，分析不同的视觉信息。其中 2、3、5 三层接受并分析同侧眼颞侧视网膜传入的视觉信息，1、4、6 三层接受并分析对侧眼鼻侧视网膜的传入信息，而整合两眼的信息乃是视皮质的任务(图 6-9)。

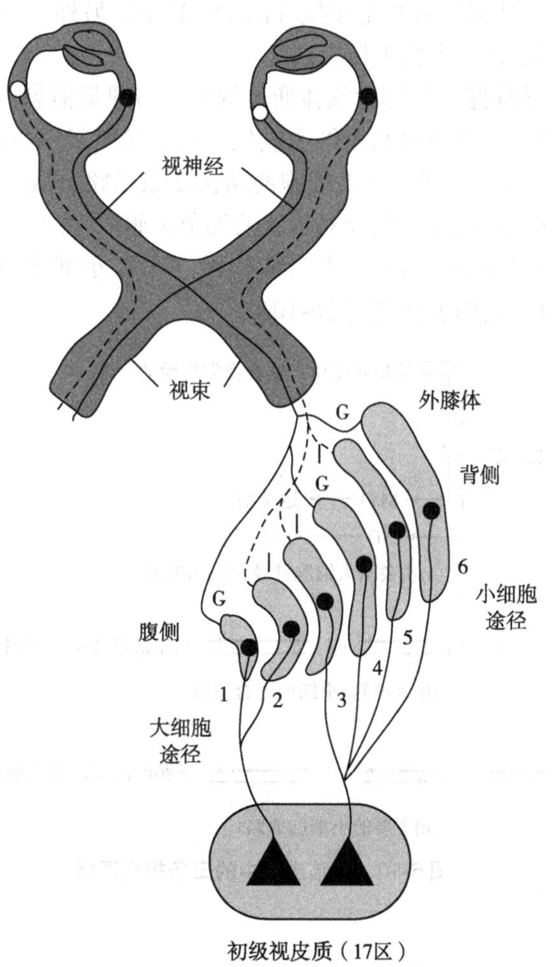

图 6-9 外侧膝状体的视觉传入通路

笔记

视觉信息在视网膜内初步加工后,通过视神经传入丘脑,在丘脑内分成两条通路,约90%视觉纤维止于外侧膝状体后投射到视皮质,形成视网膜-外侧膝状体-皮质通路;其余部分进入中脑上丘和顶盖前区等皮质下结构,形成了视网膜-皮质下通路。

(二)大脑皮质的视觉系统

1. 一级视皮质(primary visual cortex,V1区) 位于枕叶17区,是外侧膝状体轴突最初的投射区,也称为初级视皮质。V1区由6层结构组成,按照平行于大脑表面的方式排列,不同层次执行不同的功能,每一层基本由含细胞核的胞体和树突组成,染色后,在切面上呈现明暗交替的条纹状,故又称为纹状皮质(striate cortex)。

纹状皮质负责视觉加工的第一阶段,对任何视觉刺激都有反应,包括闭上眼睛想象的视觉刺激也能激活它。而且纹状皮质和外侧膝状体一样是分层组织,这样外侧膝状体的神经元就能把信息传送给对应的视皮质。在高等动物,来自外侧膝状体核的输入纤维终止于四层,在此中转向上、向下,供不同层次的神经元回路分析。

2. 纹外皮质 纹状皮质以外的皮质区统称为纹外皮质(extrastriate cortex)。V1区将信息传给V2区作进一步处理,V2区再将信息传递到其他脑区。视皮质间的联系是相互的:如V1区传递信息到V2区,V2区再将信息返回到V1区。每个脑区也与其他皮质区及丘脑交换信息。科学家们已经在猕猴的纹状皮质以外鉴定出至少15个与视觉功能相关的区域(近年来已经发展到30~40个),并认为人脑中的数量可能更多。这些脑区直接或间接地接收纹状皮质的信息,参与视觉信息的进一步加工,而且涉及与视知觉相关的注意、记忆、情绪等心理过程。这些纹外皮层有些是在枕叶的18、19区,另外一些出现在颞叶、顶叶和额叶。应用fMRI技术可以确定人脑中相应视区。

3. 大脑皮质的视觉通路 外侧膝状体通过视辐射将视觉信息传递到纹状皮质,随后信息进入纹外皮质的V2区。研究者采用细胞氧化染色法发现,该区包括粗条纹区、细条纹区和条纹间区三个亚区,由此小细胞和大细胞通路由2条通路分成3条,平行地进行信息处理。它们是①主要的小细胞通路:继续对形状的细节敏感;②主要的大细胞通路:其腹侧分支对运动敏感,而背侧分支对动作视觉整合起作用;③大、小细胞混合通路:对亮度和颜色敏感,同时对形状也有一定的敏感度(图6-10)。

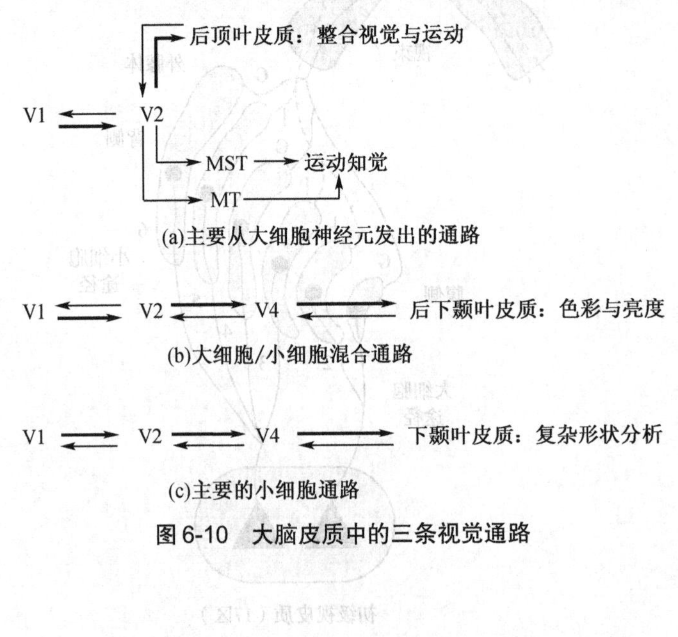

图6-10 大脑皮质中的三条视觉通路

笔记

第三节 视知觉的生理机制

一、物体知觉和空间知觉通路

“什么”和“何处”，即“what”和“where”是视知觉研究中的两个基本问题。因为人们不仅需要知道看到了什么，还要了解它们所在的位置和地点，以便作出合适的反应。美国国家心理健康研究院的昂格莱德和米什金（Ungerleider&Mishkin，1982）提出视觉联合皮质中的背侧通路、腹侧通路两条分析线路。视觉刺激的特征信息在视网膜、外侧膝状体和纹状皮质（V1 区）进行初步编码加工后，会进一步通过 V2 区，沿着平行加工的通路向 V3 区、V4 区、V5（MT）区传递。经 V4 区加工后的信息继续向颞下皮质传递，形成腹侧通路，负责物体加工和面孔的识别。经 V5 区加工后的信息传至顶叶皮质，形成背侧通路，负责空间和运动知觉。局部脑区的损伤会导致视觉失认证。颞叶损伤破坏了“what”通路，表现为受损者不能正确描述所见物体的尺寸、形状，但它能趋向该物体，或以自己的方式围绕着物体转。顶叶受损“where”通路破坏的受损者虽能准确描述所见事物的尺寸、形状、颜色，但却不能根据记忆描述其所在位置，也不能伸手抓住它。

1. 物体知觉的枕 - 颞通路 视觉信息沿着 V1-V2-V3-V4 区传递，完成对知觉对象的形状、颜色、方位、运动等信息的初步加工，随后进入颞下皮质（inferior temporal cortex，IT），形成完整而精细的物体知觉，这就是腹侧通路或枕 - 颞通路，也称“what”通路。V4 区神经元的感受野比 V1 区神经元大 20~200 倍，而且 V4 区神经元感受野周围存在较大的抑制性“安静带”。这种生理特性赋予 V4 区神经元将物体从背景中分离出来的功能。因为神经元对其感受野内物体色调的波长发生最大兴奋时，对其背景上相同波长的光，却出现最大的抑制效应，即使背景颜色与物体颜色相似，也可以产生边界或轮廓清楚的物体知觉。根据结构和功能，V4 区信息传入颞下皮质的两个区域：靠近枕叶部分为后区（TEO 区）和颞下回前部的前区（TE 区）。前区神经元的感受野大于后区，后区可以对同类物体的细微差别进行快速鉴别，前区可以对熟悉的物体进行快速确认，表明前区与物体的记忆功能有关。

2. 空间知觉的枕 - 顶通路 视觉信息经 V1-V2-V3 区到达颞上沟的尾侧后部及底部附近的颞中回（V5 或 MT 区），V5 区加工后的信息再投射到颞上沟内沿（MST 区）和颞上沟底部（FST 区），然后再传递到下顶区和顶内沟外延等顶叶皮质，从而对更大范围物体的空间信息和运动产生知觉，这就是背侧通路或枕 - 顶通路，也称“where”通路。V5 区神经元感受野比 V1 区的大 60~100 倍，能对物体在空间中的相对位置关系，给出大视野反应，对视野各成分的向量和，发生总体反应。此外 V5 区每个神经元的感受野周围也存在一个抑制区，使得每个神经元对与背景运动方向相反的刺激物最敏感，产生物体运动知觉。下顶叶是物体运动知觉和空间知觉的最高级中枢，除了接受视觉系统投射的信息外，还接受来自前额叶、扣带回等部位神经元传递的信息，以便形成复杂的综合知觉，并在视觉引导的行为反应中发挥重要作用。

二、大脑皮质的颜色通路

颜色识别依赖于神经节细胞的 P 细胞通道和 K 细胞通道。在 V1 区 CO 小杆对颜色显现高度的敏感，CO 小杆中也有大细胞通路的细胞，它们负责颜色亮度的感知。CO 小杆内的细胞再将信息传出到 V2、V4 和后下颞皮质特定区域。

我们在不同的光照条件下观察物体，物体的颜色看起来不会有很大差别，这种现象叫

笔记

颜色恒常性。可见,我们的视觉系统并不是简单地响应物体反射的光的波长,相反,视觉系统会根据光源作出一些补偿。沃尔什(Walsh)等1993年发现,损毁V4区将破坏颜色恒常性。V4区损伤的猴子能学会捡起黄色物体来获取食物,但如果把光源灯的颜色从白色换成蓝色,猴子则不能发现目标。也就是说,它们保留了颜色视觉,但丧失了颜色恒常性。人类也是一样,跨顶叶和颞叶皮质的脑区(可能相当于猴子的V4区)受损,患者能识别和记住颜色,但失去了颜色恒常性。

三、大脑皮质的运动及深度通路

我们不仅需要知道物体是什么,还需要知道它的位置和它的移动方向。如果没有觉察物体运动速度和方向的能力,将不可能预测其将来的位置,也就不能捕捉它或进行回避。颞叶有两个脑区对任何视觉运动始终如一地强力激活,那就是纹外皮质的V5区(也叫MT区,位于内侧颞叶),及其相邻接的内侧颞上皮层(MST)。MT和MST区直接接受来自大细胞通路一个分支的信息,同时也接受某些小细胞的输入。大细胞通路检测所有的形式,包括视野区域内的移动。小细胞通路包括那些能检测左眼和右眼之间所见不一致性的细胞,它们对感知深度很重要。

知识链接6-1

运 动 盲

运动盲(motion blindness)就是能看见物体但不能判断它们是否在运动或在哪个方向上运动以及运动的速度。V5区含有对运动起反应的神经元,毁损该区可破坏猴观察运动刺激的能力。运动盲的人与MT区损伤的猴子有同样的问题,可能是相同脑区受损的原因。

一位运动盲患者报告:当有人在她周围走动时,她感觉很不舒服,因为人们一会在这儿,一会在那儿,而她却看不到他们走动。没人帮助她不能过街。她说:“当我一开始看见汽车时,它好像离我很远,但当我想去过马路时,车突然变得非常近。”对她来说,即使像倒咖啡这样普通的任务也变得很困难;流动的液体表现为固态、不流动,因此除非咖啡溢出杯子,否则她不会停止。

资料来源:徐斌,《生理心理学》,2008

第四节 视知觉障碍

一、视觉失认症

失认症(agnosia)是一类由脑损伤引起的神经心理障碍。患者感官、感觉神经、感觉通路和皮质初级感觉区的结构功能正常,但在次级感觉皮质或联合皮质存在局部的器质性损伤,使其在智力正常的情况下,不能识别以某种感觉形式呈现的刺激,不能对感觉的物体形成正常知觉。联合皮质在感觉输入与运动输出之间起着“联络”作用,包括顶叶联合皮质、颞叶联合皮质和前额叶联合皮质。视觉失认症(visual agnosia)就是视觉联合皮质受损导致的神经心理障碍。根据知觉障碍的对象、症状和受损脑区的不同,可以将其分为统觉失认症、联想性失认症、颜色失认症。

1. 统觉失认症 统觉失认症(apperceptive agnosia)是高级视知觉缺失造成的,患者视力没有缺陷,但对于一个复杂事物只能认知其个别特征,不能知觉事物的全部属性,因而无法辨认看到的物体。然而如果让他们触摸一个视觉上不认识的物体,他们常常能够马上说

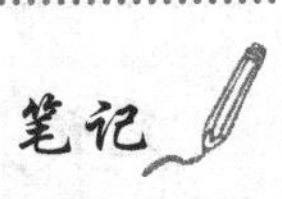

出物体的名字，这说明患者的理解能力及记忆能力没有问题。

面孔失认症是一种常见的统觉失认症，患者识别面孔的能力丧失，无法辨认家人或朋友的面孔，甚至不能辨认自己的面孔。患者知道自己在看一张面孔，但是在他们眼中所有人的面孔都是一个样子：两只眼睛、两只耳朵、一个鼻子和一张嘴，无法识别每个人的面部特征。虽然患者无法凭借面孔确认熟悉的人，却可以借助熟悉的语音或衣着加以确认。正如一位患者所言："我无法凭借面孔辨认周围的人。我注意观察他们头发的颜色，听他们说话的声音……我努力将各种事物和具体的人联系起来，他们穿什么样的衣服，头发是什么样的。"(Buxbaum，1999)。

为了识别他人的面孔，我们必须具备分析面部构造细微差别的神经回路，能够分析有个体差异的面部特征。通过对脑损伤患者的研究和功能成像研究显示，面孔失认症的受损脑区以两侧或右侧的枕叶和颞叶居多，左侧少见，最近的研究表明，面孔的识别是由视觉联合皮质中特殊的神经回路完成的，称为梭状回面孔区，其位置在外纹状皮质的底面，而且右半球的梭状回比左半球更重要。但这些神经回路并不是专门的"面孔识别器"，它们是由经验塑造而成，通过学习，可用于识别其他类型的视觉信息。

2. 联想性失认症 联想性失认症(associative agnosia)，它不同于统觉失认症，患者的物体识别神经回路似乎是完好的，只是意识不到自己的知觉。联想性失认症患者能形成正常的物体视觉表征，也能将物体的形状、颜色等正确的临摹，却不能命名物体，也不知道物体的意义和用途。例如，1982年拉特克利夫(Ratcliff)和纽科姆(Newcombe)研究了一位患者，他能根据实物或图片(如"锚")临摹作画，说明他能够知觉锚的形状。然而，他说不上自己画的是什么，也不认识原画里的锚。若不给样本，要求凭记忆画一个锚，则无法完成。这类患者大多数是由于颞下回或枕 - 颞间联系受损而致，是视觉与语言机制之间的联系遭到破坏。正常情况下，信息可以在视觉联合皮质和语言相关脑机制间转化，而联想性失认症就是这种转化能力的缺失。也就是说，患者获得的知觉足够画出该物体，但他们的语言系统却没有接受到足够的信息，因而无法为该物体找到一个合适的词汇，也无法获得该物体相关的知识。一位35岁的M先生，因感染性疾病导致大脑病变，使他不能说出大部分物体的名称，但根据物体或图片提供的信息，他能从中找到线索，并下意识地做出一些动作或姿势。例如，在仔细研究了一幅奶牛的图片后，他双手握拳并开始做上下交替的运动。显然，他在做挤牛奶的动作，他看了看自己的动作，恍然大悟："哦，奶牛！你们知道的，我住在农场里。"

3. 颜色失认症 颜色失认症(color agnosia)是患者不再能认出他过去能很完善地识别的颜色，同时也不能根据别人口头提示的颜色，指出相应颜色的物体。这一障碍很少被患者主动提出而是通过一些特殊检查才发现此种障碍。根据脑损伤的部位不同，颜色失认症患者临床表现有全色盲性失认症、颜色命名性失认症、特殊颜色失语症。通过颜色配对检验证明，全色盲性失认证患者能看清目标，看出是着色的，但不能认出物体的颜色，只能把五光十色的外部事物，看成黑白或灰色的世界。这种失认症主要是两侧或单侧大脑皮质枕区腹内侧，相当于V4区皮质损伤所致。颜色命名性失认症实际上是一种失语症，患者对观察的物体能形成知觉，也能按照要求把两个相同颜色的物体匹配起来，但却不能正确地对颜色命名或说不出颜色的名称，因而常求助于一些迂回的说法如"草的颜色"代表绿颜色，"血的颜色"代表红色。颜色命名性失认症大多是左侧颞叶或左侧额叶皮质语言区，或视觉和语言区皮质之间的联系受到损伤所致。特殊颜色失语症与颜色命名性失语症十分相似，区别在于此类患者不仅丧失颜色视觉与语言功能之间的联系，而且颜色听觉表象能力也丧失，可能是V4区更广泛的损伤所致。

笔记

知识链接 6-2

盲 视

盲视(blind sight)指意识性的视觉丧失,而能够对投射到盲区的刺激进行准确的判断和辨认,这种现象被称为盲视。

科学界对盲视的解释存在争论。有的研究者认为,盲视源于残存的视皮质仍有一定的功能;有的认为视觉信息可以通过其他网络在大脑中传递和处理;有的认为盲视现象的实验报告根本不可信。荷兰提尔堡大学的研究人员检查了双侧初级视皮质受损患者的视知觉能力。试验中,该患者由于连续两次脑卒中使得双侧视皮质受损,导致整个视野的失明。功能性磁共振成像术研究发现,一系列的视觉刺激没有激活其视觉皮质。为了考察他的盲视能力,研究者在障碍场上任意放置了一些盒子和椅子等。结果发现,该患者不借助手杖就可以避开之前设置的障碍物,表现出比较完整的导航能力,而且还能分辨恐惧、愤怒、喜悦等面部表情。研究者认为,即使失去了视力,人们仍然能够避开障碍物,这种进化而来的能力非常重要,可以帮助失明者在现实世界中生存。

专家认为,失明人士透过潜意识察觉到自己看不见的事物,造成盲视现象。即使他们没有视力,但大脑某个区域仍能令他们对面前的事物作出反应。以往也有研究显示,脑部受损的猴子也有类似的能力。

资料来源:de Gelder,Tamletto,van Boxtel,等.当代生物学,2008

二、视错觉和视幻觉

俗话说“耳听为虚,眼见为实”,指的是听到的不一定准确,而亲眼看到的才是真实可信的。而事实上,眼睛感觉到的也不一定都是准确无误的,如视错觉和视幻觉现象。

1. 视错觉 心理学家认为视错觉(visual illusion)是指人或动物观察物体时基于经验主义或者不当参照而形成的错误判断和感知,是指眼睛所见而构成失真的或扭曲事实的知觉经验。生理学家则认为由于人眼的特殊结构以及人脑特殊的视觉分析系统,让人的视觉产生某种主观认识和错误判断,这种误差称为视错觉。目前有关视错觉的分类包括:病理错觉、动态错觉、几何错觉、颜色错觉、轮廓错觉。视错觉的心理学解释有格式塔理论、生态视觉理论、建构主义、亮度对比假说、视野学说、常性误用说、先验论和经验主义等。生理学解释有侧抑制神经网络说、眼动理论、三色色觉学说、三环节论和色觉相对处理学说等。但没有一种能适用所有视错觉。总结以上各种视错觉的神经机制,其神经活动有一共性表现:心理表象相同的真实知觉和错觉都会在同一个知觉关联区内由相同的特定反应神经元做出反应,即产生真实知觉的脑区也是相应产生错觉的决定性区域。比如,动态视错觉和移动的真实知觉都激活了 V5 区;轮廓错觉和轮廓的真实知觉都在 V2 区激活;颜色错觉(视后像)和颜色的真实知觉都在 V4 复合区激活。这种现象称为知觉的神经关联重叠。另一方面,具体的视错觉又各自具有特异性,不仅视知觉加工的皮质区域不同,其特定反应神经元的类型和整合方式也不同。如,轮廓错觉的有端点神经元组合,动态错觉的方向神经元组合等。就是说,各种视错觉的神经活动是被各种视觉的初级加工特征分析决定的,而非由共同的高级认知加工造成。

2. 视幻觉 视幻觉(visual hallucination)是在没有现实刺激作用于视觉系统时出现的视知觉现象。视幻觉的产生机制尚不明确。近期有研究者采用正电子放射断层扫描术和功能性磁共振成像术,将出现视幻觉阶段的脑活动模式与观察到现实视觉刺激时的脑激活区域进行对比,以考察信息在不同视觉区是如何表征的。研究发现,幻动现象出现时视皮质的 V5(MT)区激活水平提高,而 V1 区呈静息状态;视觉后效应实验中,被试注视绿色的圆

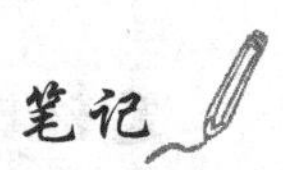

30 秒后，看邻近的灰色圆，此时他们可能把灰色圆感知成一个淡紫色的圆（因紫色是绿色的补色）。研究发现，当被试出现这种幻觉时，V4 区及之前的视觉区（除 V1 区）的激活水平均会提高。可见，高级视觉皮质比初级视皮质更多的参与了视幻觉的形成。

（徐 娜）

思考题

1. 案例：一位医生正在给患病的患者检查时，患者的妻子进来了。“这是谁？”出于观察病情发展的目的，医生问了患者这个问题。“不知道，”患者回答，“但肯定不是我亲爱的露西。”但事实上那正是他亲爱的露西。这位患者得了什么病？应该怎么解释他的行为？

2. 有关颜色视觉有哪些学说？试述其主要内容？

3. 视杆细胞和视锥细胞的功能有何差异？

4. 试述物体知觉的腹侧通路和空间知觉的背侧通路的加工机制？

笔记

第七章　学习与记忆的生理心理

学习目标

掌握：

1. 学习、记忆、非联合型学习、联合型学习、陈述性记忆与非陈述性记忆、外显记忆与内隐记忆、记忆痕迹、突触可塑性的概念。
2. 海马的学习与记忆功能。
3. LTP的机制与意义。
4. 习惯化和敏感化的生理机制。

熟悉：

1. 学习和记忆的分类。
2. 不同脑功能区及其在学习与记忆中的作用。

了解：

1. 记忆痕迹的研究历程。
2. 顺行性遗忘症和逆行性遗忘症的特点。

学习与记忆是神经系统的基本功能，是语言、情绪等心理活动的基础，是机体对环境的心理适应过程，也是人类赖以生存和适应环境的基础和前提。生物体通过学习和记忆，不断调整自身的认知、情绪和行为等活动，适应环境而得以生存繁衍。“一朝被蛇咬，十年怕井绳”“草木皆兵”“前事不忘，后事之师”等描述都是人类的学习与记忆过程的体现。

第一节　学习与记忆的概述

学习与记忆作为一种心理现象，其生理学机制极为复杂。对学习与记忆的研究和认识是一个不断发展的过程，近年来已取得了许多重要进展。本节首先介绍学习与记忆的基本概念、分类和研究概况。

一、学习与记忆的概念

从生理心理学角度看，学习（learning）与记忆（memory）是机体通过获取外界信息，并将所获信息进行编码、贮存巩固和提取的神经活动过程。两者紧密联系，相互依赖，不能分离。一般将学习与记忆的过程分为以下三个阶段：①编码（encoding）是指机体对输入信息的处理与加工过程，包括感知外界刺激的信息获取（acquisition）阶段和信息经加工后随时间推移表征加强的巩固（consolidation）阶段；②存储（storage）是指信息经获取和巩固后在机体脑内长期保存的过程；③提取（retrieval）是机体通过提取存储信息，建立意识表征或执

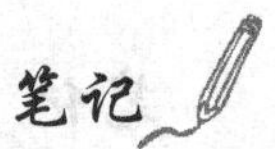

行习得性行为的过程。

二、学习的基本形式与分类

根据学习过程中刺激与反应之间是否建立明确的关系常常将学习方式分为以下两种类型：

（一）非联合型学习

非联合型学习（non-associative learning），又称简单学习，即无需在刺激和反应之间建立明确联系的学习方式。主要表现为机体对单一、重复刺激的反应逐渐发生改变，包括习惯化和敏感化两种学习形式。

1. 习惯化 习惯化（habituation）指重复使用单一的非伤害性刺激时，反应逐渐减弱的过程。习惯化对机体的意义在于学会忽略无意义的、重复出现的刺激，有利于注意的集中。

2. 敏感化 敏感化（sensitization）指重复强刺激导致神经系统反应增强的过程。主要表现为单一强刺激或伤害性刺激反复出现能使神经系统对后续刺激的反应存在放大效应。敏感化能使机体在遇到有害刺激时，提高适应性的能力。“一朝被蛇咬，十年怕井绳”，“草木皆兵”等现象亦为敏感化的一种体现。

（二）联合型学习

联合型学习（associative learning）是指神经系统在事件与事件之间建立起某种明确联系的学习方式，主要表现为两事件在时间上临近、并按序重复发生，因此两者在激活脑内的兴奋灶之间逐步形成了联系。人们日常生活中所经历的语言、运动、乐器的学习等大部分形式的学习都属于联合型学习，主要包括经典条件反射与操作条件反射两类型。

1. 经典条件反射 经典条件反射（classical conditioning）又称巴甫洛夫条件反射（Pavlovian conditioning），是指无关刺激与非条件刺激结合，通过建立暂时联系后，单纯无关刺激引起非条件反射的反应。例如非条件刺激（unconditioned stimulus，US）——食物引起动物唾液分泌的反应为动物先天存在的非条件反射（unconditioned response），而无关刺激——铃声则不会引起唾液分泌。巴甫洛夫将无关刺激与非条件刺激结合起来，每次在给予犬类动物食物前先响铃声，经过多次重复后，即便没有食物，动物听到铃声也会分泌唾液。动物通过后天的学习，建立了听到铃声引起唾液分泌的反应即为条件反射（conditioned response）。在此过程中，由于铃声与食物（US）时间间隔短，并依次反复出现，二者之间建立了暂时的联系，使无关刺激转变为条件刺激（conditioned stimulus，CS）。短间隔 CS 与 US 依次反复出现、是建立经典条件反射的基本学习规则。如 CS 与 US 次序颠倒或间隔太长，则无法建立经典条件反射。条件反射建立后，短期内 CS 与 US 仍依次反复多次出现，有助于条件反射的巩固和强化（reinforcement）。在巩固的条件反射基础上，可逐渐延缓 CS 与 US 的时间间隔，建立延缓条件反射。若条件反射建立后得不到强化则会逐渐减弱或消失，即条件反射的消退（extinction）。通过经典条件反射，受试机体学习了环境中的因果关系，能使将来行为更好地适应环境，但条件反射不能预测和控制条件刺激物，是一种被动的适应性反应。

2. 操作条件反射 操作条件反射（operant conditioning），是指机体的主动操作行为与强化刺激间建立联系而形成的条件性反应。美国心理学家斯金纳（Skinner）认为动物行为主要是由操作条件反射构成的操作性行为，它是作用于环境而产生结果的行为。他将大鼠放入内有杠杆的实验箱，大鼠一旦踩压杠杆即可得到食物奖赏，重复多次后，大鼠就主动学会了踩压杠杆自行得食。这类条件反射通过动物的主动操作行为（踩压杠杆）与食物的奖励之间建立联系并进行强化。反之，动物因为自身操作行为而得到伤害性刺激或惩罚（如

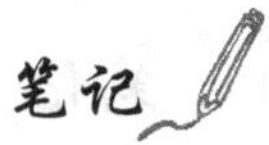

压杆导致电击）时，反复多次强化后，也会形成回避压杆的操作条件反射，称为回避条件反射（avoidance conditioning）。与经典条件反射相似，建立操作条件反射的基本条件也依赖于操作反应与其后果在时间上的严格匹配，即操作之后立即出现相应后果，使操作行为与刺激（后果）之间建立暂时的联系。相对经典条件反射而言，操作条件反射是一种主动或自主的行为学习，动物通过主动地操作自身行为以适应环境。

在联合型学习中，机体主要学会了一种预示关系，经典条件反射中，条件刺激出现预示了非条件刺激的出现；而操作条件反射中，特定的动作反应则预示了特定的奖励或惩罚结果。无论是经典条件反射还是操作条件反射，其形成机制主要是条件反射中枢与非条件反射中枢在脑内建立了暂时性的联系。目前认为，二者存在两种不同的联结过程：经典条件反射是stimulus（S）-Response（R）的联结过程；而操作条件反射是R-S的联结过程。条件反射具有广泛性和高度灵活性，使机体对环境能产生高度的适应性，经典条件反射塑造机体的应答行为，而操作条件反射则塑造机体的操作行为，两种学习形式共同提高机体的预见能力，增强机体的适应能力。

三、记忆的分类

记忆的分类方式有多种，按信息保存时间分为瞬时记忆、短时记忆和长时记忆；按信息贮存和回忆方式可分为陈述性记忆和非陈述性记忆；按意识是否参与分为外显记忆和内隐记忆等。

（一）瞬时记忆、短时记忆和长时记忆

1. 瞬时记忆 瞬时记忆（immediate memory），又称感觉记忆（sensory memory），指信息被机体的视觉、听觉、触觉等感官系统感知瞬间在脑内所保留的记忆，如刚听说的一句话，刚见过的一幅图片等。瞬时记忆维持的时间仅1～2秒，且容量非常有限。

2. 短时记忆 短时记忆（short-term memory，STM）指大脑暂时保存信息的过程，容量极为有限，维持时间一般在数秒至数分钟，需要复述才能得以为维持。近年来备受关注的工作记忆（working memory，WM）即为短时记忆的一种特殊形式。工作记忆是瞬时记忆的信息经主动保留或复述后，记忆维持时间得以延续，有利于后续任务的加工和完成。如人们进行心算时，在心中把中间计算结果临时保存再用于后续计算的过程，即为典型工作记忆的例子。工作记忆仍为临时性记忆痕迹，在使用后，既可被清除，也可转化为长时记忆（图7-1）。

3. 长时记忆 长时记忆（long-term memory，LTM）指维持时间更持久、容量更大、无需复述即可保持的记忆，一般维持时间为数日、数年，甚至终生。人们感知到的信息，通常先进入短时记忆，再经过巩固过程而转入长时记忆，但也可直接进入长时记忆，某些特殊刺激如地震等创伤性刺激，一次信息输入即终生难忘（图7-1）。

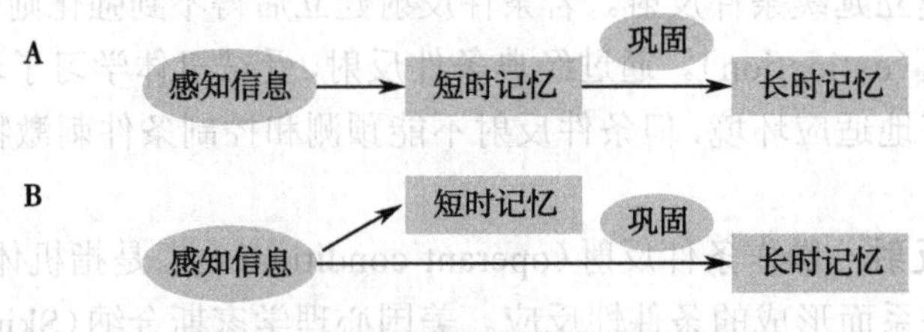

图7-1 短时记忆与长时记忆的关系

（二）陈述性记忆和非陈述性记忆

1. 陈述性记忆 陈述性记忆（declarative memory）是指可以用语言来描述的关于过去经历或事件的记忆，其内容主要包括事实、事件、情景以及它们之间的相互关系等。它既可

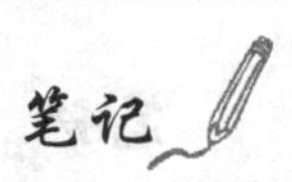

通过一次性学习获得，也可通过反复经历逐渐形成。陈述性记忆容易形成，也容易遗忘，需经过巩固后才能长期保存。根据陈述性记忆的内容不同，又可分为：①情景记忆（episodic memory）指以个人的经历为参照，回想起过去某一特定时刻和地点发生的事情，是对生活中特定时空所发生事件的记忆，具有明显的时空标记性。如年幼时与家人一起去参观博物馆的记忆即为情景记忆。情景记忆是人类最高级、成熟最晚的记忆，信息提取较为缓慢，较易受到干扰。情景记忆随着年龄逐渐增加呈减退趋势，受老化影响较大。②语义记忆（semantic memory）指对各种有组织知识的记忆，如字词、概念、公式以及它们之间关系和规律等的记忆，与特定的时间和地点无关。相对情景记忆而言，语义记忆的组织较为抽象、概括，其记忆以意义为参照，不受时空限制。如中华人民共和国的首都为北京即为语义记忆。语义记忆比情景记忆较少受到干扰，信息提取也更迅速。目前认为情景记忆和语义记忆的界限并不完全清晰，它们可能分别代表记忆连续体的两端，如对特定时间和地点的情景的记忆，如果在不同背景上多次重复，就会逐渐概括而形成语义记忆。

2. 非陈述性记忆 非陈述性记忆（non-declarative memory），指很难用语言描述的记忆。非陈述性记忆的形成需要多次反复测试才能逐步形成，一旦形成，则很难遗忘。非陈述性记忆的主要内容和对象为习得性行为，主要包括感知觉、运动技巧、程序、规则等记忆（图 7-2），其表现形式多种多样，主要包括：①非联合型学习（习惯化和敏感化）所形成的记忆；②启动效应（priming），指个体对先前出现过刺激的反应速度加快的现象；③程序性记忆（procedural memory），指运动技巧和技能的掌握、习惯的养成等；④条件反射所形成的记忆；⑤以及一些在有意或无意间获得信息的学习与记忆，如感知觉记忆、分类记忆、认知技巧和情绪记忆等。

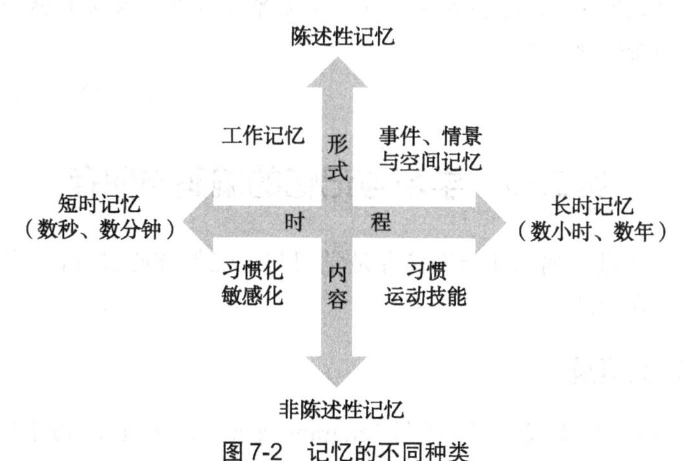

图 7-2 记忆的不同种类

陈述性记忆与非陈述性记忆的关键区别在于：陈述性记忆是对地点、事件和人物等信息的回忆，常需意识参与，与外显记忆相关；而非陈述性记忆是关于感知、动作、技巧和习惯的记忆，无需意识参与，与内隐记忆相关；两者相互分离，各自依赖于不同的大脑功能区而形成。

（三）外显记忆与内隐记忆

需要机体有意识地保存和提取的记忆，称外显记忆（explicit memory）；而无需意识参与保存和提取的记忆，称内隐记忆（implicit memory）。

1. 外显记忆 是一种有意识的对先前经历、经验的回忆，外显记忆与陈述性记忆密切相关，易受外界刺激干扰，发生遗忘。

2. 内隐记忆 是一种无意识的与程序动作有关的记忆，主要是操作、技术、方法和过程等的记忆，与程序性记忆密切相关。内隐记忆一旦内化，能长期保存，且不易受外界干扰，

笔记

能在机体不察觉情况下自动行使，如骑脚踏车、弹琴、游泳等技巧都属于内隐记忆。

知识链接 7-1

构建记忆：回忆过去与展望未来

构建记忆（constructive memory） 是将信息通过同化并整合进认知结构中进行储存，再通过将过去的信息片段重新整合（或再造）出来的过程。与录音录像机式的储存记忆相比，构建记忆具有主动积极和灵活可变的特点，能更好地适用于展望未来的事件，使得人们可以回忆过去同时想象未来，这是人类适应环境的必要能力。但构建记忆会导致记忆错误，如 1995 年美国俄克拉何马城爆炸案后，警方先抓到一个嫌疑犯，却找不到嫌疑犯同伙。因为负责记忆构建的工程师错误地将案发次日来租车的某人与案发当日与嫌疑犯一块租车的同伴弄混了，即把来自两个不同情节的准确记忆信息片段，合成为虚假的回忆。尽管这种错误会制造一定的麻烦，但为构建记忆奠定了良好的基础，即情景记忆可以通过重新整合不同来源的碎片信息来构建，无需以往事件的原版重现。神经病学和神经成像研究提示构建过程中发生的错误也体现了记忆的适应性，为回忆过去发生的事情提供了支持。记住发生事件的要点，是储存重要内容最经济的方法，可避免带有琐碎细节的混乱记忆。此外，构建记忆也显示了记忆对未来的重要性。当人们从过去的经历中提取信息，并想象未来可能发生的情景时，将自己也不由自主地融合进去了。由于未来事件并非历史事件的翻版，仅靠对以往事件简单机械的记忆，无法模拟未来事件。而依据相关原理重构的记忆则更具有适用性：从过去经验中提取主题和要素，然后对其进行摘录、整合和重组，形成并未发生过的想象事件。神经成像研究显示，当人们记住过去情景和想象未来情景时，被激活的大脑结构网络基本一致，海马可将过去事件的细节重新整合进新的未来事件中。构建记忆将会是未来非常重要的新的研究领域。

资料来源：Nature，2007，445：27.

第二节　学习与记忆的编码与储存

信息在脑内如何进行编码和长期储存是学习与记忆的核心过程，本节重点介绍神经系统的信息编码与贮存功能。

一、搜寻记忆痕迹

20 世纪 60—70 年代形成的记忆痕迹（engram 或 memory trace）理论认为短时记忆主要与脑内神经回路的生物电反应震荡有关；而长时记忆则涉及脑内神经回路的结构与功能的变化。然而记忆痕迹发生在脑内的哪一部位一直不清，自巴甫洛夫建立条件反射后，记忆痕迹的搜寻一直贯穿着神经生物学的研究历史。

（一）拉什里（Lashley）的大鼠迷宫实验

受巴甫洛夫影响，美国心理学家拉什里设计了大鼠的迷宫实验来寻找参与记忆的脑区。他利用脑损伤的大鼠模型，发现了皮质损伤干扰了大鼠对迷宫的学习和记忆，且失忆程度与皮质损伤的范围成正比，即损伤越大，记忆受损越严重。由于当时实验条件受限，引起脑损伤的范围过大，拉什里并未观察到不同脑区损伤后造成记忆损害的差异，因此他认为记忆痕迹弥散地储存于整个大脑皮质，损毁大脑皮质后，迷宫学习障碍的程度与损毁的面积有关，与特定区域无关，即大脑皮质的不同区域在学习和记忆中发挥着相同的作用，这就是当时著名的等势原理（principle of equipotentiality）。

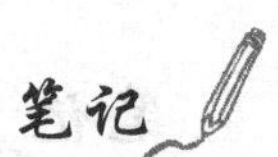

（二）赫伯（Hebb）的细胞集合学说

拉什里的学生赫伯（Hebb）则认为只有先了解外界刺激如何激活大脑，并在大脑中引起怎样的改变后，才能发现信息贮存的机制。他在1949年发表的《行为的组织》（*The Organization of Behavior*）一书中，首次提出外界刺激能激活脑内的一群彼此交互联系、功能协同的神经元集合（cell assembly），它们在脑内的活动及彼此之间的连接即能反映外界刺激在脑内的作用。他推测当受到外界刺激时，某一特定神经元群被激活并通过彼此之间的联系，相互应答，形成短时记忆；如果这一神经元群被持续激活，则它们之间的联系也相应增强，外界刺激引起脑内的反应也得以巩固。即便后续刺激仅激活这群神经元中的部分细胞，由于细胞间的彼此联系增强，仍能激活整个细胞群，唤醒记忆。

赫伯的细胞集合学说首次提出记忆痕迹广泛地分布于神经元集合体中的连接/联系部位，即突触。他提出活动依赖性的神经元功能改变是突触可塑性的基础，为学习与记忆的神经生理机制提供了重要理论依据，已获得越来越多的实验证据支持，不仅为深化了解学习与记忆的神经学基础提供线索，也大大促进了神经网络计算模型的发展。

（三）潘菲尔德（Penfield）的皮质电刺激定位实验

加拿大神经外科医生潘菲尔德在利用外科手术切除病变脑组织以治疗癫痫的过程中，有了意外的发现。为确保手术仅切除病变神经元，他用微弱的电流刺激患者的大脑皮质，通过患者的回答，以判断该部位的切除是否会影响患者语言表达和理解能力。他意外发现刺激大脑中某一特定区域，即颞叶皮质时，患者能够描述出既往一些复杂事件的完整经过，提示兴奋该区域激活了以往生活经历的记忆。因此他提出颞叶皮质中储存的信息对情景记忆至关重要。然而，由于他的受试者为癫痫患者，大脑功能并不完全正常；而且患者的记忆中常含有幻想成分，当被刺激区域被切除后，刺激诱发出来的情景记忆并不能消除，潘菲尔德的观点在当时遇到了严峻的挑战。

（四）米尔纳（Milner）与颞叶切除的患者

赫伯的研究生米尔纳受潘菲尔德工作的启发，和神经外科医生斯科维尔（Scoville），对曾罹患癫痫，因治疗切除双侧颞叶内侧部（含海马）的患者H.M.，进行了一系列的研究。米尔纳发现H.M.在手术治疗后，癫痫得到控制，但却伴有广泛的学习与记忆能力的损害。H.M.的认知能力未受影响，仍拥有良好的工作（短时）记忆能力，他能回忆起手术前童年时代的众多事情，但却无法记住手术后所发生的事情，因此颞叶损伤对H.M.的记忆的最大影响是无法形成新的长时程陈述性记忆。他仍能像正常人一样学会完成镜画仪作业（mirror-drawing task），能骑自行车，因此颞叶切除对他的程序性记忆影响不大，表明脑内存在相对可分离的脑功能区域，分别负责陈述性和非陈述性记忆，海马主要参与陈述性记忆。米尔纳与斯科维尔于1957年共同发表论文，提出颞叶对人类获取新的长时记忆至关重要。内侧颞叶切除并不影响短时记忆，却切断了短时记忆与长时记忆之间的联系；获取新的长时记忆需要内侧颞叶，但颞叶并非长时记忆的最终储存部位，颞叶是将短期记忆转化为长期记忆的关键部位，在记忆巩固（consolidation）中发挥重要作用。

（五）其他科学家与突触可塑性的发现

20世纪40年代初，中国生理学家冯德培在猫的神经-肌肉接头部位发现了强直刺激后终板电位增强的现象，且可持续数分钟，被称为强直后增强（post-tetanic potentiation，PTP），然而当时并未把这一突触传递效应的使用性增强现象与学习和记忆联系在一起。1949年，劳埃德（Lloyd）在脊髓单突触传递通路上也观察到PTP，1953年艾克尔斯（Eccles）等根据脊髓节段单突触反射的可塑性，推测在中枢神经系统的高级部位也存在类似的突触可塑性机制，并推测与学习与记忆相关。然而，PTP的持续时间短，无法构成学习与记忆过程中长时程信息编码和存储的神经机制和电生理基础。

笔记

直到1973年，布里斯（Bliss）和列蒙（Lemo）在哺乳动物的海马部位发现了长时程增强（long-term potentiation，LTP）现象，其突触效应增强可以持续数小时、数日甚至数周，揭示了长时程突触可塑性改变的电生理学基础。结合海马部位与记忆密切相关的临床资料，LTP经报道后即受到广泛关注，成为信息贮存过程中观察突触效应增强的电生理指标，极大地推动了学习与记忆神经机制的研究和发展。

二、海马在学习与记忆中的作用

患者H.M.海马切除后导致的记忆丧失以及布里斯（Bliss）等人在海马区域发现的LTP现象，强烈提示海马在学习与记忆中具有重要作用。在过去的数十年内，海马在学习与记忆中的作用与机制，一直是生理心理学研究的热点。

（一）海马结构及其纤维联系

海马（hippocampus）位于颞叶内侧，侧脑室下角底及内侧壁，因形如海洋生物海马而得名。海马属于大脑边缘系统（limbic system），是大脑进行学习记忆等高级神经活动的重要结构，与陈述性记忆、空间导航、情绪调节等活动密切相关。海马（hippocampus）、齿状回（dentate gyrus，DG）、下托（subiculum）以及邻近的内嗅区皮质（entorhinal cortex，EC）在结构和功能上紧密相关，称海马结构（hippocampal formation）。海马结构内的突触回路与外部的纤维联系，为其发挥学习与记忆功能提供了结构基础。

1. 海马结构内的三突触回路 海马结构的三突触回路（trisynaptic circuit），指内嗅区皮质的传出纤维经过穿通途径（perforant path）与齿状回颗粒细胞的树突形成突触联系；而DG区颗粒细胞的轴突又通过苔状纤维（mossy fiber）与CA3区锥体细胞的顶树突基部形成突触联系；CA3区锥体细胞轴突发出的谢弗尔侧支（Schaffer collateral）则与CA1区锥体细胞的顶树突干构成突触联系；CA1区锥体细胞的轴突又经下托返回至内嗅区皮质（图7-3）。由EC→DG→CA3→CA1之间的这三级突触联系的神经递质均为谷氨酸，构成级联式兴奋性突触传递。

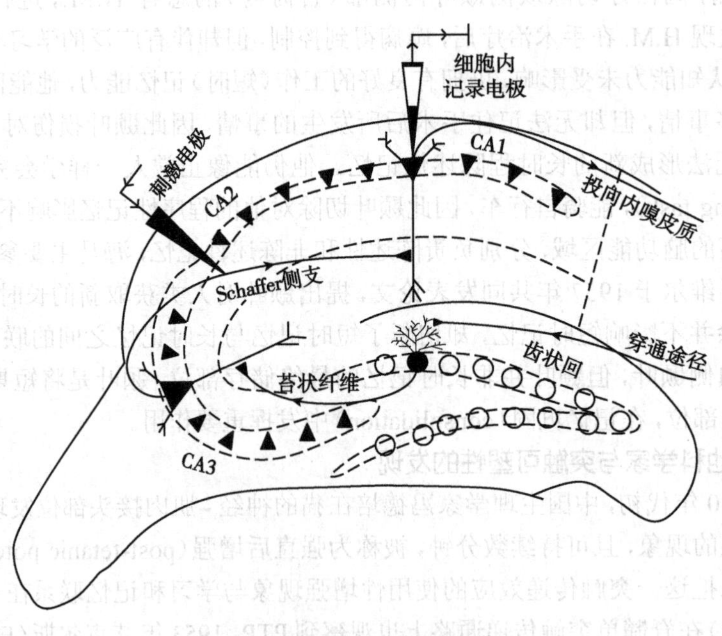

图7-3 海马的三突触回路联系

2. 海马与其他脑区的联系 海马结构通过穹隆、海马伞和穿通途径与隔区、内嗅区以及下丘脑的乳头体直接联系。杏仁核、其他边缘系统脑区和新皮质经内嗅皮质的穿通途

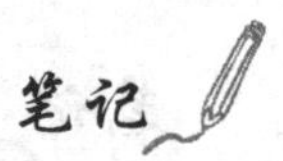
笔记

径与齿状回联系。海马 CA1 区锥体细胞轴突通过下托投向内嗅区皮质，而内嗅区皮质与周嗅皮质、旁海马皮质合称为旁海马区（parahippocampal areas）。海马通过与旁海马区的直接联系，进一步与大脑联络皮质的广泛区域（前额皮质、顶叶皮质和颞叶皮质等）进行双向联系，最终经旁海马区中的内嗅皮质经穿通途径返回至海马结构的三突触回路。海马通过旁海马区与大脑联络皮质的双向联系，构成了皮质 - 海马记忆系统（cortical-hippocampal memory system），即大脑联络区皮质经旁海马区与海马构成的弥散性环路。该系统在陈述性记忆的巩固和提取中发挥关键作用，而旁海马区则在海马与联络皮质间的双向信息交流中发挥重要的中继和调制作用，杏仁核与海马的联系则在情感性记忆中发挥重要作用。

3. 帕佩茨环路　帕佩茨环路（Papez circle）是以海马为中心构成的海马→穹窿→乳头体→乳头丘脑束→丘脑前核→扣带回皮质→海马的纤维联系通路。该环路与情绪相关的记忆和行为调控密切相关。

（二）海马的学习与记忆功能

有关海马参与学习与记忆功能的研究，最初来源于人类海马损伤后所表现的记忆缺失现象，如 H.M. 患者被切除双侧海马后保留正常的短时与工作记忆，保留术前久远的长时记忆，却丧失了术后的情景记忆与形成新的长时记忆的能力；保留了新的程序性记忆（非陈述性记忆），却无法形成新的陈述性记忆。表明海马在陈述性记忆尤其是情景记忆中具有关键性作用，但海马主要参与信息的编码过程和记忆的巩固过程，将短时记忆转化为长时记忆，却并非长时记忆的最终储存部位。

随着正电子发射层描技术（positron emission tomography，PET）与功能性磁共振成像（functional magnetic resonance imaging，fMRI）等脑功能成像技术的应用，海马在学习与记忆中的作用得到进一步的深入研究。研究表明：①在对比新、旧照片内容，进行独立与联系判断以及在对比回忆感知判断与语义判断词表的实验中，海马的神经活动增强，提示海马负责新信息的编码；②在给予被试对象图片后的次日，给被试者一系列词语，要求被试者用词语辨识前一天见过的图片名称时，海马结构前部的下托均有更明显的激活，提示海马结构参与新近记忆的提取过程。

海马的另一重要功能是空间记忆（spatial memory）（知识链接 7-2）。早在 20 世纪 70 年代，研究者们就已经发现，当大鼠处于迷宫中的某一特定方位时，海马中部分 CA1 与 CA3 的神经元，能选择性地兴奋，并且特定神经元对应特定的空间感受野，从而对空间坐标赋予了记忆，这些神经元就是海马的位置细胞（place cell）。损毁大鼠的双侧海马会损害动物对空间位置的记忆，在放射迷宫（radial maze）或 Morris 水迷宫（Morris water maze）的试验中无法找到目的地，因此海马结构在功能上类似于“空间处理器”（spatial processor）。不过，海马损毁并不影响所有的空间记忆，海马损毁只影响 Morris 水迷宫中隐没于水下平台的空间学习，不影响突出于水面平台的学习。进一步的研究显示，脑内的空间认知图并非仅仅存储于单一脑结构中，而是根据空间属性不同，分别保存在不同的脑结构中。对自我中心空间关系的记忆，主要依赖尾状核和前额叶皮质的参与；而对非自我为中心空间关系的记忆，则依赖于海马和后顶叶皮质。

海马在学习与记忆中的功能主要包括：参与陈述性记忆、空间记忆和情景与背景记忆，参与记忆巩固、新信息的编码、连接以及新信息的提取。

知识链接 7-2

脑内的全球定位系统——GPS

航海需要导航仪，自然界的动物在日常活动中也需要自身的“导航系统”。“导航系统”

笔记

主要利用两种策略导航：①地标策略，即使用外部线索来确定位置；②路径整合策略，根据速度、时间和方向信息来确定位置。两种策略都需要动物脑内拥有相关的空间感知系统，类似全球定位系统——GPS，而海马结构就是哺乳动物体内的GPS。

早在20世纪70年代，研究人员就发现大鼠海马区有一群细胞会根据大鼠在迷宫中所处的位置不同而选择性地兴奋，它们就是位于海马CA1和CA3区域的位置细胞。位置细胞体系会受外界改变的地标影响。如果地标发生旋转，位置细胞体系也发生旋转，但二者之间的相对位置保持不变。位置细胞互相形成矩阵，使动物能在脑内重建活动路径。而同一位置细胞可以加入不同的矩阵，实现对不同环境下路径的重建，路径信息进一步整合后，即形成脑内地图。

位置细胞如何特异性识别方位？2005年，Hafting等人通过变换实验箱的外形与内径，发现内嗅皮质的神经元参与空间记忆。较之位置细胞，内嗅皮质的神经元放电更微弱，范围更分散，且多个放电野相互交叠形成一个个网格节点，网格节点相互连接形成的三角形网格覆盖整个地图区域，故称之为“网格细胞”。当空间范围发生改变时，网格结构与节点间的距离不变，但节点数量发生改变。网格细胞也受外界地标所影响，当地标发生旋转，网格区域同样发生对应的旋转。面对全新环境，网格细胞可以在原有的网格结构基础上进行改造，而位置细胞则需要完全重构地图，因此网格细胞为位置细胞建立脑内地图提供了基础的空间度量。

内嗅皮质中还有一类在到达特定场所边缘时兴奋的边界细胞，它们提供周边环境的信息，使之与网格细胞和位置细胞所确定的区域联系起来。脑内还有一类头部方向细胞，能够辨别头部朝向，并将信息传递至内嗅皮质。空间信息与视觉，嗅觉和前庭感觉在海马体中进行整合，最终发挥“导航”作用。

空间感觉如何与记忆联系？目前认为，内嗅皮质-海马回路在导航和记忆中共同发挥作用。外显记忆将不同方面的细节整合在相关事件中，犹如位置细胞通过网格细胞、边界细胞和头部方向细胞确定方位。也有观点认为，位置信息本是外显记忆的必要成分，将事件与空间整合，结合地标实现高效记忆本身就是哺乳动物常用的一种高效助记手段。

因发现脑内的GPS系统，欧基夫（O’Keefe）与莫泽夫妇（Mr. &Ms Moser）获2014年诺贝尔医学奖。尽管大脑如何导航仍存在许多未解之谜，但随着对内嗅皮质-海马回路研究的不断深入，脑内GPS导航的秘密不久终将揭晓。

资料来源：Principle of Neurobiology，2015，Box 10-2

三、其他脑区在学习与记忆中的作用

（一）脑内多功能区域参与学习与记忆过程

大量研究表明，海马结构及其邻近的嗅皮质虽然在记忆的形成和巩固中发挥着重要作用，但海马损伤主要影响陈述性记忆，而非陈述性记忆保持良好。海马损伤的患者虽然无法形成新的长时记忆，但却能回忆和提取旧的长时记忆信息；某些脑外伤患者虽能形成新的记忆，却不能提取受伤前的记忆。这些现象提示不同种类的记忆，其信息储存与提取过程相互分离；也说明海马并非脑内负责学习与记忆的单一脑结构。记忆功能并不局限于大脑的某个特定区域，单一脑区也不能独立完成复杂的记忆功能，记忆的实现需要脑内多个功能区的综合。机体的学习与记忆过程由多重功能的不同脑区共同协调、有机整合而成（图7-4）。

（二）参与学习与记忆的脑功能区

如前所述，短时记忆与长时记忆具有不同的神经生物学机制，不同种类的记忆涉及的大脑功能区也存在不同，此处主要介绍陈述性记忆和非陈述性记忆相关的脑结构。

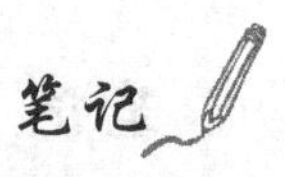

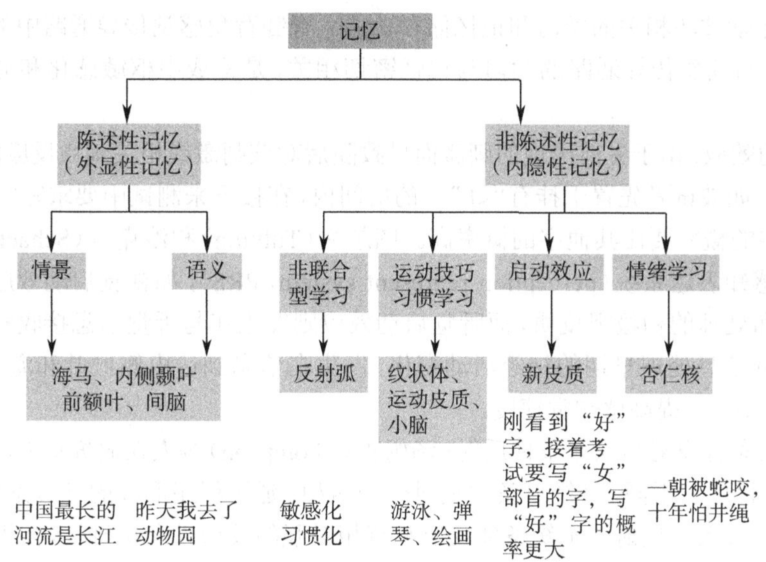

图 7-4　不同记忆种类及其相关的脑结构

1. 陈述性记忆相关的脑结构　以内侧颞叶（medial temporal cortex）为主的脑结构，负责陈述性记忆相关信息的编码加工和巩固，个人经历的事件和情节都存储于该区域。内侧颞叶包括海马及其附近的嗅皮质（内嗅皮质、嗅周皮质）和旁海马皮质。内侧颞叶接受来自大脑联合皮质的输入，但初级感觉皮质并不直接投射到内侧颞叶，而是通过中继核团与内侧颞叶相联系。研究者们通过大面积损毁猴的双侧颞叶来模拟遗忘症患者的脑损伤，发现嗅周皮质的损毁会引起严重的陈述性记忆缺损，提示其为陈述性记忆的必需结构。在人类，H.M. 患者因内侧颞叶损伤会出现严重的陈述性记忆尤其是情景记忆的缺损，表明内侧颞叶在陈述性记忆的形成中至关重要。

间脑（diencephalon）中的丘脑前核和下丘脑乳头体是构成 Papez 环路的主要成分，丘脑背内侧核接受颞叶的投射后又投射到整个前额叶皮质。间脑是除了内侧颞叶之外，与陈述性记忆关系最为密切的脑结构之一。在猴类动物，同时损毁丘脑前核和丘脑背内侧核可严重损害陈述性记忆。在人类，N.A. 患者被花剑穿过右鼻孔插入左侧大脑，致左侧丘脑背内侧核损毁，康复后出现了与 H.M. 相似但症状较轻的记忆损害，提示间脑与内侧颞叶之间的相互联系是形成陈述性记忆的重要结构。此外，临床上因酒精中毒发展成维生素 B_1（硫胺素）缺乏症，导致丘脑背内侧核及乳头体的结构性损害所表现的科萨科夫综合征（Korsakoff's syndrome）患者，表现出与患者 H.M. 和 N.A. 类似的严重记忆障碍，进一步提示间脑在陈述性记忆中发挥重要作用。

前额叶皮质（prefrontal cortex）属于大脑联合皮质，主要参与情景记忆的储存和提取过程。研究发现前额叶皮质和内侧颞叶区在情景记忆中发挥不同作用。情景记忆时，前额叶皮质功能活动增加，右侧强于左侧，而颞叶内侧与海马在学习信号输入和检索时，活动增强。颞叶内侧部（包括海马结构）损伤，能明显地损及近期的情景记忆，前额叶皮质损伤，明显影响两个时间上相关联的事件的情景记忆。

2. 非陈述性记忆相关的脑结构　非陈述性记忆的存在形式多种多样，它们分别依赖于不同的脑结构：如运动技巧和习惯学习主要依赖于新纹状体和小脑等相关脑结构；感知觉和分类学习依赖于大脑皮质的感知觉皮质；情绪记忆则依赖于杏仁核的参与。

（1）非联合型学习：包括习惯化和敏感化，是一种低级的学习与记忆形式，主要结构基础是参与刺激 - 反应（S-R）的神经反射弧。例如初级神经中枢，脊髓在行走运动和撤退反射等基本行为或一些特殊的运动技能的学习和维持过程中，也具有学习与记忆功能，脊髓局

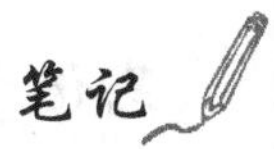

部也具有与运动技巧相关的学习和记忆储存功能。脊髓背角感觉传导通路中的长时程突触效应的增强，与痛觉传导通路的学习与记忆密切相关，是构成中枢敏感化和痛觉过敏的神经基础。

（2）启动效应：由于先前出现的刺激而导致随后对该刺激或相关刺激反应的增强，是一种内隐记忆。如被试者先置于挂有“好”字的房间内，在接下来测试中要求写“女”部首的字时，写“好”字的概率要比其他字的概率高。图尔文（Tulving）和沙克特（Schacter）提出启动效应依赖于感知表达系统（perception represent system，PRS），如视觉启动效应发生在与视觉信息接收和处理的初级视皮质，而听觉启动效应则发生在与听觉信息接收和处理的初级听皮质。这种信息处理早期的神经活动变化，发生在信息到达内侧颞叶和海马之前，有助于改善感知觉过程，提高感知觉速度。

（3）经典条件反射与操作条件反射：汤姆森（Thompson）等人在研究兔的眨眼条件反射时，根据实验程序的不同，将经典条件反射分为两种：延缓程序形成的延缓条件反射，痕迹程序形成的痕迹条件反射。延缓条件反射具有相对强的反射性和机械性，主要依赖于小脑和基底神经节。海马被损毁的实验动物，仍能够建立和保持延缓条件反射；而痕迹条件反射具有陈述性记忆的一些特征，依赖于内侧颞叶和海马。

研究发现纹状体和伏隔核在操作条件反射的学习与记忆中至关重要。背内侧纹状体，接受前额叶与顶叶联络区皮质的调控，与操作条件反射中的奖励行为，尤其是目标导向的行为模式密切相关；背外侧纹状体，接受运动区皮质的调控，与多次重复训练获得的习惯行为相关；而伏隔核接受内侧眶额皮质和前扣带回皮质的输入，与经典条件反射的学习行为表达和奖励动作相关，伏隔核对操作条件反射也有一定的调节作用。

（4）运动技巧和习惯学习：运动技巧（motor skill）是通过训练获得的熟练运动能力，它包含在一套程序中，可通过操作而表现出来，属于程序性记忆。在运动技巧的训练过程中，前额叶皮质（工作记忆功能）、顶叶皮质（视觉注意作用）和小脑（运动协调作用）均被激活，它们联合活动建立完整的程序。运动技巧的信息储存于运动皮质和新纹状体并形成长时程记忆。习惯学习（habit learning）指习得处理周围事物、运作于日常生活某种程序的过程。研究表明，新纹状体及小脑在习惯学习中均起着很重要的作用。此外小脑对运动的学习与记忆也十分重要，近年来的研究发现小脑与运动性的经典条件反射等密切相关。艾克尔斯（Eccles）等学者认为，小脑通过苔藓状平行纤维传递刺激和运动信号、特异性运动错误以及逃避反应等相关信号，并促进浦肯野神经元和平行神经纤维之间的突触效能的改变，整合小脑间位核内的作用，从而形成运动性学习与记忆。

（5）知觉学习和分类学习：知觉学习（perceptual learning）指通过不断的分辨操作，对听觉特性和视觉特征的知觉辨别能力得到提高的过程。分类学习（category learning）是指对事物具有以分类的形式存在的知识。初级感觉皮质在知觉学习和分类学习中发挥重要作用。

（6）情感学习：情感学习（emotional learning）指对某一事物的经历使机体对这一事物产生特别的情感变化（喜好或厌恶）。“一朝被蛇咬，十年怕井绳”即是厌恶性情感记忆的一种体现。杏仁核在恐惧的学习和记忆中发挥着非常重要的作用，它与机体的厌恶性情绪学习和管理密切相关。杏仁核、海马分别参与调控情绪记忆和陈述性记忆，二者之间的相互联系是负性情感记忆的结构基础。机体对能引起情感反应刺激比不引起情感反应的中性刺激的记忆要强得多，可能与情感反应导致应激激素释放，激活杏仁核的神经元，加强杏仁核到海马以及杏仁核到大脑皮质的神经通路的活动相关，从而增强对情感记忆的巩固作用。关于情绪的生理心理，参见本书第十章有关内容。

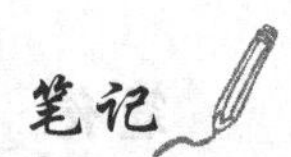

第三节　学习与记忆的生理机制

学习与记忆生理机制的研究过程，也是搜寻记忆痕迹，探索相关细胞与分子机制的过程。一些经典的动物模型在研究学习与记忆的生理机制中发挥了重要作用。在动物模型的学习训练中，需要不同的行为学测量指标进行成绩测试以反映其学习和记忆的能力。

一、学习与记忆研究的动物模型

（一）学习与记忆的动物模型概述

实验室中用于学习与记忆研究的动物模型，主要采用四类行为模式：习惯化、敏感化、经典条件反射和操作条件反射。尽管这三类学习与记忆模式难易程度不同，但都遵循如下原则：①学习材料必须有时间和空间上的接近性（即两个刺激或刺激与反应之间接近）；②在一般情况下，学习材料之间的联系必须有重复性；③必须有强化作用，可以是奖赏或惩罚；④必须可以因干扰作用而产生遗忘。

用于研究学习与记忆的动物模型很多，常用的有海兔（aplysia）的缩鳃反射，犬的流涎，果蝇的气味回避，猴子选择行为，兔眨眼反应，小鸡的味觉一次性回避，以及大鼠和小鼠的各种迷宫作业等模型，此处主要介绍经典的海兔模型。

（二）海兔的学习与记忆模型

2000 年诺贝尔奖获得者坎代尔（Kandel）及其同事发现用水流喷射或机械探针方法触摸刺激海兔喷水管或外套膜，能引起喷水管和鳃的回缩，称为缩鳃反射（gill withdrawal reflex）。他们对海兔缩鳃反射进行了深入的研究，揭示了习惯化和敏感化学习与记忆的生理机制，这些研究后来在高等动物得到证实，体现了非陈述性记忆的生理机制。

1. 海兔的非联合型学习　缩鳃反射的神经结构基础：在海兔缩鳃反射中，来自喷水管的感觉信息经感觉神经元传至腹神经节，与编号为 L7 的运动神经元形成突触；L7 运动神经元支配鳃的肌肉，控制缩鳃运动，从而构成由感觉神经元传入至运动神经元的单突触通路。

（1）缩鳃反射的习惯化：刺激喷水管就可引起缩鳃反射，但在重复刺激喷水管后，缩鳃反射幅度会逐渐变小，即为缩鳃反射的习惯化（图 7-5）。研究发现，海兔产生习惯化后，其感觉神经元产生的动作电位并未改变；单纯电刺激 L7 运动神经元引起的缩鳃反应与习惯化形成前的强度未改变；L7 运动神经元上的受体对神经递质的敏感性亦无改变；但重复刺激喷水管在运动神经元上产生的兴奋性突触后电位（EPSP）却逐渐降低（突触传递的效能减弱）。通过检测递质释放量发现，海兔产生习惯化后，其感觉神经元末梢中突触囊泡的递质释放量减少，提示突触前修饰参与了习惯化的学习。重复刺激引起突触前神经递质释放减少的原因，可能与递质囊泡向突触前膜活动区的移动减缓，可动员的突触囊泡数目减少、突触前膜的 N 型 Ca^{2+} 通道失活、产生动作电位时 Ca^{2+} 内流减少相关（参见第四章）。

（2）缩鳃反射的敏感化：在海兔头或尾部施加短暂电击（强刺激）后，再给予正常刺激喷水管后，海兔的缩鳃反射幅度会增大，称为缩鳃反射的敏感化（图 7-6）。研究显示，强刺激可激活海兔体内编号为 L29 的一种易化性中间神经元。这种中间神经元支配缩鳃反射通路中的喷水管感觉神经元末梢，并释放 5-HT 作为神经递质（图 7-6）。强刺激使 L29 神经元释放 5-HT 与突触前感觉神经元末梢上的 5-HT 受体结合后，激活腺苷环化酶（AC）-cAMP-PKA-CREB 通路，一方面加强囊泡的运输装配，另一方面激活钙通道，抑制钾通道，明显延长动作电位时程，增加产生动作电位时的 Ca^{2+} 内流，使突触前感觉神经元末梢在后续刺激时释放更多的神经递质，增强突触传递效能而产生敏感化。

笔记

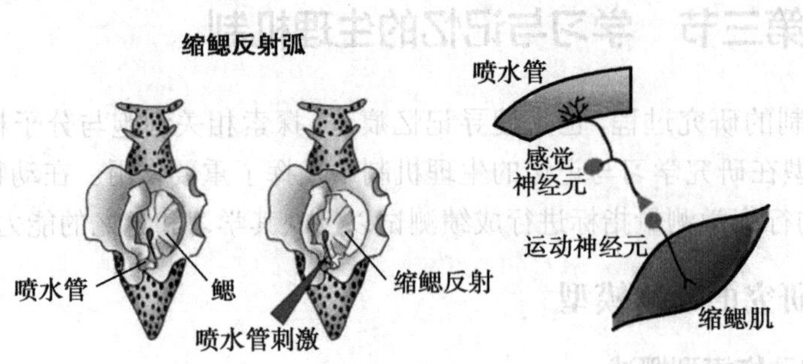

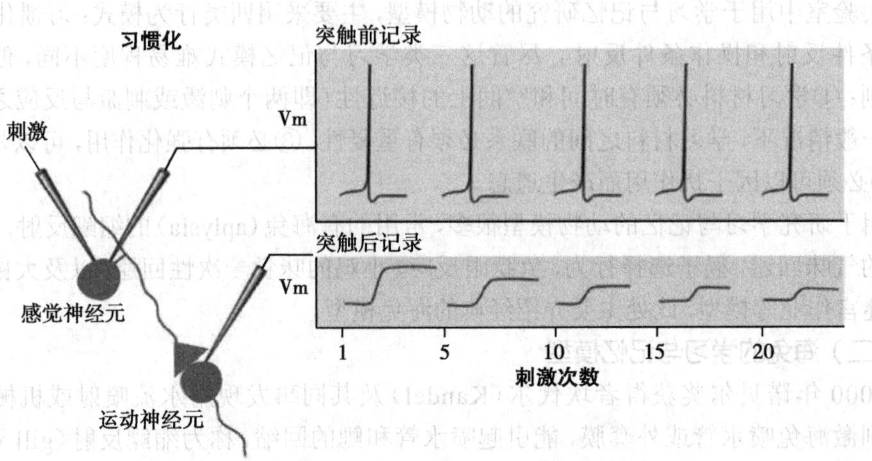

图 7-5　海兔缩鳃反射弧及缩鳃反射的习惯化

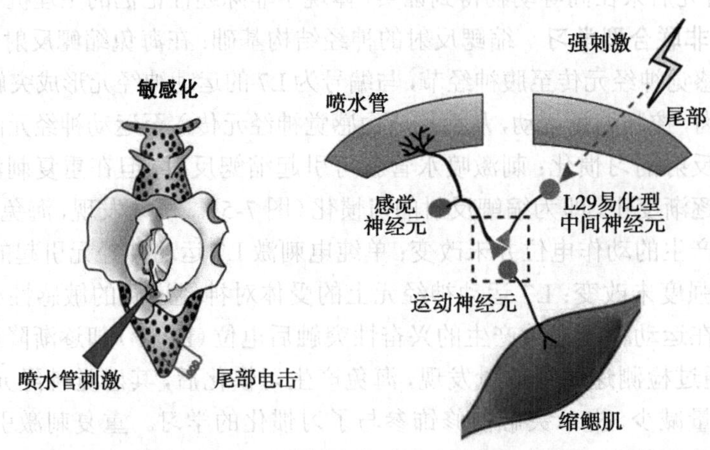

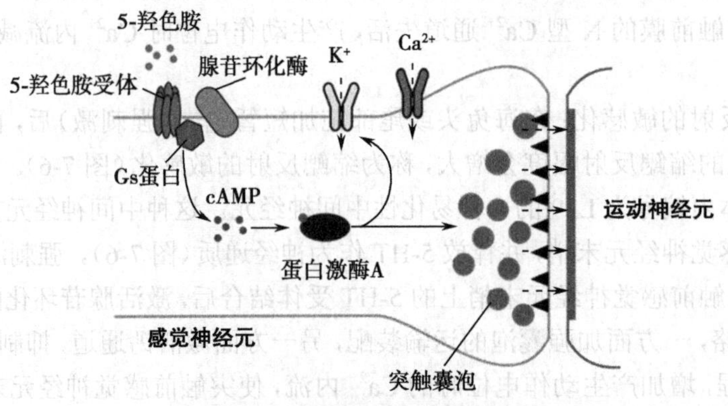

图 7-6　海兔缩鳃反射的敏感化

笔记

2. 海兔的联合型学习 对海兔缩鳃反射的条件刺激多次与无关刺激匹配亦可形成条件反射。如通过喷水管轻微触觉刺激（非条件刺激，US）与电击尾部（条件刺激，CS）多次在时间上的配对施加，则导致未结合前单独给予 CS 所能产生的弱缩鳃反应，变成单用 CS 就可引起更强的缩鳃反应（相当于电击尾部的敏感化反应），并可维持数天之久，即建立了经典条件反射。此外，在海兔喂食行为实验中，操作反应是摄食或咬食动作，强化是对食管神经的刺激，亦可形成操作条件反射。

二、学习与记忆的突触机制

赫伯的细胞集合学说首次将记忆痕迹聚焦于神经元的连接部位——突触。他提出突触前神经元与突触后神经元之间持续的兴奋活动，会增强它们之间的突触联系和传递效能，这种神经元活动依赖的突触可塑性原理，即著名的赫伯定律（Hebbian Law）。它是目前广为人知的突触修饰机制，也是研究学习与记忆神经机制的重要理论依据。突触可塑性（synaptic plasticity），包括受神经元活动影响的突触结构和功能的改变。功能可塑性指突触前神经元的反复活动，导致突触传递效能发生改变；而结构可塑性指突触形态、突触数目的变化，以及新的突触联系的形成和传递功能的建立，是持续时间较长的可塑性，在长时程记忆中发挥重要作用。

（一）暂时联接与异源性突触易化

条件反射建立的基础是 CS 与 US 在脑内引起的兴奋灶之间形成了暂时联接，但暂时联接形成的机制并不清楚。据统计，脑内单一神经元能接受上千个来源不同的神经末梢输入，形成大量异源性突触。当来源不同的突触在较短的时间间隔内按顺序或同时兴奋，多次重复后，突触后神经元则把两种刺激整合在一起，形成暂时联接。在突触水平上则主要体现为：两个突触前神经元同时作用于一个突触后神经元，当其中一个突触前兴奋时，也会使另一个突触前乃至整个突触后神经元兴奋。这种由不同来源的突触所介导的突触后增强作用称为异源性突触易化 (heterosynaptic facilitation)。

异源性突触易化至少存在两种机制（图 7-7）：突触前的活动依赖性强化与突触前 - 后之间的强化。前一种机制是 CS 与 US 传入神经元发出的突触前成分之间的相互易化，二者呈活动依赖性，只有二者在极短时间内相继兴奋，才能最有效的引起突触后神经元的兴奋，易化发生在突触前；而后一种机制则是当两突触前成分共同作用于突触后神经元所引起的突触活动增强，易化发生在突触后。前文讲述的海兔敏感化的机制即属于突触前的易化，而下文讲述的 LTP 则是突触前与突触后成分共同反复激活的结果。

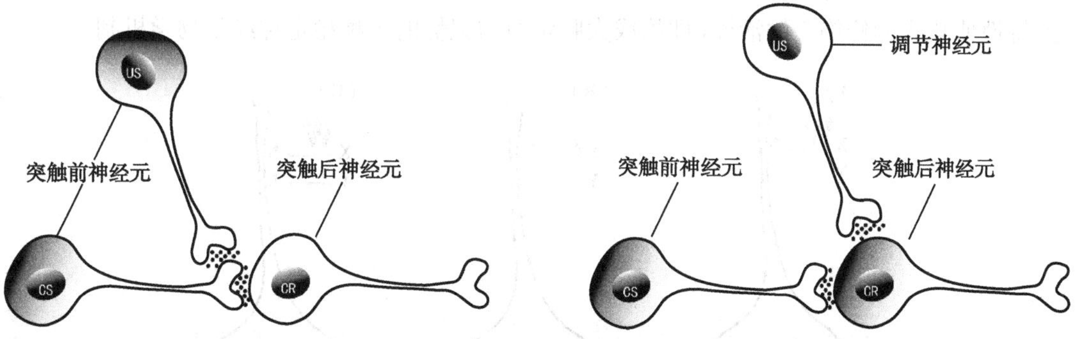

图 7-7 学习与记忆的两类突触易化机制

（二）长时程增强

1973 年，布里斯和列蒙发现，以短促高频的电脉冲刺激兔的海马穿通途径的传入纤维后，可引起齿状回中突触后场电位波幅的显著增强，且可持续数小时、数日甚至数周，该现象被称为突触传递的长时程增强（LTP）。LTP 现象有力地证明了赫伯定律，揭示了海马参

笔记

与学习与记忆功能的神经机制。图 7-8 显示的是高频电刺激 Schaffer 侧支后所诱导的 CA1 锥体神经元细胞内记录的 LTP 现象。LTP 陆续在大脑皮质、纹状体、杏仁核、小脑、脊髓等多处脑结构证实，目前已被广泛认为是学习与记忆的神经生理基础。

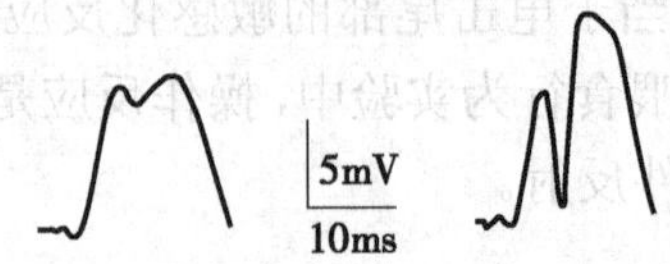

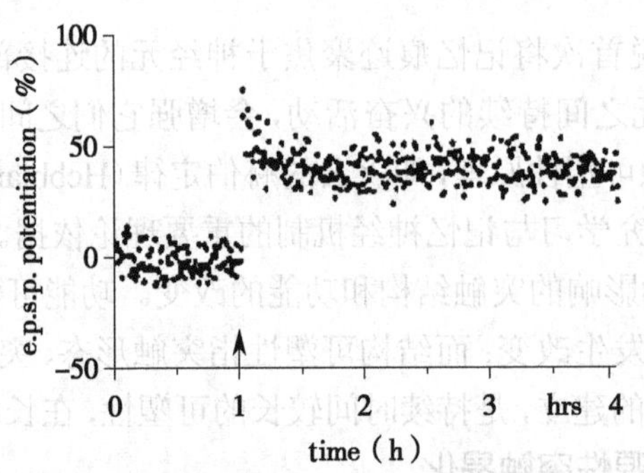

图 7-8　海马 DG 区域神经元的 LTP

图中显示海马穿通途径纤维经高频强直电刺激（250Hz，250ms，箭头所示位置）前 1 小时和后 3 小时，在海马 DG 区神经元记录的兴奋性突触后电位（EPSP）的 LTP 现象。上方小图分别代表 LTP 诱导前后的代表性的电生理记录（选自 Bliss，1993 NatureNeuroscience）。

LTP 具有三种主要特性（图 7-9）：①传入特异性（input specificity）：当高频刺激兴奋某一特定传入纤维时，只能在与这一纤维连接的突触通路上诱导 LTP，其他通路则不会出现 LTP，称之为 LTP 的传入特异性。②协同性（cooperativity）：当一个不能诱发 LTP 的阈下刺激，与突触后神经元的去极化兴奋匹配时，则能成功诱导 LTP，此即 LTP 的协同性。LTP 的协同性解释了高频刺激诱发 LTP 的原理：高频强刺激时，前一个刺激引起突触后膜的去极化，后一个刺激正与突触后膜的去极化同步，此时突触前放电与突触后去极化发挥协同作用，有效诱导 LTP。LTP 的协同性主要与突触后膜上的 NMDA 受体的特性密切相关。③联合性（associativity）：刺激单一神经轴突无法诱导突触后神经元的 LTP，但是当阈下刺激与另一能引起 LTP 的强刺激同时发生时，则先前的弱刺激也能诱发 LTP，称之为 LTP 的联合性。LTP 的协同性与联合性也遵循赫伯法则中的重复或协同刺激增强突触活性。LTP 的以上特性使其成为修饰突触活性，即构成大脑学习与记忆的一种稳定神经生物学机制。

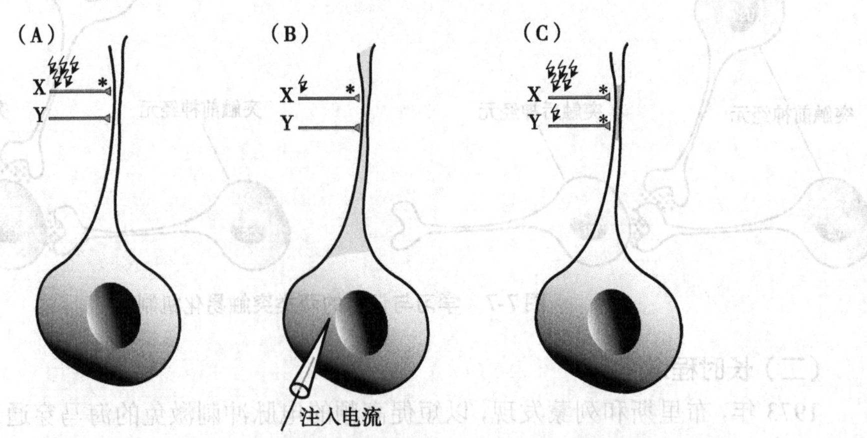

图 7-9　LTP 的特征

A：LTP 的输入特异性；B：LTP 的协调性；C：LTP 的关联性

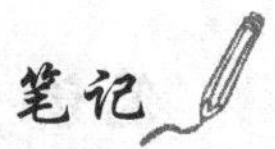

LTP 包括诱导（induction）、表达（expression）和维持（maintenance）三部分，其产生受多重机制调节。一般认为 LTP 的诱导与学习相关，LTP 的维持与长时记忆相关，而 LTP 的表达则是对记忆信息的提取过程。本节以海马 CA3 区的 Schaffer 侧支与 CA1 区的锥体神经元之间的突触为代表，介绍 LTP 的产生机制。

CA3-CA1 的突触为兴奋性突触，其神经递质为谷氨酸。CA1 区锥体神经元高表达两种离子型谷氨酸受体：AMPA 受体与 NMDA 受体。AMPA 受体是化学门控性离子通道受体，与静息状态下突触后膜电位的维持密切相关。当突触前膜释放的递质与突触后膜的 AMPA 受体结合后，通道激活，突触后膜的 Na^+ 内流增加，突触后膜去极化，产生兴奋性突触后电位（EPSP）。NMDA（N- 甲基 -D- 天冬氨酸）受体则是化学和电压双重门控型离子通道受体，静息状态下的 NMDA 受体通道被 Mg^{2+} 阻塞，处于关闭状态。谷氨酸与受体结合并不能激活 NMDA 受体；只有递质释放与突触后膜发生去极化同步发生，去除堵塞 NMDA 受体通道的 Mg^{2+} 后，NMDA 受体才能被激活。突触后膜 NMDA 受体激活所致的 Ca^{2+} 内流增加是体内大多数突触 LTP 诱导的关键环节。NMDA 受体激活诱导 LTP 主要包括两种机制：①突触前神经递质的释放量增加；②神经递质的释放量不变，但突触后细胞对递质的效应增加。LTP 的诱导多发生于 LTP 形成初期，因此又称为早期 LTP（early-phase LTP）。

大量证据显示，在 CA3-CA1 突触中，突触后膜 AMPA 受体的数目增加是 LTP 表达的主要机制。NMDA 受体激活后会引起更多的 AMPA 受体插入至突触后膜上，使后续释放的谷氨酸激活更多的 AMPA 受体，诱导更强的突触后膜膜去极化。事实上，CA3-CA1 通路中还存在一部分“沉默”突触。它们的突触后膜仅表达 NMDA 受体，而无 AMPA 受体，不能被突触前释放的谷氨酸激活。但是当突触前谷氨酸释放与突触后神经元的去极化（由其他含 AMPA 受体的突触所介导）同时发生时，NMDA 受体即被激活，并引起 AMPA 受体插入突触后膜，将“沉默”突触转化为“正常”突触，能被突触前释放的谷氨酸激活。LTP 的表达既包括“沉默”突触的激活，也包括原有 AMPA 受体的突触上受体数目的增加；主要与 Ca^{2+} 内流激活下游的蛋白激酶 CaMK Ⅱ和 PKC 级联反应所致的 AMPA 受体磷酸化上调有关。

LTP 经诱导、表达后需要能长时期维持，才能形成长时记忆。LTP 的维持，即晚期 LTP（late-phase LTP）依赖于突触内部一系列的细胞分子功能和结构的改变。早期 LTP 以突触中的 AMPA 受体的化学修饰为主，晚期 LTP 则主要表现为突触的结构修饰，如树突棘的增加等。晚期 LTP 除了需要早期 LTP 中涉及的突触前递质释放增加与突触后受体的效应性增强以外，还需要新的基因表达和新的蛋白质合成，从结构上改变突触的形态与数目，使神经元之间增强的联系得以长期维持，从而促进长时程记忆的形成和巩固。有关 LTP 维持的分子机制参见学习与记忆的生化机制部分。

（三）长时程抑制

除 LTP 外，也存在其他的突触可塑性机制如长时程抑制（long-term decay，LTD）。LTD 是与 LTP 相互抵消的一种突触可塑性，最早发现于小脑的浦肯野细胞（Purkinje cell），但在脑内其他区域也广泛存在。研究发现，通过低频刺激小脑颗粒细胞的平行纤维（parallel fiber），在浦肯野细胞上能记录到长时程突触传递效能降低的现象（图 7-10）。用低频刺激 Schaffer 侧支，也可诱导出海马 CA3-CA1 突触传递的 LTD。一般认为 LTD 的作用包括两方面：①缓解兴奋性突触 LTP 的饱和；②在抑制性神经元上进行突触的信息编码。需要注意的是，LTD 不是简单地抑制增强的突触效能（LTP），或去 LTP 化（depotentiation），而是抑制正常（未增强）的突触效能。

LTP 和 LTD 均依赖于 NMDA 受体的激活和 Ca^{2+} 内流，但高频刺激诱发的高浓度

笔记

(>5mol/L)的 Ca^{2+} 内流可激活 CaMK Ⅱ与 PKC 等蛋白激酶，促进 AMPA 受体的磷酸化和上膜，诱导 LTP；而低浓度(<5mol/L)的 Ca^{2+} 内流则激活与激酶拮抗的蛋白磷酸酶，使 AMPA 受体去磷酸化，减少突触后膜功能性 AMPA 受体而导致 LTD 的产生。目前认为 LTD 可能与遗忘密切相关。

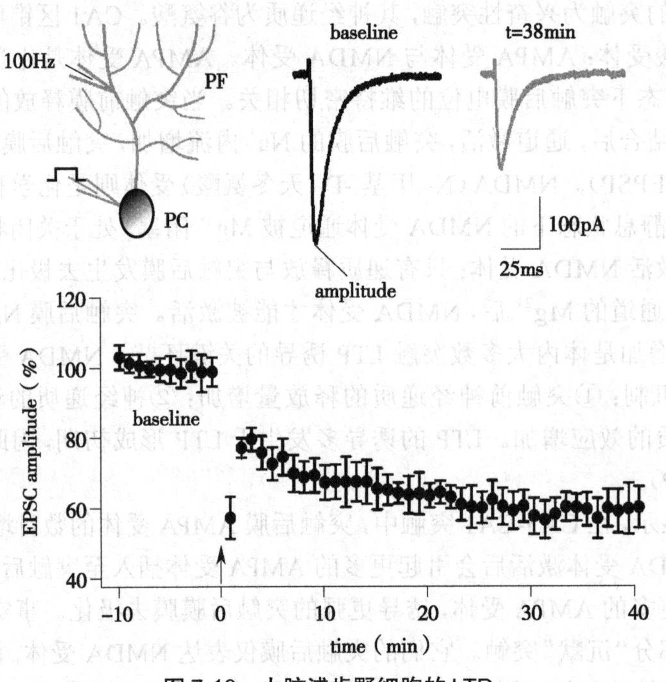

图 7-10　小脑浦肯野细胞的 LTD

通过 100Hz，5 脉冲的电刺激平行纤维，同时间隔 2 秒注入电流使浦肯野细胞去极化至 0mV 约 100 毫秒，重复 30 次，可诱导浦肯野细胞兴奋性突触后电流(EPSC)的 LTD。

三、学习与记忆的生化机制

机体通过感知外界信息，进而修饰脑内突触可塑性的结构与功能而形成记忆。短时记忆涉及的改变可能是一时的，而长时记忆则需要脑内突触结构与功能发生长期、永久的改变，在生化分子水平上，体现为特定的分子调控机制的参与(图 7-11)。

（一）蛋白激酶的持续激活

短促高频电刺激，激活突触后神经元的 NMDA 受体，触发 Ca^{2+} 内流。细胞内增加的 Ca^{2+} 激活一系列细胞内信号通路，包括 AC-cAMP-PKA，磷脂酶 C(PLC)- 蛋白激酶 C(PKC)以及 Ca^{2+}/ 钙调素(calmodulin)依赖的蛋白激酶 K-CaMK Ⅱ信号通路。虽然 NMDA 受体在刺激后迅速关闭，细胞内的 Ca^{2+} 浓度迅速回落(数秒)，但 CaMK Ⅱ等却可在较长时间内持续活化(数分钟)。CaMK Ⅱ的持续激活与其自身抑制的解除相关，当 Ca^{2+}/ 钙调素解离后，活化的 CaMK Ⅱ仍能通过磷酸化临近 CaMK Ⅱ亚单位中的第 286 位丝氨酸残基(T286)，来促进自身的磷酸化，解除其内在结构域的抑制，维持激活状态。激活的 CaMK Ⅱ使 AMPA 受体发生磷酸化，促进 AMPA 受体向突触后膜的转运、上膜，提高 AMPA 受体离子电导性，从而提高突触传递效能，促进 LTP 的诱导与表达。因此蛋白激酶的持续激活和磷酸化修饰对于记忆的初期形成(瞬时记忆)至关重要，但这些改变仅局限于数分钟至数小时，长达数月、数年乃至终生的晚期 LTP 和长期记忆需要新的分子机制参与。

笔记

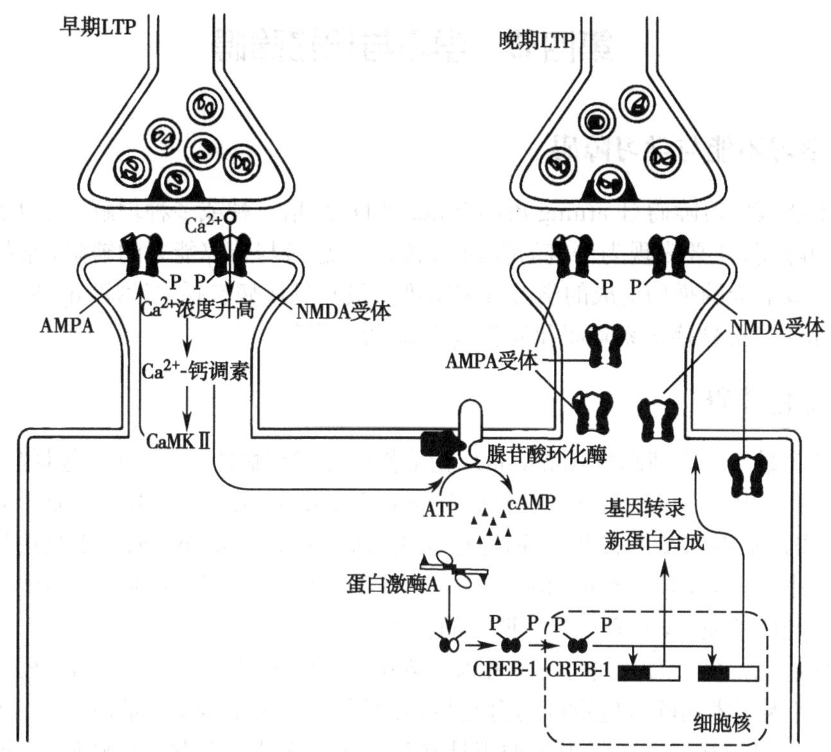

图 7-11 海马 CA1 神经元 LTP 的产生机制（仿李葆明，2013）

（二）蛋白质合成与记忆巩固

早在 20 世纪 60 年代，斯夸尔（Squire）等就发现阻断蛋白质合成对短期记忆影响不大，但却能显著干扰长期记忆的形成和巩固，且干扰在训练期间或结束后 1～2 个小时内最为有效，表明该时期为长时记忆巩固的关键窗口期。进一步研究发现长时记忆的巩固依赖于新蛋白质的合成。长时记忆形成的最初阶段虽然涉及已有突触蛋白的快速修饰，如持续活化的 CaMK Ⅱ使 AMPA 受体发生磷酸，同时也启动了新的基因转录和蛋白质合成机制，为原有突触提供更多受体和离子通道，且促进神经元形成更多新的突触。新的蛋白质合成导致将突触传递的短时变化（早期 LTP）转化为更持久的结构性变化，表现为树突棘、兴奋性突触数目的大量增加，形成晚期 LTP，记忆得到巩固。

（三）cAMP-PKA-CREB 通路与基因转录和蛋白质合成

转录因子 CREB（cAMP response element binding protein）介导的基因转录与蛋白质合成在记忆的巩固中发挥十分重要的作用。研究显示，反复多次的强直刺激（>4 串，类似于反复多次学习），能诱导出晚期 LTP。进一步研究发现多串强直刺激诱导的短期大量 Ca^{2+} 内流，能迅速激活 AC-cAMP-PKA 通路，并使 cAMP 反应因子结合蛋白（CREB）磷酸化。磷酸化的 CREB 入核后与 DNA 分子上的 cAMP 分子反应元件结合，激活早期反应基因，启动一系列新的突触蛋白的转录与合成，不仅能为原有突触提供更多受体和离子通道，也能促进神经元形成更多新的突触。因此，通过 cAMP-PKA-CREB 信号通路的激活，神经通路上发生了结构的改变，即突触的结构可塑性发生改变，使神经元之间显著增强的联系能得以长久维持。使用 PKA 的药理学抑制剂；在小鼠中表达抑制 PKA 活性的基因或敲除 CREB 编码基因，虽能成功诱导出海马 CA1 区域的早期 LTP，却无法形成晚期 LTP。小鼠保留正常的短时程场景恐惧记忆，却无法形成长时程的场景恐惧记忆，提示 cAMP-PKA-CREB 介导的基因转录与蛋白质合成机制是短时记忆向长时记忆转化的分子基础。

笔记

第四节　学习与记忆障碍

一、学习不能与学习障碍

学习不能或学习障碍（learning disabilities，LD）是指一种或多种理解、使用语言等基本心理过程的障碍，主要表现为语言的听、说、读、写、思考与计算能力的缺陷，常指先天弱智（甚至愚呆）或后天脑损伤造成的学习特别困难。最常见疾病包括失读症（dyslexia）、计算障碍（dyscalculia）、孤独症谱系障碍和注意缺陷多动障碍等。

二、记忆障碍

记忆障碍最常见为遗忘症（amnesia），指脑损伤造成记忆的严重缺损，包括顺行性遗忘、逆行性遗忘和心因性遗忘。顺行性遗忘症（anterograde amnesia）指由于不能形成新的长时记忆，遗忘患病后近期发生的事情；而逆行性遗忘症（retrograde amnesia）则是选择性遗忘患病前发生的事情，时间长短不定，但对早年的事情仍保持较好记忆；而心因性遗忘则是指由于心理因素造成的遗忘，具有选择性遗忘的特点。

顺行性遗忘常见于海马损伤的患者以及酒精中毒的患者（柯萨可夫综合征）。前文所述的 H.M. 患者因手术切除双侧颞叶与海马后，虽然智力测验正常，对术前记忆良好，但却无法形成新的长时记忆。前一天做过的事情在第二天完全没有记忆，对她而言，每一天都是新的一天，即便是发生了重大事件，他也无法形成明确而巩固的长时记忆。海马接收上游感觉脑功能区的输入，形成短时记忆后，继而将信息传向间脑、杏仁核、基底节等区域，经储存后形成长时记忆。海马通过与脑内各区域的广泛神经联系，在短时记忆向长时记忆的巩固和转化中发挥重要作用，损伤后容易出现顺行性遗忘。

逆行性遗忘常见于急性脑损伤、脑震荡或麻醉的患者。患者无法回忆受伤的原因和经过，但数天后逆行性遗忘可能得到缓解。一般来说，脑震荡患者的遗忘症多持续时间较短，绝大多数都能完全恢复，而且几乎不影响远期的长时记忆。

心因性遗忘多在重大精神创伤、心理应激后发生，可见于急性应激障碍，所遗忘的事情选择性地限于痛苦经历或与心理痛苦相关的事情。

三、记忆错误

记忆错误是指将别人的经历与自己的经历混淆起来，把别人的经历当成是自己的经历，把虚幻的东西误认为是真实的，通常是一种无意识的形式，在精神病患者中较多见，以精神分裂症中居多。常见的记忆差错可归纳为以下七个方面：①“健忘”是指记忆力不好或曾记住的内容过一段时间就忘掉了，时间过得越久远的事，记住的就会越来越少。②“分心”（absent-mindedness）是在记忆和注意之间出故障，指人们全神贯注于某一件事时，却无法集中注意力于应该记住的事上。③“阻滞”（blocking）指拼命回忆重要信息时，脑中记忆一片“空白”的现象，如一时叫不出熟悉面孔的姓名。以上三方面属于疏忽性过失，即时常忘记该记住的事实、事件与想法等。下述四方面的记忆错误则是指令性缺陷：它们在脑中根深蒂固，如影随形，却完全错误或毫不相干。④“错认”（misattribution）指把虚幻的东西误认为真实事件。⑤“暗示”（suggestibility）也称暗示感受性，是指某些记忆根深蒂固，当你尝试着回忆往事时，会导致人们产生一些问题、意见或建议。⑥偏颇”（bias）是指在回忆过去时，思维很大程度上受当前学问和信仰的影响而产生偏向。⑦“纠缠”或持续性（persistence）是指某些宁愿忘却的烦心事件，却不时地萦绕在心头。

（高志华）

思考题

1. 学习和记忆是如何进行分类的？
2. 为什么说记忆痕迹的寻找伴随着整个学习与记忆的研究历程？
3. 海马有哪些学习与记忆功能？有哪些证据可以证明？
4. 不同的动物模型对学习与记忆研究有何意义？
5. 为什么说LTP是记忆痕迹的客观指标？
6. 通过对LTP产生机制的研究，怎样解释长时程记忆的形成？

笔记

第八章　语言的生理心理

学习目标

掌握：

1. 儿童语言发展的一般规律。
2. 脑内特化语言区的分类。
3. 大脑功能一侧化的概念。

熟悉：

1. 人类语言学习的关键期。
2. 失语症的分类。
3. 语言产生的神经影像学进展。

了解：

1. 语言产生的认知模式。
2. 语言的进化。
3. 阅读和言语中枢损伤后的表现。

语言是一种社会现象，在人类文明和个体智慧发展中起着非常重要的作用。人们日常生活、工作学习以及对外界事物的感知都离不开语言；在动机的激发、情绪的产生、行为的调节等方面也都离不开语言。语言作为人类表达和接受信息的工具，在人类意识的产生和发展中发挥不可替代的作用。

语言（language）是由词和语法规则组成的符号系统，通过系统性的口语产生，是人类最重要的交际工具，也是民族的重要特征之一，人类借助语言保存和传递人类文明的成果。言语是运用语言表达思想进行交际的过程，与语言这一符号系统相区分。思维是利用语言表达的概念进行判断、推理和解决问题的过程，也可以说是一种内部语言的运用过程。语言是思维的物质外衣，是交流思想、传递信息的工具；语言是通过言语加工系统和命题表征进行认知加工的工具。

第一节　人类语言的发展

一、语言的进化

语言是人类区别于其他物种的最重要的特征，人类语言的起源和进化在古代就引起了哲学家、考古学家和语言学家等不同领域学者的浓厚兴趣。但是，语言不像人类其他的生物学特征，没有留下化石或累积演变研究的痕迹，对于语言起源和进化的探索是异常复杂的。因此，对语言的实证研究仍非常匮乏，语言的起源和进化目前依旧迷雾重重。不同领

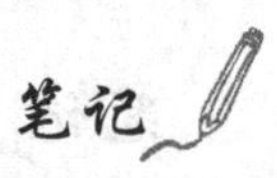

域的研究学者提出了繁多的语言起源和进化的假设，并采取不同的方式试图揭开语言演变的谜团，但是各种假设依旧有相当大的不确定性。

（一）来自人类学和考古学的证据

大约八百万年前，一些猩猩类的动物，包括黑猩猩和人类的共同祖先，居住在非洲森林，它们与现代的大猩猩类似，基本生活在树上，在地面上靠四肢行走，仅拥有局限于"吼"的声音交流系统。大约两百万年前我们的祖先进化为一个独立的物种，不同于黑猩猩的祖先，也尚未发展成智人，对这些较近的物种进行可视化是很困难的。人们猜测他们可能更像现在的人类，尤其他们的语言交流系统比六百万年前的祖先更为复杂。

语言是现代人的一种文化现象，也是现代人类最显著的特征。人类如何以及为何获得语言的问题引起了人们的浓厚兴趣。人类学和考古学的研究表明，最早和最直接的书面形式的语言证据出现不超过5000年。由于对口头语言的起源缺乏直接实证证据，研究者求助于间接证据，例如舌头、嘴唇和喉部，以及头骨，并从中获得一些语言进化的信息。许多人类语音的声学特性，特别是元音，取决于人类典型的L型声道，即口腔与咽喉成直角，喉颈部相对较低，这种L型的声道器官结构有助于语言的发生。

尽管目前世界上现存的语言丰富多样，但是其基本的语法、语义和声音等方面均显示出共同属性。乔姆斯基认为不同语言具有共同属性可以理解为人类只有一种语言。人类学家也从儿童的语言习得中获得证据，儿童小时候从父母身上习得语言，即使其后由于各种原因失去了原来的语言能力，经过重新学习后她/他仍然可以习得当地的其他任何语言。

（二）来自神经生物学的证据

过去对语言的神经生物学方面的证据是以一种相对随机的方式获取到的，例如从意外事故或脑出血所致的脑损害患者表现出的语言行为中获得相关的信息。从这些随机的个案研究中，我们探知到语言产生有着非常重要的神经生物学基础。

来自神经生物学的证据认为，大脑最显著的语言调节区是Broca区，位于大脑左半球额叶。从功能重叠的范围来看，人类最初的语言是手势，Broca区的位置最初相对接近控制手的运动的那部分脑区。当语言的主要渠道从手势变成发声语言后，语言控制的脑区可能相应发生迁移。现代人Broca区是最靠近控制舌头、下巴和嘴唇运动的脑区，但Broca区依旧在手势语言中起作用，也就是当发声器官接管了手势之后，Broca区依旧保留了其原来对手势语言的控制。Broca区的语言功能没有迁移，它在大脑的位置反映了发声一直是人类最主要的语言这一事实。

损伤Broca区不仅仅影响词汇，而且会影响语法和语言的清晰度。Broca区受损的失语症患者通常可以说出他们试图想说出的相应的名词、形容词和动词，但是把它们串在一起形成有恰当语法的有序的句子就比较困难。另外一种失语症，表现语法流利，但是词语使用不恰当或者没有意义，这与大脑左侧半球的其他部位损害有关，该损害部位属于颞叶和顶叶的一部分，被称为Wernicke脑区。在Wernicke失语症中，语言构成的语法装备是完整的，但是组织语法的主题结构概念发生了破坏。因此，Wernicke区是语法进化的一个必要条件，也是一个主要触发因素。Wernicke失语的特征表明，语法的进化不仅仅是一般概念上的复杂化，而是更加专业化。加尔文在1993年提出了Wernicke区是与快速的、毫不费力的语言语法结构相关的神经结构。

由于脑损害的程度不受任何试验条件控制，所以这些随机的个案研究并不是理想的方法。随着神经生物学研究技术的发展，研究者可以通过一些间接的方法，如磁共振、正电子发射断层扫描（positron emission tomography，PET）来测量血流的微小变化。另外，在治疗癫痫的外科手术中，如能征得患者知情同意，可通过直接刺激患者特定区域的脑组织来测试语言产生的效果。这类研究为语言进化提供了一些有价值的证据。

笔记

值得强调的是，大脑特定功能与特定脑区之间的关系并不是一成不变的。例如锻炼手指可以增加大脑皮质控制它的面积，因此在许多盲人中，控制手指的皮质面积比普通人平均值要大。这种功能可塑性在婴儿早期表现得尤为明显，有研究发现左脑半球（通常为语言控制区）遭受巨大损害的幼儿，由大脑右半球控制后仍然可能会获得相当好的语言能力。

（三）来自语言学的证据

关于语言起源的研究主要集中在语言和“原始语言”之间的关系，以及现代语法组织的进化理论。

1. 原始语言和真正的语言 学习语言的学生可以区分混杂语言。作为与母语不相同的第二语言混合出现时，人们在经常接触的情况下，自然地就习得了混杂语言。混合的过程使得语言传送更快和新的口语语法特征迅速出现。Bickerton 认为在特定的情况下使用的语言（比如醉酒的人或脑损伤患者说出的语言，以及在“双字”或“电报式”阶段的婴儿语言），由于缺乏系统的语法，所以要理解它必须大量地依赖语义和语用线索。

2. 实际的语法和想象的语法 语言是所能想象的唯一的一种语法，还是语法只是代表语言进化的许多方向之一？这是一个难以解释的问题，语言学家对语法研究的争议较大。美国语言学家乔姆斯基（Noam Chomsky）提出学习语法的能力“很可能是由于其他原因而发展起来的大脑结构属性相伴随而来”的理论。Carstairs McCarthy 认为，不同语法之间的区别，反映了神经机制的演变最初对语音链接成音节、句法结构的不同。

（四）语言起源的手势理论

有人提出人类的语言是从人的手势演变而来的。尽管有些人认为语言只出现在过去的 10 万年左右，但从手势的视角来看语言出现得更早。我们的灵长类祖先，像今天的大多数非人灵长类动物一样，都是树栖的，四肢适用于攀爬和操作。灵长类动物的前肢运动在精确的皮质控制下，可以作为有意表达的装置，产生手势。

虽然黑猩猩是最接近人类的非人类物种，但仍难以发声。有研究表明，圈养的黑猩猩只会发出一些不典型的声音，比如“嘘”或“咕哝声”，以吸引人类的注意。教类人猿学习人类的语言的尝试也都失败了，然而，在教他们通过手动操作实现一种语言的过程中取得了适度的成功，例如指向键盘上的符号，或者通过使用简化形式的手语。

相比发声，人的手势也是有意沟通的一种形式。例如，在哑剧表演中，通过抽象的手势可以传情达意，但手势远不如语言表达得清晰透彻。可见，在这个语言进化的过程中，声音成分逐渐超越手势和面部表情并最终占据主导地位。

知识链接 8-1

对黑猩猩的语言研究

普雷马克（Premack）使用不同颜色或形状的塑料片作为基本的语言符号，来训练黑猩猩莎拉（Sarah）。经过大量的操作性条件学习，莎拉能够在塑料片和实物之间建立起联系。比如，当它看到苹果，想吃却拿不到时，就必须把代表苹果的塑料片放到板子上，才能得到苹果。后续研究显示，黑猩猩似乎能掌握异同、颜色、名字、分类等概念。而且，黑猩猩还能够以类似于短句的方式排列塑料片。

另一个动物语言试验系统被称为耶基斯语（Yerkish）。它用与计算机相连的图形字（lexigram）作为按键，不同的图形字代表不同的按键。与塑料片相比，计算机能够自动记录、分析动物的按键行为，因而更加客观。采用这种方法训练出的黑猩猩也具有相当可观的词汇量，并且能够运用已掌握的词汇组合成类似于短句的序列。然而，科学家们对于黑猩猩是否掌握了句法这一问题，仍持谨慎态度。因为无论是塑料片法还是耶基斯语系统，训练时通常都采用操作性条件学习的方法。因而动物的行为可能是强化记忆的结果，仍然

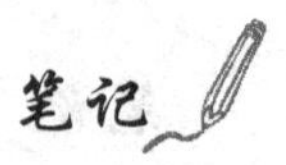

不足以确切表明动物掌握了语法规则。此外，由于实验仪器必须固定在实验室里，采用耶基斯语系统研究动物的自发语言基本上是不可能的。

二、儿童语言的发展

人类语言是后天获得的，人脑（包括视、听感觉及发声器官的运动）与社会环境在语言的习得中都起了重要作用。语言的获得在整个童年期有飞速的进展，但这种快速发展的原因尚不清楚。从已有的研究结果中可以总结出儿童语言发展的一般规律。

（一）儿童语言发展的一般规律

乔姆斯基认为，人类天生具有一个语言获得装置（language-acquisition device，LAD）。他提出的语言装置理论，来说明其语言天赋的观点，认为人类的认知结构中，有一种与生俱来的语言习得装置，使人们不需要经过刻意教导，就能轻易获得语言。儿童学习语言的能力是通过遗传获得的一种天赋。尽管人类的语言规则十分复杂抽象，但儿童只要接触到正常的语言环境，就能在短时间内轻松学会母语。无论母语是什么，孩子在学习语言时几乎都遵循同样的发展规律。人类共同的语言习得规律为乔姆斯基的理论提供了支持。研究也证实，人类儿童的语言习得过程大致可以分为简单发音、牙牙学语、单词表达、双词表达及基本成人语言结构等几个阶段。这些阶段都在0～4岁发生并完成。

简单发音阶段大约发生在出生后5到6个月之内，婴儿此时的发声以元音构成的自发声音为主。在这个阶段，全世界的婴儿发出的声音是基本相同的，甚至聋儿也是如此。在此阶段，婴儿几乎能够分辨所有的音素和语素，包括属于母语或非母语的音素和语素。例如，来自英语家庭的婴儿能够辨别捷克语中的某些特殊语音，但讲英语的成人则不能。没有什么语言经验的婴儿能够分辨出几乎所有的音素和语素，而成人却很难做到。这种天赋确保婴儿无论出生在何种语言环境下，都能顺利习得语言。从这个意义上说，婴儿是真正的“世界公民”。

进入牙牙学语阶段后，婴儿区分音素的能力明显下降。有研究显示，在6个月大时，母语为英语的婴儿还能很容易地区分印地语和萨莉希语的音素；但是，到了12个月大时，他们就很难区分出其他语种特有的音素了。与此同时，婴儿区分母语语素的能力开始增强。在言语或发声方面，不同地区婴儿产生的自发声音也显示出了区别。从此，婴儿由“世界公民”开始逐渐转变成了一个“受文化约束的”人。

从说出第一个字词开始，幼儿就进入了单词表达阶段。到1岁半时，幼儿掌握的词汇量在3～100个。在1岁半到2岁期间，儿童开始把两个单字词串起来表达一定的意思，这是双字词表达阶段。聪明的黑猩猩在语义生成方面至多能达到这个程度。有时，孩子也能使用三个词构成一个短句，但定向功能词的缺乏使他们的短句更像是电报。因此，这个阶段儿童的语言又被称为电报式言语。在此之后，儿童的词汇量迅速增多，2岁时能达到300个，3岁时可多达1000个。他们对句法和语法规则的使用也越来越纯熟。4岁左右的儿童已经基本掌握了成人的语法规则，能够生成与成人语言基本类似的句子结构。随着年龄的增长，孩子的词汇量仍不断增加，句子的结构也越来越复杂，整个过程将持续到青春期。

德阿纳（Dehaene）等人的脑功能成像研究显示，3个月大的婴儿暴露于有人类说话声的环境时，大脑左半球的激活程度显著高于右侧，激活的脑区主要在颞叶和角回等区域。尚处在发育早期的皮质语言区已经呈现明显的偏侧化现象，这也说明人类语言加工的脑机制是先天形成的。

（二）语言学习的关键期和环境的影响

关键期（critical period）是指能够学习某种技能的时间段。敏感期是指进行特定类型

笔记

学习时最容易的时间段，但不是唯一的时间。语言能力具有遗传性特点，语言学家和心理学家认为，语言习得是由人脑的结构所决定的。根据这种观点，大脑的发育使人们准备好了学习和运用语言的能力，而人们所讲的具体语种、方言等则是在社会环境中通过学习获得的。

1. 正常儿童研究 国外研究儿童语言获得的主要时期见表 8-1。国内莫雷等在《婴幼儿书面语言功能发展研究》中指出"婴幼儿阶段是书面语言学习的关键期"，其研究结果表明，识字的敏感期发生在 4.5～5 岁，而阅读的敏感期发生在 4～4.5 岁，阅读敏感期先于识字敏感期。鲍秀兰指出，0～3 岁是大脑发育最快的时期，是智力发展的关键期；5 岁是语言学习的关键期，如果错过了这个敏感时刻，学习效果会明显降低。徐科认为儿童的语言发育阶段有以下几个重要时期：6 个月开始咿呀学语；1 岁开始理解语言及使用单词；1 岁半开始单个地使用单词；2 岁开始成双地使用单词；2 岁半开始 3 个或更多单词的多种组合；3 岁能够用完整的句子进行表达，很少错误，有 1000 个左右单词量；4 岁接近成人的语言能力。

表 8-1　语言获得的主要时期

大致年龄主要语言学发展
2～3 个月察觉全部音素（音位），注意音素变化
6 个月忽略口语中不用的音素；开始咿呀学语（babbling）
8 个月识别连续语言流中的词
1 岁咿呀学语中有成人样腔调；开始说话
13 个月约理解 50 个词
18 个月能说 50 个词
2 岁电报样语言
3 岁简单的实用主义
4 岁语法规则（如复数）
5 岁知道一万个左右的词
6 岁有辨别力的实用主义

（Kosslyn& Rosenberg，2004）

2. 脱离人类语言环境的儿童 人类学习语言的本领是一种天赋，然而，语言能力的正常发展同样也离不开适宜的环境。如同人类的其他本领一样，语言能力是先天与后天双重因素共同作用的结果。此外，在个体发育的一定阶段或关键期内，环境因素的作用需得到充分体现，否则语言能力很难充分发展。

目前有许多个案和研究结果表明，语言的习得过程确实存在着关键期。例如，有"当代野孩"之称的美国女孩吉妮（Genie），她从小被隔离，几乎没人跟她讲过话。她被发现时已经 13 岁，几乎完全不会讲话。大家曾努力教她说话，但效果很差。她掌握了一定词汇量，但不能将词汇组合成有意义的句子。一些不依赖语言的智力测验排除了吉妮智力低下造成语言障碍的可能性。另一些幼年失聪的聋人，虽然成年后恢复了听力，但也同样无法学会讲话。一般认为，从出生后到青春期都是语言习得的关键期，其中以 0～6 岁最为关键。对于母语来说，简单发音和咿呀学语阶段十分关键。在这段时期内，孩子必须充分接触母语的各类音素，这对音素差异的分辨和正确发音能力都相当重要。

吉妮的案例不仅说明了关键期的重要性，也说明了语言环境的重要性。库尔（Kuhl）等人近期的研究发现，幼年期的真实社会交往能使婴儿保留对非母语音素的分辨能力。他们请母语为汉语的成人给 9 个月大的美国婴儿读书并谈论玩具，而另一组婴儿通过电视或扬声器听普通话。随后，这些美国婴儿接受了普通话的音素对比测试。结果表明，在真实的交往情境中的孩子获得了对普通话音素的知觉能力，而看电视的婴儿则没有获得对普通话

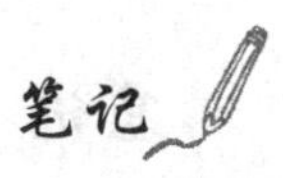

音素的知觉能力。fMRI 研究也显示，从小学习第二语言的被试，两种语言激活 Broca 区相同区域；而 11 岁之后才开始学习第二语言的被试，两种语言激活 Broca 区不同的区域。

3. 关于聋儿手语学习的研究 聋儿越早学习手语，他们的交流技能将越好；学习手语开始较晚的聋儿总是赶不上早期开始学习的聋儿。事实上，学习手语晚的聋儿也赶不上正常人学习第二语言，即使后者也很晚才开始学习第二语言。

第二节 语言活动的神经基础

一、脑内特化的语言区

语言是一种卓越的沟通系统，对我们的生活有非常重大的影响。语言有关的脑机制研究大部分是来自于脑损伤导致的语言障碍研究。很多语言的不同层面，如语音、理解和命名都可以选择性破坏，表明语言是个多阶段、解剖层次分明的处理过程。近年来，通过功能磁共振成像（fMRI）和正电子发射断层扫描（PET）技术观察人脑活动，来洞察非常有趣的、复杂语言的神经环路。目前解剖学上发现大脑中存在与“听、说、读、写”四种言语能力相对应的四种语言中枢。

（一）语言中枢

1. 运动性语言中枢（讲话中枢）：Broca 区 Broca 区包括 Brodmann 区（BA）44 和 45，即额下回的岛盖部和三角部，其主要功能是口语表达。1861 年，Simon Alexander Ernest Aubertin 发现在患者正说话时用压舌板压住他裸露的额叶，患者立即停止说话，并且直到解除压力才能重新开始说话。1863 年，Broca 通过解剖学证明了语言中枢的存在。Broca 区受损伤，有程度不同的表现。①不完全的运动失语症：一般能发个别语音，但不能把语音构成词句，也不会把词句按语法结构进行排列，因此发出的个别语音是杂乱无章的，不能使人理解；②语言重复症：一个词或音节说出之后，强制性的自动地反复再说，使这个词或音节不由自主地传入到下一个词或语言的产生过程中；③完全不语：甚至连个别字、词或者音节都不能发出，这种失语症又被称为 Broca 失语症（Broca's aphasia）。

2. 听觉性语言中枢（听讲中枢）：Wernicke 区 Wernicke 区位于大脑皮质左半球颞上回后部以及顶叶在内的广阔区域，其主要功能是言语理解。Wernicke 对一个患者进行了尸体解剖，发现颞上回的后部区域有损伤，推论这一区域是对词的听觉记忆区，这一区域后来被称为 Wernicke 区。1874 年，Wernicke 描述了脑卒中后有口语理解障碍的感觉性失语症患者情况，这种患者的特点是：听觉正常，但不能听懂别人和自己的话；经常答非所问，别人无法真正了解他讲话的内容；患者也能十分正确的模仿任何一个词句，但不了解它的意义，对于患者来说，词句变成了无意义的音节。这种失语症又被称为 Wernicke 失语症（Wernicke aphasia）。

3. 视运动性语言中枢（书写中枢） 视运动性语言中枢位于大脑皮质左半球额中回后部的头、眼和手的运动区，其主要功能是书面语表达。该脑区受损，患者会产生书写障碍，造成“失写症”。由于书面语和口语都是内部语言的外部表现，所以书写中枢和表达中枢之间有密切联系，当书写能力有较严重障碍时，书写能力也会轻度受损。从脑区域上可理解这种表现，言语表达中枢和言语书写中枢两者都在左半球的额叶部分，前者在额下回，后者在额中回，彼此互相衔接。因此，当这两个言语中枢之一有损伤时，会对另一中枢的功能产生影响。

4. 视觉性语言中枢（阅读中枢） 视觉性语言中枢位于角回，顶枕颞叶交界处。角回（angular gyrus），位于顶、枕、颞交界区（联络区 / 联合区）。角回的功能是对听觉、视觉语言

信息进行整合，产生语义以及可能表达的语言符号和句法编码。

位于顶、枕、颞交界区的角回和缘上回的病变造成意义性失语症，患者对于语法结构比较复杂的句子丧失了理解其意义的能力，也不能理解词与词的关系。这种阅读障碍被称为“失读症（dyslexia）”。

对于各语言中枢的关系，目前最广为接受的是Wernicke-Geschwind提出的模式，认为语言功能涉及Broca区、Wernicke区、联络两者的弓状束、面部运动区、角回、视觉与听觉皮质等。其中Broca区协调说话时复杂的肌肉活动，Wernicke区负责将听觉信息转换为有意义的句子或词语，弓状束则连接Broca区和Wernicke区，面部运动区主管说话时面部肌肉与舌头的运动，角回则是组合感觉信息。例如，听到语句要拼出字时，听觉信息会传至角回转为视觉信息，而阅读时，视觉信息由初级视觉皮质传入，经角回转为听觉信息后进入Wernicke脑区。

（二）言语障碍

1. 失语症的类型及特点 在对Broca和Wernicke语言区的研究中，研究语言和脑的关系最古老的方法就是特定脑区损伤导致的相关语言功能损害。失语症（aphasia）的发生提示语言在大脑不同位置通过几个阶段来完成，是一类由于脑局部损伤而出现的语言理解和产出障碍。这类患者意识清晰、智能正常，与语言有关的外周感觉和运动系统结构与功能无恙。失语症不同于智能障碍、意识障碍和外周神经系统的感觉或运动障碍，它是语言中枢局部损伤所造成的一类疾病。失语症有以下几种类型：

（1）外侧裂周围失语综合征：病变发生在语言优势半球外侧裂周围，并且患者有复述障碍，包括Broca区失语症、Wernicke区失语症和传导性失语。Broca失语症综合征也称为运动或迟滞性失语症，这类患者即使能够听懂或读懂语言，但是说不出来。Broca失语症被认为是语言系统运动终端的言语障碍。可以理解语言但不容易发声，这类患者语言的理解能力整体上是好的，但是当问到一些棘手的问题就可以看出理解能力存在一定程度的损害。Wernicke失语，语言是流利的但理解能力很差，Wernicke区位于颞上回靠近听觉皮质，对声音传入的意义可能发挥关键的作用，这是一个专门对听到词汇储存记忆的区域，声音识别障碍可能会解释Wernicke失语为什么不能很好地理解语言。传导性失语是由于左脑Broca区和Wernicke区的弓状束破坏所致，复述较差，口语相对流利，有一定的理解能力。

（2）经皮质性失语症：包括经皮质感觉失语、经皮质运动性失语和经皮质混合型失语。经皮质感觉性失语一般认为是由于Wernicke区之外的广泛性颞顶区域病变所致，症状与Wernicke失语相似，但复述正常。经皮质运动性失语主要由于左半球颞顶相邻区域或角回临近区域受损所致，症状与Broca失语相似，但复述正常。经皮质混合性失语，除复述较好，其他语言功能均明显下降。

（3）完全性失语症：这是最严重的一种失语，由左侧大脑半球外侧裂附近的广泛性损伤所致，累及区域包括Broca区、Wernicke区、弓状纤维束等。这类患者的语言表达和理解能力均出现严重的障碍，不能听、说、读、写或者复述别人的话。光裴纤维束是连接Broca区和Wernicke区的一束神经纤维，单纯的弓状束受损会导致传导性失语。这类患者能够理解别人的语言，讲话也流利，但是复述他人言语时表现较差。当要求患者重复完整的句子时，患者会用自己的方式把原句的意思表达出来。

（4）命名性失语症：患者具有选择性命名障碍，可以正常理解语言，并能说出有意义的语言，但往往不能正确叫出物体的名称，只能用语言描述该物体的属性和功能。其病变在语言优势半球颞中回或颞枕相邻区域。研究表明，颞叶前、中部皮质功能与具体物体的名词表征相关，而左颞叶后部与普通概念及名词表征功能有关。

（5）皮质下失语综合征：病变部位在语言优势半球皮质下结构，包括丘脑和基底节，症

笔记

状不典型，包括丘脑性失语和基底节性失语，其中前者的症状是音量小、语调低、找词困难、错语，后者的症状是自发言语受限、音量小、语调低。

(6) 失语症机制的理论假设：有关失语症患者出现语言理解困难的原因，主要有两种假设：①已存储的语言知识丢失了；②不能有效完成对输入语言信息的表征计算。经典的理论观点将失语症的障碍归咎于句法结构或语义知识的丧失。最近的研究提示，失语症存在语言加工的障碍，而没有丧失相关的语义或句法知识。

在句子图片匹配任务中，Broca 失语症患者常不能正确指出与他们已阅读句子意义相匹配的图片，特别是使用较为复杂的句子结构时。但是，在一项语法判断任务中要求他们区别句法错误的句子与正常的句子时，他们的表现明显高于随机水平，甚至当他们必须处理复杂的句法结构时也是如此。可见，Broca 失语症患者有时也可以获得和利用语法结构知识，他们理解语法的困难出现在理解语言的加工过程中，而非句法知识的永久丧失。

Wernicke 失语症患者对靶词做出快速词汇判别（语义启动实验）的研究结果提示患者并没有丧失语义知识。正常人在启动词与靶词的语义相关条件下，较之无关条件反应更快，Wernicke 失语症患者对语义相关或联想相关词表现出与正常人相似的启动模式，甚至当他们判断词义的能力严重受损时也有类似表现。可见，虽然患者在语言理解上有困难，但当词的语义加工在内隐条件下完成时却没有任何缺陷，提示失语症有时不能获得或者利用语义知识来理解语言，但仍可能保留词的语义知识。因此，Wernicke 失语症患者语言理解困难的关键在于不能实时处理语言信息，即大脑不能以正常的速度获取和利用储存的语言信息，因而跟不上语言理解的快速加工要求。

2. 失写症和失读症 失写症（agraphia）表现为书写困难，病变部位在额中回后部。失语症患者的言语不合语法，其书写也往往不合构字法。额叶损害常会导致书写的持续现象，右半球损害除失语性失写外，多见视觉空间性失写，左半球损害出现的书写现象更为复杂。

失读症（dyslexia）表现为阅读障碍。失读症包括获得性失读症和发展性失读症。后天因素致使具有视力和文化的人的阅读能力产生特异性损害被称之为获得性失读症（acquired dyslexia）。角回是阅读中枢，到角回的通路受损将影响阅读但不影响书写。失读症患者常伴有视觉模式的知觉异常和注意异常。对于发育性失读症（developmental dyslexia），学龄前期时的失读症常表现为语言发育迟缓、构音障碍、字母记忆困难等，其中以语言发育迟滞为其主要表现。有语言加工问题的儿童常在音的合成、词的韵律、词的分割方面出现困难。成年阶段阅读障碍症状则表现为选择词（词的发现障碍）、替代词、命名字母和图片时延缓和迟疑。

二、语言活动与大脑功能一侧化

通常认为，大脑的不对称性，对人类来说是独一无二的。但事实上许多其他物种大脑也存在不对称性。所谓大脑功能一侧化（lateralization），是指大脑两半球所担负的功能具有不对称性。语言性刺激的听觉能力以左半球为优势的人居多，音乐性刺激的分辨能力则以右半球优势者居多。与左半球相反，右半球通常对语音、语法和句法等语言过程作用不大，但右半球是辅助语言或语用现象的一套主要介质，伴随表达的语言，可以改变或影响话语的意义。右半球这些高阶语言功能对于理解一个人真正的交际意图，从而有效地融入社会是非常重要的。

（一）利手（handedness）与语言功能的半球优势（cerebral dominance）

利手与语言功能的半球优势是人类最重要的两种一侧化现象。在世界上所有的国家和地区，右利手所占比例都高于 90%。躯体运动受到对侧半球支配表明运动控制存在半球优势。与此相似，语言功能也存在左半球优势，在右利手的人群中，左半球为语言优势半球的比例超过 90%，左利手的人群中，该比例也高达 70%。可见，利手和语言功能一侧化普遍存在，并且都表现出左半球优势。此外，利手与语言功能一侧化还出现于人类发育的早期，早

笔记

于个体接收环境信息以及认知能力的发展。

半球一侧化可以提高信息处理的速度和效能。相反，半球一侧化差异与一些疾病或障碍有关，如阅读障碍、精神分裂症、口齿、与性别相关的空间能力差异、婴儿孤独症和发育性语言困难等。Corballis 认为人类大脑的不对称性的一个主要问题是：它是否是人类独有的，以及能否以此来定义人类的物种。Crow 认为，由于大脑的不对称性、语言、心理理论和精神分裂症的出现，X 和 Y 染色体的后期重排引起了人类的物种形成。在 1861 年 Broca 识别了语言不对称性的开创性发现，以及 Annett（2002）的手与脑的不对称性的遗传理论提出之后，Crow 提出了“Broca-Annett”原理。Annett 自己认为右利手是人类独有的特性，包括基因组中一些小的变化对右利手的形成有轻微的权重。McManus 发展了一个相似的遗传模型，得出了同样的结论，右利手和引起右利手的 D 基因，是人类所特有的特征。Annett 和 McManus 认为，同样的基因也负责左脑的语言优势。

大脑不对称是人类特有的观点，现在已经受到了来自脊椎动物、鸟类、哺乳动物和灵长类动物大脑和行为不对称的大量证据的挑战。越来越多的证据表明，大脑不对称是多层面的，因为不同的维度可能有不同的进化轨迹。来自于单侧脑损伤和功能性磁共振成像的证据表明，左侧大脑语言优势和右侧大脑半球对空间注意的优势是独立的。

语言和利手的不对称性是相关的，这意味着它们有一个共同的进化轨迹。语言本身是人类独有的，这意味着左半球更是人类所独特、独有的。Corballis 认为语言和手动不对称性的共性，是因为语言本身起源于手势。在语言进化过程中，特别是手势和语言逐渐变得越来越复杂并独立存在，神经系统参与了手势和语言的一侧化。

（二）利手和语言一侧化

右利手的优势和语言左侧半球的一侧化这两种不对称性是有相互关系的，但这种相互关系并不是完美的。最初的识别来自交叉性失语的个例。有研究报告了 53 例右利手由于右侧半球损害的失语症患者，和 66 例左侧半球损害的左利手失语症患者，尽管大概 95%～99% 的右利手患者是语言的左侧半球优势，我们现在知道，对 70%～80% 的左利手患者也是同样的，因此左利手和右利手并不是简单的逆转。尽管存在着不完美的相关性，但有研究者试图用一个假设的基因来解释利手和语言一侧化。最成功的模型假定有两个等位基因，一个基因利手偏右，语言一侧化偏左，另一个基因则留给两个不对称的机会。利手和语言的大脑不对称性有不同的神经相关。决定利手的主要脑区与初级运动皮质有关（primary motor cortex，M1），M1 区的不对称性反映了利手的方向和强度。相反，语言的大脑不对称性似乎并不涉及 M1 区，而是涉及左侧半球的广泛区域，包括经典的 Broca 区和 Wernicke 区。

（三）语言与实践

实践包括使用工具的一些动作，例如使用梳子、牙刷及哑剧。与之相反，失用症（apraxia）指的是失去执行这样的行动能力，通常是脑损伤的后果。实践中的大脑不对称与利手本身无关，而与语言的大脑不对称性密切相关。神经影像学研究表明左侧大脑半球是实践和语言的主要脑区，当人们做出有意义的手势甚至是想象这些手势的时候，也可以激活 Broca 区。此外，符号语言起源于哑剧，也主要存在于左侧大脑半球和 Broca 区，当做手势和说话时被激活。

左侧大脑半球对语言的优势在解剖和功能不对称方面都是有证据的。作为构成 Wernicke 区的主要部分，绝大多数人左侧颞平面要比右侧大，这种不对称在婴儿的大脑中也是明显的。这种不对称与成人语言功能不对称有关。在大多数成人中，左侧 Broca 区也比右侧大。在 Broca 区和 Wernicke 区之间的连接区域体积和功能性各向性（functional anisotropy，FA）也显示左侧大脑半球更大，这些不对称性和由 fMRI 测量的语言过程中的左侧半球优势相关。使用弥散张量成像（diffusion tensor imaging，DTI）研究也显示在连接颞叶和额下回的弓状纤维束的左侧优势。语言的左侧半球优势也与胼胝体 FA 值下降有关，

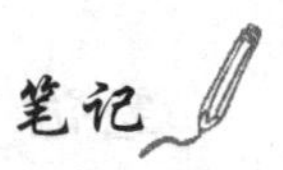

这也支持有些学者提出的大脑不对称性可以通过胼胝体修剪完成。

（四）利手的难题

事实上，实践的大脑不对称性更接近于语言的不对称性，而不是利手。这就提出了一个问题，为什么人类的一只手，通常是右手存在强烈的优势。这看似与实践是没有什么关系的。正如我们所知道的，它们的神经基础是不同的，利手依赖于 M1 区的不对称，而对于实践和语言的大脑不对称性有证据表明涉及更广泛的神经网络，包括前额叶和颞顶区域。语言不对称和手部动作的不对称之间的关系支持语言是从手势中进化来的这一理论，一侧化对于功能的理解和演化有重要的意义。为了解决利手的难题，我们必须等待更精确的神经、遗传学和相关证据来证明语言和实践的大脑不对称性和利手之间的关系。

（五）分裂脑的研究

一个大脑纵裂将人脑分成两个不同的大脑半球，由胼胝体连接。两个大脑半球彼此相似，每个半球的结构基本上是另一侧的镜像。然而，尽管在神经解剖上两侧大脑半球非常相似，但是每个皮质半球的功能管理是不同的。例如，一般情况下，横向沟回在左侧大脑半球比右侧大脑半球长。

Michael Gazzaniga 和 Roger Wolcott Sperry 在 20 世纪 60 年代对分裂脑患者的研究加深了对功能一侧化的理解。分裂脑患者经历了胼胝体切开（通常用于治疗严重癫痫），当胼胝体连接被切断时，大脑的两侧半球彼此进行联络的能力降低。加扎尼加和斯佩里研究每侧半球对不同的认知和感知过程的贡献，发现了许多有趣的行为现象。他们的主要发现之一是右侧大脑半球有基本的语言处理能力，但往往没有词汇或语法的能力。但是 EranZaidel 也研究了这类患者，发现右侧半球有一些语法能力。在心理学中，存在一些较为流行的观点，认为两侧大脑半球有相对不同的特性，比如说左侧大脑半球更具“逻辑性”，右侧大脑半球更具“创造性”这样一些标签。这些标签需要谨慎对待，虽然一侧的优势是可以衡量的，这些特性事实上存于两侧；实验研究也没有提供足够的证据支持左右两侧大脑之间的结构性差异与功能性差异的联系。

（六）脑功能一侧化

目前，任何大脑模块化或脑功能区的一侧化仍处于研究阶段。如果一个特定的大脑区域甚至是整个半球受伤或毁坏，它的功能有时可以通过邻近区域取得，甚至是可以通过另一侧大脑半球来获得，当然这要取决于受损的区域和患者的年龄。当损害干扰到一侧大脑半球到另一侧大脑半球的通路时，可能存在替代（间接）的连接将分离开的区域进行联络，但这种替代性的连接效率可能比较低下。由于匮乏大脑半球切除术（切除了大脑半球）的患者，目前没有仅仅是“左脑”或“右脑”的人。因此特定脑功能结构和化学结构在同一个体两侧大脑半球的差异或者不同个体同侧半球的差异尚在研究之中。

脑功能一侧化现象可以在左利手和右利手的人群中观察到。据统计，有 95% 的右利手的人有左半球的语言优势，有 18.8% 的左利手的人群有右半球的语言优势，另外有 19.8% 的左利手有双侧语言优势，即各种语言功能（例如语义、句法及韵律）在两侧脑区的优势程度可能会有所不同。以往是通过患者或者尸解死者大脑的途径对大脑功能一侧化进行研究，但存在病理变化对研究结果潜在影响的问题。随着影像技术的研究进展，特别是磁共振成像（MRI）和正电子发射断层扫描（PET）拥有高空间的分辨率和探测皮质下大脑结构的能力，使得它们在大脑功能一侧化的研究中显得非常重要。

语言功能如语法、词汇和字面意思通常是左侧半球优势（左侧化），尤其在右利手的人群中。虽然语言的产生在 90% 以上的右利手者中是左侧化的，但更多的是双侧化，甚至在 50% 的左利手者中是右侧化。相反，韵律的语言功能如语调和重音经常大脑半球右侧化。处理视觉和听觉刺激、空间操作、面部知觉和艺术能力都是双侧的，但可能会显示出大脑半球右

笔记

侧优势。数值估计、比较和在线计算依赖于双侧顶叶区域，而精确的计算和事实检索与左顶叶区域有关，也许是因为它们关系到语言处理的过程。计算障碍综合征是与神经系统损害左颞顶交界处有关。这种综合征患者操作能力差、心算能力差，无法理解或运用数学概念。

知识链接 8-2

抑郁症和右侧大脑半球活动过度

抑郁症与大脑半球间的不平衡有关，抑郁症患者右侧大脑半球活动过度、左侧大脑半球活动减退。然而，可以解释为什么抑郁症与右侧大脑半球活动过度的有关系的潜在的机制仍不清楚。该研究指出，抑郁症的脑功能不对称性和抑郁症特异的症状和表现之间存在潜在的联系。有证据表明，右侧大脑半球选择性地参与处理负面情绪、悲观的想法和非建设性的思维方式，所有这些构成了抑郁症的认知现象，从而提高了与疾病相关的焦虑、应激和疼痛。此外，右侧大脑半球介导的警惕和觉醒过程也许可以解释抑郁症患者常常提及的睡眠障碍。右侧大脑半球也与自我反省有关，这使得抑郁症患者有从外部环境退缩转而将注意力内投射到自身的倾向。从生理学的角度看，右侧大脑半球的活动过度与肾上腺皮质醇增多有关，这能导致免疫系统功能恶化，使得抑郁症患者与其他疾病共病的风险加大，导致抑郁症患者的高共病率。相反，左侧大脑半球具体涉及处理愉快的经验，其活动减退符合抑郁症快感缺乏的症状特征。左侧大脑半球也相对更多地参与决策过程，这与抑郁症患者常有的犹豫不决相吻合。

资料来源：Hecht D.“Depression and the hyperactive right-hemisphere”. Neurosci. Res.2010，68（2）：77–87

第三节　语言产生的生理机制

成人大脑的语言处理依赖于一些皮质区和皮质下结构之间的精细作用。学习一门语言和语言习得，是一个了不起的过程，在所有的文化中都以类似的方式进行。如果一个人重复地读一个字，最初在视觉皮质的活动，最终将是运动皮质的活动，它负责相对应的发音器官肌肉的运动。

脑损害的研究包括失语症、脑刺激所致的语言障碍研究和人类脑影像学研究，已经确定了许多感觉系统和运动系统之间的脑区对语言有着关键性的作用。脑成像的研究结果与从失语症研究中推断出来的位置基本一致。然而，语言的过程不仅仅是两大语言区之间的一个简单的互动。也许这并不奇怪，因为语言涉及许多不同的技能，如命名，发音，语法的使用和理解。大脑两半球在语言处理中也存在着显著的差异。一个重要的问题是，不同的语言技能是否涉及独立的语言系统，我们完全理解语言还有很长的路要走，还需要脑功能成像研究来阐明语言组织系统。

一、语言产生的脑机制

（一）视觉词汇的识别

语言不仅仅是声音，它是一种通过声音、符号和手势等进行沟通的复杂系统。词是语言的意义载体，具有形、音、义三种属性。词语通过视觉和听觉系统将信息传入我们的大脑，听者的听觉系统接受刺激后，首先进行声音的物理特性分析，找出语音的音位学特性，并进行编码；然后根据记忆系统中有关语音知识，对信息进行整合，完成对语音的识别和词语的辨认。对视觉词汇的识别有三个假设，①直接通达（direct access）假设，认为能够直接靠对词形的视觉辨认获得词的意义。②语音中介（obligatory phonological mediation）假设，

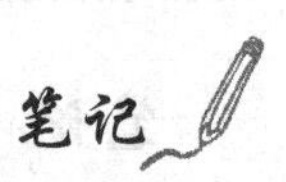

认为必须把词的视觉形式转化为语音形式，然后才能获得词的意义。词义的通达是通过语音的自动激活而实现的，语音对词义的通达起着中介的作用。③双通道（double-routine）假设，认为有关词意义的语义记忆，既可以通过视觉通路直接达到，也可以通过语音通路间接达到。神经心理学的研究表明，在单词水平上，一些患者不能正确理解词义，但可以读或写出这些词，另一些患者不能读写而能正确理解词义。

Posner 等研究了词的语音作用，在用听觉方式呈现单词时，初级听觉皮质及左半球颞 - 顶皮质区被激活。当用视觉方式呈现单词时，熟练阅读者所用的单词为高频词时，上述区域没有激活，说明该区域与语言加工有关，这一研究为词汇加工的双通道理论提供了依据。

负责发声的运动系统产生语音和写作，这是语言的基本过程。大脑对感觉和运动系统的处理是语言的本质。语言的感知和理解其实包括了词、句、段、篇由低级到高级不同加工水平，对于更为高级的加工水平，一般经历形（音）- 词语 - 句法 - 语义的过程。对这个过程解释比较合理的理论是相互作用模型，这个模型认为，语言的理解是通过自上而下和自下而上两个过程同时进行、相互作用而实现的。

（二）言语产生

言语产生（language production）也叫言语表达（language expression），包括说话和读写，是由思想到说话或书写的过程。通过出声和文字书写方式来使用语言，是人际沟通的重要方式。这个过程非常复杂，大体可以分为三个阶段。①言语动机和意向阶段；②深层结构转向内部语言阶段：思想形成，并激活语义网络中某个符合动机和意向的词，同时兴奋会沿着网络通路自动扩散到临近结点，降低它们被接通的阈限；③形成外部言语阶段：记忆中的发音程序控制发音器官的肌肉活动，发出语言，以有声语言的形式把思想和感情表达出来，需要借助发音器官的特殊运动，具体包括以下四个过程：通过呼吸作用制造发音的能量；透过声带的震动发生；共鸣，即让声音有独特的特质，以便辨认发声者；通过口与舌的动作制造出说话的音素，以便发出清晰的声音。

现代影像技术的发展，使得在人脑内观察语言的过程成为可能。采用 PET 或者功能磁共振技术，不同脑区的神经活动水平可以通过区域脑血流推断出来。脑影像技术也证实了已知的脑内的语言区。例如，不同的语言任务可以使得不同部分的脑皮质激活，这些激活的区域通常与对失语症研究有牵连的脑区是一致的。然而，脑影像研究提示语言的过程其实是一个非常复杂的过程。在 Lehericy 等人一项实验研究中，对受试执行三个不同的语言任务时分别记录脑的活动。在第一个任务中，指示受试尽可能多地去生成某特定类别的词汇，如水果或动物；在第二个任务中，受试将开始听到的并默默重复的句子大声说出来；在第三个任务中，受试只是简单地听一个大声讲出来的故事。研究发现脑激活区域的定位与颞叶和顶叶语言区高度相关，而这些区域也就是脑损伤所致的失语症的区域。更令人惊讶的是，在实验中脑部激活的程度是双侧性的，提示非优势半球在语言过程中也起到了作用。语言过程中双侧大脑显著激活在 fMRI 研究中经常观察到，但是对于这一显著性仍旧存在争议。近期的 PET 和 fMRI 研究也提示了口语、手语和点字等语言过程的有趣的相似性和不同性。

有另一项研究采用 PET 成像观察对词汇的感觉反应和语言产生的脑活动的不同，首先测量受试在静息状态下的脑血流，然后让受试或者别人读出的词汇或者去看电脑显示屏呈现出的词汇，最后将受试“听”或“看”所显示的脑血流水平减去静息状态下的脑血流水平，就获得了只有感觉输入诱发所对应的脑血流。毫不奇怪，视觉刺激诱发增加纹状体和纹状体外皮质的脑活动，听觉刺激引起初级和次级听觉皮质的活动。然而，纹状体外皮质和次级听觉皮质激活的区域对于不是由词汇引起的视觉或听觉刺激没有反应。这些区域可能是专门负责“看”或“听”的编码。视觉刺激并没有像人们所期望的基于 Wernicke-Geschwind 模型那样，显著增加角回和 Wernicke 脑区的活动。

笔记

另一项PET影像研究是采用重复词汇的任务设计。为了知道什么词汇重复，受试者必须通过视觉或听觉系统去认识和处理词汇。这样，在词汇重复任务下的脑活动就应当包括一个与基本的知觉过程有关的组合和一个与语言有关的组合。为了将语言组合分离开来，就需减去先前得到的简单的感官任务的响应模式。也就是说，"讲话"的影像等于"重复词汇"的影像减去"听词汇"的影像。在减过之后，脑血流的模式就是初级运动皮质和辅助运动区的活动水平高，左右侧裂布洛卡区的脑血流液有增加。PET影像显示这一活动是双侧性的，甚至当指导受试不说话但动嘴和舌头时也观察到上述情况。最后一项任务是让受试做些思考，对于每一个呈现的词，受试必须陈述每一个词的用途（比如呈现"蛋糕"时，受试说"吃"）。为了将动名词联合任务的特定脑活动分离开来，就需要减去先前"说话"所获得的脑血流模式。与此联合任务激活有关的脑区在左侧额下回、前扣带回和颞后叶。额叶和颞叶的激活被认为是与词汇联合任务的性能有关，而扣带回的激活可能与注意有关。

知识链接 8-3

PET和fMRI研究语言和阅读20年来的汇总和分析

采用PET和fMRI对于语言的解剖进行观察研究已有超过20年的历史。Price对与听到的语言、语言的产生和阅读有关的脑区做了一个综述。综述中纳入了几百篇的相关研究，按照过程的类型进行分组，并按照文献所发表的年限进行报告。许多研究被多次重复，产生出一些一致的和没有争论性的结论。这些研究成果以一种解剖模型进行概述，解剖模型提示了语言区域的定位以及以往广为接受的一致的功能。语言过程的认知模型也有涉及。尤其特别的是，定位于特定结构的过程（如感觉和运动过程）和语言优势的过程是有区别的。比如，听觉过程和发音的整合过程支持所听到语言的音韵过程，正确拼字的过程由视觉过程、发音和语义的整合功能支持。毫无疑问，将来的研究能够提高功能区域可能是分离的空间的准确性，但是也存在一个巨大的挑战，就是在理解和产生语言的过程中不同脑区域之间的互相作用有什么不同。

资料来源：Price CJ. "A review and synthesis of the first 20 years of PET and fMRI studies of heard speech, spoken language and reading." NeuroImage，2012，62（2）：816-847

二、语言理解的脑机制

人类交往中使用的"词"是通过我们外环境中具有信息的音像符号与内部世界相结合而习得。因此，言语的产生与理解首先从感觉、运动区中的皮质活动发展而来。现代生理心理学关心的是语言加工脑区的"专一性"（specificity）。关于言语的产生与理解的研究，主要就是寻找具有专一性的脑区。随着研究技术的进展，对语言区专门化的研究也日益深入、细化。过去主要依靠语言障碍患者的尸体解剖来判断损伤的脑区，从而构成19世纪相对比较粗糙的"神经病学模型（neurological model）"。

近年来运用脑功能成像技术结合词语作业来检查语言的表达和加工，研究取得了一些成果，但仍需进一步地深入和完善。Cathy Price（2004）根据语言认知领域的成果，对言语理解和产生所作的综述指出，脑功能成像数据和19世纪基于尸体解剖研究的神经病学模型惊人的一致。而脑功能成像研究提供更高的空间分辨率（spatial resolution），使人们进一步考虑，哪些语言区是参与非言语的（non-linguistic）感觉和运动功能。再有脑功能成像研究可以确定个体的变异性，从而为某些患者在一些被认为是语言必需的脑区受损后，如何恢复语言能力提供重要线索。

（一）语言的沟通系统

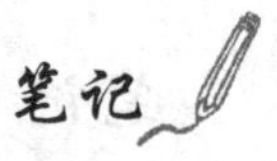

1. 原始的沟通系统 首先语言的沟通系统从原始逐渐演化而来。我们的祖先使用了

一些声音，但也可能包括其他类型的信息，如手势和咕噜声。这些沟通系统显然与其他动物包括非人类的灵长类动物的沟通系统相一致。发声在日常生活中、人际交往中的使用少，对它们提及也很少，但发声实际上代表了不同的非人类灵长类动物包括黑猩猩基本的交流策略。毫无疑问，在整个人类历史中，发声一直持续发挥着交流的作用。人们在日常生活中经常使用这样的发声，说“是的”“不”来表达不同的情感。这些发声也接近感叹词，有时候也成为真正的感叹词，如“哇！”。

2. 最初的语言系统 使用组合的声音形成单词，但没有语法之间的关系，这意味着语言作为词汇 / 语义系统，但还没有作为一个语法系统出现。这种类型的语言类似于儿童语言发展的单字期，在 1 岁～1 岁半出现。这个最初的原始语言可以找到一些证明，例如在洋泾浜语或其他混杂语言中（洋泾浜是一种简化的语言，是在没有共同语言的人类中发展而来作为交流之用），在儿童最初的词汇中，在用于训练黑猩猩中使用的人工语言中，以及在一些在正常年龄没能学会正常说话的句法中出现。

3. 复杂的沟通系统 使用词语组合（语法）。这意味着语言作为语法系统出现。在儿童语言发展的后期，不仅表现词汇的增加，更重要的是语法的开始。在 2 岁～2 岁半大的时候，儿童就开始把单词组成简单的句子了。最初，两个词之间可能没有连接词，后面语法连接就出现了。语法演变是语言进化中最复杂、最难理解的问题。

语言的产生或说话，要通过协调发声器官如肺、声带、下颌、嘴唇等负责运动的脑结构。语言的理解则依赖于听觉信息或视觉信息（如文字、图像符号、肢体语言等）转换成可被理解的过程。因此，语言加工涉及听觉和视觉皮质知觉的转换包含：①由运动皮质、基底神经节、小脑等介导的运动控制加工；②海马、内侧颞叶、前额叶参与的记忆加工（长时记忆、工作记忆）；③顶叶介导的注意转移等；④以及各脑区之间的联络。因此，考虑语言加工的神经基础时始终要关注的就是脑是作为一个整体参与整个语言的过程。关于言语加工的感觉与运动功能之间的假设关系见图 8-1。

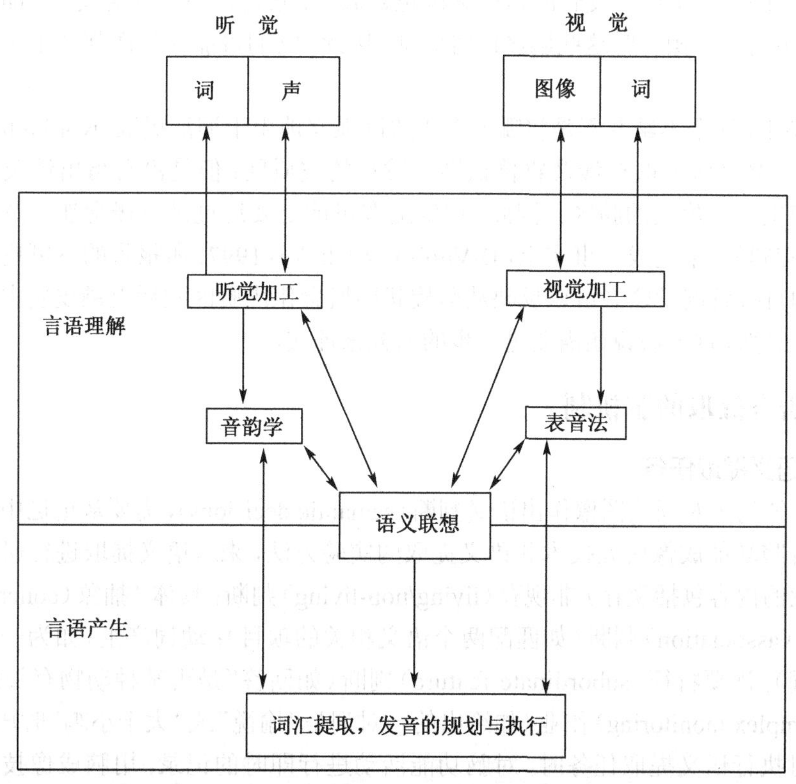

图 8-1 语言理解与产生构想图（仿 Price，2004）

笔记

（二）语言的认知模式设想

语言的认知模式设想，语言表达的产生是由一系列过程组成的。Beck和Griffin（2000）认为至少包括：①需要说的概念化陈述（conceptual representation）；②词汇检索（lexical retrieval）；③声音的结合与排序（combination and order of sounds）；④发声的规划（articulatory planning）；⑤执行（execution）。这些过程都可在图像命名（picture naming）实验中证实。因此，人们就研究了图像命名的神经系统，并将这种系统与其他言语产生（如词语的流畅性、陈述性言语，颜色命名）及运动执行（舌及手运动）作业相比较。以下是以Price（2004）对图像命名实验的小结。

言语理解与产生构想图中所涉及的脑区及可能对语言认知模式中所起到的作用的脑区如下：

1. 两侧枕-颞区 在物体识别时，不管是需要（图像命名时）或不需要（物体判定时）言语产生，都要参与；因此它们不是语言专门化（speech specific）的。

2. 左前梭状回（left anterior fusiform） 在图像命名、陈述性言语以及在阅读和重复与低想象力高度相关的词时都起反应，可能涉及言语产生的概念阶段。

3. 后上颞皮质（posterior superior cortex） 与图像命名及词的流畅性相关；并表现为涉及发音而不是概念化或词汇检索，因为它是在被试连续说"OK"时激活（不管输入是否与图像命名有关）。它可能在声音/发声规划的结合与排序中起重要作用，这一观点还需要进一步实验。

4. 上颞皮质 上颞皮质中的听区与听到自己的声音有关。这些脑区在不出声的发音（unarticulated vocalization）被激活，但在被试默默地构词时不激活。

5. 两侧感觉运动皮质及左侧前岛叶（anterior insula） 在说话时激活胜过动手操作的反应，但并非专对言语，因为它们在单纯舌运动的规划与执行时也起反应。

6. 前扣带回（anterior cingulate）、辅助运动区、两侧小脑及左侧丘脑 它们并非专对言语起作用，因为在不出声发音时这些脑区也被激活；它们也不是专对发声/面部运动起作用，因为发声与手工操作时这些脑区同等激活；因此，它们可能参与面部及手工运动执行的规划。

Price指出，这个小结并不是将哪一个皮质区孤立地用于词汇提取（word retrieval）本身。例如，图像命名系统分散在涉及物体识别及发声的皮质区；但是没有指出涉及连接物体识别到言语产生最后阶段的脑区。因此，词汇提取可能是要通过涉及概念加工及发声有关脑区之间的解剖联系来完成。事实上，DiVigilio及Clarke（1997）所报告的下颞皮质与后上颞皮质之间的直接解剖学联系可以反映从前梭状回概念化皮质区到后上颞皮质中言语产生起点的通路。当然，这一假说还需要进一步的研究来证实。

三、语言提取的脑机制

（一）语义提取任务

神经系统为了对词或图像作出语义判断（semantic decisions），需要从记忆中提取概念性信息。结合脑功能成像研究技术和语义提取的实验方法，来对语义提取进行研究。首先语义提取作业的内容包括现存/非现存（living/non-living）判断；具体/抽象（concrete/abstract）判断；联想（association）判断（如匹配两个语义相关的项目）；动词产生（如为一个名词提取相关的动词）；次要特征（subordinate feature）判断（如回答"是否某种动物有长尾巴？"）、复杂监控（complex monitoring）作业（如给出的一对词是"愉悦"或"大于小鸡"时压键）。

然后对执行语义提取任务时，对脑功能活动进行即时的记录，用脑成像技术确定在作业或刺激模式（听觉的词、视觉的词及图像）作用期间持续激活的脑区。比较作业与各种刺

激模式激活的脑区，分析不同作业脑区激活的异同点，研究结果表明语义提取时最明显的效应是额下回的广泛激活，此外持续激活的脑区还有：左侧中、下颞区，左侧角回和小脑；而反应较弱的是左前梭状回及左前颞皮质。

Price（2004）指出，虽然有许多功能成像研究都集中在语义提取期间额下回的激活；但临床上语义加工障碍的典型损伤是颞叶而不是额叶。这就引出了一种假说，即额叶及颞叶反映了不同基础的语义功能。颞叶参与语义记忆的储存，而左下额叶皮质是起执行的功能。但是进一步的实验研究和重新检查临床资料表明：执行语义功能是分布在整个语义系统，而不是仅限于额叶。事实上，语义障碍仅见于广泛性左侧颞、顶叶或两侧前颞叶的损害。因此，多种语义提取的研究提示，语义提取的脑系统是一个位于左半球在额叶及大脑外侧裂周围的颞叶及顶叶的脑区中的、分散的、非模式依赖（modality-independent）神经网络。

言语功能的不对称性是出生以后逐渐获得的。言语听觉的优势半球化约在 6 岁时形成，言语运动的优势半球化约在 10 岁时形成。在正常人中，大脑两半球的功能不对称性差异是不显著的，一般有优势半球比非优势半球的功能仅强 10% 左右。正电子扫描技术研究，完成词语被动（语言词汇）感知任务（光听、光看）时，两侧大脑的视觉或听觉初级和次级皮质血流量分别增加，而且视、听皮质的血流量增加没有重叠现象。在词语读出任务中，两侧大脑的面部感觉区、运动区和辅助语言运动区皮质的脑血流量增加；在语言联想（复杂任务）功能中大脑额叶皮质，特别是左侧额下回（47 区）和两半球前扣带回血流量增加。这些事实证明，语言信息加工过程初级阶段并没有明显的大脑偏侧化现象，只有在高级的、复杂的联想功能中，左额皮质的优势效应才较为显著。

（二）语言信息提取的神经模型

组成这个模型的脑区域包括 Broca 区、Wernicke 区、连接上述两区的纤维 - 弓状束（arcuate fasciculus）和角回，还包括接受和加工语言的皮质感觉区和运动区。构成三套用来处理语言提取的系统，第一套系统——概念系统，第二套系统——形成语言系统，第三套系统——介导系统。第一套机构定位在两侧颞叶前部和中间部分，其功能是表达人与外界接触时的所做、所见、所思、所感，并能对此进行归纳分类。人们通过这种方式把物体、时间及其相互联系组织了起来，成为抽象和隐喻的基础，因而被称为概念系统。第二套机构分布在左半球外侧裂附近，包括 Broca 区和 Wernicke 区，其功能是表达因素、因素组合以及将词进行组合的句法规则。该结构受到来自大脑的刺激时，能将单词组合起来形成要说或写的句子；受到外部听觉语言或视觉语言刺激时，就对这些语音信号进行初步处理，该机构被称为形成语言系统。第三套机构被具体定位在左半球枕 - 颞轴线上，其功能是接受概念，刺激脑内选择使用词语；或者接受词语，使大脑形成相应概念。

一套语言的规则由词汇（关联词和有意义和功能的语素）及其语法组成。人类语言在很多重要的方面与其他代码有很大的区别。规则并不是一成不变的，而是随着时间的推移而变化，可能会产生深刻的变化。语音明显发生变化，新词不断进入语言，其他语言也变得陈旧，语法标记可能被削弱或再发明。这些规则不是普遍的。语言有很多种语言和方言；语言在各个方面都有差异，包括它们能直接表达的各种含义。规则不是由设计者（如编程语言）组成的，而是由说话者和听者的个体活动中动态产生的，语言整合是一种没有中央控制的新兴现象。这套规则不小，不可定义。一个典型的语言使用者使用 50 万众词汇和语法结构，并根据使用情况不断扩展和收缩。语言是一种推理代码，这意味着解码器需要大量的上下文和背景知识，以便能够理解所说的内容。这与大多数其他代码形成对比，其他代码所有要发送的信息都在消息中显示编码。

语言加工和语言学习的生物学基础在很大程度上仍是一个谜。意义与声音的关系是高度复杂的，由许多中介结构（音韵、形态、句法、语义、语法）所介导，具有极其复杂的系统规

律。这个复杂的系统支持开放式的组合，有助于语言使用者处理有噪声的、不完整的或者不符合语法的输入，使话语更加有可预测性。儿童是从简单的、基础的模式开始学习使用语言的，比如“小狗大”或者“妈妈工作”，没有或很少用到语法（通常被称为原始语言），然后他们使用非常有效但是到目前为止还尚未完全理解的方法逐渐接近成人的语法。即使是成熟的语言能力依旧保持不断地变化，因为讲话者试图应对新的表达需求和常用语言的不断变化。语言的产生和理解可以用语言学的途径来理解，语言学的途径是语言学结构上连续操作的链条，被称为瞬变结构。

四、读写障碍

（一）言语阅读中枢

此中枢位于左半球顶叶的威尼克后部的角回区。其主要功能是把语言转换为视觉信息，又能把文字信息转换为语音，即实现书面语的视觉表象与口语的听觉表象之间的转换。所以，一般把“角回区”称作书面语和口语之间的“桥梁”。若受损，视觉表象与听觉表象之间的联系就中断，书面语就不能转换为口语，形成书面语阅读障碍，即过去认得的文字现在读不出音，患者能说出听到的词，却不能说出看到的词。这种阅读障碍被称为失读症（dyslexia）。

（二）言语书写中枢

此中枢位于大脑皮质左半球额中回后部的头、眼和手的运动区，其主要功能是书面语表达。该区域若受损，患者产生书写障碍，造成“失写症（agraphia）”。由于书面语和口语都是内部言语的外部表现，所以书写中枢和表达中枢之间有密切联系，当书写能力有较严重障碍时，说话也往往有些困难；反之，当口语表达有较严重障碍时，书写能力也会轻度受损。从脑区域上可理解这种表现，言语表达中枢和言语书写中枢两者都在左半球的额叶部分，前者在额下回，后者在额中回，彼此互相邻接。因此，当这两个言语中枢之一有损伤时，会对另一中枢的功能产生影响。

阿尔茨海默病（Alzheimer’s disease，AD）是由于大脑病变所致的智力缺损，在疾病发展过程中会出现语言障碍。AD 患者一般会经历四个阶段：命名性失语、感觉性失语、威尔尼克失语以及完全性失语。国内有研究者认为，AD 患者的书写功能至晚期丧失，损害最厉害，其次是阅读能力，命名和听理解能力再次之，口语表达能力尤其是口语的流利性损害最轻。

（侯彩兰）

思考题

1. 非人类语言与人类语言有何异同？
2. 试述人类语言进化与人脑进化和智力发展的关系。
3. 哪些研究结果支持人类的语言学习有关键期？
4. 脑内特化的语言区有哪些？
5. 大脑一侧化的概念？

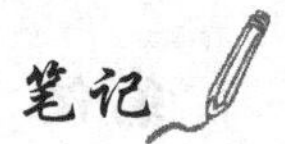

第九章　注意的生理心理

学习目标

掌握：

1. 与注意有关的主要脑区。
2. 无意注意与朝向反射。
3. 丘脑网状核闸门控制理论。
4. 注意的选择模型。

熟悉：

1. 注意网络学说。
2. 注意缺陷多动障碍的发病机制。

了解：

1. 注意忽视的可能发病机制。
2. 注意忽视与注意缺陷多动障碍的概况。

注意是心理活动对某种事物的指向和集中，它本身并不是一个独立的心理活动过程，而是伴随着感觉、知觉、记忆、想象、思维等心理过程的发生而发生的。当我们聚精会神地看书学习或工作的时候能够做到"视而不见，听而不闻"，这正是注意集中性的体现。鲁迅说过："一部红楼梦，经学家看到易，道学家看见淫，才子看见缠绵，革命家看见排满，流言家看见的是宫闱秘事。"这句话反映的是不同的人对同一对象注意的选择性。注意对人类具有十分重要的意义，它保证人能够及时地集中自己的心理活动，正确地反映客观事物，使人能够更好地认知和适应环境及改造世界。

第一节　注意的概述

一、注意的概念

注意（attention）是心理活动对一定事物的指向和集中，其中指向性与集中性是注意的基本特征。所谓指向性，是指心理活动对一定事物的选择。在日常生活中，我们周围每时每刻都充斥着大量的信息，但我们并非同时对这些信息作出同样的反应。由于感官功能的局限，我们在每一时刻只能将心理活动有选择地指向其中的某一个（或少数几个）。所谓集中性，是指心理活动或意识在某个方向上活动的强度和紧张度，心理活动或意识的强度越大，紧张度越高，注意也越集中。聚精会神地听课、全神贯注地阅读等，都是注意"集中"的体现。

指向性和集中性是同一注意状态下的两个方面。指向是集中的前提和基础，集中是指向的深入和发展。人们在高度集中自己的注意时，注意的指向范围会缩小，所以二者是不

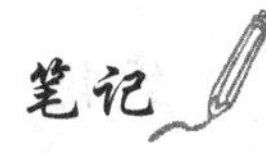

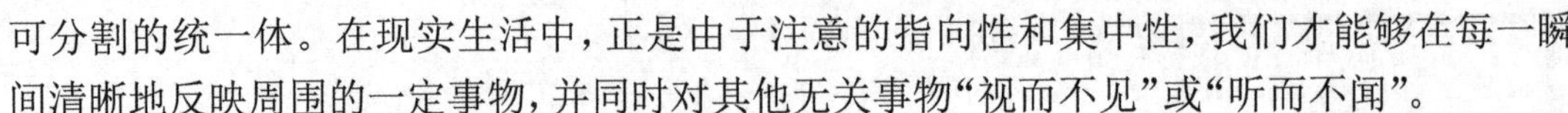

可分割的统一体。在现实生活中，正是由于注意的指向性和集中性，我们才能够在每一瞬间清晰地反映周围的一定事物，并同时对其他无关事物“视而不见”或“听而不闻”。

二、注意的功能

注意不是一个独立的心理过程，它是伴随着感觉、知觉、记忆、想象、思维等心理过程发生的。注意通常被看作一种积极的心理活动状态。它具有以下几种功能：

第一，选择功能。注意能使人从大量刺激中，选择出有意义的、重要的、与当前活动任务相一致的刺激，并避开无意义的、不符合需要的、与当前活动任务无关的刺激。注意的选择功能保证了心理活动的方向性和有效性。

第二，维持功能。注意可以将选取的刺激信息在意识中加以保持，以便心理活动对其进行加工，直至完成相应的任务。注意的维持可以将信息转换成更持久的形式存储在记忆中。如果不加以注意，头脑中的信息就会很快在意识中消失，任何认知活动都无法完成。

第三，调节和监督功能。在注意的状态下我们才能对自己的行为和活动进行调节和监督，使之向着一定方向或对象上进行。通过注意个体将自己的行为和特定的目标相比较，一旦心理活动偏离了预定的方向或目标，个体就会立即发现并及时予以调整，以保证心理活动的顺利进行。

三、注意的分类

根据注意时有无预定目的和是否需要意志努力，可把注意分为无意注意、有意注意和有意后注意三种类型。

（一）无意注意

无意注意指一种事先没有预定目的、也不需要付出意志努力的注意。这种注意由于不受意识的控制，所以又叫非随意注意。例如，上课时，突然有人闯入教室，此时学生将不由自主地将目光投向闯入人的身上，此时的注意就是无意注意。一般情况下，刺激从无到有或者从有到无，都会引起人的注意。对象的新异性以及对象与背景差别较大时均可引起无意注意。

（二）有意注意

有意注意是指事先有预定目的、需要意志努力而产生的注意。有意注意是一种主动地、服从一定活动任务的注意，它受个体的意识调节和支配，因此也叫随意注意。有意注意是受人的意识支配和调节的，是注意的高级形式。例如，生理心理学有些内容晦涩难懂、枯燥理论较多，但为了学好该学科，同学们认真听课、专心阅读，这就是有意注意。

（三）有意后注意

有意后注意是指事前有预定目的，但又不需要意志努力的注意。人们一般先通过一定的意志努力才能把自己的注意保持在某项工作上，经过一段时间后，对这项工作逐渐熟悉或发生了兴趣，就可以不需要意志努力而保持注意，但这时的注意仍然是自觉地、有目的地，只不过不需要意志努力了。

第二节 注意的脑机制

注意和其他心理现象一样，是由神经系统不同层次、不同脑区的协同活动来完成的。从19世纪中叶以来，生理学家和心理学家们进行过多方面的研究，试图揭示注意活动复杂的神经机制。

一、注意有关的脑区

注意的生理机制很复杂，它既不是某一特定脑区的功能，也不是全部脑区的功能，是大脑皮质中枢与皮质下中枢协同活动的结果。研究表明大脑额叶、脑干网状结构、边缘系统等与注意关系密切。

（一）脑干网状结构

脑干网状结构（reticular formation）是从脊髓上端到丘脑之间的一种弥散性的神经网络，它由许多形状复杂、大小不等、具有丰富突起的神经元组成。研究发现，来自身体各部分的感觉信号，一部分沿感觉传导通路（特异通路），直接到达相应的皮质感觉区；另一部分通过感觉通路上的侧支先进入网状结构，然后由网状结构释放一种冲击性脉冲，投射到大脑皮质的广泛区域，从而使大脑产生一般性的兴奋状态和觉醒水平，使皮质功能普遍得到增强。因此，脑干网状结构对大脑皮质起着激活和清醒作用，提高对输入信息的接受能力，使注意成为可能。

（二）初级感觉皮质

大脑的初级感觉皮质，在网状结构的激活下，可以对各种感觉通道的信息进行通道特异性的自动初步加工。初级感觉皮质的参加是认知活动和注意的基本条件，它在网状结构激活下自动加工，同时受到其他皮质（扣带回、额叶皮质）的调节和控制。

（三）边缘系统

边缘系统（limbic system）是由边缘叶、附近皮质和相关的皮质下组织构成的一个统一的功能系统。它既是调节皮质紧张性的结构，又是对新、旧刺激物进行选择的重要结构。一些研究表明，在边缘系统中存在着大量的神经元，他们不对特殊通道的刺激作出反应，而对刺激的每一变化作出反应。因此，当环境中出现新异刺激时，这些细胞就会活动起来，而对已经习惯了的刺激不再反应。这些神经元也叫“注意神经元”。它们是对信息进行选择的重要核团，是保证有机体实现精确选择行为方式的脑结构。临床观察表明，这些部位的轻度损伤，将使患者出现高度分心的现象；这些部位若是严重损伤，将造成精神错乱和虚构现象，意识的组织性与选择性也会因此消失。

（四）大脑额叶

大脑额叶（frontal lobe）是产生注意的最高级部位。大脑额叶不仅对皮质下组织起调节控制作用，而且是主动地调节行动、对信息进行选择的重要器官。临床观察表明，大脑额叶严重损伤的患者不能将注意集中在所接受的指令上，也不能抑制对任何附加刺激物的反应。这些患者在没有干扰的情况下能做一些事情，但只要环境中出现任何新的刺激或存在任何干扰刺激，他们就会停止原来的工作，将注意转向新的刺激或干扰刺激。由此可见，大脑额叶与注意的选择性关系极大，在分出某种刺激并抑制干扰刺激的反应上，额叶起到重要的作用。因此，额叶在高级的有意注意中起决定性的作用。

（五）脑区的协同作用

随着事件相关电位（ERP）技术、正电子发射断层扫描技术（PET）和功能性磁共振成像（fMRI）以及脑磁图技术（MEG）的应用，人们对注意的神经机制以及注意对大脑活动的影响进行了大量的实验研究。通常情况下认知活动在大脑皮质都有相应的功能区或功能单元定位，如视觉活动通常定位于大脑枕叶，而听觉则定位于颞叶区域。研究表明，当注意指向一定的认知活动时，可以改变相应的大脑功能区或神经功能单元的激活水平，从而对当前的认知活动产生影响。注意的这种作用主要通过以下三种方式来实现：一是提高认知活动目标对应的神经功能单元的激活水平；二是抑制目标周围起干扰作用的神经功能单元的活动；三是上面两种方式共同发挥作用。拉贝基（LaBerge，1997）提出，对某一事物的注意需

笔记

要三个脑区的协同作用。这三个脑区分别是：①认知对象或认知活动的大脑功能区或功能柱；②能够提高大脑皮质激活水平的丘脑神经元；③大脑前额叶的控制区，它能分出注意的对象，并提高激活水平，使激活维持一定的程度和持续时间。这三个脑区通过三角环路的形式结合起来，构成注意的生理基础。

二、注意的脑机制

虽然注意不是一个独立的心理过程，但它对大脑信息的有效加工起着不可或缺的作用。注意是心理活动的指向性、选择性和集中性的复杂过程，它使人脑基于目的和情境去选择并维持对一定事物的信息进行精确的加工，对人的心理活动和行为的进行起着监督和调节作用。因此，注意的心理和神经机制一直是心理学所探究的重要研究课题之一。注意包括无意注意、有意注意，那么无意注意与有意注意状态相比发生了何种生理变化？人脑是如何完成有意注意与无意注意之间的转换过程？此部分将分别从无意注意、有意注意以及注意的维持与调节来探讨注意的脑机制。

（一）无意注意

无意注意，即非随意注意，是对外界较强的新异刺激或信息的朝向反射（orientating reflex）。神经生理学家巴甫洛夫用狗的条件反射实验证明，无意注意的基础是朝向反射。本节首先从无意注意与朝向反射讲起。

1. 无意注意与朝向反射 朝向反射最早是由神经生理学家巴甫洛夫在20世纪初发现的。他的助手训练狗形成了对声音的食物性条件反射。事后请巴甫洛夫去参观指导，奇怪的是每当巴甫洛夫一出现，实验动物已经建立的条件反射明显被抑制。巴甫洛夫推测，他的出现作为一种新异刺激（陌生人），实验动物对这种新异刺激产生了一种特殊反射，并抑制了已经建立的条件反射。巴甫洛夫把这种特殊的反射称为朝向反射，并认为这种朝向反射是人和动物共同具有的一种反射。

无意注意可以看成是一种被动的非选择性注意过程，在这个过程中，新异刺激在引起无意注意中具有重要的意义。所谓的新异刺激是指突然出现的、未预料到的、具有足够强度的刺激。朝向反射就是由于新异刺激引起的一种反射活动，表现为机体现行活动的突然中止，头面部甚至整个机体转向新异刺激发出的方向。朝向反射是无意注意的生理基础。

随后神经生理学家巴甫洛夫在狗唾液条件反射实验中发现，对于已经建立起唾液条件反射的狗，在给予一个突然意外的新异性声音刺激时，唾液分泌条件反射立即停止，狗将头转向新异性的声源方向，同时动物表现出应付危险时的一系列生理反应如两耳竖起、两眼凝视、瞳孔散大、四肢肌肉紧张、心率和呼吸变慢等。巴甫洛夫认为这种对新异刺激的朝向反射本身是脑内发展的外抑制过程，即新异刺激在脑内产生的强兴奋灶对其他脑区活动有明显的负诱导，因而抑制了已经建立的条件反射活动。但随着新异刺激的重复出现，刺激失去了新异性，在脑内逐渐产生了消退抑制过程，抑制了引起朝向反射的兴奋灶，于是朝向反射随之消失。由此可见，巴甫洛夫关于朝向反射的理论主要根据动物行为变化概括出脑内抑制过程的变化规律，用他的神经过程及其运动规律加以解释。也就是说，脑内发展的外抑制是朝向反射形成的机制，而主动性内抑制过程 - 消退抑制的产生引起朝向反射的消退。

在巴甫洛夫研究的基础上，20世纪50—60年代，世界各地的许多实验室系统研究了朝向反射的生理指标。心率、血压、呼吸和皮肤电的变化是自主神经功能指标；肌电活动和骨骼肌张力是神经系统的间接性指标；脑电活动则是脑功能状态的直接生理指标。新异刺激引起的瞳孔散大、皮肤电导迅速增强，头颈肌肉与眼外肌肉收缩，脑电图出现弥散性去同步化反应（α波阻抑）以及皮质的兴奋性增高等生理反应对于各种性质的新异刺激都是非特异

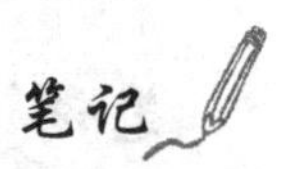

性的。即无论是声刺激、光刺激、温度刺激还是痛刺激，只要是新异性刺激都会引起上述的生理变化。因此，对朝向反应起决定作用的是刺激模式，一定范围强度内的不同刺激均会引起朝向反射的非特异反应，但重复应用统一模式的刺激，则朝向反射消退，变化刺激模式则再次出现朝向反应。需要注意的是，朝向反应这种非特异性的生理反应显著不同于适应和防御反应。朝向反射一般引起外周血管的收缩，脑部血管的舒张；而温度刺激引起的是外周血管和脑血管的舒张，冷刺激则使它们收缩，即适应性反应随刺激性质不同而异；在有害刺激引起的防御反应中，无论是外周血管还是脑血管都处于收缩状态，这种血管的收缩反应，在重复应用有害刺激的过程中并不会减弱。

随后，人们对朝向反应各种生理变化进行了精细分析，发现各种生理变化出现的时间和稳定性不同，其生理心理学意义也各不相同。生理心理学家们普遍认为皮肤电反应是朝向反应最稳定的重要生理指标。对新异刺激的皮肤电变化潜伏期大约是 1 秒，达到波峰需约 3 秒，恢复到基线约需 7 秒。所以，为了引出朝向反应的皮肤电变化，最适宜的重复刺激间隔期至少为 10 秒。几次重复以后皮肤电朝向反应就会消退。Verbaten 研究表明，在朝向反应中，眼动变化的潜伏期仅为 150～200 毫秒，比皮肤电变化快 5 倍，可能与朝向反应早期的信息收集功能有关。眼动变化的习惯过程也较快，且与刺激的复杂程度和不确定性有关。刺激的信息含量多，不确定性大时，习惯化过程较慢。皮肤电反应的习惯化过程则不受刺激复杂程度的影响。所以，眼电和皮肤电在朝向反应中的变化规律和功能意义并不完全相同。此外朝向反应的外周生理变化与中枢神经系统的生理变化有不同的规律。朝向反射的皮肤电反应在 10～20 次重复刺激后，首先消退；随后消退的是血管运动反应；脑电 α 阻抑反应并不完全消退，只是逐渐缩小，出现某一皮质区的局部反应；头皮上记录的平均诱发电位 P300 波在刺激重复呈现 36 次以上仍不消退。

值得注意的是朝向反射从形式上来讲虽然与注意的初级形式——无意注意有某些相似之处，系统探查朝向反射的生理反应确实有助于了解其生理机制。但是伴随着朝向反射所出现的复杂生理变化是多成分的，其中有些与无意注意之间的关系目前尚不十分明确。由于注意总是伴随着认知活动，有时还会引起一定的情绪反应。因此，认知加工与情绪反应的影响给精细分析朝向反射所有特异的生理变化带来了很大困难。另外，朝向反射一开始可能带有无条件反射性质，当环境中有新异刺激出现时，有机体不由自主地去注意它，这就是朝向反射初期的具体表现。在这种无条件反射基础上还会发展为条件性的朝向反应，如人类有意识地探索、观察活动等，这种条件性的朝向反射主要受人们的需要、动机和活动目的所支配。

随着科学技术的发展，更多生理心理学家利用事件相关电位来研究朝向反应。最早的著名经典实验范式称为“怪球范式”(oddball paradigm)，即在 85% 以上大概率呈现的刺激序列中，呈现概率小于 15% 的偶然刺激会引起“新奇感”。因此，小概率事件构成了新异刺激，此时在额叶引出较明显的高峰值正波，其潜伏期在 250～500 毫秒，称之为 P3a 波。随后在脑额叶损伤的患者中发现，视觉、听觉和躯体感觉刺激的“怪球范式”均不能有效诱发出 P3a 成分。进一步利用动物实验毁损额叶皮质，也证明小概率事件引发的高幅值 P3a 波是新异性刺激引发朝向反射的脑中枢生理指标。

在“怪球范式”中，作为朝向反应的中枢成分 P3a 波除了在额区能够记录到外，还在很多的头皮部位能够记录到，如顶区和颞区，但这两个部位记录到的正波潜伏期比 P3a 波略长，也在 250～500 毫秒，被称之为 P3b 波。在脑部手术中，把记录电极从患者的头皮外移到颅骨下的大脑皮质表面，甚至放到脑深部结构中，发现除了在额区头皮记录到 P3a 波外，在脑内的颞上沟、顶上小叶、顶下小叶和海马均可记录到 P3b 成分。进一步实验研究表明额叶与颞、顶联合区皮质的参与是产生 P3a 的必要条件，且没有通道感觉的特异性。颞叶与顶叶皮质损伤会影响 P3b 反应，并有明显的感觉通道差异，听觉和躯体感觉刺激诱发的

笔记

P3b 波显著减小，相对于听觉和躯体感觉而言，视觉刺激诱发的 P3b 波减小的程度差。由于在海马记录到的类似 P3b 的反应成分较顶、颞皮质区的 P3b 成分潜伏期晚 50 毫秒，说明海马这一反应是由皮质反应传递过程中所继发的次级反应。总之，P3b 波已超出朝向反射的范围，与更复杂的心理活动相关。

2. 神经活动模式匹配理论 苏联心理学家索科洛夫（Sokolov）基于神经心理学的大量研究证据提出了有关心理活动的脑功能系统理论，他认为任何心理现象都是人脑多个功能系统联合协同作用的结果。朝向反应则是一个包括许多脑结构在内的复杂系统的功能表现。这一功能系统最显著特点是它在新异刺激作用下形成的新的刺激模式与先前相关的神经系统活动模式之间的不匹配，这就是朝向反应的生理基础。刚刚发生的外部刺激在神经系统内形成了某些神经元组合的固定反应模式。如果同一刺激重复呈现，传入信息与已形成的反应模式相匹配，朝向反应就会消退。因此，在一串重复刺激中，只有前几次刺激才能最有效地引出朝向反应。几次刺激之后或者几秒钟之后，朝向反射就会消退。但当刺激因素发生变化，新的传入信息与已形成的神经活动模式不相匹配，则朝向反应又重新建立起来。索科洛夫认为无论是首次应用新异刺激引起的朝向反射，还是它在消退以后刺激模式变化所再次引起的朝向反射都由同一神经活动模式匹配的机制所实现的。他还认为这种机制发生在对刺激信息反应的传出神经元中，个体将感觉神经元传入的信息模式和中间神经元保存以前的刺激痕迹的模式加以匹配，如果两个模式完全匹配，传出神经元不再发生反应；如果两种模式不匹配就会导致传出神经元从不反应状态转变为反应状态。进一步的实验分析表明，不匹配机制引起神经系统反应性增加的效应可以发生在中枢神经系统的许多结构和功能环节上，其结果使个体大大提高了对外部刺激的分析能力和反应能力。

既然朝向反应是一种短暂的反应过程，随着刺激的重复或刺激的延长，它就会消退。采用事件相关电位可以精确地记录与分析它的时相性变化规律。一些研究表明，初次应用新异刺激引起的初始性朝向反应和消退之后刺激模式变化引起的变化性朝向反应不同，两者的脑事件相关电位变化并不一样，神经机制也不相似。变化性朝向反应会引发特异性的事件相关电位，即失匹配负波（mismatch negativity，MMN），MMN 一般出现在额区或额 - 中央区。而在初始性朝向反应中，存在着较大的顶负波，一般出现在顶颞区，这两个负波的潜伏期均在 150～250 毫秒，是 N200 波的不同成分。

顶负波是初始性朝向反应的恒定成分，在初次应用新异刺激时出现于顶颞区，是潜伏期约 200 毫秒的负波，简称 N200 波。有时 N200 波分成两个波峰，分别称为 N2a 和 N2b。N2b 波峰是在 N2a 的基础上进一步增大形成的，N2b 波下降以后形成的正相波称为 P3a，N2b-P3a 构成了一个复合波。N2a 则常常就是失匹配负波 MMN。而 N2b-P3a 复合波是 MMN 波的后继成分。

知识链接 9-1

失匹配负波，大脑信息自动加工的客观指标

失匹配负波（mismatch negativity，MMN）首先由 Näätänen 等报道的。运用的是典型的 Oddball 实验范式，标准刺激为 1000Hz 的短纯音，偏差刺激为 800Hz 的短纯音，在被试双耳中呈现。在实验过程中要求被试阅读一篇文章或者读一个故事，告之实验后回答关于文章或故事的内容，使其专心阅读不顾及耳机内的声音。结果表明，用偏差刺激产生的 ERP 减去标准刺激产生的 ERP，可在 100～250 毫秒得到一个明显的负波，即失匹配负波（mismatch negativity，MMN）。由于 MMN 完全可以在非注意条件下产生，所以 MMN 被认为是脑对信息加工的客观指标。大脑对刺激变化的自动加工机制，在非随意的朝向注意或对声音环境变化的注意转移过程中，均起着重要的作用，在注意理论研究中显示出独特的重要性。研究表明

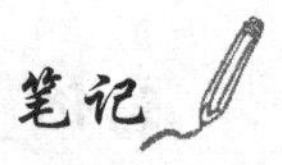

MMN 脑内源有两处，一处为感觉皮层颞叶，另一处为额叶，因此在研究过程中常常采用鼻尖作为参考电极。随着研究不断进步，MMN 不仅可以在听觉通道产生，自动觉察刺激强度、持续时间以及频率的变化，而且可以在视觉通道内产生，自动觉察颜色、形状、方位的变化。

MMN 对各种性质不同和心理学意义不同的刺激均给出相似的反应，它只反映出刺激模式的变化，不论是声、光还是点刺激，只要这种模式在重复应用时发生一定的变化时就能引出 MMN 波。但 MMN 波出现的潜伏期和持续时间则与刺激强度变化的幅度有关。外界刺激强度变化的幅度越大，则 MMN 波出现的潜伏期越短，持续时间越短，负波峰值也较高。反之，外部刺激强度变化小，MMN 波出现的潜伏期长，持续时间长，负波峰值低，从刺激变化时起，MMN 达到峰值所需的潜伏期约 200～300 毫秒。一般而言，潜伏期短，MMN 峰值高，潜伏期长，MMN 峰值低。当 MMN 波之后伴随一个正波或负正双相 N2b-P3a 复合波时，就会出现朝向反应；相反，如果刺激模式变化引起的 MMN 波之后不伴有 N2b-P3a 复合波或一个正波，则不会出现朝向反应。

（二）无意注意与有意注意的转换——丘脑网状核闸门控制理论

朝向反射和神经活动模式匹配理论能够解释无意注意的生理机制，对有意注意以及无意注意与有意注意之间的关系，在 20 世纪 70 年代形成了丘脑网状核闸门控制理论。这个理论以神经生理学关于网状非特异系统的功能为基础，认为中脑网状结构弥漫地调节着脑的活动是无意注意产生的基础。而额叶 - 内侧丘脑系统对无关刺激引起的神经信息发生抑制作用，从而选择性调节有意注意。在无意注意和有意注意两个功能系统中，丘脑网状核起着闸门作用，调节着选择性注意机制，因此称为丘脑网状核闸门控制理论。

网状非特异性投射系统包括脑干网状上行激动系统和丘脑非特异性投射系统。各种感觉刺激作用于相应感受器，转变为神经冲动后沿特异感觉通路向高级中枢传递，与此同时还发出侧支将神经信息传至网状非特异性投射系统，对脑的各级中枢发生着非特异性的调节作用。

网状非特异性系统对大脑皮质的兴奋性水平发生弥漫性调节作用。其中脑干网状上行激动系统使广泛皮质区发生去同步化的兴奋作用，而丘脑非特异性的投射系统则维持脑自发的同步化节律，脑干网状上行激动系统与丘脑非特异性投射系统之间保持着平衡。

丘脑网状核是脑干网状结构向丘脑的延续。丘脑网状核并不直接向大脑皮质发出投射性纤维，它只是接受来自大脑皮质来的下行纤维的联系，并发出纤维至丘脑特异性感觉中继核，也接受中脑网状结构的传入。因此，丘脑网状核可以聚合来自大脑皮质与脑干网状结构的神经冲动，也可以聚合并影响丘脑特异感觉中继核的活动（图 9-1）。

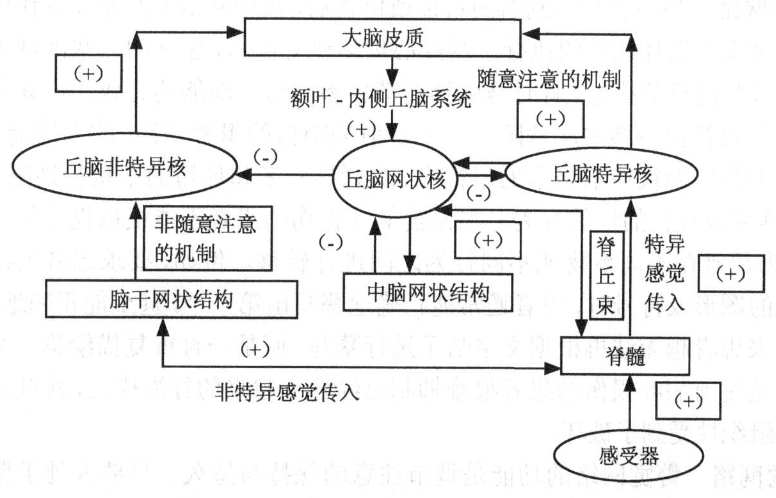

图 9-1　丘脑网状核的闸门作用示意图

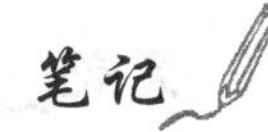

电生理学实验表明，电刺激丘脑网状核的不同部位，可以发现不同模式刺激对大脑皮质的诱发电位有选择性抑制作用。另一方面，刺激额叶皮质或丘脑内侧核时，可在丘脑网状核中记录到兴奋性负电位；刺激中脑网状结构时，可在丘脑网状核内记录到抑制性高幅正电位。所以对丘脑网状核的兴奋性来说，额叶 - 内侧丘脑系统和中脑网状结构间存在拮抗关系，额叶 - 内侧丘脑引起丘脑网状核的兴奋性增强，中脑网状结构则使它的兴奋性降低。丘脑网状核的兴奋对丘脑特异性感觉接替核产生选择性抑制作用。

（三）注意的网络学说

注意是通过一些脑区的神经网络活动来实现的，美国科学院院士波斯纳（Posner，1980）在大量心理学和生物学的研究基础上提出了注意网络学说，将注意的脑机制概括为三个功能网络：定向网络（orientating network）、执行网络（executive network）和警觉网络（alerting network）。这三个网络以不同的作用参与注意的过程，而且在结构和功能上都是相对独立的。

1. 定向网络 注意的定向是指从各种感觉信息中选择相关信息的过程，定向的重要功能是使我们快速忽略无关信息，搜索到相关的目标。

定向网络主要由后顶叶、中脑的上丘和丘脑枕核共同完成。神经心理学研究发现单侧顶叶损伤会造成注意对侧目标的定向障碍，因而单侧顶叶损伤的患者不能对对侧空间的刺激做出适当的反应。例如，当要求患者临摹一朵花时，患者只能描绘右半部分，忽视左半部分；当要求患者对一条直线进行二等分分割时，患者总是忽视线条的左半部分，只是把右半部分当作一个整体进行分割。拉菲尔（1995）采用注意转移的实验范式，发现顶叶损伤似乎并不影响注意对侧视野的能力，而是破坏了摆脱注意从同侧撤离，去检测对侧空间目标的能力。其次，中脑上丘及其周围区域的损伤也影响视觉定向。拉菲尔对上丘及其邻近顶盖区退行性病变的患者进行注意转移实验，结果表明，这类患者的典型症状是产生随意眼动，患者不仅眼睛运动速度慢，而且进行隐性视觉注意转移的速度也慢。在无效线索条件下，患者检测垂直方向上与水平面上的注意目标的反应时无明显差别；在垂直方向上，有效线索和无效线索的提示下对发现注意目标的反应时没有差异，也就是说患者不能利用有效的线索来引导行为定向。丘脑损伤的人或动物在隐蔽定向上表现出困难。如果在损伤半球对侧视野的注意目标周围设置干扰因素，患者会在对目标的选择性注意时出现困难和错误性的反应。

关于顶叶、中脑上丘和丘脑枕核的注意功能研究提示：①各个解剖区域可能执行单个的认知操作；②可能存在一个涉及隐蔽的注意转移的时间顺序的假设，首先顶叶使注意脱离现在的注意焦点，然后中脑将注意的指针移向注意目标所在的区域，同时丘脑枕核参与对指向区域的信息输入实施限制的过程。

2. 执行网络 当注意转移到新的目标或位置后，执行网络就开始发挥作用了。执行网络主要功能是实现选择注意的执行。神经心理学研究提示，额叶的一些区域包括扣带回和辅助运动区参与注意的执行，有时基底神经节也参与这一功能的完成。研究表明人类的前额叶损伤会导致各种各样的注意障碍。一是前额损伤的患者，注意的调控能力低下，他们很难将注意力集中到被特别暗示的事情上，对新异刺激和环境的干扰特别敏感，注意力高度分散，很难完成有目的性的行为。二是前额叶损伤的患者不能根据提示信号调整自己的行为，注意力很难在不同事物或不同行为之间进行转移。例如，要求患者根据文字提示摹写一串简单的图形或符号时，患者通常能正确地摹写出第一个，甚至能正确地摹写第二个，但是越到后来患者越无法再根据文字暗示进行摹写，而是一直重复描绘第一个或者第二个图形。也就是说前额叶损伤的患者很难抑制已经建立起来的行为模式，额叶损伤导致行动的选择性和组织性受到了破坏。

3. 警觉网络 警觉网络的功能是调节注意的保持与持久。只要人处于警觉状态就可以把注意力集中在精神生活的某些方面，并且能够表现出不同范围和不同程度的注意：从

几乎没有注意到几乎对所有正在进行的事情广泛的注意，再进一步把注意集中到自己某种暂时性的心理活动。警觉的主要作用在于影响注意系统从而改善对目标的动作速度。

脑干的蓝斑、右侧额叶和顶叶可能是警觉网络的主要组成部分。蓝斑是脑内去甲肾上腺素系统神经元的主要来源，它发出的纤维几乎弥散到所有的脑区。蓝斑内去甲肾上腺素神经元的活动能够提高动物的警觉水平，注意周围环境的能力增强，有助于警觉的维持。右侧额叶和顶叶参与注意持久维持的调节功能。研究表明警觉状态时右侧额叶和右侧顶叶的活动选择性地增强。右侧额叶受损的患者在要求警觉任务的操作中成绩低下，患者的心率和脑电活动亦不降低，而正常人在警觉状态下心率和脑电活动一定是降低的。

第三节　注意的加工过程

周围环境向大脑提供了大量的信息刺激，在某一个特定的时刻，一些信息对人很重要，另外一些信息可能就不重要，有的甚至毫无意义，甚至干扰当前正在进行的活动。为了保证在有限的资源下的正常工作，大脑必须选择重要的信息，排除无关刺激的干扰，这是注意最基本的功能即对信息进行选择。随着认知心理学的兴起，人们认为注意是人脑对信息加工的一个重要机制，对注意的研究受到广泛关注，使之成为认知心理学研究的一个重要领域。有关注意的认知理论模型有以下几种。

一、注意的选择功能

（一）知觉选择模型——过滤器模型和衰减模型

在众多有关注意的心理学模型中，最具有影响的是1958年英国著名心理学家布罗德本特（Broadbent）提出的过滤器模型（Filter Model）。布罗德本特做了双耳分听的一系列实验，如给被试的两耳同时呈现两个数字，（如左耳：637，右耳：841）速度是每秒钟2个数字，然后让其再现。发现被试用两种方式再现：①以左右耳分别再现，如637，841；②按双耳同时接受信息的顺序成对再现，如68；34；71（也可能是其他配对）。前一方式的正确率是65%，后一方式的正确率是20%。如果不事先要求，多数被试采用第一种方式。他认为人的中枢神经系统对信息加工的能力是有限的，在面对大量的甚至无限的外界信息时，神经系统必须对信息进行过滤和选择。过滤器模型认为，为了保证中枢神经系统对信息加工的有效性，在刺激被识别之前，中枢神经系统会依据刺激的物理特征对感觉刺激进行选择性过滤，过滤后的信息被送到单一有限的通道进行进一步的加工，然后进行反应或储存。而没有被选择的信息将不再进一步的加工，这一理论也叫瓶颈理论或单通道理论（图9-2）。

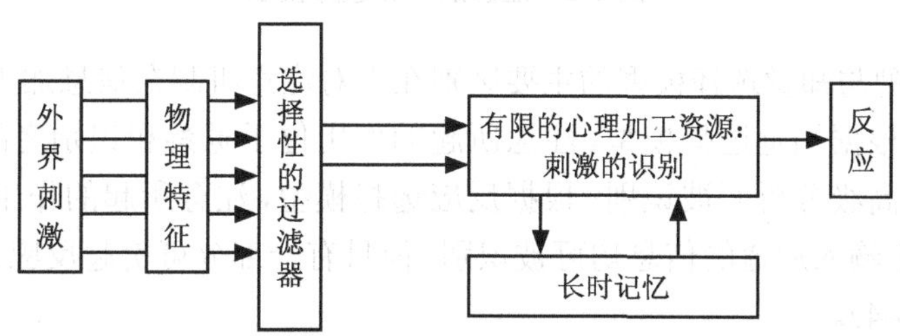

图9-2　Broadbent(1958)注意的过滤器模型

但是，在日常生活中，也有一些现象与单通道的过滤模型不符。例如，在一个晚会中，你正十分专注地与某一个人谈话，而对其他人的说笑充耳不闻。在你不注意他人的谈话中突然有人提到了你的名字，你会迅速做出反应。显然这些现象不能用过滤器模型来解释。因此Gray（1960）、特瑞斯曼（Treisman，1964）等人同样采用双耳分听实验，只是改变了实

笔记

验材料，但得到了不同的实验结果。具体实验内容如下：右耳（追随耳）：DEAR 5 JANE；左耳（非追随耳）：3 AUNT 4。被试复述的是一个短语：DEAR AUNT JANE。这说明过滤器允许不止一个通道的信息通过。之后瑞斯曼（1960）又做了更为严格的实验：右耳（追随耳）：There is a house understand the word；左耳（非追随耳）：Knowledge of on a hill。被试的再现多为"There is a house on a hill"。并且声称这是从一只耳朵听来的。

上述实验表明，当有意义的材料从追随耳转到非追随耳时，被试会不顾实验者的要求而去追随意义，即将注意力转向了另一只耳朵。这只有在过滤器允许两只耳朵的信息均能通过的情况下才能实现，也就是说人可以同时注意两个通道的刺激信息。因此，特瑞斯曼认为过滤器并不是按照"全或无"的方式工作的，也并不是只允许一个通道的信息通过，只是追随耳的信号受到衰减，强度减弱，但是其中的一些信息仍可得到进一步加工。特瑞斯曼提出的这种信息加工模式被称为衰减器模型，衰减器模型承认注意在通道间的分配，显得比过滤器模型更有弹性。

过滤器和衰减器模型都认为注意发生在对信息初级分析和高级分析意义之间，换句话说，就是因为有了注意所以才有知觉，才有对刺激信息的意义的获得。而且这两种模型的根本出发点是一致的，都认为人的信息处理能力是有限的，信息必须通过过滤器的选择加工，这种信息的选择加工发生在知觉阶段，故统称为"注意的早期选择模型"。但过滤器模型强调单通道和"全或无"的工作方式，而衰减器模型强调初级分析的通道选择和信号衰减作用。

（二）反应选择模型

注意的反应选择模型由 Deutch 于 1963 年提出，并由 Norman（1968 年）加以完善。Deutch 和 Norman 认为输入的信息先经过分析，进行自动识别加工和语义加工，然后才进入过滤器或衰减装置，对信息的选择发生在信息加工后期的反应阶段。也就是说，一切输入的信息先进行感觉登记，然后进行知觉分析，最后输出信息，对输出的信息进行反应。至于哪种信息被输送出来并进行反应这与信息的重要性有关。一般而言，只有对重要的信息才会进行反应，而不重要的信息可能很快被新的内容冲掉。由于反应选择模型对信息的选择发生在做出反应之前，自动识别之后，因此该模型称为注意的反应选择模型、后期选择模型，有人也称之为完善加工理论或记忆选择理论（图 9-3）。

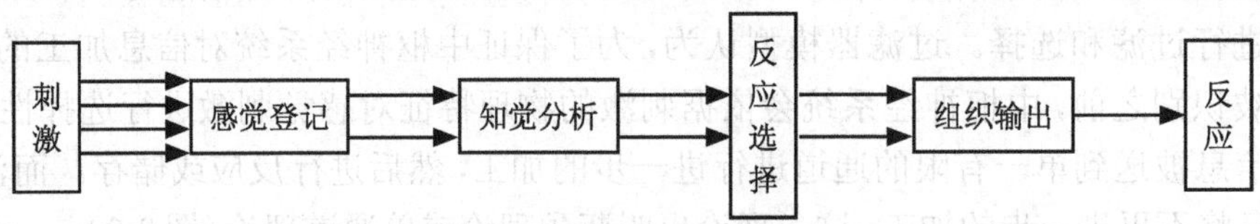

图 9-3 注意的反应选择模型

反应选择模型与知觉选择模型的主要区别在于对注意机制在信息加工系统中所处的位置有不同看法。根据知觉选择模型，注意所起的作用位于觉察和识别之间，这说明不是所有信息都能进入高级分析而被识别；根据反应选择模型，注意所起的作用位于识别和反应之间，这说明多个输入通道的信息均可被识别，但只有一部分可引起反应，故该模型也叫后期选择模型（图 9-4）。

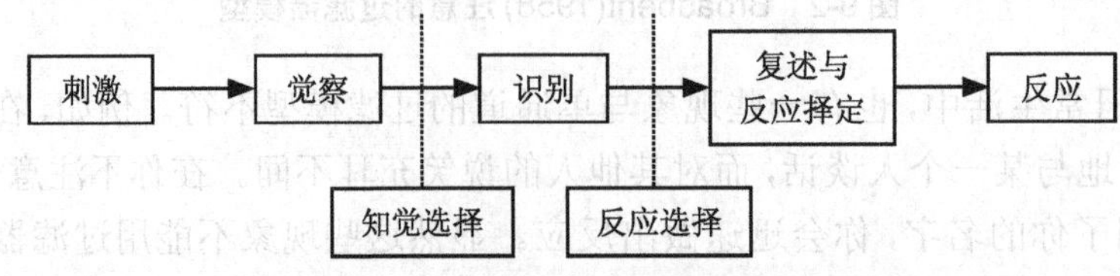

图 9-4 知觉选择模型与反应选择模型的区别

反应选择模型与知觉选择模型都认为几个通道的信息可以同时得到注意，即都承认注意的分配。我们可以认为注意既可是知觉选择，也可是反应选择，因而在不同条件下，可有不同的选择。

（三）多阶段选择理论

过滤器理论、衰减理论以及后期反应选择理论都假设注意的选择过程发生在信息加工的某一特定阶段上，这意味着信息加工系统是非常刻板的。Johnston 和 Heinz（1978）提出了一个较灵活的模型，认为选择过程在信息加工的不同阶段都有可能发生，既可以发生在知觉选择阶段也可以发生在反应选择阶段，这就是多阶段选择理论。这一理论有两个主要的假设：①在进行选择之前信息加工阶段越多，所需要的认知加工资源就越多；②选择发生的阶段依赖于当前的任务要求。

二、注意资源的分配模型

（一）能量分配模型

中枢神经系统进行信息加工所需要的认知资源不是无限的，在有限能量或资源的基础上，卡赫曼（Kaheman）于 1973 年提出了能量分配模型。他认为与其把注意看成一个容量有限的加工通道，不如把注意看作一组对信息进行识别加工的认知资源或认知能力，而且这些资源是有限的。对刺激的识别需要占用认知资源，当刺激越复杂或加工的任务越复杂占用的认知资源就越多。当认知资源完全被占用时，新的刺激将得不到进一步的加工，也就是说得不到注意。Kaheman 认为中枢神经系统的资源或能量和当时的唤醒状态有关，而唤醒状态又受到情绪、药物等因素影响。同时主体对信息加工的意愿、主动性以及对完成任务所需要能量的估计也与注意的资源及其资源的分配有关。决定注意的关键是这种心理注意能量的分配机制。卡赫曼还认为注意能量的分配受自上而下与自下而上的信息加工机制影响。个体平时的状态是将能量分配给新奇刺激、突然运动的刺激以及语义上显著激活的刺激（如自己的名字等），这反映了无意注意作用即自下而上的加工机制。在特定的状态下，当前的意愿以及对所要完成任务所需能量的估计，也影响了能量的分配方案，这就是信息加工自上而下的机制。

（二）双加工理论

在注意的认知资源理论的基础上，谢夫林（Shiffrin）和施耐德（Schneider）于 1977 年进一步提出了双加工理论。该理论认为，人类的认知加工有两类：自动加工（automatic processing）和控制加工（controlled processing）。自动加工是不需要应用注意，无一定的容量限制，不受人的意识控制的加工，并且一旦形成就很难改变。控制加工是一种需要应用注意的加工，其容量有限，可灵活地应用于变化着的环境，由于这种加工受意识的控制，因此称之为控制加工。

双加工理论可以解释日常生活中很多注意现象。我们通常能够同时做好几件事情，如我们可以一边开车，一边聊天，一边听音乐。在同时进行的这几个过程中，可能其中一项或多项已变成自动化的过程，如维持开车，几乎不需要或不消耗认知资源，因此，个体可以根据具体任务进行注意的资源分配。

第四节　注 意 缺 陷

一、注意忽视

日常生活中，我们不断地选择外界事物作为注意的对象，然后进行进一步的认知加工。当注意集中在某一事物时，我们对其他事物或现象常常没有注意或不注意。也就是说当我

们专注于某件事时，往往会忽视出现在眼前的其他事物，这是“不注意视盲”。不注意视盲（inattentional blindness）是正常的生理现象。但当大脑皮质高级功能损害时，一些患者出现注意忽视现象，称为“忽视症”。最常见的忽视症是单侧空间忽视，这里主要对其进行介绍。

（一）概述

单侧空间忽视的患者最典型的表现是大脑不能对一侧的信息产生反应，如他们走路时需要左拐的时候却不能左拐；读书时只能注意一侧而忽略另一侧文字；吃饭时只吃盘子中半边的食物等，这种疾病被称为单侧空间忽视。杰克逊（H.Jackson）于1876年首先报道了这一疾病，患者主要表现为对脑损伤对侧的空间刺激不能注意、反应、定向和报告的临床综合征。这种障碍确诊时必须排除感觉和运动障碍等原因。单侧空间忽视按照表现类型分为感觉性、运动性以及心理表征性。感觉性忽视包括视觉、听觉及躯体觉忽视。例如，患者只能看见纸张右侧的字词，甚至连单词也会读错，如把CAGE读为AGE等等。运动性忽视是在无严重瘫痪及肌张力改变的情况下，不用或者很少用脑损伤对侧的肢体。表征忽视是指在想象场景中对脑损伤对侧空间物体的记忆或表征忽略。例如，先让患者想象自己在熟悉的天安门广场门口位置回忆广场周围的建筑物，结果患者只说出位于广场左侧的空间建筑物而完全忽略了右侧所有的建筑物。之后让患者想象自己在广场对面，面对广场位置，然后回忆广场周围的建筑物，结果患者忽略了原先已经回忆的建筑物，却说出了原来被完全忽略的建筑。

（二）发生机制

单侧空间忽视发生的机制比较复杂，不同患者发生机制不同，即使是同一患者也存在多种机制共同参与。可能与感觉、注意、空间工作以及表征等多层面的功能障碍有关。

早期学者认为单侧忽视主要是由于视野缺损导致对刺激的忽略，后来研究表明，忽视并非由视野缺损引起的。在视觉对消试验中，即在计算机屏幕单侧视野或者双侧视野短暂呈现相同刺激，让患者判断刺激是单侧还是双侧的，患者表现为当刺激在任何单侧视野呈现时均能够报告，当相同刺激在双侧同时出现时，患者不能报告损伤对侧的刺激，也就是说患者双侧视觉通路均是完整的。此外，也有研究报道忽视患者对忽视范围内呈现的词汇、情绪信息有内因加工，提示忽视在视觉皮质以上层次有更复杂的发生机制。目前关于忽视患者出现注意障碍的解释包括注意空间定向障碍、注意解脱障碍、注意选择障碍和维持注意障碍等观点。

注意空间定向障碍是由赫尔曼于1980年提出的，他认为左侧大脑半球仅管理右侧空间注意，而右侧大脑半球负责左右两侧空间的注意，当右侧皮质损伤后出现左侧注意空间定向障碍。而注意解脱障碍则认为注意由右侧刺激的解脱困难所致。采用波斯纳（Posneret al.，1980）线索提示实验范式的研究表明患者存在从无效线索中解脱障碍。此外，患者闭眼时完成画钟任务的成绩比睁眼时完成的好，均能支持注意解脱障碍的观点。

大脑可以根据视觉信息处理时间对大量进入视觉的信息进行选择，当视觉处理过程延长时注意选择能力下降。注意选择障碍观点则认为忽视患者的视觉处理过程延长导致注意能力的下降。也有研究表明与正常人相比，忽视患者的注意解脱比较严重，进一步说明选择注意存在障碍。

健康成人在睡眠剥夺的情况下警觉度下降，能够诱发假性忽视，说明警觉障碍在忽视发生机制中能起到独立作用。注意维持障碍理论观点是基于上述现象提出的，认为忽视患者警觉降低，维持注意能力下降。

还有一些研究表明忽视可能与空间工作记忆障碍有关，这里就不再阐述。总之，忽视症的发病机制还需要进一步研究与证实。

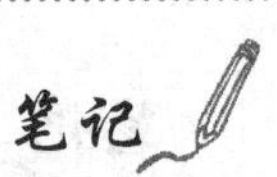

二、注意缺陷多动障碍

（一）概述

注意缺陷多动障碍（attention deficit hyperactivity disorder，ADHD）是儿童期常见的一种行为障碍。自1854年德国医生霍夫曼（Hoffman）首先将儿童活动过度作为一种病态症状提出后，该病症越来越受到关注。该病的患病率国外报告为占学龄儿童的3%～10%，国内报告为1.5%～12%，这种差异可能由于不同地区及不同判断标准导致的。按DSM-Ⅳ-R诊断标准，在学龄儿童中较公认的患病率为3%～5%，男女发病率之比为9∶4。患者主要表现为注意力难以集中、冲动任性、学习困难、暴发情绪等症状，甚至出现一些严重的行为问题，如打架、逃学、说谎、诈骗等。ADHD分为注意缺陷型、多动型和混合型三种临床亚型。《中国精神障碍分类及诊断标准》第3版（CCMD-3）将ADHD称为"儿童多动症"。

（二）发病机制及脑电表现

注意缺陷多动障碍的病因和发病机制尚不确定。目前认为本病是由多种生物因素、心理和社会因素所致的一种综合征。

1. 遗传和神经化学因素 单卵双胎同时患ADHD的概率几乎为100%，而双卵双胎儿同时患病的概率只有10%～20%。近亲中同时患病的家族聚集现象也提示ADHD与遗传因素有关。分子遗传学研究表明与ADHD关联的基因变异体主要有多巴胺D4受体（DRD4）基因第3外显子上48bp重复多态性、多巴胺转运体（DAT1）基因480bp重复多态性、儿茶酚胺氧位甲基转移酶（COMT）基因158密码子上多态性以及X染色体上*DXS7*基因座突触体维系蛋白-25（SNAP-25）基因多态性等，ADHD儿童上述基因变异率高于正常儿童。其中*DRD4*基因突变能够解释ADHD的症状，*DRD4*基因突变使其对多巴胺的敏感性下降，而*DAT1*基因突变则加速了多巴胺的消除速率，使多巴胺在与神经元上的受体结合之前就被清除，从而引起了脑内输出-输入环路的异常。即多巴胺等中枢神经传递介质的不足易导致小儿活动度、警觉度、心境、认知等外表行为的异常。脑成像研究表明ADHD患者与大脑半球的特异性有关，也有研究表明该类患者的尾状核、前额叶等区域与正常人不同。

2. 轻度脑损伤和脑发育迟缓因素 有人认为母亲孕期的营养不良、疾病、接受X线照射、分娩期早产、难产、缺氧窒息以及生后的颅脑外伤、炎症、高热惊厥、中毒等均可造成脑损伤，尤其是额叶皮质受损可出现ADHD症状。但有许多患儿并无脑损伤病史，也无神经系统异常的表现，故又认为是轻度脑功能失调，但尚缺乏充分的依据。大脑发育过程中，额叶进化成熟最迟、最易受损，有学者认为ADHD与大脑额叶发育迟缓有关，凡影响额叶发育成熟的各种因素均可致病，其依据是1/3～1/4的ADHD儿童到青少年期症状趋于好转。也有研究表明注意力就像语言和运动功能一样应被看作是一个发展区域，存在注意力问题的人实际是这一功能的减弱或发育迟缓。过去多数人认为ADHD与脑部前额叶相关。近年来有人提出受ADHD困扰的人是由于小脑没有适当地发挥功能。功能性磁共振扫描也发现ADHD患者的小脑活跃度很低。另外，2005年Seidman的研究显示，ADHD儿童在前额皮质的背外侧、尾状核、苍白球、胼胝体、小脑等部位都有体积缩小。

3. 社会心理因素 有研究表明，家庭因素会对ADHD的发展产生影响，例如，父母的文化程度与ADHD有关，认为ADHD儿童的父母文化程度多在初、中等水平，父母一方受过高等教育者仅占7.6%，明显低于对照组。其次，单亲家庭或父母一方患有精神病、酗酒和行为不端以及"温暖被剥夺"的小儿易出现ADHD症状。此外，父母对孩子的教养方式也会对ADHD产生影响，如父母对小儿的学习生活行为过于苛求，小儿心理情感压抑、紧张，

易出现活动过多、注意力分散、冲动任性等行为异常。若父母过于溺爱，小儿会出现随心所欲、自制力差、多动等症状。此外，也有人认为环境污染、血铅过多或血锌过少也可能损伤脑代谢而导致 ADHD 的产生。铅与其他化学物质的影响已得到研究证实，对出生后小鼠饲给醋酸铅溶液，在 40～60 天后发现小鼠的活动较对照组明显增多。也有血铅浓度与小儿多动行为呈正相关、ADHD 儿童血铅水平高于正常对照组的报道，因而不少学者认为 ADHD 与铅过量摄入有关。

4. 脑电生理功能异常 ADHD 儿童脑电图 θ 波活动增加。θ 波在睡眠时出现较多，由此提示 ADHD 儿童存在觉醒不足，导致皮质中枢下活动释放增强而表现出多动行为。此外，ADHD 儿童与同龄儿童相比，其事件相关电位顶叶的 P300 波潜伏期长，幅值低；额区 N200 波和 P300 波幅值也低，亦提示 ADHD 儿童存在脑电生理功能的异常。

（三）注意缺陷多动障碍的治疗

目前，对于儿童注意缺陷多动障碍还没有特别有效的治疗方法。一般常采用小剂量的精神运动兴奋剂，如苯丙胺、哌甲酯或匹莫林等，这些药物能够促进神经元突触末梢释放较多的单胺类神经递质，提高神经系统的兴奋性。特别是利他灵能增强 5- 羟色胺的释放，可提高患者的反应抑制能力。临床试验研究表明利他灵在 ADHD 儿童和正常儿童中的作用不同，该药能增强患儿的纹状体激活，却降低了正常儿童纹状体的激活水平。此外，去甲肾上腺素再摄取抑制剂托莫西汀、丙咪嗪等三环类抗抑郁药物有时也用于治疗儿童注意缺陷多动障碍。因为这些药物阻止突触前末梢对神经递质的再摄取过程，从而使突触间隙保持浓度较高的神经递质，有助于提高中枢神经系统的兴奋性。这些药物对部分注意缺陷多动障碍儿童起治疗作用，但有时也会出现相反的效果，使其注意缺陷障碍加重。此外，这些药物过量使用会产生很多副作用，有些药物如苯丙胺长期服用会出现成瘾现象。所以，没有临床医生的处方，千万不可随意给患儿用药。

近年来，随着生物反馈治疗的发展与应用人们逐渐将其应用到注意缺陷多动障碍的治疗，并作为一种新兴的替代性治疗手段。脑电生物反馈治疗的基本理论假设是脑电活动可通过直接的反馈学习来控制和调节，因此可以通过选择性强化或抑制某一频段的脑电来达到治疗目的。治疗时通过反馈训练抑制 4～8Hz 慢波活动，同时增强 12～16Hz 或 16～20Hz 脑电活动从而提高 ADHD 儿童大脑的唤醒水平，改善临床症状。相对药物而言，脑电生物反馈治疗的不良反应少、疗效稳定持久，越来越受到更多的关注，但也存在起效慢、耗时长的缺陷。

知识链接 9-2

不注意视盲

Mack 和 Rock 指出，用电脑屏幕呈现的静态范式研究了不注意视盲现象，考察了不注意视盲现象和知觉组织（perception grouping）、注意区域（the zone of attention）以及内隐知觉（implicit perception）等的关系。他们研究的一个典型实验屏幕中央呈现"十"字图形，呈现时间为 200ms，被试的任务是判断十字图形的两臂（横线或竖线）哪一条更长。在开始呈现的若干次试验（trials）中，没有任何意外刺激出现。在关键试次中，屏幕的某一象限内会同时出现一个意外刺激。该试次结束后，令被试者回答除了十字之外是否看到了其他的图形。Mack 和 Rock 在实验中变换了该意外刺激的颜色、方向、运动情况等，结果发现在各种情况下，均有约 25% 的被试未看到意外刺激。而令人惊讶的是，当十字呈现在屏幕的边缘而意外刺激出现在中央时，有更多的被试（75%）发生了不注意视盲（blindsight）现象。

（杨秀贤）

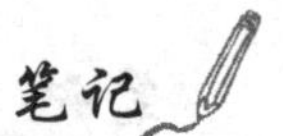

思考题

1. 阐述与注意有关的主要脑区有哪些？
2. 注意产生的脑机制有哪些？
3. 注意的认知理论模型有哪些？
4. 注意缺陷多动障碍的原因有哪些？

笔记

第十章　情绪的生理心理

学习目标

掌握：

1. 情绪的分化与分类。
2. 情绪的几种理论。
3. 情绪与脑机制，杏仁核、海马和前部扣带回等与情绪的关系。

熟悉：

1. 情绪的表达。
2. 情绪的识别。

了解：

1. 情绪的起源。
2. 情绪反应以及相关的情绪障碍。

情绪是人脑的高级功能，是人脑对客观环境是否符合自身的需要而产生的态度体验。情绪对个体的记忆、学习、决策有着重要的意义，它是机体生存和适应环境的重要保障。情绪是一个非常复杂的心理现象，它包含着生理唤醒、主观体验和外显行为等多种成分。本章旨在阐明这些成分之间的相互作用及其产生情绪的生理基础。

第一节　情绪的概述

一、情绪的演化与分化

情绪活动是动物存在的本能反应，这些反应可以追溯到低等动物在趋利避害时的体验。在生存竞争中，情绪体验有助于动物规避周围的危险，增加生存的机会，或提高适应环境的行为能力。例如，面临天敌时会因为恐惧而逃避，找到食物时会因为快乐而感到安逸。最初，这些情绪反应的行为模式是通过学习而获得的，但在长期适应环境的过程中会被逐渐固化，并且最终通过基因传给子代。恐惧和快乐是所有动物最基本的情绪反应，也是动物在适应环境的演化中最古老的情绪反应。

随着生存环境的变化以及神经系统结构的演化，动物的情绪反应也逐渐复杂化，情绪的行为表现方式也趋于分化。例如，在面对新环境时，动物既会因恐惧而回避，也会因好奇而接近；在生存空间被侵犯时，动物既可以因愤怒而攻击，也可以因恐惧或悲哀而逃跑；在面对应激事件时，动物的行为既可以因紧张而敏捷，也可因焦虑而木僵或呆滞等等。动物的情绪行为是在长期的环境适应中逐渐习得或被分化的，也是伴随神经系统的演化而逐步

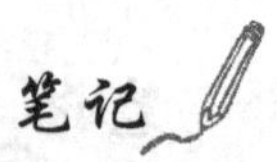

复杂化的。

人类的情绪反应可以借助面部表情、肢体动作或语言来有意识地表达。尽管人类的情绪活动已经相当复杂，但大部分的情绪表达仍属于遗传的本能反应，而非后天的习得反应。例如，人类面部情绪表达的跨文化比较研究结果表明，尽管北部高加索人和南部非洲的原始部落人的生活环境很封闭，但他们对喜怒哀乐等基本表情的表达或判断并不存在显著的差异。与所有动物一样，人类的情绪也是在神经系统的控制下完成的。但是，人类大脑皮质的高度进化，使认知等高级功能对喜怒哀乐等情绪活动产生巨大影响。

二、人类情绪的分化与分类

（一）人类情绪的分化

情绪的产生在神经生理上是多水平整合活动的结果，它涉及广泛的神经生理生化活动，包括中枢神经系统、周围神经系统、自主神经系统、心血管系统和内分泌系统。在一百多年以前，达尔文在《人类和动物的表情》一书中指出，现代人类的表情和姿势是人类祖先表情动作的遗迹，这些表情动作最初具有适应意义。因此，以后就成为遗传的东西而被保存下来。例如，愤怒时咬牙切齿、鼻孔张大的表情是人类祖先在即将到来的搏斗中的适应动作。正因为表情有其生物学根源，所以许多最基本的情绪如喜、怒、哀、惧等原始表情是具有全人类性的。但是，因为缺乏适合情绪研究的实验范式，直到最近的几十年，对达尔文的理论进行试验验证才真正开始。

从进化过程来看，情绪的发生是在脑进化的低级阶段出现的，情绪作为脑的功能，首先固着在那些进化古老的神经组织上，即那些调节和维持有机体生命过程的神经结构，诸如丘脑系统和脑干结构。这些部位的神经功能在动物机体和人类中均存在着，对情绪的产生有着重要的作用。情绪的发生和分化同大脑新皮质的形成和分化是同步地进行的。大脑皮质在结构和功能上的分化与人类面部骨骼肌的分化发展是平行的。大脑皮质对来自颜面肌肉系统的内导信息的精细分析及其与皮层下情绪中枢的固定联系，是人类情绪高度分化和无限多样化的生理学基础。

有研究证明，儿童出生后，可以立即出现情绪反应，如新生儿的啼哭、安静、四肢划动等，这些被称为原始的情绪反应，其特点是，它与生理需要是否得到满足有直接关系。身体内部或外部的刺激都可引起情绪反应，不同民族的婴儿有共同的基本面部表情模式，说明原始情绪是人类进化的产物。在婴儿3个月时，已经能够用笑来对有利的环境表达愉悦，如熟悉的面孔或悦耳的声音等；到3~6个月时，可以用发脾气来表达愤怒；到7~8个月时，已经会表达恐惧或吃惊等情绪；到18~24个月时，已经分化出尴尬、嫉妒或同情等复杂情绪。在出生后3年，人类情绪的分化就基本完成，并具备成人所具有的大多数情绪类型。随着自我意识（self-consciousness）或自我知觉（self-awareness）的发展，在2~3岁时还产生了一些人类独有的情绪状态，如羞耻感。这些人类独有的情绪状态似乎与人类复杂的脑进化和发育有关。但社会、文化以及宗教因素也能对情绪产生影响，例如，罪恶、羞耻或同情等感情可能与后天的学习有关。

（二）人类情绪的分类

1. 情绪的基本分类 情绪分类的方法有许多，比如我国最早的情绪分类思想源于《礼记》，其中记载人的情绪有“七情”分法，即喜、怒、哀、惧、爱、恶、欲；美国心理学家普拉切克（R.plutchik）曾提出了八种基本情绪：悲痛、恐惧、惊奇、接受、狂喜、狂怒、警惕、憎恨；还有的心理学家提出了九种类别。虽然情绪的分类方法有很多，但一般认为有四种基本情绪，即喜、怒、哀和惧。

（1）喜 - 快乐：快乐是一种感受良好时的情绪反应，一般来说是一个人盼望和追求的目

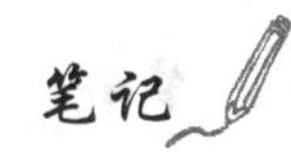

的达到后产生的情绪体验。由于需要得到满足，愿望得以实现，心理的急迫感和紧张感解除，快乐随之而生。快乐的程度取决于多种因素，包括所追求目标价值的大小、在追求目标过程中所达到的紧张水平、实现目标的意外程度等。

（2）怒 - 愤怒：愤怒是指在实现目标时受到阻碍，而使愿望无法实现时产生的情绪体验。愤怒时紧张感增加，并且有时不能自我控制，甚至可能出现攻击行为。愤怒的程度取决于干扰的程度、干扰的次数与挫折的大小。愤怒的引起在很大程度上依赖于对障碍的意识程度。这种情绪对人的身心伤害也是非常明显的。

（3）哀 - 悲哀：悲哀也称悲伤，是指失去心爱的事物时，或理想和愿望破灭时产生的情绪体验。悲哀的程度取决于失去的事物对自己的重要性和价值。悲哀时带来的紧张的释放，会导致哭泣。当然，悲哀并不总是消极的，它有时能够转化为前进的动力。

（4）惧 - 恐惧：恐惧是企图摆脱和逃避某种危险情景而又无力应付时产生的情绪体验。所以，恐惧的产生不仅仅是由于危险情景的存在，还与个人排除危险的能力和应付危险的手段有关。一个初次出海的人遇到惊涛骇浪或者鲨鱼袭击会感到恐惧无比，而一个经验丰富的水手对此可能已经司空见惯，泰然自若。

在以上这四种基本情绪的基础之上，可以派生出众多的复杂情绪，如厌恶、羞耻、悔恨、嫉妒、喜欢、同情等。

2. 情绪状态的分类 情绪状态是指在一定的生活事件影响下，一段时间内各种情绪体验的一般特征表现。根据情绪状态的强度和持续时间可分为心境、激情和应激。

（1）心境：心境是一种比较微弱、持久具有渲染性的情绪状态。心境具有弥漫性，它不是关于某一事物的特定的体验，而是以同样的态度体验对待一切事物。喜、怒、哀、惧等各种情绪都可能以心境的形式表现出来。一种心境的持续时间依赖于引起心境的客观刺激的性质，如失去亲人往往使人产生较长时间的郁闷心境；再如“感时花溅泪，恨别鸟惊心”。

心境对个体既有积极的影响，也会产生消极的影响。良好的心境有助于积极性的发挥，可以提高工作学习效率；不良的心境会使人沉闷，妨碍工作学习，影响人们的身心健康。所以，保持一种积极健康、乐观向上的心境对每个人都有重要意义。

（2）激情：激情是一种持续时间短、表现剧烈、失去自我控制力的情绪状态，激情是短暂的爆发式的情绪体验。人们在生活中的狂喜、狂怒、深重的悲痛和异常的恐惧等都是激情的表现。和心境相比，激情在强度上更大，但维持的时间一般较短暂。激情通过激烈的言语爆发出来，是一种心理能量的宣泄，从一个较长的时段来看，对人的身心健康的平衡有益，但过激的情绪也会使当时的失衡产生可能的危险。特别是当激情表现为惊恐、狂怒而又暴发不出来的时候，会出现全身发抖、手脚冰凉、小便失禁、浑身瘫软等症状。

（3）应激：应激是指个体对某种意外的环境刺激所做出的适应性反应，是个体觉察到环境的威胁或挑战而产生的适应或应对反应。比如，人们遇到突然发生的火灾、水灾、地震等自然灾害时，刹那间人的身心都会处于高度紧张状态之中。此时的情绪体验，就是应激状态。

应激既有积极作用，也有消极作用。一般应激状态使机体具有特殊的防御或排险功能，使人精力旺盛，活动量增大，思维特别清晰，动作机敏，帮助人化险为夷，及时摆脱困境。但应激也会使人产生全身兴奋，注意和知觉的范围缩小、言语不规则、不连贯，行为动作紊乱等表现。紧张而又长期的应激甚至会导致休克和死亡。

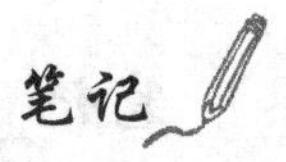

三、情绪研究的理论及其发展

基本和初级情绪是人类和动物所共有的，大量科学研究努力地探讨情绪的生理生物学基础。早期的情绪研究理论有以下几种：

（一）詹姆斯-兰格情绪外周学说

“因为我们哭，所以愁；因为动手打，所以生气；因为发抖，所以害怕；并不是愁了才哭；生气了才打；怕了才发抖。”——詹姆斯

威廉·詹姆斯在 1884 年发表的文章中提出，情绪体验主要是身体变化造成的。丹麦心理学家卡尔·兰格（Carl Lange）几乎在同时发表了相似的理论，因此这被称为“詹姆斯-兰格理论”。他们强调情绪的产生是自主神经活动的产物。后人称它为情绪的外周理论，即情绪刺激引起身体的生理反应，而生理反应进一步导致情绪体验的产生（图 10-1）。詹姆斯提出情绪是对身体变化的知觉。在他看来，是先有机体的生理变化，而后才有情绪。所以悲伤由哭泣引起，恐惧由战栗引起。兰格认为情绪是一种内脏反应，他说，“情感，假如没有身体属性，就不存在了”。还说，“血管运动的混乱，血管宽度的改变，以及与此同时各个器官中血液量的改变，乃是激情的真正最初原因”。他以饮酒和药物的作用为例，说明这些因素之所以引起人们情绪的变化，是因为酒精和药物影响了血管系统的结果。他认为自主神经系统支配作用的加强和血管扩张的结果，产生愉快的情绪；自主神经系统活动的减弱，血管收缩和器官痉挛的结果产生恐怖情绪。他甚至认为冷水浇身能减弱愤怒和暴躁的情绪，溴化钾能抑制恐怖、消除忧虑和不愉快的情绪等。总之，他认为情绪就是对有机体内部和外部生理变化的意识；情绪是内脏活动的结果。因此特别强调情绪与血管变化的关系。一些实验支持了这一理论，例如，人为操纵受试者的表情，受试者可以感受到相应的情绪。

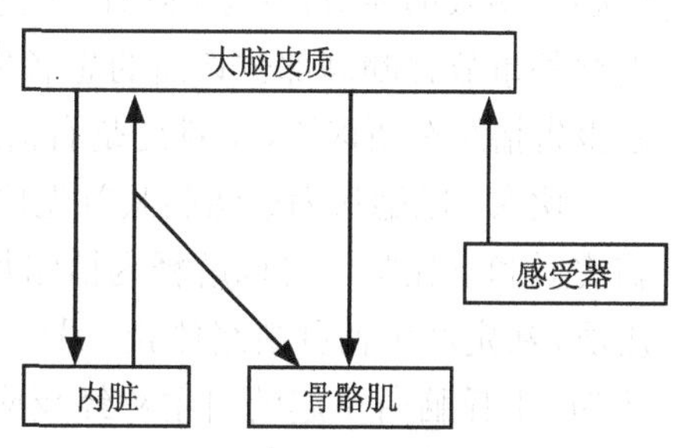

图 10-1　詹姆斯的情绪理论图

在 1953 年以前，詹姆士-兰格理论被主流心理学界摒弃。批评者的观点是，詹姆士列出的身体变化，很多是一般生物应激反应，这些反应和不同的情绪并没有一一对应关系。还有些批评者提出，情绪的产生比身体反应变化迅速。人们只需 1/10 秒就能感到愤怒，但是神经系统激发腺体，把荷尔蒙释放到血液中需要一整秒。因此生物反应只是强化感情，不能制造感情。

由于批评声音强烈，詹姆士-兰格理论在 20 世纪前期沉寂下来，直到一些近期神经学研究在一定程度上支持该理论。当代学者普遍认为，即使没有大脑皮质参与，人也可以产生情绪（即没有自主意识、没有认知的情况下）。生理变化伴随着情绪产生，调节制约人们对情绪的感受，但是并不直接造成情绪。情绪也可以反过来导致生理变化，并产生包括战斗、逃跑、抚育在内的适应行为。詹姆斯-兰格理论看到了情绪与机体变化的直接关系，强调了自主神经系统在情绪产生中的作用；但是，他们片面强调自主神经系统的作用，忽视了中枢神经系统的调节、控制作用，因而引起了很多的争议。

（二）坎农-巴德的丘脑情绪理论

坎农-巴德的丘脑情绪理论（Cannon-Bard theory of emotion）由美国生理学家 W.B. 坎农和 P. 巴德在批评詹姆斯-兰格的理论基础上提出的一种情绪理论，主张丘脑在情绪形成中起重要作用。1927 年，坎农提出了丘脑说，后得到巴德支持并加以扩充，故称“坎巴两氏情绪说”。该理论认为情绪的中心不在外周神经系统，而是中枢神经系统的丘脑（图 10-2）。

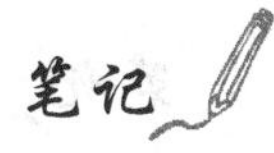

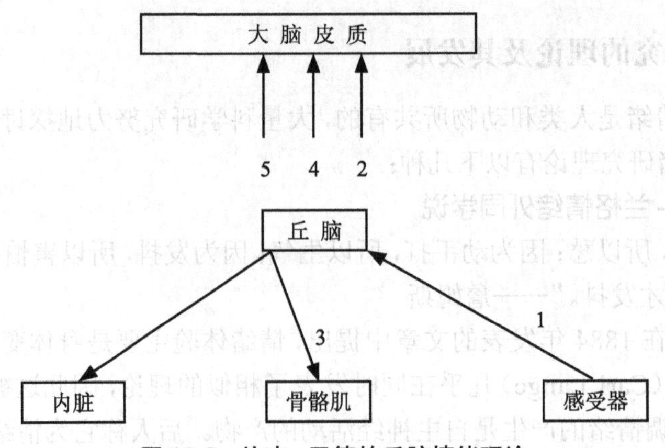

图 10-2 坎农 - 巴德的丘脑情绪理论

1972 年，坎农提出了丘脑说以批判詹姆斯 - 兰格理论。坎农认为，如果身体的变化就是产生情绪的原因，那么不同情绪应当有不同的内脏活动的变化。同样，如果用实验或其他方法（如服用药物）引起内脏的变化，也应当有情绪反应；相反，如果去除内脏变化的感觉，就应当不再有情绪反应了。因此，他提出了一些有力的反证。第一点，他指出，不同的情绪可以有同样的内脏活动的变化，而同样的内脏活动的变化也可能有不同的情绪。例如，伤心和感激都能流泪；心跳加快可能是受惊，也可能是过分激动或生气。第二点，他指出，因意外事故脊髓高部位切断的患者失去了内脏感觉，但并未丧失情绪或情感。虽然有的患者报告情绪有所淡漠，但都还是有情绪的。

坎农 - 巴德认为情绪刺激首先传到丘脑，再由丘脑同时向上、向下发出神经冲动激活大脑皮质和下丘脑。可以解释为情绪加工从丘脑开始存在两条并行通路：一条通路到达大脑皮质，决定产生何种情绪体验；另一条通路到达下丘脑，激活外周的唤醒和行为反应。坎农认为，下丘脑所引起的自主神经反应是所有情绪产生的非特异性表现，因此其信号上传至皮质时只能调节情绪体验的程度，而不影响其性质。

坎农 - 巴德情绪理论的根据是去大脑皮质的动物的情绪反应亢进，但也有否定的证据，即丘脑损毁后动物仍有情绪反应，损毁下丘脑则可消除动物的情绪反应。由此可见发动情绪的位置不完全在丘脑。这是坎农 - 巴德理论的不足之处。坎农的情绪论比詹姆斯 - 兰格的情绪理论确实前进了一步，但是，他只看到丘脑的作用而忽视其他中枢部位，尤其对大脑皮质的作用估计不足。因此，这一理论也不能全面地解释情绪活动。

坎农 - 巴德理论唤起了人们对丘脑的重要性的注意。他们还提出了一系列有说服力的、反对詹姆斯理论的论点，虽然这些论点后来受到了严厉的质疑，但至少引起了人们对情绪的神经生理方面的注意，并因此而成为这方面理论研究工作的先驱。

后来的研究进一步证明，整合情绪冲动的重要中心是下丘脑。1954 年，J. 奥尔兹和 P. 米尔纳用微电极进行“自我刺激”实验，证明下丘脑、边缘系统及其临近部位存在着“奖励中枢”和“惩罚中枢”。目前认为，情绪的复杂生理机制在很大程度上取决于下丘脑、边缘系统、脑干网状结构的功能，大脑皮质调节情绪的进行，控制皮质下中枢的活动。

（三）沙赫特 - 辛格的认知情绪理论

20 世纪 60 年代初，美国心理学家沙赫特（S.Schachter）和辛格（J.Singer）提出，对于特定情绪的产生而言，有两个因素是必不可少的。第一，个体必须体验到高度的生理唤醒，如心率加快、手出汗、胃收缩、呼吸急促等；第二，个体必须对生理状态的变化进行认知性的唤醒（图 10-3）。

笔记

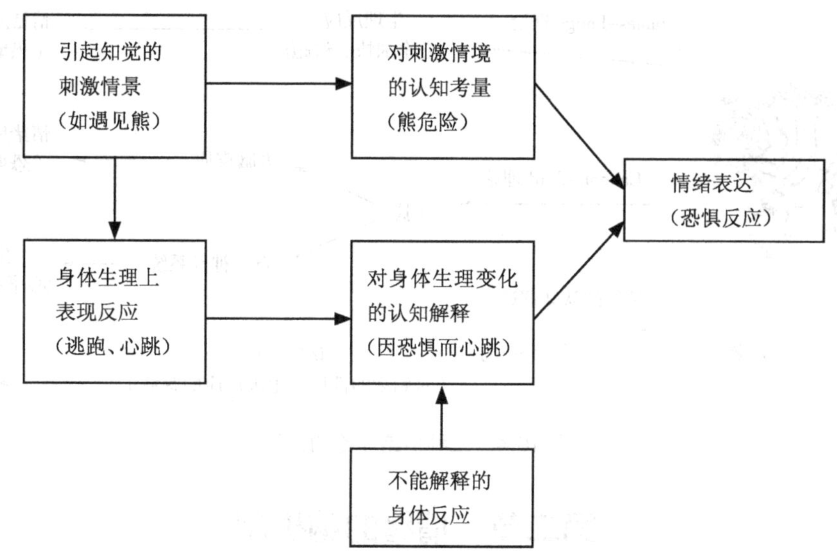

图 10-3 沙赫特 - 辛格的认知情绪理论

为了检验情绪的两因素理论，他们进行了实验研究。把自愿当被试的若干大学生，分成三组，给他们注射同一种药物，并告知被试为其注射的是一种维生素，实验目的是研究这种维生素对视觉可能发生的作用。但实际上对被试注射的是肾上腺素（adrenaline，epinephrine，AD）。因此三组被试都处于一种典型的生理激活状态。然后，主试向三组被试说明注射药物后可能产生的反应，并分别对三组被试做不同的解释：告诉第一组被试，注射后将会出现心悸、手颤抖、脸发热等现象（这是注射肾上腺素的反应）；告诉第二组被试，注射药物后，身上会发抖，手脚有点发麻，没有别的反应；对第三组被试不做任何说明。接着把注射药物以后的三组被试各分一半，让他们分别进入预先设计好的两种实验环境里休息：一种是惹人发笑的愉快环境（让人做滑稽表演）；另一种是惹人发怒的情境（强迫被试回答繁琐问题，并强词夺理横加指责）。根据主试的观察和被试的自我报告结果：第二组和第三组被试，在愉快环境中显示出愉快情绪，在愤怒情境中显示出愤怒情绪；第一组被试则没有愉快或愤怒的表现和体验。

如果情绪体验是由内部刺激引起的生理激活状态决定的，那么三组被试注射的都是肾上腺素，引起的生理状态应该相同，情绪表现和体验也应该相同；如果情绪是由环境因素决定的，那么不论哪组被试，进入愉快环境中就应表现出愉快情绪，进入愤怒环境中就应表现出愤怒情绪。实验证明，人对生理反应的认知和了解决定了最后的情绪经验。这个结论并不否定生理变化和环境因素对情绪产生的作用。

事实上，情绪状态是认知过程（期望）、生理状态和环境因素在大脑皮质中整合的结果。环境的刺激因素，通过感受器向大脑皮质输入外界信息；生理因素通过内脏器官、骨骼肌等的活动，向大脑输入生理状态变化的信息；认知过程是对过去经验的回忆和对当前情境的评估，来自这三个方面的信息经过大脑皮质的整合作用，才产生了某种情绪经验。

沙赫特 - 辛格的认知情绪理论不再局限于情绪体验形式，而努力去研究情绪的认知机制，并对情绪的认知调节进行了一定程度的内外归因，所以，具有一定的现实意义。但这种理论的实证依据还不够完善。情绪是一种复杂的生理现象，没有一种理论可以完全涵盖情绪的所有方面。实际上，几乎每一种理论都只研究了个别的情绪。上述三种理论都存在明显的缺陷，三种理论相互之间也存在着彼此矛盾，没有一种理论是完全正确的。现代科学仍不断地积累证据，以了解情绪的本质（图 10-4）。

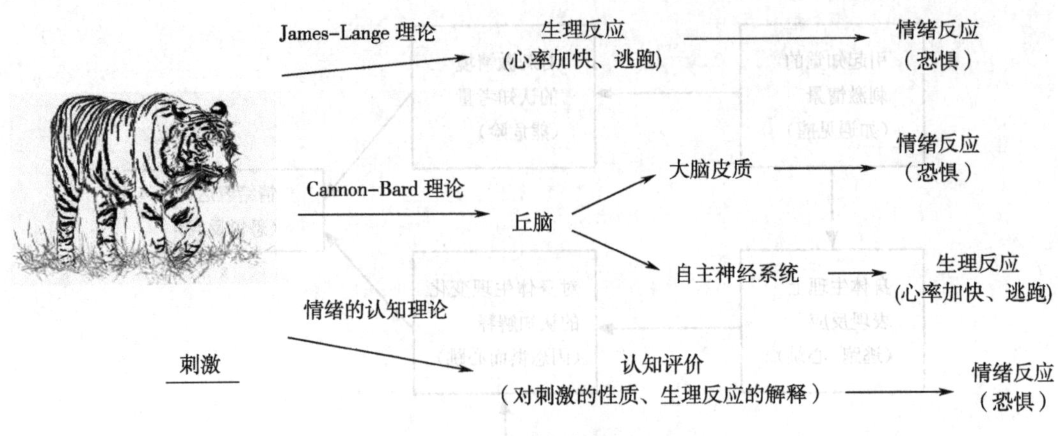

图 10-4 三种情绪理论的比较

第二节 情绪的脑机制

从情绪的进化与情绪的产生理论我们可以看出，情绪的产生和调节依赖于中枢神经系统的复杂调控功能。大量研究表明，情绪产生主要由大脑中的神经回路所控制，这些回路整合加工情绪信息进而产生情绪。产生情绪的神经回路包括前额皮质、杏仁核、海马、前部扣带回及腹侧纹状体等(图 10-5)。那么，各个回路在情绪产生过程发挥怎样的作用呢？本节将主要介绍情绪产生的有关脑区及其相关研究。

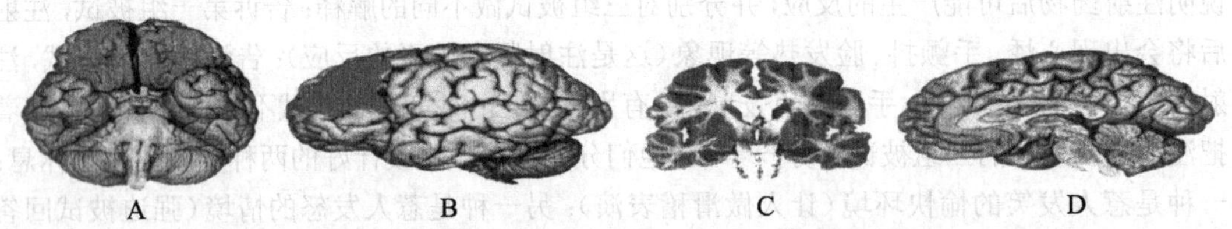

图 10-5 情绪和情绪调节的神经回路的关键成分(彩图见本章数字资源)
A: 眶额回皮层(绿色)和腹中前额叶皮层(红色) B: 背外侧前额叶皮层(蓝色)
C: 海马(紫色)和杏仁核(橘色) D: 前扣带回皮层(黄色)

一、情绪加工的脑区分工

(一)下丘脑

坎农 - 巴德的情绪理论表明下丘脑在情绪的产生有重要的作用，同时，脑损伤实验及神经电生理研究也表明下丘脑是情绪反应的重要表达中枢。

20 世纪 20 年代，研究者发现猫或者狗在切除了下丘脑后部之前的大脑皮质后会出现与正常动物相似的攻击行为，而且这种行为在受到轻微的刺激时就会被激发。但是这些攻击行为并没有直接攻击的特定目标，因此研究者用“假怒”(sham rage)来描述这种行为的特征。当切除的组织包括下丘脑后部时假怒的行为即可终止，进一步研究表明引起假怒的关键部位是下丘脑后部。

1954 年郝斯(Hess)采用立体定位技术(stereotaxic technique)对下丘脑不同区域进行了一系列电刺激实验。结果发现，刺激某些区域会使动物出现打喷嚏和进食行为；而刺激另外一些区域则会使动物出现愤怒的行为反应，如发出嘶嘶声、咆哮和毛发竖起等反应。1976 年，福林(Flynn)发现刺激猫下丘脑的不同区域可引起两种不同形式的攻击行为：当刺激内侧下丘脑时会引起情感性攻击行为(affective aggression)，此时的攻击行为在很大程度上具有表演成分，攻击过程中往往伴随怒叫，并做出威胁性的姿势；当刺激外侧下丘脑时则

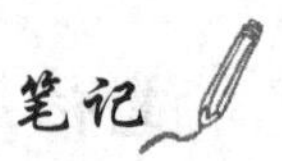
笔记

引起摄食性攻击行为（predatory aggression），猫会直接攻击老鼠的致命处，将其杀死后吃掉，并不发出叫声，没有过分的表演成分。

（二）帕佩茨环路

情绪的产生并不是简单地依赖于大脑的某一部位或区域，它的产生和调节主要是依赖于中枢神经系统复杂的调控。情绪刺激激活了感觉通道再激活下丘脑，引起了情绪的生理反应（如心率，血压和呼吸）及基本的情绪反应。当然，有关刺激的信息也可以通过失去稳态的外周器官直接传到大脑皮质或通过下丘脑、杏仁核及其他相关部位间接传入大脑皮质。大脑皮质则负责调节情绪体验和组织更加复杂而长期的情绪行为。那么，皮质下结构和大脑皮质是如何相互作用调节情绪体验的呢？

1937 年美国神经生物学家帕佩茨（James Papez）根据生理学、神经解剖学及临床的实际观察，提出情绪的产生是由一些相互连接的神经结构控制，在脑内侧面有一个“情绪系统”，它连接着皮质和下丘脑，包括扣带回、海马旁回、海马结构（含海马、齿状回、下脚），环绕于丘脑周围。帕佩茨提出，携带情绪信息的感觉传入首先到达丘脑，然后传送给皮质和下丘脑。扣带回（cingulate gyrus）是调节情绪体验的皮质脑区，下丘脑控制着身体的自主唤醒和行为反应。他认为，有意识的情感经验可以通过两种机制产生：一种是所谓的“思想流”，即感觉传入通过丘脑，经大脑皮质到扣带回，这条信息传递流中可能存储了长时记忆的信息，由此诱发情绪体验。另一种是所谓的“情感流”，感觉的传入先到达下丘脑，然后通过丘脑前核到达扣带回。为了说明情绪活动中皮质与皮质下结构的相互作用机制，帕佩茨提出了一个环路：即海马结构将信息从扣带回，通过穹窿传导下丘脑乳头体。反过来，下丘脑也可以通过乳头体、前丘脑将信息传到扣带回，如此形成了传递情绪信息的神经环路，帕佩茨构想的这个神经环路被称为“Papez”环。在这个环路中，帕佩茨强调海马及扣带回在情绪加工中的作用。后来的研究表明情绪活动的脑机制要比帕佩茨环路所描述的机制复杂得多，解剖学研究显示新皮质、海马结构、杏仁核之间存在着广泛而直接神经纤维联系。其中杏仁核是联系下丘脑和皮质区域的关键结构，而非帕佩茨先前认为的海马，海马在情绪的产生中只起到了间接的作用。因此，“Papez”环得到了进一步扩充，包括了部分下丘脑、隔区、伏隔核、新皮质区域如眶额皮质、杏仁核等部位。见图 10-6。

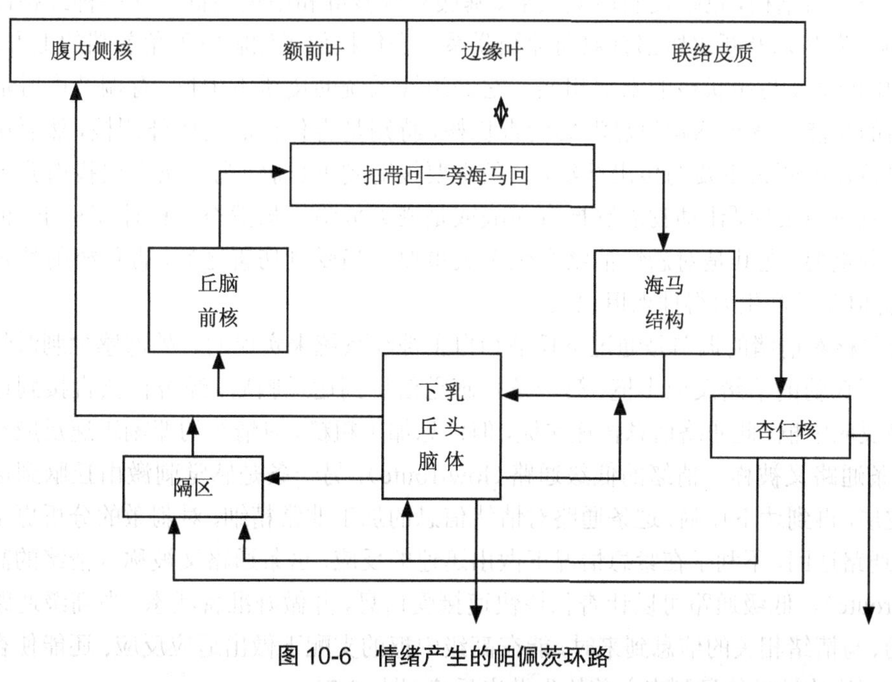

图 10-6　情绪产生的帕佩茨环路

笔记

知识链接 10-1

Klüver-Bucy 综合征

在帕佩茨的情绪环路提出后不久，1939 年芝加哥大学的 Klüver 和 Bucy 通过观察发现猴子的双侧颞叶切除后出现了一系列行为改变，这就是著名的 Klüver-Bucy 综合征。具体表现归纳为五个方面的变化：心理盲（psychic blindness）、口倾向（oral tendency）、过度变态（hypermetamorphosis）、性行为异常（altered sexual behavior）及情绪改变（emotional change）。

1. 心理盲 双侧颞叶切除的猴子不能辨认看到的物体，但他们并不瞎。换句话说，他们换上了视觉失认证，故将其称为“心理盲”。

2. 口倾向 这些猴子倾向于将物体置于口中进行检查，似乎在用触觉来辨认这些物体。

3. 过度变态 这些猴子的口倾向可以在一定程度上补偿视觉忽视障碍。但是，它们会不停地去探索环境中的每个物体。这种不停探索行为称作“过度变态”。

4. 性行为异常 这些猴子的性兴趣明显增强，出现了大量的变态性行为，它们的性行为不仅在异性间发生，还会在同性间发生。

5. 情绪改变 这些猴子再也不害怕人了，实验人员可以随意地碰它们，把它们带出来时也不会遭遇丝毫抵抗。另外这些猴子在遭到攻击后仍然会再次接近它们的天敌（如蛇）。这些现象提示，双侧颞叶切除损害了猴子对恐惧刺激的反应。

摘自维基百科全书

（三）边缘系统

边缘系统是由边缘叶和相关的皮质下结构构成的，主要包括隔区、扣带回、海马旁回、海马和齿状回、杏仁核等。1949 年，麦克林（P. Maclean）提出边缘系统对情绪加工起关键作用。

1. 杏仁核（amygdala） 杏仁核，又称杏仁核复合体，是位于内侧颞叶的海马前部，一组形似杏仁的结构，包括皮质内侧核群、基底外侧核群和中央核群。这些神经核团与下丘脑、丘脑、海马以及新皮质都有双向神经联系。杏仁核位于侧脑室下角前端的上方，海马体旁回沟的深面，与尾状核的末端相连。它是边缘系统的皮质下中枢，有调节内脏活动和产生情绪的功能。各种感觉信息汇集到杏仁核，特别是杏仁核的基底外侧核，然后由杏仁核的中央核发出两条主要的传出纤维，一条主要投射到下丘脑，另一条主要投射到脑干。杏仁核引发应急反应，让动物能够挺身而战或是逃离危险。虽然杏仁核体积很小，但对情绪反应十分重要，尤其是对恐惧情绪产生至关重要。当受到伤害之后，杏仁核的特定区域会“学会害怕”，并产生习得性恐惧记忆。

杏仁核对情绪的调节是通过下丘脑和自主神经系统来实现的。外部感觉刺激经两条通路到达下丘脑的情绪反应中枢：第一条是感觉信息到达丘脑后，经杏仁核直接到达下丘脑的情绪反应中枢，此通路信息传递快捷，但信息加工粗糙，对情绪的即刻迅速反应有重要意义，这条通路又被称为情绪的低级通路（low route）；另一条是感觉刺激由丘脑到达相应的感觉皮层，再到达下丘脑，这条通路对情绪信息的加工非常精细，对刺激的分析更全面和彻底，但通路迂回，不利于在紧急情况下做出迅速的反应，这条通路又被称为情绪的高级通路（high route）。低级通路可以让杏仁核快速接受信息，并做好准备状态，当高级通路传入的复杂的、与情绪相关的信息到来时，能在高级中枢的支配下做出适应反应；还能使杏仁核在新皮质下达的神经信息到来之前抢先做出反应（图 10-7）。

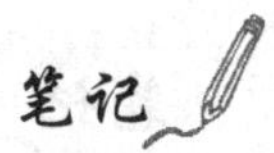

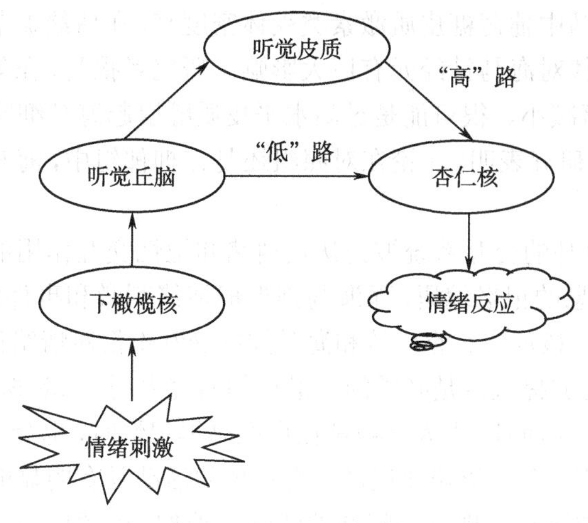

图 10-7　杏仁核的"低"路和"高"路

杏仁核对恐惧和愤怒情绪的表达识别显得较为重要。动物研究表明，毁损杏仁核可导致与双侧颞叶切除后出现的 Klüver-Bucy 综合征相似的呆板情绪反应。可见，双侧杏仁核切除不仅使动物变得驯服，还降低动物的恐惧反应。切除杏仁核的大鼠会主动接近富有攻击性的野猫，而杏仁核被切除的野猫则会变得像家猫一样温顺。电刺激猫的杏仁核，可引起警惕性和注意力的增加，同时导致恐惧和强烈的攻击反应。美国 Lowa 大学的 Adolphs 在 1994 年对一例双侧杏仁核受损的妇女进行研究发现，该妇女智力正常，能根据照片鉴别人物，但是她很难辨认人物的某些面部表情。如果要求她对面部表情分类，她可以分出高兴、悲伤和厌恶，但对愤怒和恐惧的表情无法识别，也不会描述害怕时的恐惧情绪。PET 和 fMRI 研究发现杏仁核与情绪的面部表情的识别有关。让被试观看恐惧和高兴的脸，杏仁核（尤其是左侧）对恐惧的面部表情比对高兴的面部表情产生更大的反应。惠伦（Whalen）等 1998 年的研究发现，被试可以在意识不到恐惧面孔，即让这些面孔快速呈现时，也能引起杏仁核的激活，这种无意识条件下恐惧面孔的杏仁核激活和有意注意情况下的激活同样强烈。以上研究都说明了无论在有意识条件下还是在无意识条件下杏仁核对恐惧信息的加工起重要作用。

杏仁核参与处理学习获得的情绪反应。各种学习过的情绪，尤其是恐惧和焦虑，通过杏仁外侧基底核传入杏仁核群。毁损动物的双侧杏仁核外侧基底核使习得性恐惧反应丧失。对一例两侧杏仁核受损的女性患者（SP）的研究结果验证了这种观点。SP 参与了一项恐惧条件反射的学习任务。实验中，蓝色方块在屏幕上每次呈现 10 秒，结束时给她腕部以微弱的电击。SP 对电击产生了恐惧反应，这可以通过她的皮电反应被测得。但是，当蓝色方块再次出现时她的皮电反应并没有改变，甚至在几次习得性实验之后也是这样。缺乏皮电反应表明，她没有形成习得的恐惧性条件反射。当给 SP 呈现她自己和正常被试的实验数据，并问她对此有何想法时，她是这样描述的：她惊讶自己对蓝色方块（CS）没有出现皮电反应的改变，她知道第一次看到图形后腕部就受到了电击，也在看到蓝色方块时预料到会出现电击，但她无法理解皮电反应为什么不能反映自己所确信的实验事实。出现以上结果的原因有两种可能，一是对习得性恐惧反应的记忆存储在杏仁核，因为它的损伤导致习得反应的情绪成分被破坏；二是这种情绪记忆并非直接存放在杏仁核中，而是存放在扣带回和海马旁皮质中，他们与杏仁核相互联系。杏仁核的损伤导致联系中断，不能出现习得的情绪反应。

2. 海马（hippocampus）　海马作为边缘系统的一部分被认为与情绪相关。较早的研究发现，破坏猴子的海马会产生抑郁反应。帕佩茨环路也指出，海马在情绪加工的核心过程

中起着重要作用。海马中葡萄糖皮质激素类受体密度高，在情绪调节中很重要。动物研究证明糖皮质激素类受体对海马神经元有巨大影响。研究者报告，在创伤后应激障碍和抑郁患者中，海马体积显著减小。很可能是过高水平皮质醇引起海马细胞死亡，导致海马萎缩。2001 年 Rusch 等人的研究表明，无论在对照组还是在抑郁组中，海马体积与特质焦虑呈负相关。

目前，杏仁核 - 海马的交互系统被公认是情绪和记忆交互作用的基本神经机制。杏仁核影响海马对情绪信息的记忆编码，而海马则形成情绪刺激和事件的记忆，并进一步影响情绪刺激出现时的杏仁核反应。杏仁核和海马间的交互不仅对情绪记忆的编码和巩固非常必要，而且对情绪记忆的提取也是必需的。最近的研究表明，当动物在提取恐惧记忆时，杏仁核和海马会同步活动；而且，当人类被试在提取恐惧记忆时，也会出现杏仁核和海马之间的同步活动。除此之外，海马依赖性记忆对杏仁核的活动具有明显的影响。例如，fMRI 的研究表明，如果告诉被试在呈现一个特殊的线索后他们会受到一个或多个轻微的电击，那么当线索出现时，即使并没有出现电击，被试的左侧杏仁核也会有活动。

3. 前扣带回（cingulate gyrus） 前扣带皮层也被认为是边缘系统的一部分，传统上认为这一区域在抑郁和情绪障碍的神经生物学中具有重要作用。近三十多年的大量神经影像学研究表明，前扣带皮层参与诸如内隐学习、决策和注意等多个认知过程。为了全面了解前扣带皮层的作用，可将其分为情绪和认知两部分：情绪部分包括前扣带皮层的喙侧和腹侧区域，参与对某些本能反应的调节，包括对应激性行为、情绪事件、情绪表达和社会行为等的自动反应；认知部分包括前扣带皮层的背侧区域，在反应选择和认知加工中起重要作用。比如，加工竞争性的信息或者调节认知或情绪的冲突会激活其背侧区域，说明前扣带皮层的认知部分可能具有评估的功能，而且，背侧区域在评价潜在冲突的出现中也起着重要作用。因此前扣带皮层与诸如强迫症（obsessive-compulsive disorder，OCD）、创伤后应激障碍（posttraumatic stress disorder，PTSD）、和单纯恐怖症（simple phobia）等疾病关系密切也就不足为奇了。

前扣带皮层通过与杏仁核和其他脑区的联结，参与社会认知中对他人情绪的理解。一项 fMRI 研究，采用 stroop 范式来探测情绪冲突，结果表明，杏仁核和背外侧前额叶的活动与情绪冲突的数量有关。并且，前扣带皮层喙侧的活动与情绪冲突的解决有关。前扣带皮层喙侧的活动可以由先前与冲突有关的神经活动的数量来预测，并同时伴随着杏仁核活动的下降，说明情绪冲突的解决是通过前扣带皮层喙侧自下而上对杏仁核的抑制来完成的。其他研究也表明，前扣带皮层通过编码得到奖励的可能性来计算行为的得失，与此同时，前扣带皮层对于权衡努力代价的决策过程也至关重要。

4. 隔区（septal area） 隔区是两侧脑室前部的中隔结构，主要接受来自下丘脑、海马、杏仁核、视前区和中脑网状结构的传入纤维。它的传出纤维与海马交互连接。隔区与海马之间的双相纤维联系使两者在生理功能上关系更为密切。隔区毁损实验表明动物立即出现发怒反应的增强和感情异常的“隔综合征（septal syndrome）”，动物对抚摸刺激及温度变化出现反应增强。刺激隔区时可中断动物进行着的活动而保持静止状态，捏尾巴也不发怒，也不出现攻击反应，停止刺激则表现为激动和活动增强，动物试图逃跑。刺激猴的隔区可减少或抑制敌意和攻击性。动物实验也发现，把电极放在隔区时，大鼠以每小时 2000 次左右，猴子以每小时 8000 次左右的频率按压杠杆来获得自我电刺激，故隔区也被称为“奖赏中枢”。值得注意的是，隔区不是引起奖赏效应的唯一脑区。外侧下丘脑、内侧前脑束和中脑腹侧被盖区等脑区也都具有电刺激的奖赏功能。

（四）大脑皮质

大脑皮质中的一些部分在情绪的发生中发挥着重要作用，下面主要介绍腹内侧皮质、

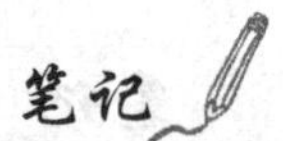

眶额皮质及脑岛皮质对情绪的影响作用。

1. 前额皮质(prefrontal cortex,PFC) 灵长类动物的PFC可分为三个子分区:背侧皮质PFC(DLPFC)、腹内侧皮质PFC(VMPFC)、眶额皮层(OFC)。对动物和人类的大量研究资料显示PFC的各个部分均与情绪有关,而且这三个子分区的功能具有不对称性,左PFC与积极情绪有关,右PFC与消极情绪有关。上述结论的得出主要来自以下三个方面的研究:

首先来自对正常人的研究。对正常人的研究与对脑损伤患者的研究获得的结果一致。戴维森(Davidson)等人于1990年研究显示,电影诱发的厌恶和恐惧情绪提高右侧前额和前部颞叶的激活,而诱发的积极情绪引发相反的不对称激活模式。沙顿(Sutton)等人于1997年用PET测量大脑的区域葡萄糖代谢,发现在消极情绪产生期间,右侧的前眶额、下前、中、上前脑回中代谢率提高;积极情绪的产生与前和后中央脑回中左侧代谢的提高有关。彼瑞盖得(Beauregard)在2001年的研究表明,对消极图片的反应中,右前颞叶激活。

其次,对脑损伤患者的研究,比较左侧和右侧大脑损伤患者的心境,发现左侧PFC损伤后抑郁症状明显。左侧PFC损伤后抑郁症状明显可能与左侧PFC参与积极情绪回路有关,其损伤后导致体验积极情绪的能力缺失。后来左侧PFC损伤被认为是抑郁的一种标志性特征。墨瑞斯(Morris)等人于1996年的研究表明,相对于其他位置的脑损伤,左PFC损伤和抑郁症状之间有关系。

再次,对情绪障碍患者的研究。戴维森(Davidson)等人于2000年在脑电活动测量的研究中,发现当社交恐怖症者期待公开演说时,右侧前额脑电激活增强。Rauch等人于1997年对焦虑障碍患者的研究发现在实验诱发焦虑期间,右下PFC和右中央眶额PFC都被强烈地激活。

总之,上述研究表明左PFC与趋近系统和积极情绪有关,右PFC与消极情绪和退缩有关。Miller和Cohen于2001年在已有研究的基础上,提出了一个综合的前额功能理论,认为PFC维持对目标的表征,并实现达到目标的方法。腹内侧PFC与对未来积极和消极情绪后果的期待有关。

2. 眶额皮质(orbital prefrontal cortex,OFC) 在大脑皮质中,前额皮质与情绪的关系中眶额皮质对情绪行为具有重要的控制作用。眶额皮质位于额叶的基底部,它是覆盖于眼眶之上的大脑皮质,因此称为眶额皮质。它接受来自丘脑背内侧核、杏仁核、扣带回以及嗅、味、躯体感觉及视觉信息的输入,输出到基底神经节、下丘脑及脑干、杏仁核及前扣带皮质。这种解剖联系赋予眶额皮质一种类似杏仁核的能力,即整合来自不同方面的感觉信息,通过反馈联系调节感觉及其他认知加工,是情绪信息的高级整合中心。

眶额皮质对情绪行为重要的控制作用,源于一个脑区损伤患者的情绪行为改变。1848年9月13日,25岁的盖齐(Phineas Gage)在将火药放入准备爆破的施工洞穴的时候分心了,于是拨弄火药的铁棒擦到了岩石,产生的火花顿时引起了爆炸。这个结果就是一根长1m、重6kg的铁棒直直地穿透了他的脸颊,从大脑的左前叶穿过并从大脑的顶端穿出,眶额皮质受到严重损伤(图10-8)。然而更加出人意料的是盖齐居然存活了下来,不仅如此他的生活自理能力几乎没有什么改变。但在接下来的几个月里,他的行为变得很冲动,而且常常做出错误的决定。在事故发生之前,盖齐是一个工作努力、精力充沛、情绪稳定的一个人。但是,受伤后他变得粗鲁、无耐

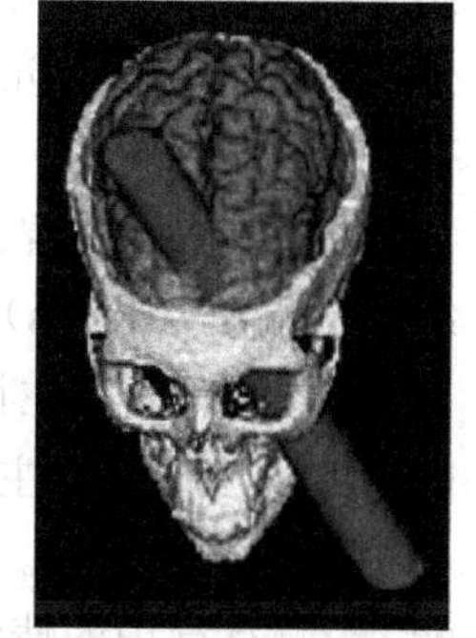

图10-8 Phineas Gage的头颅重建图铁棍从左侧面颊穿入从头顶穿出

笔记

心、情绪喜怒无常。那么为什么眶额皮质受损后会导致情绪活动的紊乱呢？

20世纪90年代，Rolls的系列研究表明，眶额皮质参与了对刺激物的情绪性和动机性学习。他认为前额叶和杏仁核一起学习并记住了新的刺激和原始刺激（如食物、水、性）之间的联系。尤其重要的是，前额叶可以知道新刺激的奖励意义，并相应地调整行为。眶额区受损的动物，奖励性学习受到破坏，主要表现为转向学习的缺失，他们反复地对先前与奖励相关的刺激做出反应而不是转向对当前强化刺激作反应。

近期一些研究显示，眶额皮质参与了基于奖赏评估进行决策制订的情绪加工过程。例如，眶额皮质损伤的患者尽管不缺乏作出适合决策的知识，但因为不能预测下一个行为可能带来的负性情绪后果，导致决策制定发生困难。这一脑区损伤的灵长动物无论在什么样的情境中均不能完成与奖赏相关的任务，同时也丧失了对环境刺激应有的情绪反应。蔡厚德于2006年研究表明眶额皮质还存在面部表情反应的选择神经元，提示它可能参与了社会性的情绪决策过程。

眶额皮质负责处理在社会情境中习得的惩罚性或厌恶性事件的情绪反应，当眶额皮质损伤时会导致无法为很可能产生不利后果的行为提供情绪性预警实验。这一理论得到了1997年比查尼（Bechera）的实验研究结果的支持。实验中要求被试从四堆卡片中选择并翻卡片。翻其中两堆卡片，每张获得100美元的奖励，翻另外两堆卡片每张获得50美元奖励。然而高回报条件下的惩罚也更大，如果翻到某张“惩罚”卡片会损失250美元，350美元，甚至1250美元；而翻那堆低回报的卡片时，被试的损失要小得多（不超过100美元），总的来说，奖励比惩罚多，为有利选择。结果表明，额叶损伤被试更可能选择高回报的卡片，尽管惩罚十分严厉。另一个重要发现是，一共要求翻100次卡片，当翻到第50张卡片时，正常人都会出现预期的皮电反应，这是伴随选择“冒险”卡片时的情绪性“预感”。而眶额皮质受损的被试缺乏这样的“预感”信号。换句话说，正常被试能“感觉”到什么是正确或错误的选择，并据此来指导他们的行为，眶额皮质损伤的人会缺失这种“感觉”。

3. 脑岛（insular cortex） 脑岛又被译成岛叶，脑岛是大脑皮质的一部分。它是向内凹陷的皮质区域，被包埋在外侧裂之内，无法直接从完整的脑的外部观察到。它与额叶，颞叶和顶叶的皮质相连通。额叶、颞叶和顶叶在面向外侧裂，与脑岛相邻的部分叫做“岛盖”（Operculum）。

脑岛皮质是内脏、味觉、躯体感觉、视觉和听觉神经的汇聚之处，并与杏仁核、下丘脑、扣带回、眶额皮质有交互连接。

脑岛主要参与厌恶、悲伤、害怕、愤怒等厌恶情绪的加工过程。脑岛前部受损的患者既不能表达自己的厌恶情绪也不能识别他人的厌恶情绪。从人类腹侧前脑岛的电记录结果看，这部分只对描述面无表情的图片反应，而对描述其他表情的图片没有反应。此外，很多脑成像研究也表明，脑岛前部与受到视觉或味觉的厌恶刺激时厌恶情绪的表达有关。

虽然脑岛可以表现对厌恶的功能专门化，它在情绪加工中的作用不限于一种特殊的情绪。墨瑞斯（Morris）认为情感刺激首先通过下丘脑和杏仁核产生情绪反应，这种情绪反应是无意识的，由自主神经系统调节的，而脑岛则起着完全不同的作用，它负责将这些无意识的情绪反应转化为主观的情感体验。由于脑岛在情绪加工中的重要作用，推测其也可能参与了社会认知加工。2002年克里希来（Critchley）提出脑岛可能借助于外周自主神经的唤醒，影响有意识的情绪体验，更进一步说明脑岛在情绪的主观方面起重要作用。脑功能成像研究表明，正常健康的个体在害怕、愤怒、悲伤、厌恶、饥饿及满足状态下脑岛都表现为激活，尤其是要求被试者在执行情绪任务的同时作出认知判断时。

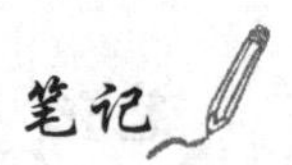

二、情绪加工的功能性整合

通过情绪加工的脑区分工，我们可以看出不同脑区对情绪的产生作用不尽相同。但在情绪的产生过程中，需要各脑区协同作用，整合加工信息。比如，下丘脑是基本情绪产生的重要脑区；杏仁核在恐惧愤怒情绪的表达尤其对与习得性情绪产生很重要；眶额皮质主要参与基于奖赏评估而进行决策制订的情绪加工过程等等。下面将通过四种基本情绪（悲伤、快乐、愤怒、恐惧）状态下不同脑区的激活或失活模式来说明情绪产生时各脑区的整合功能。

2000 年，达马西奥（Damasio）等采用正电子发射体层扫描技术（PET）检查了基本情绪的中枢机制。他们采用自传体回忆任务诱发被试的快乐、悲伤、愤怒和恐惧四种基本情绪。结果显示，眶额皮质、脑岛、次级躯体感觉皮质、前扣带回、脑干和下丘脑等脑区在不同的情绪状态下表现出不同程度的激活或失活模式（表 10-1）。研究者推测，不同脑区活动的特异性改变提示它们在情绪加工中所起作用不同。眶额皮质是加工情绪信息的高级中枢，参与评价情绪刺激的动机意义和行为决策；脑岛和次级躯体感觉皮质主要接受来自内脏和躯体改变的感觉信号；前扣带回负责情绪加工过程中的冲突监控；脑干和下丘脑主要调节情绪活动中的躯体与自主反应。另外，杏仁核的活动水平在四种情绪状态下均没有显著性变化，这可能是由于杏仁核仅对突发性情绪刺激比较敏感，而对自传体回忆中诱发的持续出现的情绪状态则不起反应。研究认为，这些神经结构的活动模式可能构成了一个有关机体状态的多维度活动地图，是情绪意识状态产生的基础。

表 10-1　四种基本情绪的中枢反应

基本情绪	脑岛	次级躯体感觉皮质	扣带回	脑干	下丘脑	眶额区	杏仁核
悲伤	激活	失活	激活	激活	激活	激活	无变化
快乐	激活	激活	激活	失活	激活	失活	无变化
愤怒	激活	失活	激活	激活	激活	失活	无变化
恐惧	激活	激活	失活	失活	激活	失活	无变化

注：激活与失活均相对于中性状态
（资料来源：Damasioet al.，2000）

2006 年，李特（Litt）等人进一步提出，至少有七个脑区参与了对情绪信息的反应和评价，它们分别是杏仁核、眶额皮质、脑岛皮质、前扣带回、背外侧前额叶皮质、腹侧纹状体、中脑的多巴胺能神经元（图 10-9）。首先，杏仁核接受内外部刺激的感知，并且产生积极或消极情绪，尤其是恐惧情绪。然后，杏仁核将信号传至眶额皮质，在这里评估刺激的正负效价，并协调多巴胺系统对社会信息和情感信息进行加工、评价和过滤。罗尔斯（E. T. Rolls）认为，眶额皮质参与了对刺激特性的强化和随后的行为评价。新信息的出现使得当前的行为变得不合适，因此我们需要不断调整刺激与强化之间的连接。眶额皮质将评价结果传至前扣带回，后者会在当前行为和期望与结果之间进行冲突监控，并把监控结果传至背外侧前额皮质，背外侧前额皮质会对刺激进行表征和计划，进而作出与目标相关的行为选择。

另外，腹内侧前额皮质、海马、丘脑和脑岛也参与了情绪意识的调节。腹内侧前额皮质与外侧眶额皮质相互联系，构建了皮质与杏仁核的连接。海马通过背景关联的外显记忆调节情绪决策。丘脑和脑岛皮质连接着外部和内部感觉，参与情绪意识的形成。丘脑主要接

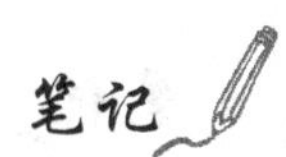

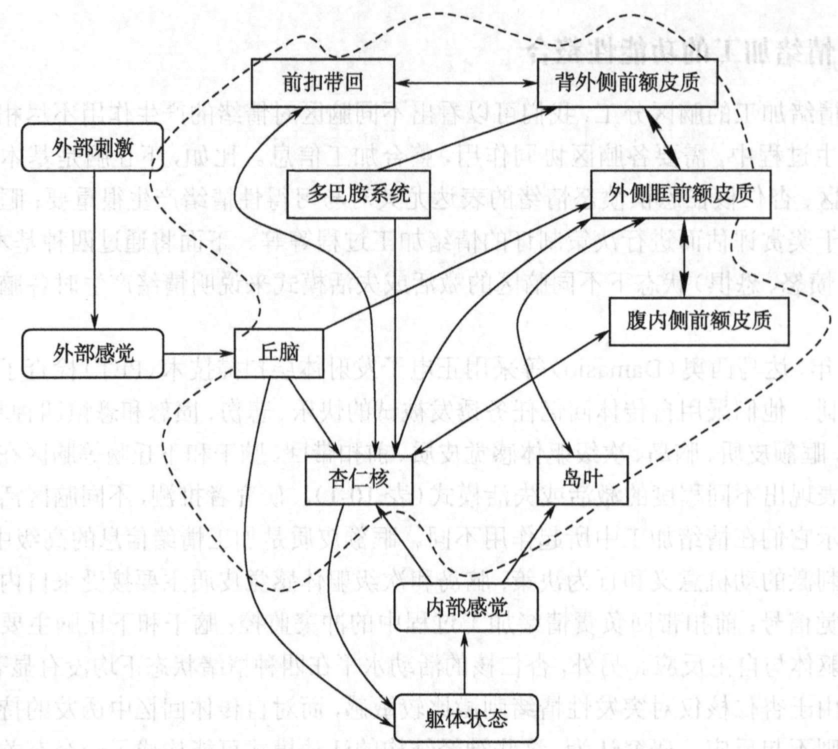

图 10-9 情绪意识活动的脑网络模型

受来自外部的各种感觉，并将信号传至杏仁核和大脑皮质。脑岛皮质与其他调节身体自主功能（心率、呼吸和消化等）的脑结构有神经联系，并将接收到的信息传至其他皮质，在情绪的体验中起关键作用。

三、唤醒、情绪与认知

沙赫特的情绪三因素理论认为决定情绪的主要因素是认知。他认为情绪是在认知加工过程中产生的，特别是在当前的认知评价与原来的内部模式不一致时产生的。这里的"评价"是一个重要概念，它被看作对输入信息、对有机体价值的估计，也就是主体对输入信息与主体本身先前建立的诸如愿望、目的、经验等以记忆形式存在的内部模式的比较而进行的加工过程。它使人对外部信息赋予某种意义，这"意义"意味着人要分辨事物的好坏，进而采取适应或应对的行为。其基本观点是，生理唤醒与认知评价之间的密切联系和相互作用决定着情绪，情绪状态是以交感神经系统的普遍唤醒为其特征。这个理论起到认知的作用，可以转化为一个工作系统，称为情绪唤醒模型。这个工作系统包括三个亚系统：

第一个亚系统：对来自环境的输入信息的知觉分析；

第二个亚系统：在长期生活经验中建立起来的对外部影响的内部模式，包括过去、现在和对将来的期望；

第三个亚系统：现实情景的知觉分析与基于过去经验的认知加工间的比较系统，称为认知比较器，它带有庞大的生化系统和神经系统的激活机构，并与效应器官相联系。

这个情绪唤醒模型的核心部分是认知，通过认知比较器把当前的现实刺激与储存在记忆中的过去经验进行比较，当知觉分析与认知加工间出现不匹配时，认知比较器就产生信息，动员一系列的生化和神经机制，释放化学物质，改变脑的神经激活状态，使身体适应当前情境的要求，这时情绪就被唤醒了。情绪既来自生理反应的反馈，也来自对导致这些反应情境的认知评价。因此，认知解释起两次作用：第一次是当人知觉到导致内脏反应的情境时，第二次是当人接受到这些反应的反馈时把它标记为一种特定的情绪时。其中，脑可

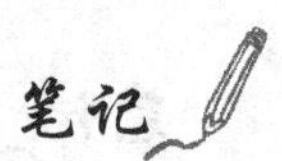
笔记

以以几种方式解释同一生理反馈模式，给以不同的标记。标记过程取决于归因。人们对同一生理唤醒可以做出不同的归因，产生不同的情绪。

脑成像研究有助于我们更深刻的了解自主神经唤醒和个体认知的脑机制。前部扣带回主要和自主神经变化有关，脑岛与眶额皮质主要是与内脏活动有关。在一项赌博实验中，记录被试的皮肤电反应，同时记录与之相关的脑区活动。随着赌博结果输或者赢，被试皮肤电发生变化。象征交感唤醒和个体认知状态的皮肤电指标的变化与双侧腹内侧前额叶、右侧脑岛前部的激活有关。损伤研究也证明了这些脑区与自主神经唤醒以及动机有关。情感行为发生的一系列生理和认知的变化与前部扣带回、脑岛和眶额皮质之间的相互联系是分不开的。

四、情绪的表达和识别

情绪是一种内部的主观体验，但是在情绪发生时，又总是伴随着某种外部表现。许多动物包括人类使用姿势、面部表情和非词语性声音（如呻吟、咆哮）作为交流情绪的手段。比如，通过这些方式，我可以告诉别人“我生气了”，或者告诉朋友“我很悲伤，需要你的安慰”。本节将介绍情绪表达的几种方式以及情绪的识别。

（一）情绪的表达

情绪和情感的外部表现，通常称之为表情。它是在情绪和情感状态发生时身体各部分的动作量化形式，包括面部表情、姿态表情和语调表情。

1. 面部表情 情绪主要通过面部表情表达，达尔文的著作《人类和动物的表情》指出，现代人类的表情是人类进化的遗迹。不同的面部表情是天生的、固有的，并且能为全人类所理解。由于人的各种情绪同面部肌肉和血管等的变化有关，所以不同面部肌肉和血管的变化能表示不同的情绪状态。例如，喜悦与颧肌有关，痛苦与皱眉肌有关，忧伤与三角肌有关，羞愧因血管舒张而脸红，恐怖时因血管收缩而苍白。在面部表情中，眼、眉、嘴等的变化较为突出。例如，高兴时，两眼发光，双眉展开，上唇提升，嘴角后伸等。

面部表情是可以自主控制的，我们可以随意控制我们的面部肌肉，抑制真实的面部表情而戴上假面具。然而却逃不过专家的眼睛，因为当你没有真实的情感时是不可能产生真实的面部表情，真实的面部表情是非随意的。法国的神经病学家 Duchenne 首次描述了真实和假的面部表情的区别。高兴时的微笑和假笑区别在于两块脸部肌肉的收缩：眼轮匝肌将脸颊和额头的皮肤拉向眼球，演绎着精神上的甜蜜情绪；颧大肌将嘴唇上翘，表示意愿的服从。Ekman 把真正的微笑叫做 Duchenne 微笑。只有情绪激起，面部表情才会自然产生。这在两种患者得到证实：一种是意志性面瘫，导致该疾病的原因是控制面肌的初级运动皮质受损，或联系初级运动皮质与面神经运动核团的神经纤维受损。患者不能随意活动面部肌肉，但是在非随意的情况下，他们可以用这些肌肉表现真实的情绪；另一种是意志性面瘫相反的情绪性面瘫，前额叶的脑岛、额叶白质或部分丘脑受损导致。患者能够随着自己的意志来移动面部肌肉，但是在疾病累及的一侧面孔上却不能表达情绪（图 10-10）。

并不是所有的情绪都能产生可见的面部表情，但是面部的肌电可以记录到情绪发生时脸部肌肉的收缩。有研究发现，被试在看一些引起情绪反应的幻灯片时，虽然几乎观察不到他们的面部表情变化，但肌电记录和被试报告的喜欢幻灯片的程度是一致的。当被试者观看他们判断为欣快的幻灯片时，眼轮匝肌和颧大肌的活动显著增强。

2. 姿态表情 姿态表情可分成身体表情和手势表情两种。身体表情（boby expression）是表达情绪的方式之一。人在不同的情绪状态下，身体姿态会发生不同的变化，如高兴时“捧腹大笑”，恐惧时“收缩双肩”，紧张时“坐立不安”等等。举手投足、两手叉腰等身体姿势都可表达个人的某种情绪。

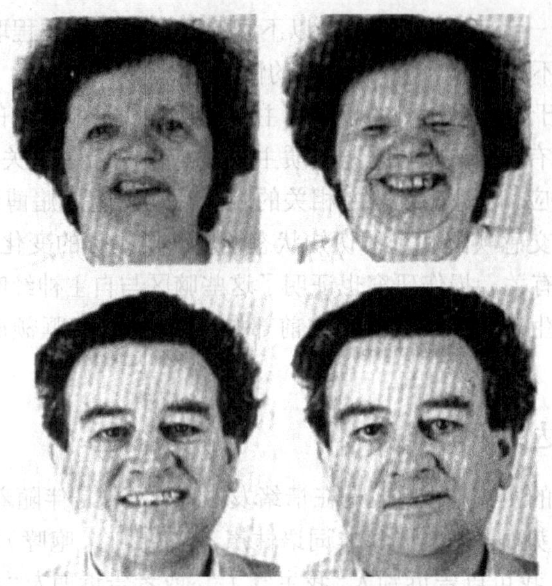
图 10-10 情绪与意志性瘫痪

手势（gesture）也是表达情绪的一种形式。手势通常和言语一起使用，表达赞成还是反对、接纳还是拒绝、喜欢还是厌恶等态度和思想。手势也可以单独用来表达情感、思想或作出指示。在无法用言语沟通的条件下，单凭手势就可表达开始或停止、前进或后退、同意或反对等思想感情。“振臂高呼”“双手一摊”“手舞足蹈”等手势，分别表达了个人的激愤、无可奈何、高兴等情绪。心理学家的研究表明，手势表情是通过学习得来的，它不仅存在个别差异，而且存在民族或团体的差异，后者体现了社会文化和传统习惯的影响。

3. 语调表情 除面部表情、姿态表情以外，语音、语调表情（intonation expression）也是表达情绪的重要形式。众所周知，朗朗笑声表达了愉快的情绪，而呻吟表达了痛苦的情绪，言语是人们沟通思想的工具。同时，语音的高低、强弱、抑扬顿挫等，也是表达说话者情绪的手段。例如，当播音员转播乒乓球的比赛实况时，他的声音尖锐急促、声嘶力竭，表达了一种紧张而兴奋的情绪。而当他播出某位领导人逝世的公告时，语调缓慢而深沉，表达了一种悲痛而惋惜的情绪。

（二）情绪的识别

有效的交流是一个双向过程。一方面，表达情绪状态的人需要具备改变表情的能力；另一方面，只有当对方具备识别能力时，他的表达才有作用。

当人们独处的时候，愉快的事件和情境只能使他们流露出少许快乐的征象。然而，当人们出于一个互动的社会环境中时，他们会流露出更多笑容。我们主要通过视觉和听觉识别他人的感受——用眼睛看别人的面部表情，用耳朵听别人的语调和措辞。利用视野分离速视法的研究表明对于情绪理解，大脑的右半球比左半球更重要。即分别在双侧视野快速呈现刺激，呈现的时间极短，以至于被试来不及转动眼球，以确保右侧视野的刺激只传到左半球而左侧视野的刺激只传到右半球，发现情绪刺激呈现在左侧时，信息加工更有利，即右半球对情绪识别更有利，对情绪面部表情检出更迅速。从对患者的研究看，右半球受损的患者对特定情境做情绪判断没有问题，却严重影响了由面部表情或手势传递的情绪。此外，这些患者也很难描述情绪面部表情的心理意象。

额叶和杏仁核是参与情绪识别的重要部位。PET 研究显示通过词义理解情绪时，双侧额叶的活动增强，左侧比右侧更显著。当被试通过语调理解说话者的情绪时，只有右侧前额叶皮质的活动增强。杏仁核损伤或手术杏仁核切除的患者可以确认面容，这也说明负责

笔记

面孔识别的神经通路与负责表情识别的神经通路不同。

第三节　情绪反应及其相关障碍

个体面对不同事件的时候，会产生不同的情绪反应。本章将主要介绍几种主要的情绪反应及相关情绪障碍。

一、情绪反应

情绪反应（emotional reactions）指喜、怒、悲、惧时所表现出的行为，是自主神经系统的一系列反应。如动物发怒时，或吼或叫，伏耳，竖毛；脉搏和呼吸加速，血压升高，颜面潮红，肠胃充血，分泌亢进。恐慌时，瞳孔放大，眼球转动，东张西望，毛竖立，出冷汗，唾液减少，口渴，皮肤血管收缩，颜面苍白。动物脑内产生的情绪，通过上述一系列的情绪反应，从外观上可以得到了解。常见的不良情绪反应如下。

（一）焦虑

焦虑是应激最常见的情绪反应，是预期发生某种灾难性后果时的一种紧张情绪。适度的焦虑可以提高人的警觉水平，促使人投入行动，以适当的方法应对应激原，从而帮助人适应环境。以考试为例，轻度焦虑会使学生集中注意力，提高记忆力，以便应对考试。但是，过度焦虑会产生不利影响，妨碍人准确认识、分析和考察自己所面临的挑战和环境条件，难以作出符合理性的判断和决定，产生不利影响。

美国佛罗里达州大学心理学教授、焦虑问题研究专家施皮尔伯格（Spielberger）把焦虑分为状态焦虑（state anxiety）和特质焦虑（trait anxiety）。状态焦虑是一种持续较短暂、强度多变、伴有紧张和害怕的心理状态。特质性焦虑是一类人格特质，具有特质性焦虑的人容易把本来没有威胁性的事物看成是威胁的，总是怨天尤人、惶恐不安，容易陷入应激状态。

焦虑有很多形式，有社交方面的情绪焦虑，自我强迫，外伤后的压力，甚至是恐惧症。焦虑给身体带来极大负影响，例如呼吸急促、头痛、心悸、四肢无力等。焦虑的原因主要是外界环境所给予的惊吓与自身的抗压能力不能形成一定平衡。扁桃体和海马体是参与焦虑形成的神经部位。γ- 氨基丁酸 - 苯二氮䓬受体系统是焦虑障碍发病的重要基础，五羟色胺和去甲肾上腺素也是参与焦虑调节的重要神经递质。

（二）抑郁

抑郁（depression）是指自身感觉处于低落状态，其心境抑郁、悲观厌世及忧心忡忡，不与人交往；对自我才智能力估计过低，对周围环境困难估计过高。具体可表现为情绪比较低落，对任何事都高兴不起来，思考问题困难，自我评价较低。通常表现为言寡行独、不愿交流、抑郁苦闷，常被失望、孤立、无援及凄凉的感情所包围，对工作失去信心，对生活缺乏乐趣。由于多种因素影响，有的人会出现抑郁反应，对此要对其予以关注，进行有效调节，避免其发展为抑郁症。抑郁相关的脑神经递质主要包括五羟色胺，去甲肾上腺素和多巴胺，此外，下丘脑 - 垂体 - 肾上腺（HPA）轴和下丘脑 - 垂体 - 甲状腺（HPT）轴等内分泌改变也参与了抑郁调节。

（三）恐惧

恐惧（fear）是一种面临危险、企图摆脱已经明确的、有特定危险的对象和情景的情绪反应状态。多发生于安全和个人价值与信念受到威胁的情况下。通常个体缺乏战胜危险的信心和能力。恐惧时交感神经兴奋、肾上腺髓质分泌增加。人在感到恐惧后的正常反应是：肾上腺素大量释放，机体进入应激状态，心跳加快、血压上升、呼吸加深加快；肌肉（尤其是下肢肌肉）供血量增大，以供逃跑或抵抗；瞳孔扩大、眼睛大张，以接收更多光线；大脑释放

多巴胺类物质，精神高度集中，以供迅速判断形势。人类及类人猿等动物感到恐惧时常会发出尖叫声。对动物的观察表明，群居动物的某一个体看到天敌而发出尖叫后，其同类能根据尖叫的示警迅速逃跑。在极度恐惧的情况下人或者动物的突然死去可能是由于副交感神经系统的过度激活所致。

知识链接 10-2

极度恐惧致死原因

Richter 在研究老鼠游泳行为时获得了意外的发现。通常情况下老鼠可以在汹涌的热水中不间断地游泳 48 小时以上。Richter 发现，要在水中找到逃生的路，老鼠的胡须起到关键作用。如果在放进水箱之前剪掉老鼠的胡须，动物会疯狂地游上几分钟后，突然沉入箱底后死去。对其进行解剖结果显示，这些老鼠不是被淹死的，而是由于心脏骤然停止了跳动。Richter 的解释是，被剪断胡须的老鼠突然被扔进水里，这会强烈刺激它们的交感神经系统，导致心率增加。它们在疯狂游泳几分钟之后，发现自己已经无法跳脱，反过来会强烈刺激副交感神经系统在交感神经兴奋后出现反跳式的强烈激活。这种强烈的副交感神经反应也许会导致心脏停止跳动。为了验证这一解释，Richter 将老鼠多次置于水中，但每次都将其救起。然后，将老鼠的胡须减去后再将其置于水中，奇怪的是老鼠会成功地游上数十个小时。Richter 推测，施救过程可能使老鼠产生了抵御这种情境下强烈恐惧的免疫力，而极度恐惧情况下的突然死去可能是由于副交感神经系统的过度激活所致。

资料来源：Kalat，J.M.Biological Psychology（9th Ed）[M].2007.

（四）愤怒与攻击

愤怒（anger）是指不满或敌意所引起的强烈情绪反应，是因为极度不满而出现的激动情绪。是个体愿望不能实现或为达到目标的行动受到挫折时引起的一种紧张而不愉快的情绪。愤怒时，自主神经系统会产生作用，进而引发生理反应，并且使人表现出特有的面部表情与身体姿势，往往会做出一些发泄的行为，而严重者更会失去理智。愤怒可能引发产生幻觉，如幻听、幻视，甚至有内分泌失调等。愤怒时，交感神经兴奋，肾上腺素分泌增加，出现心率和呼吸加快，血压上升，心输出量增加，肝糖原分解，多伴有攻击行为。

根据情绪与攻击之间的关联，攻击行为可分为两类：一类是防御愤怒型攻击行为，另一类是掠杀型攻击行为。防御愤怒型攻击行为主要由愤怒情绪支配，与交感神经系统兴奋同步，表现为心跳加快、呼吸急促和瞳孔放大等一系列生理反应。此类攻击行为通常受特定情境下的情绪支配，属于冲动性的行为。掠杀性攻击行为是蓄意谋划、有明确目标导向的行为，通常不受特定的情绪支配，也不伴有交感系统的唤醒。这两类攻击行为的生理基础并不相同。这里主要介绍防御 - 愤怒型攻击行为。近年来的研究证实，内侧下丘脑（medial hypothalamus，MH）和中脑导水管周围灰质区（periaqueductal gray area，PAG）是调控防御 - 愤怒型攻击行为的关键脑区。PAG 和 MH 内有特异性“怒反应”神经元，电刺激位于 PAG 的喙部或背外侧的“怒反应”神经元，可激活脑干及脊髓相应的神经元，并诱发自主神经兴奋和怒反应；而电刺激 MH 的“怒反应”神经元，神经冲动先传递至内前侧下丘脑，再激活 PAG 的“怒反应”神经元。另外，额叶也可以通过杏仁核等区域的下行抑制，调节攻击性行为。前额叶或眶额皮质受损的患者易激惹、冲动、失控或发动攻击行为，提示前额叶或眶额皮质参与攻击行为的调节。

二、情绪障碍

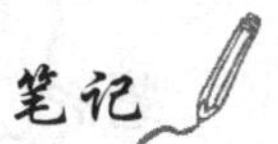

情绪障碍是常见的心理障碍。是以焦虑、恐惧、抑郁为主要临床表现的一组心理疾病，

只要很小的诱因，就会引发疾病，甚至出现不可挽回的破坏性局面和损失。

（一）焦虑障碍

焦虑障碍（anxiety disorders）是一种以焦虑情绪为主的心理障碍，是指一种由于缺乏明确对象和具体内容的提心吊胆及紧张不安情绪。大部分焦虑障碍的人较为敏感、情绪化，容易忧虑、悲观、多愁善感、古板、保守、孤僻等。情绪不稳定或性格内向者多见。焦虑障碍的主要诱因是人格基础加上社会心理因素，它可能发生于长期经历高度应激的时候，如要作出重要的决定、要处理的事情到了最后期限、工作生活规律将发生重大改变等。

焦虑障碍包括有惊恐障碍、广泛性焦虑、社交焦虑障碍及恐怖症等。惊恐障碍是一种以反复的惊恐发作为主要原发症状的神经症。这种发作并不局限于任何特定的情境，具有不可预测性。惊恐发作是突然发生的强烈的躯体不适或害怕感，可出现于任何一种焦虑障碍的背景下，也可以出现于其他的精神障碍，如抑郁障碍、创伤后应激障碍等。广泛性焦虑指一种持续6个月以上的慢性焦虑，以缺乏明确对象和具体内容的提心吊胆及紧张不安为主的焦虑症，患者终日惶惶不安，顾虑自己的工作、健康；担心亲人的安危、唯恐不测，并常伴有躯体不适感，如晕眩、出汗、心悸、胸痛、全身有针刺感、作呕等。患者因难以忍受又无法解脱，而感到痛苦。焦虑障碍常常伴随的症状有焦虑心情、恐惧心情、强迫心情及躯体化症状。

（二）抑郁障碍

抑郁障碍是一种常见的情绪障碍，属于心境障碍，是由各种原因引起的，以显著而持久的心境低落为主要临床特征，且心境低落与其处境不相称，严重者可出现自杀念头和行为。多数病例有反复发作的倾向，每次发作大多数可以缓解，部分可有残留症状或转为慢性。抑郁症至少有10%的患者可出现躁狂发作，诊断为双相障碍。

抑郁症临床症状典型的表现包括三个维度活动的降低：情绪低落、思维迟缓、意志活动减退，有的患者会以躯体症状表现为主。

具体可表现为显著而持久的抑郁悲观，与现实环境不相称，持续时间两周以上。程度较轻的患者感到闷闷不乐，无愉快感，凡事缺乏兴趣，感到“心里有压抑感”、“高兴不起来”；程度重的可悲观绝望，有度日如年、生不如死之感，患者常诉说“活着没有意思”、“心里难受”等。更年期和老年抑郁症患者可伴有烦躁不安、心神不宁、浑身燥热、潮红多汗等，儿童和少年可以表现为不耐烦、为一点小事发怒，即情绪易激惹。典型的抑郁心境还具有晨重夜轻的节律特点，即情绪低落在早晨较为严重，而傍晚时可有所减轻。

患者可能会出现大脑反应迟钝，记忆力、注意力减退，学习、工作能力下降或者犹豫不决，缺乏动力，对任何事情失去兴趣，既往胜任的工作生活也无法应付；患者自我评价降低，有时还会将所有的过错归咎于自己，常产生无用感、无希望感、无助感和无价值感，甚至开始自责自罪，严重时可出现反复纠结于一些小的过失，认为自己犯了大错，即将受到惩罚、反复出现消极观念或者行为。会出现体重变化，有失眠或睡眠过多，还有一些患者会出现性欲减退，女性患者会出现月经的紊乱等。

（三）创伤及应激相关障碍

1. 急性应激反应 急性应激反应（acute stress reaction，ASR）也被称为适应障碍，是指个体遭遇一定精神创伤后短时间内产生的不适应，通常这种情况于数小时或几天内即可消失。急性应激反应通常为急性发作，一般是在受到事件的影响后几分钟或若干小时内出现。当人们感觉自身的安全受到重大威胁如地震、战争以及其他不可预知的灾难面前时，或者是所处的环境发生了一系列的变化，乃至人际关系网络发生的急剧性变化都可导致应激反应出现。急性应激反应的症状出现及消失都是十分迅速的，大约在3天后变轻微，而反应者也极其容易对应激反应产生一定程度上的遗忘。

应激者在一定程度上具有轻度紧张、焦虑的状况出现。从某种程度上说，这属于正常的心理反应，而且正是这种心理反应，可以提醒个体关注有关信息，迅速采取一定的防护措施，避免个体有不必要的不良反应出现。但因其处于一定的焦虑状态，在一定程度上会影响个体的正确判断和应对，程度重者还可伴有轻度的失眠。当不确切的信息增多时，容易在他人的影响下，采取不当过度防护措施和一些非理性的行为。

除此之外，也有应激者处于盲目乐观或漠视状态。这类人群往往采用否认或隔离这种不成熟的心理防御机制，是一种不敢正视现实的表现，其内心的不安与恐惧正是用表面上毫不在意的漠视来表现。

应激者的典型表现从生理、情绪和认知方面表现出来。其中情绪异常最为突出。生理方面表现为肠胃不适、心动过速、食欲下降、头痛、失眠、做噩梦、感觉呼吸困难等。情绪方面表现出恐惧、焦虑、疑虑、愤怒、绝望、麻木、紧张、烦躁、过分敏感无法放松、持续担忧等。认知方面出现注意力不集中、健忘、不能把思想从危机事件上转移、不愿意与人交往等。

2. 急性应激障碍 急性应激障碍（acute stress disorder，ASD）是指因遭受重大的刺激或者严重的精神打击，产生一系列较强的生理心理反应，在受到刺激数小时内发病，表现为强烈的恐惧反应，如果处理不当容易转为创伤后应激障碍。《美国精神疾病诊断与统计手册》第5版（DSM-V）对发生ASD作如下诊断要求：①经历创伤事件；②至少有侵入性、负性心境、分离、回避和唤起症状类型中的9条症状；③这些症状持续时间为创伤后3天到1个月之内；④临床上有明显痛苦，导致社交和职业功能受损；⑤除外药物和其他躯体疾病导致精神障碍。

急性应激障碍通常在应激事件发生之后的数小时内出现，但时间要比急性应激反应的时间要长得多，持续时间至少3天到1个月，对机体产生的危害及影响更为巨大。

急性应激障碍的持续时间较长。产生急性应激障碍的人会有过度的紧张、焦虑和恐慌，失眠多梦，对刺激事件进行过多地考虑并收集有关信息，充满恐怖想象，采取过度防护措施。对外界事物或本身都极其敏感，严重影响个人的日常生活。工作、学习、社交能力均有下降。心理方面表现为罪恶感、愤怒感、绝望感等。生理方面主要表现为胃肠道、心血管、呼吸系统、皮肤和泌尿系统的功能障碍。急性应激障碍者初期多表现为呆滞状态，不愿意与他人交流沟通，少言寡语，对外界刺激没有适度的反应，并且在事后会遗忘。尽管在面对应激事件后应激者的表现形式多种多样，但绝大多数幸存者都有强大的自我修复能力，能够通过自我调整，最终理解和接受了所经历的危机事件，逐渐恢复正常的心理社会功能。

3. 创伤后应激障碍（PTSD） 创伤后应激障碍（post traumatic stress disorder，PTSD）是指个人经历异乎寻常的应激事件以后，导致个体对创伤情景的回避，对外界环境的刺激反应迟钝，又称为延迟性心因性反应。美国《精神障碍诊断和统计手册》第5版（DSM-V）把PTSD诊断的时间界定为精神障碍延迟发生（即在遭受创伤后数日至数月后，罕见延迟半年以上才发生），病期为1个月以上。《中国精神障碍分类与诊断标准》第3版（CCMD-3）确定病期为3个月以上。

PTSD的主要症状包括噩梦、性格大变、情感解离、麻木感（情感上的禁欲或疏离感）、失眠、逃避会引发创伤回忆的事物、易怒、过度警觉、失忆和易受惊吓等。PTSD带有明显的情绪障碍。

PTSD具体包括以下几方面的症状：①再体验：个体会出现闯入性的创伤情景再现，而且再现的内容非常清晰、具体。那些与创伤可能有联系的任何事物，都会引起个体对创伤情境的再体验，而且会给个体带来极大的痛苦，并有可能进一步恶化，产生一些PTSD相关的共病（如焦虑、恐惧、自责、失望、抱怨等）。②回避反应：为了减轻再体验的痛苦，个体会主动回避那些带来创伤体验的事和物。这种回避反应一方面对个体是一种保护机制，另一

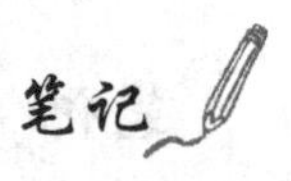

方面他会延缓个体PTSD相关障碍的复原。③高警觉：可持续表现警觉性与激惹性增高，易受惊，过分警惕，注意力不集中，就是对许多小的细节件都引起比较强烈的反应。许多人出现难以入睡、易惊醒等睡眠障碍。

另外还出现对周围环境普通刺激反应迟钝、情感麻木、社会性退缩；对以往爱好失去兴趣，疏远周围人物，尽量避免接触与创伤情境有关的人和事；对前途感到渺茫，失望，抑郁心境占优势。

（杨艳杰　朱 舟）

思考题

1. 情绪产生的理论有哪些？
2. 试述情绪产生的相关脑区及之间的相互联系。
3. 情绪是如何唤醒的？
4. 常见情绪反应有哪些？
5. PTSD主要表现有哪些？

笔记

第十一章　人格的生理心理

学习目标

掌握：

1. 人格的概念及特征。
2. 气质类型学说与高级神经活动类型的对应关系。
3. 人格障碍的定义。

熟悉：

1. 人格形成的影响因素。
2. 卡特尔的型态论。
3. 艾森克三因素模型理论。

了解：

1. 特质理论相关的生理机制。
2. 人格障碍的分类及特征症状。

你是否有过这样的经历？偶遇一位旧友，开始你可能会诧异于他（或她）发生的变化，这变化使得对方在你看来仿佛是一个陌生人。但是当你们交谈叙旧时，你可能又会发现，面前的这位旧友仍然是当年你认识的那个样子，因为其身上稳定的、具有特质的、独特的精神面貌没有改变，其实，这种个体稳定的、长期具有的、独特的思维、情感和行为模式就是人格。

在本章中将介绍人格的概念和特征、人格的构成、人格发展的影响因素以及人格障碍，也会对人格特质（包括病态特质）形成过程中的生理机制进行初步阐述。

第一节　人格的概述

一、人格的概念及特征

（一）人格的概念

人格（personality）一词源于拉丁文“persona”，原意是指演员在表演戏剧时所佩戴的面具，为了体现角色的特点和性格，面具会随着角色的不同而变换，就像京剧演员的脸谱一样。心理学沿用其含义并将其转意为人格。

人格是指具有不同素质基础的人，在不尽相同的社会环境中所形成的意识倾向性和比较稳定的个性心理特征的总和。每个个体都会在心理活动过程中表现出各自独特的风格，人格就是由表及里地表现出这种独特的心理面貌。在一些影响力巨大的事件或情境发生之

初，不同个体可能会表现出相似的反应，这是由于强烈的环境要求压制了个体之间的差异，随着情况的发展，可以逐渐观察到不同个体对于事件或情境的独特的情绪反应和应对方式。

（二）人格的特征

人格的构成非常复杂，每个个体的人格各不相同，但也具有一些共同的基本特征。

1. 倾向性 每个个体的人格都具有一定的倾向性。在人格的发展过程中，个体对外界事物表现出特有的动机、愿望、定势和亲和力，形成各自的态度体系和内心环境，从而发展出自己独特的思维、行动以及表达情感的模式，即人格倾向。例如，不同个体感知的敏锐或迟钝，想象力丰富或贫乏等就是人格倾向在认知能力方面的体现。人格的倾向性是个体对于事物的选择性反映，也具有积极的导航作用。

2. 独特性 每个个体的遗传素质、家庭背景、身处的社会环境以及生活经历都不尽相同，个体所具有的人格特质的类型和程度也多为不同，从而造就了各自独特的人格特征。即便是生物学特征极为相近的同卵双生子也是各自具有不同的人格特性。人格的独特性不但可以通过人格测验反映出来，而且可以在实际生活中观察出来。

3. 稳定性 人格是个体在长期适应或改造客观世界的过程中逐渐发展而形成的，每个个体的人格一旦形成，就具有相对的稳定性，这一特性也是能够将不同个体从思维、情感和行为模式上区别开来的关键所在。

4. 整体性 人格是由多个方面和多种特质组合而成的，这些成分在不同维度上相互协调。意识倾向性、个性心理特征以及心理过程总是有机地结合在一起，整合形成个体人格及固有的行为模式。

5. 复杂性 人格是由多种心理现象构成的，人格既包括在环境要求下表现出的外在特质，也包括个体自己出于某种原因不愿意展示于人前或是个体自身也不知晓的内在特征。这些人格的成分又会处于动态的发展变化之中，因此会使人感到极其复杂。

6. 积极性 人格具有积极性，能够统率全部心理活动去改造客观世界和内心环境。人格可以决定决断性、坚强性、合群性等意志特征，也会影响认知能力的特征。

二、人格的构成及相关理论

人格包括意识倾向性和个性心理特征，意识倾向性指的是需要和动机，而个性心理特征则包括能力、气质和性格。

（一）需要

需要(need)是个体对内外环境具有某种需求的主观状态，是个体行为积极性的来源。需要总是在达成一定条件的时候才能够被满足，例如，个体在饥饿的时候就具有进食的需要，得到食物吃饱了，需要就被满足了。一种需要被满足了，个体还会产生新的需要，需要在时刻发展变化着，需要也是没有止境的。

人的需要是多种多样的，按照需要的起源，可以分为自然需要和社会需要。自然需要包括个体为了生存和繁衍后代而产生的需要，如饮食、御寒、寻求伴侣等需要；社会需要是个体在社会生活中为了维护社会存在和发展而产生的需要，如劳动、交往、友谊、成就等需要。自然需要是人和动物所共有的需要，而社会需要则是人类所特有的，同时，人的自然需要也会受到社会历史环境的制约和调节。需要按照指向的对象还可以分为物质需要和精神需要。物质需要指向的是社会的物质产品，当个体拥有了某些产品，需要就获得了满足，如对于日常生活用品的需要以及对于住所的需要等；精神需要指向的是社会的各种精神产品，以占有一些精神产品来得到满足，如阅读书籍或欣赏艺术展览等都属于精神需要。

美国人本主义学派学者马斯洛(Maslow)提出的需要层次理论认为：个体的需要可以分

笔记

为五个层次，以金字塔的形状分层进行排列，由低级到高级（由下而上）分别是：生理的需要，安全的需要，归属与爱的需要，尊重的需要以及自我实现的需要。

生理的需要（physiological need）是指个体对于食物、饮水、睡眠、性等的需要，这是人类最原始的也是最基本的需要，是需要中最有力量的一部分。

安全（safety）的需要是指个体寻求安全和稳定的需要，人都希望能过上有保障的生活，有安稳的职业和安全的住所，并希望所处的环境是有秩序的、能够预测和掌控的。这一需要得到满足了，个体才会拥有安全感，否则就会引起焦虑和恐惧。越是对于环境的应对能力差的个体（如婴儿），他们的安全需要就会越强烈。

归属与爱（belongingness and love）的需要包括个体想要结识朋友、获得爱情或是加入某一团体成为其中一员的需要等。每个个体都希望能够和其他个体建立某种心理上或情感上的联系，渴望得到爱和付出爱，这都是归属与爱的需要的表现。

尊重（esteem）的需要包括自我尊重和得到别人的尊重两方面。个体总是希望能够得到一种比较稳固的高评价，自我尊重的需要被满足了，个体就会觉得自我是有价值的，内心就会充满力量，在生活中也能够充分展现自己的能力和创造性；反之，缺乏自尊的个体则时常感到自卑，自信心也不足。

自我实现（self-actualization）的需要是指个体都具有追求自我的成长、把自己的潜能进行最大限度的发挥的需要。当个体能够把潜能充分开发，生活得充满活力和富于创造性，便是达到了自我实现。

马斯洛认为需要都是先天的，越是低层的需要，其强度越大，当低层次的需要被满足后，高层次的需要才会被释放，需要呈波浪式由低层次向高层次发展。马斯洛相信每个个体都具有把自己的潜能发挥到极致的需要，即金字塔顶端的自我实现的需要，但是只有少数个体可以真正地完成自我实现。马斯洛的这一理论不失为一种比较完整系统的需要学说，但这一理论的一些片面性也已经被指出。例如，人的需要可以分为生物需要和社会需要，马斯洛把需要都说成是先天的，是模糊了二者的区别；再者，高级需要对于低级需要是具有调节作用的，而并非马斯洛认为的低级需要未满足就不可能释放高级需要。

（二）动机

动机（motivation）是指推动人的活动并使活动朝向某一目标的内部动力。对需要的认知便会形成动机，推动人们发生行为来满足需要。个体的某种需要会引起有意识的或无意识的行为指向，产生推动个体进行活动来达到某种目的的内在驱力，这就是动机。动机形成的原因之一是个体的各种需要，即个体在生理上或心理上的某种不平衡的状态。无论是物质的需要或是精神的需要，甚至是一些未被个体明确意识到的潜在需要，都可以作为行动的动机而产生作用。动机形成的另外一个原因是外界存在刺激，存在于个体之外的有形的或是无形的刺激，物质的或是精神的刺激，都可以成为动机而引发行为。

动机是个体行为开始、维持、导向和终止的动力，具有三方面的功能：动机是个体行为的动力，具有使个体由静止状态转向活动状态的功能，即激活功能；动机引发的行为，往往都指向某一特定的对象或目标，动机不同，活动的方向和所追求的目标也不一样，这是动机的指向功能；动机还具有维持和调整的功能，表现在行为的坚持性，当个体的活动指向所追求的目标，个体就会继续这种行为，当活动背离了目标时，个体进行活动的积极性就会下降或停止活动。

根据动机的性质，可以分为生理性动机和社会性动机；根据动机的来源，可以分为外在动机和内在动机；按照学习在动机形成和发展中所起的作用，又可以分为与生俱来的原始动机和后天获得的习得动机。个体可以同时存在不止一种的动机，这些动机的强度也各不相同，能够决定个体行为并实际发挥作用的动机称为主导动机或优势动机。

（三）能力

能力是制约人们完成某项活动的质量和数量水平的个性心理特征。我们通常所说的能力既包括个体在某项活动上现有的成就水平（ability），也包括个体具有的潜力和可能性（aptitude）。能力可以表现在个体所从事的活动中，并且会在活动中得到发展。能力可以分为一般能力和特殊能力。一般能力就是我们通常所说的智力，包括观察力、记忆力、思维力和想象力等；特殊能力则是指在特殊领域发挥作用的能力，如节奏感、绘画能力和运动能力等。一般能力和特殊能力都能相互促进彼此的发展，在很多活动中也都需要各种能力的结合。

英国心理学家 Spearman 在 1904 年首先使用因素分析技术对智力进行研究，提出了智力的二因素论。他认为，个体完成认知性任务的成绩取决于两个因素：一个是一般因素（G），G 因素代表个体一般的或普通的能力，包括抽象思维的能力和推理能力等；另一个是特殊因素（S1，S2，S3…Sn），S 因素代表特殊能力，在某些具体任务条件下才表现出来。

卡特尔和霍恩同样使用因素分析的技术，按照心智能力在功能上的差异，将人类的智力解释为流体智力和晶体智力。流体智力通常在适应新环境的情境下发挥主要作用，而晶体智力则更多地用于完成某项固定的任务。

流体智力（fluid intelligence，Gf）是指在信息加工和问题解决过程中所表现出来的能力，包括演绎推理能力、抽象概念的形成能力、类比和记忆等。流体智力是一种以生理为基础的认知能力，属于人类的基本能力。流体智力的个体差异性较少依赖于文化和知识的内容，而是取决于个体的先天素质。因此在编制适用于不同文化背景的被试的所谓文化公平测验时，大多是以流体智力作为比较的基础，例如瑞文推理测验。流体智力的发展与年龄也存在密切的关系，流体智力的发展一般是在 20 岁左右达到顶峰，30 岁之后流体智力将会随着年龄的增长而降低。

晶体智力（crystallized intelligence，Gc）是以习得的经验为基础的认知能力，如获得语言、数学等知识的能力。晶体智力取决于后天的学习，和社会文化存在密切的关联。凡是运用既有的知识和习得的技能去吸收知识和解决问题的能力，都属于晶体智力。晶体智力在个体的一生中都可以发展，其发展和年龄没有密切关系。对于晶体智力的测量主要是使用言语测验。

（四）气质

气质（temperament）是指个体在情绪和行动发生的速度、强度、持久性和灵活性等方面的动力性的心理特征。每个个体生来都具有一定的气质，气质类型的特征越是在幼年的时候表现就越明显。

关于气质的类型学说来源于古希腊医生希波克拉底（Hippocrates）的体液学说。希波克拉底认为人体内黄胆汁、黑胆汁、黏液和血液 4 种体液的比例不同，从而形成了 4 种不同类型的人。古罗马医生盖伦（Galen）在体液学说的基础之上，进一步确定了人的 4 种气质类型，即胆汁质、抑郁质、黏液质和多血质。不同气质类型的个体会表现出风格迥异的行为反应。例如，胆汁质的个体精力旺盛、争强好斗、热情正直、容易冒失、感情用事，而黏液质的个体则沉稳自制、踏实细致；抑郁质的个体多愁善感、优柔寡断、不善交际，而多血质的个体则活泼大方、善于交往、适应力强。气质类型本身并没有好坏之分，而且具有单一气质类型的个体也不多见，大多数个体都是两种或三种气质类型兼而有之。

（五）性格

性格（character）是指个体在社会实践活动中所形成的对现实的稳定态度以及与之相适应的行为倾向性。个体的性格特征可以在言语、活动甚至外貌等很多方面表现出来。例如，有些个体喜欢在群体活动中充当领导者的角色，有些个体则甘愿被领导；有些个体很健谈，

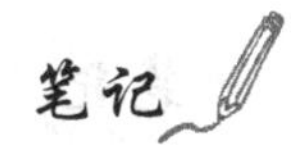

可能就是源于其开朗的性格，而沉默寡言的个体可能是为人比较谨慎，也可能是孤僻、怯懦的性格特点导致的。

人格最狭义的概念是等同于性格的。性格的现象极端复杂，至今尚无统一的公认的性格分类原则。学者们曾经提出过很多不同的原则和标准来将性格进行分类，影响力较大的包括有A型人格-B型人格理论、内向型-外向型理论以及多种特质理论等。

1. A型人格和B型人格 福利曼和罗斯曼定义的A型-B型行为类型理论经常被用于研究人格与工作压力的关系。A型行为的主要特点包括性情急躁、缺乏耐心、上进心强、富有竞争意识、工作认真投入、有很高的时间紧迫感等，可以将其特点概括为"时间紧迫感，竞争与敌意"。A型人格属于不安定型人格，此类型个体外向、敏捷、说话快，但行事匆忙，社会适应性较差，因为生活经常处于紧张状态，具有此类型人格特征的个体容易罹患冠心病。在福利曼和罗斯曼一项长达8年的跟踪随访研究中发现，A型人格个体发生冠心病的人数为B型人格人数的两倍多。B型人格的个体大多性情温和，举止稳妥，喜欢慢节奏的生活，对于工作和生活的满足感也往往较强。

2. 内向型-外向型人格理论 著名的人格心理学家荣格最先提出了内-外向人格类型的理论。荣格认为，内向人格的个体通常比较害羞、内敛，甚至可能出现适应困难，做事谨慎，其兴趣和关注点往往指向主体内部，善于自我剖析；而外向人格的个体则勇敢果断、情感外露、热情奔放、独立自主，其兴趣和关注点指向外部客体，注重外部世界，善于交往。荣格还认为，每一个个体都兼具内向和外向两种特征，究竟属于哪一类型要根据哪一类人格特点占优势来进行判断。

3. 奥尔波特的特质理论 人格特质理论认为，特质(trait)是决定个体行为的基本特性，是人格的有效组成元素，通常也被作为基本单位来测评人格。

奥尔波特于1937年首次提出了人格特质理论，他认为，生活在某一特定的社会文化背景下中的大部分个体会具有某些相同的特质，即共同特质(common traits)。通过将不同文化环境中的共同特质进行比较，可以对于人格的文化差异进行研究。奥尔波特提出的另一类特质是个人特质(individual traits)，是指个体身上所独有的特质，其中又包括首要特质(cardinal traits)、核心特质(central traits)和次要特质(secondary traits)。首要特质是个体最典型的和最具有概括性的特质，会影响到个体行为的各个方面，但只有为数不多的个体可以用某一种首要特质来进行描述，具有首要特质的个体其行为受到这一特质的支配；中心特质则是指最能说明个体独特人格的5~10个重要特质，中心特质是每个个体都具有的；而次要特质则是相对来说不太重要或比较表浅的特质。

4. 卡特尔的人格特质理论 卡特尔最初研究的是一些能够从外部行为直接观察到的特质，他称其为表面特质(surface traits)。后来他发现，一些表面特质之间存在相互联系，它们是以相同原因为基础的行为特质。卡特尔将那些更基础、更深层的品质称为根源特质(source traits)，并使用因素分析这一统计学方法定义了16种相互独立的根源特质，从而编制了"16种人格因素问卷"(Sixteen Personality Factor Questionnaire，16PF)。此问卷可以用于对人格进行量化分析，从而研究人格的差异。卡特尔认为每个人身上都具有这16种特质，只是存在表现程度的区别。

5. "大五"因素模型 在卡特尔的早期工作之后，大量不同的研究都显示，有五个人格维度在大量不同方法的研究中不断被发现，从而形成了著名的"大五"因素模型(the Big-Five model)。这五个人格特质因素是：

(1)开放性(openness)：开放性是指个体具有富于想象、情感丰富、求异、自主等特质。

(2)尽责性(conscientiousness)：尽责性是指个体显示出谨慎细心、自律、克制和有条理等特质。

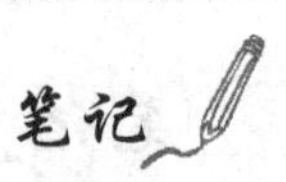

（3）亲和性（agreeableness）：亲和性是指个体具有乐于助人、信任、谦虚等特质。

（4）外向性（extraversion）：外向性是指个体表现出热情、好交际、果断、乐观等特质。

（5）神经质（neuroticism）：神经质是指个体具有焦虑、敌对、压抑、冲动、缺乏安全感等特质。

以上五个维度的英文首字母组合在一起就是"OCEAN"一词，代表了人格的海洋。通过这一模型的测评，可以在一定程度上对个体的行为表现进行预测。例如，高尽责性的个体在学校或职场都会表现较为优秀；低亲和性和低尽责性的青少年则可能出现较多的违法行为等。因此，"大五人格因素测定量表"被广泛应用于研究中的人格评测或职业人事选拔等。

6. 艾森克的三因素模型 艾森克同样是使用了因素分析的方法，对正常个体和精神疾病患者进行研究，从而形成自己的理论，确定了人格中的两大因素，外向性（cxtravcrsion）和神经质（neuroticism），随后又增加了精神质（psychoticism）这一维度，从而构成了PEN模型，即三因素模型（three-factor model）。艾森克还根据这一模型编制了艾森克人格问卷（Eysenck Personality Questionnaire，EPQ）。艾森克提出，在外向性维度上得分高的个体通常善于交际，较为合群；而得分低的个体则通常安静、内省、可信赖度高。神经质维度代表情绪稳定性，此维度得分高的个体情绪稳定性低，因此长期焦虑，喜怒无常，缺乏安全感；而情绪稳定性高的个体性情平和，在经历负性事件之后能较快地恢复到平常状态。精神质与自我控制关联，该维度得分高的个体易于冲动、充满敌意、孤僻、不合作，往往难于管教；而该维度得分低的个体行为通常比较符合社会规范，也较为亲和与利他。

三、人格的形成与发展

个体从出生到成熟，再至老年的整个生命历程中，其人格特征会随着年龄、环境和经历的改变而逐渐变化。人格始终在遗传因素和后天环境的交互作用下形成和发展。

（一）遗传因素

现有的众多研究均已提示，在智力、气质等与生物学因素相关较大的特质方面，遗传因素的影响比较明显。例如，艾森克的研究就曾指出：同卵双生子在外向性和神经质两个特质方面的相关性显著高于异卵双生子，充分显示了遗传因素在人格特质形成中的重要作用。大量的关于能力的研究也表明，血缘关系接近的个体在智力发展水平上也存在接近的趋势，例如，同卵双生子智力的相关性高于异卵双生子和普通的兄弟姐妹，即使是在不同的环境下成长的同卵双生子，其智力的相关性也非常高；亲生父母和子女的智力相关性要高于养父母和养子女。

当然，研究中也发现，即便是没有血缘关系的人，如果长期生活在同一环境中，其智力也存在一定的相关性，这说明环境因素也在发生作用。

（二）环境因素

人不仅是生物个体，更是社会个体。各种各样的环境因素的影响早在胚胎发育期间就已经开始了，并且会持续发生在个体的整个生命历程中。

1. 社会文化因素 人格具有独特性，但是在同一特定社会文化背景中的个体其人格结构会具有相似的发展趋势，尤其是在对于顺应要求严格的社会背景下，这种影响会更加明显。因为如果个体的人格特质过于偏离社会文化的要求，其社会适应便会很困难，甚至可能会被认为存在行为障碍或心理疾病。不同文化背景的民族往往具有其民族性格就很好地证实了社会文化因素对于人格特征的塑造功能。

2. 家庭环境因素 父母的教养方式以及家庭成员之间的关系模式等都会影响个体社会关系的最初的也是最基本的发展，同样也会影响人格特质的形成。个体的很多人格特质

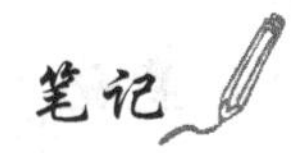

的形成其实都可以在其原生家庭的互动模式中追根溯源。例如，Diana Baumrind 的研究就总结出了三种不同的家庭教养风格以及不同教养风格下成长起来的儿童可能具有的不同特征。

（1）威信型教养（authoritative parenting）：此类教养风格的父母懂得尊重孩子，能够将爱与管教充分融合，在孩子幼年时就像对待成人一样平等地对待孩子，凡事讲明原因和道理，尊重孩子的意愿并适时地加以指导。在这样充满爱意又非常灵活的教养氛围下成长的孩子大多属于活力友善型，为人乐观并且自信，社会适应性也很强，善于合作且有成功导向，这类教养风格的优势在后续的随访中也得到了证实。

（2）专制型教养（authoritarian parenting）：专制型的父母极为严厉，他们会强制要求孩子遵守其制定的多种规则，不允许孩子质疑这些规则或是表达他们自己的想法。这种教养下的孩子情绪不稳定，时常不快乐，生活无目标，对人也不友好，属于易激怒型。

（3）放任型教养（permissive parenting）：相对于专制型父母的苛刻管束，放任型父母的教养风格则是另外一个极端。他们的管教方式极为松散和软弱，甚至不对孩子的言行进行必要的监督，给予孩子过分的自由，任其肆意妄为。因此，导致孩子非常自我中心，反叛且常具有攻击性，在生活中和专制型教养下的孩子一样缺乏目标，独立性和成就也较低。

3. 早期经验 虽然早期经验不能单独对人格发生决定性作用，童年幸福与否和人格发展是否健全也并不存在一一对应的关系，但是早期经验尤其是亲子互动确实可以影响行为模式的发展，这一点在很多研究中都被证实了。鲍尔毕在《母性照看与心理健康》的报告中提出，幼年时期与母亲建立的和谐稳定的亲子关系是儿童心理健康发展的关键所在。精神分析学派创始人弗洛伊德也曾经提出，个体人格的核心在 6 岁之前就会通过一系列的心理性欲发展阶段（psychosexual stages）而基本形成。

除上述以外，营养、疾病、学校教育、自然物理环境等环境因素也都是人格形成与发展的影响因素。

总而言之，人格就是在遗传素质与环境因素的交互作用下逐渐发展的，遗传为人格发展提供了各种可能性，这些可能性在多种环境因素的作用下最终发展成为现实的人格。

遗传因素和环境因素有的时候也会紧密地结合在一起，以至于无法将二者明确地划分开来。有的时候个体是可以“遗传”到如教育背景、经济基础或家庭氛围等环境因素的，例如，出生于音乐世家的孩子从很小的时候就表现出惊人的音乐才能，究竟是遗传的音乐天赋占主导还是其身处的家庭背景熏陶使然，也不是一个容易回答的问题。

当然，在人格形成发展的过程中，个体的主观能动性也是不容忽视的一个影响因素。

第二节 人格的生物学基础

在人格的各种构成成分中，意识倾向性总是受到环境因素的影响较多。比如说，个体的需要是多种多样的，其中社会需要总是受到个体身处的社会文化背景的影响，即使是生理需要，有时候也会受到现实环境要求的调节；动机也是这样，动机总是指向特定的对象，总是需要一定的目标来引导个体行为的方向，这些对象和目标大多也会来源于社会文化和现实环境中。因此，本节中介绍的人格的生物学基础，将主要围绕人格构成中的个性心理特征的部分来进行阐述。

一、气质的生物学基础

“江山易改，禀性难移”一语中的“禀性”指的就是气质。人的气质类型分为胆汁质、抑郁质、黏液质和多血质 4 种类型。不同气质类型的个体的行为反应的风格会迥然不同。气

质其实就是与生俱来的高级神经活动类型特征在后天活动中的表现，因此受生物学规律的制约非常明显。

高级神经系统类型学说的创始人是巴甫洛夫，他认为，按照大脑皮质神经过程的兴奋或抑制的强度、二者的均衡性和相互转化的灵活性三个基本特征可以将动物的高级神经活动分为兴奋型、活泼型、安静型和抑制型（表 11-1）。高级神经活动过程的强度是大脑皮质神经细胞活动能力的标志，强度高的神经系统能够承受强烈和持久的刺激；神经系统的兴奋过程和抑制过程均衡性高意味着二者力量大致相近，反之便是其中的一种过程相对占优势；灵活性则代表两种过程的相互转换是否迅速。

表 11-1　高级神经活动类型表

神经类型	强度		均衡性	灵活性
	兴奋过程	抑制过程		
兴奋型	强	—	不均衡	—
活泼型	强	强	均衡	大
安静型	强	强	均衡	小
抑制型	弱	弱	—	—

巴甫洛夫认为对人类而言，高级神经活动类型就是气质。因此，动物高级神经活动类型的划分原则同样适用于人类的气质类型的划分。也就是说，基本神经过程的三个特性也是人类个体气质差异的主要生理基础，四种高级神经活动类型与四种气质类型可以一一对应。例如，胆汁质个体乐观热情、易激好斗，神经过程强而不均衡，对应于兴奋型；多血质个体精力充沛、均衡稳定，神经过程强且均衡性和灵活性都高，对应于活泼型；黏液质对应于安静型，神经过程强而均衡，但灵活性不高，个体表现沉静稳重；抑郁质对应于抑制型（或弱型），个体神经过程较弱，在生活中较为悲观、心境时常忧虑暗淡。

气质特征更多地依赖于先天遗传的生物学素质，因此相对于其他的个性心理特征更为稳定。当然，气质也具有可塑性，环境的磨炼和教育的影响可以突出或掩盖某些真实的气质类型特征，这也正是为什么大多数个体都是以某种类型特征为主同时兼具其他气质类型的特点。大多数个体具有的气质类型都属于混合型或中间型，只有少数个体可能具有非常典型的类型特征。气质本身并没有好坏之分，每一种气质类型都可能形成优良的或是消极的心理品质。气质还会影响性格特征的形成和发展速度，个体性格特征的形成往往带有气质的“烙印”或“色彩”，性格也可以在一定程度上改造气质。

二、性格的生物学基础

（一）艾森克人格特质与脑结构

外向者会比内向者体验到更多的积极情绪，神经质高分者会比低分者体验到更多的、更强烈的消极情绪，外向者也会比神经质高分者体验到更多的积极情绪和更少的消极情绪。研究者们认为，由于外向性高分者和神经质高分者在情绪体验方面存在明显差异，他们的情绪调节机制也存在神经系统结构方面的差异。大脑皮质和杏仁核是与外向性和神经质的人格差异有关的主要脑结构。

大脑皮质中负责情绪体验的重要脑区之一是前额皮质，研究者通过功能性磁共振成像（functional magnetic resonance imaging，fMRI）发现，内向性与大脑右半球的三个脑区皮质厚度有关，内向者右半球这些脑区的灰质多于外向者；而神经质的得分则与大脑左半球的皮质厚度呈现负相关，与右半球无关，即神经质高分者的一些左脑脑区所含的灰质量少于

笔记

神经质低分者。这些结果也证实了更早的一项研究，神经质高分者尤其是焦虑水平高分者，其脑体积更小。

外向性和神经质还与颞叶、额叶以及负责控制意识和情绪的脑区的活动相关。实验证实，当外向者观看一些积极的图片（如美丽景色、诱人食物等）时会诱发更多的颞叶和额叶的活动；而神经质高分者观看消极图片（如吓人的动物、哭泣的人等）时会诱发颞叶和额叶的更多活动。

另外一些 MRI 研究结果显示，外向者的左侧杏仁核中的灰质密度高于内向者，神经质高分者的右侧杏仁核灰质密度低于低分者。同时有些学者认为，由于抑郁同神经质存在联系，杏仁核体积减小可能预示着抑郁的发生。

杏仁核主要负责对情绪信息的加工和记忆，外向者在观看快乐的面部图片时，其杏仁核的激活程度比内向者要高。但是在观看消极的面部图片时，还没有证据显示外向性或神经质与杏仁核活动的关联，因此，研究者认为当个体面对恐吓或生气等消极的面孔时，唤起的是本能的情绪反应，属于求生机制的重要组成部分，应该与人格的个体差异无关。

（二）艾森克人格特质与皮质兴奋性

内向者大多内敛拘束，喜欢做安静的事情，而外向者则大方开朗，热衷于参加新鲜有趣的活动。艾森克在研究人格的外向性维度时提出构想，认为这种差异主要是因为外向者和内向者在神经系统的唤醒水平和唤醒性方面存在差异。

神经系统唤醒水平（arousal level），即皮质兴奋性水平，与脑干上行网状激活系统（ascending reticular activation system，ARAS）的功能及兴奋状态有关。ARAS 是一条能够将信号从边缘系统和下丘脑传导到皮质的通路，其活动状态可以决定个体是机敏还是迟钝。

艾森克认为内向者比外向者有着更高的皮质唤醒水平。外向者由于皮质兴奋性水平较低，即预设的基线条件位于其唤醒阈限之下，在基线水平上，外向者几乎感觉不到刺激信息，因此，他们会倾向于寻求外部的刺激来提升自身原本较低的唤醒水平，就会表现出外向型人格特质；相反，皮质兴奋性水平较高的内向者个体会减少与外界的接触，行为也较为拘束，表现出沉静稳重甚至有些孤僻等内向性特征，可以避免过多刺激导致皮质兴奋性水平进一步提高。同样水平的刺激分别作用于内向者和外向者时，内向者体验到的强度要高于外向者。研究发现内向者和外向者在应对中等强度刺激的反应方式上确实存在着显著的差异，这一结果证实了二者的差异来自于大脑皮质唤醒性或感觉反应性的不同。

艾森克还构想内向者和外向者都会通过尝试调整自身的唤醒水平，以达到最佳唤醒水平。关于这一假设，在后来的研究中并没有其他实际的研究结果能够给予支持。但是 Geen 的研究曾揭示，人们对于环境（噪声音量）的偏好和认知加工绩效取决于自身的最佳唤醒水平，而这些取决于人格特质。

艾森克认为神经质的个体差异同样可以用生理唤醒来解释。外向性可以看作是正性唤醒，兴奋而充满能量；神经质则可看作是负面唤醒，产生害怕和焦虑等消极情绪。神经质得分高的个体易于产生负面情绪，这种特质是源于高度敏感的情绪或驱力系统，其生理加工过程涉及个体的交感神经系统。但是由于交感神经反应的个体差异性非常大，目前还没有足够多的证据能够支持艾森克的这一假设。

（三）艾森克人格特质与神经递质

前面提到过，内向者对于感觉刺激比外向者有着更高的唤醒性（敏感性）。有学者认为内向者之所以喜欢安静和独处，是由于其对大脑中多巴胺含量的变化比外向者更加敏感。也有实验证实，外向者的多巴胺活跃水平通常要高于内向者。这可能因为外向者的大脑中有着更多更广泛的多巴胺通路，或是由于他们对于多巴胺的反应性更强。多巴胺系统与杏

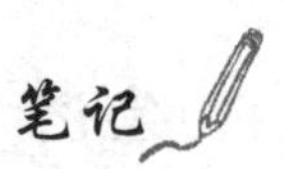

仁核存在联系，前文所述的杏仁核在外向者的大脑中表现出更强的情绪反应性也证实了上述观点。

临床证据已证实，抑郁症、创伤后应激障碍（PTSD）等疾病中发生的极端焦虑和抑郁情绪可能与患者脑中5-羟色胺（5-HT）水平较低有关。机体内对于5-HT敏感的脑结构如大脑皮质、杏仁核、海马、顶盖和下丘脑等都与心境调节、抑郁以及焦虑障碍有关。5-HT及其受体的作用水平与神经质的个体差异存在关联。神经质高分者更有可能拥有5-HT转运体的短链等位基因，如果该基因变异，机体内的5-羟色胺水平就会降低。

三、能力的生物学基础

型态论认为个体在20岁之前的智力发展和年龄的增长存在关联，其实也就是和神经系统的发育成熟存在关联。能力的发展很大程度上依赖于神经系统尤其是中枢神经系统的结构和功能是否完好。中枢神经系统的发育也会受到机体其他生理系统的调节，如内分泌系统等。例如，在妊娠期间，甲状腺激素（TH）可以调控中枢神经系统的发育，中枢神经系统的发育对于甲状腺激素的依赖可以持续到婴儿出生后3年。碘是合成甲状腺激素的必需元素，在妊娠早、中期，胎儿的甲状腺激素主要来自母体的游离甲状腺素（FT4），妊娠晚期胎儿甲状腺激素的合成也要依赖母体提供的碘。很多研究都证实了缺碘可以导致脑神经发育受损，根据缺碘程度不同可以造成不同程度的脑发育障碍。

型态论中也提到，与先天素质关系密切的流体智力在个体30岁之后会随着年龄的增长而开始降低，来自于后天经验习得的晶体智力却是可以终生持续发展的。因此，如果推测在个体的一生中，后天经验对于智力发展的影响会不断累积提升，甚至逐渐覆盖早期遗传倾向性的影响，也不无道理。但是研究结果却提示，从婴儿期的20%到青春期的40%再到成年期的60%，智力的遗传力（heritability）呈现出线性增长的趋势，智力的遗传力在成年晚期甚至可以达到80%（但是到80岁左右又会降至60%）。大量的基因研究都得到了与前述一致的结果。例如在一项针对11 000对双生子的横断研究中，meta分析显示，智力的遗传力从9岁时的40%到12岁时的50%再到17岁时的60%，增长显著。与此同时，在另一些关于双生子的研究中使用全基因组复杂性状分析（genome-wide complex trait analysis，GCTA）得到的结果提示，不同年龄阶段之间的遗传相关性很高，也就是说在个体生命历程的不同阶段，主要影响智力发展的基因是相同的，那为什么这种影响会被逐渐放大呢？基因型-环境相关（genotype-environment correlation）不失为一种解释，即个体并非只是被动地在某一环境中成长，他们可以在一定程度上选择、改造或是创造环境，而这些都是与其遗传倾向性存在关联，原本小的遗传差别也因此而放大了。这一解释也再一次证实了个体的人格始终是在遗传素质、环境因素以及个体行为的交互作用下发展的。

第三节 人格障碍

一、人格障碍的概述

人格会影响个体日常生活的很多方面，包括个体如何看待生活事件，如何感受，如何与他人互动；人格也会决定个体与他人相处的方式。具有适应性人格的个体能够共情他人，具有合作意识，因此可以与他人形成恰当的亲密的关系，也能够尊重并欣赏不同个体的独特性。有些个体则可能无法适应周围环境的变化，也很难建立和维持良好的人际关系，同理心过重或很难关心他人，太过自私或太过自我牺牲，难以忍受不同观点，难以区分自己和他人的需求，或者索性不与其他个体交往，这些都可能是人格障碍的表现。

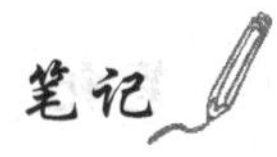

（一）人格障碍的定义

人格障碍（personality disorder）是指 18 岁以上成年个体的人格特征明显偏离正常，使患者形成了一贯的反映个人风格和人际关系的异常行为模式。这种模式显著偏离特定的文化背景和一般的认知方式（尤其表现在待人接物方面），患者的社会功能和职业功能受到明显影响，表现出对于社会环境的适应不良，患者本人也会感到痛苦。这些人格特征及其潜在的适应不良通常开始于童年期或青少年期，并会长期发展持续至成年甚至终生。

（二）人格障碍的成因

1. 生物学因素 无论是健康的人格特质还是病态的人格特质都具有一定的遗传性，人格障碍的总体遗传度和正常人格特质的遗传度大致相近，为 30%~50%。

在关于反社会型人格障碍的一些研究中发现，患者在自主神经系统的自主性唤醒维度上居于低水平，并且具有不稳定的特点。临床资料也提示患者缺乏焦虑和自罪感。当处于某些能够引起正常个体情绪反应的紧张情境中，患者也不会出现反应。有学者认为，正是因为缺少焦虑或无焦虑，患者才会不断出现反社会行为。

神经生物学方面的研究也发现，反社会型人格障碍患者制止惩戒行为能力降低，出现冲动攻击等暴力行为和自杀行为可能和患者体内 5-HT 能功能减退有关。同时也有研究显示，5-HT 能促效剂可以减少攻击和自杀行为的发生。

还有的研究发现，反社会型人格障碍患者大脑皮质抑制功能减退，脑电图出现较多慢波，镇静阈降低，患者同时存在去甲肾上腺素能功能亢进，当去甲肾上腺素能活动增强与 5-HT 能活动减低伴发时，攻击尤其容易发生。

2. 心理社会因素 人格特质在形成的过程中，也会很大程度地受到后天环境因素的影响，对于人格障碍而言，其受到后天因素的作用越大，心理治疗就越有发挥作用的空间。

在心理社会因素方面，个体早年的依恋（attachment）形成、成长的家庭环境以及社会认知等都可能影响人格的发展。例如，有学者认为个体幼年时期形成的不安全依恋（insecure attachment）和边缘型人格障碍的形成可能存在关联。人格障碍患者的某些不合理信念往往起源于童年时期，如果继续生活在不良的社会环境中，这些认知模式得到强化，就会进一步形成人格障碍的症状。因此，认知重建也是某些人格障碍治疗的重点之一。

二、人格障碍的分类

DSM-V 在大量文献的基础之上对诊断系统进行了包括维度论在内的整合，将人格障碍分为 6 个具体类型：反社会型（antisocial）、回避型（avoidant）、边缘型（borderline）、自恋型（narcissistic）、强迫型（compulsivity）和分裂型（schizotypal）。

（一）反社会型人格障碍

反社会型人格障碍是一种无视他人权利的普遍的行为模式。在非正式的情况下，反社会型人格障碍和精神病态（psychopathic）时常相互替代使用，但是精神病态并没有包含在 DSM 中。

反社会型人格障碍患者的特征表现为攻击性、冲动性和冷酷无情。患者通常在青少年时期就会存在逃学、经常撒谎和故意破坏公共财产等行为问题。患者成年后的行为也大多不负责任，不符合社会规范。患者常常忽略事实，对自己的不端行为也没有丝毫悔恨。此类人格障碍的患者会频繁更换工作，经常通过欺骗来获得私利或以恶作剧为乐，他们没有道德观念，也不会感到内疚，对他人极度缺乏共情，对于家庭也没有爱与责任感，并且极易激惹、非常冲动，经常会出现攻击行为。

反社会型人格障碍患者中以男性居多，年轻患者的比例高于年长患者，接受过治疗的一部分患者随着年龄的增长，症状可能出现改善。精神病态和反社会型人格障碍都存在

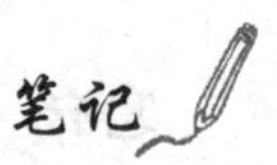

40%~50% 的遗传性，收养研究显示，亲生父母患有反社会型人格障碍的被收养儿童，其表现出反社会行为的比例高于一般水平。即使儿童本身并没有反社会型人格障碍的遗传风险，如果长期生活在消极性高、缺乏温暖、贫困或是暴力的环境中，也可能发展出反社会行为。

（二）回避型人格障碍

回避型人格障碍的患者非常害怕得到负面的反馈，因此他们会通过回避工作和人际交往来保护自己免于受到拒绝或批评。此类人格障碍的患者还时常伴发社交焦虑障碍，因为患者害怕自己在社交场合中表现不好引起尴尬，所以限制自己和他人交往。患者的自我价值感也不高，认为自己是无能的，不如别人，他们通常也不愿意进行新的尝试。因为回避型人格障碍患者的特点，他们对于研究面谈也不适应，所以目前关于此类人格障碍成因的研究结果也很少。

（三）边缘型人格障碍

边缘型人格障碍在临床上很常见，其治疗困难且患者具有自伤或自杀的倾向，需要引起重视。此类人格障碍的患者通常不具有清晰连贯的自我意识，他们时常在自我价值或职业选择等基本的身份认同方面表现出极大的不稳定性，他们的心境和人际关系时常发生令人难以理解的快速变化。患者害怕孤独和被遗弃，需要关注，渴望亲密，但是当亲密关系真的建立起来的时候又会开始排斥，会有意无意地破坏亲密关系。此类人格障碍患者的特征之一就是消极心境突然的、巨大的、无法预期的变化，他们可以从充满激情的理想化状态一下子变为厌恶愤怒的状态。因为抑郁和空虚感的长期伴随，患者发生自杀或自伤行为的风险很高。

研究发现，边缘型人格障碍患者的 5-HT 功能低于非患者，其杏仁核活动则较非患者增强，这些都可能与其情感失调的症状有关。边缘型人格障碍患者的前额叶皮质表现出活动性低和结构改变，前额叶皮质和杏仁核之间的联结似乎也被破坏，这些研究结果都表明，神经生物学因素可能导致边缘性人格障碍患者的冲动性特征。

此外，幼年时期父母分离、受到过言语或情感虐待等经历也可能增加边缘型人格障碍发生的可能性。

（四）自恋型人格障碍

自恋型人格障碍得名于希腊神话人物 Narcissus。Narcissus 是一位美貌的少年，他爱上了自己在水中的倒影，最终变成了一株水仙花。此类人格障碍的患者非常自我中心，需要持续的关注和大量的赞美，他们与别人互动的目的也只是为了满足自己的自尊，而并非获得或维持亲密感。此类患者经常夸大自己的能力，自吹自擂，他们期待得到别人的赞美或特殊待遇来维持他们膨胀的自我概念。自恋型人格障碍的患者严重缺乏对他人的共情，傲慢善妒，总是倾向于结交一些被他们理想化后拥有较高地位的同伴。此类患者的自尊其实非常脆弱，他们对批评极度敏感，甚至如果没有得到别人及时的赞美，他们都会暴怒。

关于自恋型人格障碍成因的研究主要集中在心理社会因素方面，自体心理模型和社会认知模型是目前最有影响力的两个病因学模型。

（五）强迫型人格障碍

强迫型人格障碍患者大都是完美主义者，他们非常关注细节、规则和计划。因为唯恐犯错，他们在决策和进行时间规划的时候存在很大困难。因为此类患者严肃、刻板、拘谨，并且要求每件事情都必须要按照他们的方式（并坚持说这就是正确的方式）来进行，经常给自己和身边的人带来压力。

强迫型人格障碍和强迫症并不相同，其并不包括强迫行为和强迫观念，当然，此二者也可能出现共病的情况，在人格障碍中，强迫型人格障碍还经常与回避型人格障碍发生共病。

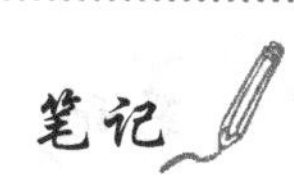

探讨此类人格障碍病因的研究也很少，目前发现其遗传易感性可能与强迫症的遗传易感性存在重叠。

（六）分裂型人格障碍

分裂型人格障碍是一种以不同寻常的想法和精神病性的行为、人际关系的疏离和怀疑为特征的人格障碍。此类人格障碍的患者可能相信自己拥有读心术或预见未来等超能力，会表现出偏执和怀疑，也会出现牵连观念（即认为外界事件对于自己有非比寻常的意义）。分裂型人格障碍的症状和精神分裂症的症状很相似，但相对较轻，大部分分裂型人格障碍也不会发展成为精神分裂症。

分裂型人格障碍的遗传性很高，大约为61%，并且其遗传易感性与精神分裂症的遗传易感性存在重叠。研究发现，分裂型人格障碍患者的脑室更大，颞叶灰质更少。此类人格障碍的患者在认知和神经心理功能上存在和精神分裂症患者类似的缺陷，只不过相对较轻。

（王晟怡）

思考题

1. 人格的构成包括哪些内容？
2. 请阐述高级神经活动类型学说和气质的关系。
3. 人可能越老越聪明吗？请结合卡特尔的型态论进行解释。
4. 什么是人格障碍？人格障碍有哪些类型？

笔记

第十二章　饮食控制的生理心理

学习目标

掌握：

1. 引起渗透性渴与容量性渴的基本途径。
2. 影响摄食行为的主要脑区。
3. 主要的增食及厌食信号物质。

熟悉：

盐欲有关的神经内分泌机制。

了解：

摄食障碍的表现。

近年来，不良生活方式成为个体患病的主要病因之一。据调查，40% 的癌症发生都跟生活方式改变紧密相关。其中饮食不当是导致很多慢性病（如暴饮暴食，饮食不规律，营养过剩，盐、糖、脂肪摄取过多等）的不良生活方式之一。世界银行发布《创建健康和谐生活，遏制中国慢病流行》报告，揭示"慢性病已成为中国的头号健康杀手"。因此，合理的饮食已经成为个体维护健康的重要手段，而弄清饮食控制的基本原理也愈来愈被人们所关注。

第一节　饮水行为的生理心理

水是生命之源，机体组织的代谢依赖于血液循环来供给养料，运送代谢产物。因此，溶液浓度的维持（即渗透压的稳态）和体液容量的调节（即容量的稳态）是机体基本生命活动的保障。当渗透压和体液容量的稳态失衡时，机体就会调动各种反应来恢复稳态，如缺水时，动物减少水的排出，增加水的摄入；失血时，机体尿量减少以保存水、钠，同时还增加水、钠的摄入。水、钠的储存是抗利尿激素和醛固酮的作用，而水钠的摄入则是通过引发口渴和盐欲来实现的。这些代偿性反应是大脑对相关信号处理协调的结果。

一、体液平衡的一些问题

（一）体内水的分布

水是机体的主要组成成分。动物体内的水占体重的 55%~65%，这个比例与体脂含量有关。体水分布在细胞内和细胞外，大致可分隔为一个细胞内液区间和 3 个细胞外液区间：细胞间液（组织液）、血液、脑脊液（图 12-1）。

由于分隔体液区间的生物膜通透性不同，故造成各区间体液成分的差异。如毛细血管壁分隔血液与组织液；细胞膜分隔组织液及细胞内液。细胞内液的容量受组织液的渗透压

笔记

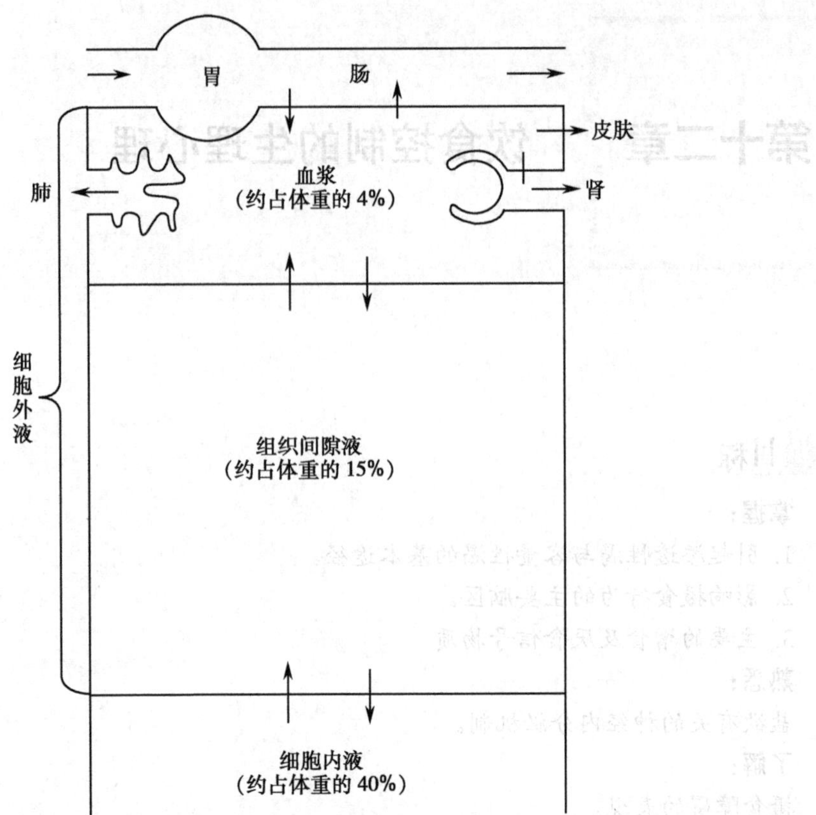

图 12-1 体液的分布及其相互关系

(取决于其溶质浓度)所控制。正常时，组织液与细胞内液是等张(isotonic)的，也就是说组织液中的溶质与细胞内溶质的浓度是平衡的，即两个区间的水分进出平衡。如果组织液因水分丢失而浓缩，则形成高张(hypertonic)，而使细胞内液的水分扩散出细胞；若组织液因水分增加而稀释，则称为低张(hypotonic)，水就扩散入细胞。以上两种情况都会危及细胞的功能：缺水使细胞不能完成多种反应；水过多则形成肿胀，可导致细胞破裂。

组织液与细胞内液之间的液体平衡，取决于由离子浓度决定的晶体渗透压。当膜一侧的溶质高于另一侧时，就产生渗透压——水通过半透膜从溶质低浓度区域到高浓度区域。

血浆容量也必须精确调节，因为它直接影响血容量的稳定。这是由于毛细血管壁对水与电解质有较大的通透性，所以晶体渗透压无法保持血浆容量(血管内水溶液)的稳定。血浆容量的保持则有赖于毛细血管的通透性和血管内、外的有效滤过压；其关键因素是血浆蛋白浓度及毛细血管静脉端的血压。

有效滤过压 =(毛细血管血压 + 组织液胶体渗透压) - (血浆胶体渗透压 + 组织液静水压)

(二)肾脏在体液平衡中的作用

人的肾脏通过肾单位(每侧肾脏约有 100 万个)的滤过 - 重吸收 - 分泌机制调节体液中的水和溶质(主要是钠)的排出以维持渗透压的稳定，并控制细胞外液的容量和浓度(张力)。如果大量饮水，肾脏排出低渗尿来平衡；若因出汗、腹泻、失血等丢失大量体液，则肾脏排出极少量的高渗尿以保存水。这就是肾脏的稀释 - 浓缩机制。

肾脏主要通过醛固酮(aldosterone，ALD)、精氨酸升压素(arginine vasopressin，AVP)控制水、钠的排泄。ALD 促进远曲小管及集合管重吸收 Na^+，通过 Na^+-K^+ 及 Na^+-H^+ 交换保留钠，同时增加 Cl^- 和 H_2O 的重吸收。AVP 又称抗利尿激素(anti-diuretic hormone，ADH)，由下丘脑的视上核(supraoptic nucleus，SON)及室旁核(paraventricular nucleus，PVN)产生，经

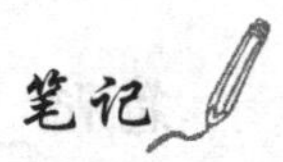

轴突输送到垂体后叶贮存，并由此释放入血，主要作用是增强远球小管和集合管对水的通透性，促进水的重吸收，形成量少、高渗的终尿。如果大量饮水，则可使 ADH 分泌减少，使集合管重吸收水分减少，使尿量增多，渗透压降低。

二、渗透性渴与容量性渴

“渴”(thirst)是体内渗透压或细胞外液稳态失衡时的一种特殊知觉，又是调节体液容量和渗透压的启动因子。它驱动个体选择并进行饮水，以补足体内水的不足；饮水行为就是这些活动的综合。从进化角度看，水生的鳗类已具备吞咽水的结构(可能其他鱼类也有)；但在动物陆栖后，“渴觉”才得到发展。

饮水行为分为自然饮水及水剥夺引起的饮水。前者是接近水的动物的自然行为(和理毛、啄食一样)，与体内缺水无关；后者是由体内缺水所驱动的。“渴饮”是水剥夺引起的饮水行为，具有可测量与可控制的生理基础，因此了解得比较清楚(图 12-2)。

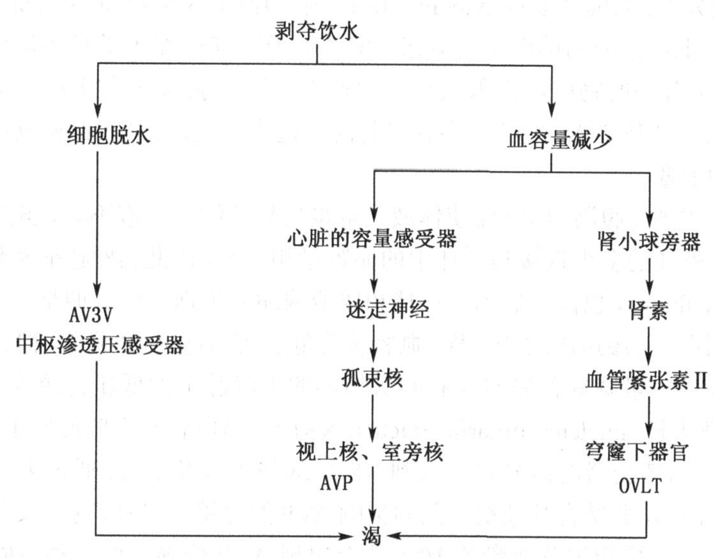

图 12-2　剥夺饮水引起渴觉的两种途径

AV3A：第三脑室前腹侧区；OVLT：终板血管区

渴觉因引起的原因不同，可分为渗透性渴和容量性渴，两者引起不同的行为。

(一) 渗透性渴

哺乳动物体液的溶质浓度大致恒定于 0.15mol，这是一个调定点。任何偏离调定点的情况，都会启动稳态调节机制，使溶质浓度恢复到调定点水平。细胞内外的溶质浓度差异产生渗透压。其大小仅取决于溶质颗粒数的多少。由于体液中的溶质有晶体与胶体物质，所以有晶体渗透压与胶体渗透压之分。渗透压的高低直接影响饮水行为。

禁食、脱水或盐摄入过多，导致细胞外溶质浓度升高而产生渗透压，使细胞内液中的水分渗透到细胞外液，这是由细胞内液减少而引发的渗透性渴(osmometric thirst)。渗透压升高意味着机体需水量增多，常见于脱水。脱水时，细胞内液及细胞外液的渗透压都升高；而盐摄入过多引起的血浆晶体渗透压升高只引起细胞性脱水。中枢的渗透感受性细胞感受渗透压的变化，引起 AVP 分泌和口渴，通过增加水摄入、减少尿液排出外，血浆渗透压增高还可产生内源性的利钠因子，从而通过增加 NaCl 排出、减少溶质摄入来调节渗透压平衡。

1. AVP 分泌是生理性的稳态调节，它的分泌受渗透压的变化影响，血浆渗透压增高到 280mOsm/(kg·H_2O)时，血液中 AVP 开始升高。血浆渗透压每升高 1mOsm/(kg·H_2O)，血

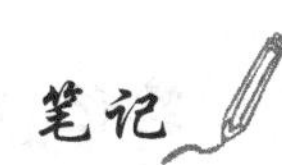

液中 AVP 增加 0.5pg/ml，通过作用于远球小管与集合管，促进原尿中水分的重吸收，使尿量减少。

2. 口渴引起饮水行为。与 AVP 分泌相比，口渴引起的饮水行为的调节更为直接、快速和无限度。动物及人体实验表明，血浆渗透压在正常基础上增加 1%~4%，可引起口渴，这个阈值比引起 AVP 分泌的阈值高。口渴出现在生理调节不能完成代偿时，可以通过动机行为来矫正。如尿崩症时，生理调节能力丧失，口渴是患者维持体液平衡的主要因素。

关于终止饮水的机制迄今不明，可能与两种信号有关：①饮水后渗透压改变的信号反馈抑制；通常渗透压改变要在饮水后 15 分钟呈现，但有些实验动物在 5 分钟就终止饮水，提示还有其他机制参与。②与饮水相关的条件信号（环境）及非条件信号（吞咽、口腔感受、胃扩张等）的作用。

3. 利钠因子作用。血浆渗透压升高可促使内源性利钠因子分泌，增加 NaCl 的排出。利钠因子主要有：①心房钠尿肽（atrial natriuretic peptide，ANP）在血容量增加引起心房扩张时，由心房合成分泌；②催产素（oxytocin，OXT）由下丘脑 PVN 和 SON 合成，经神经垂体分泌入血。肾脏对催产素的利钠作用的敏感程度类似于肾脏对 AVP 的抗利尿作用。

4. 与渗透压有关的物质盐摄入减少。此抑制机制可能与肝脏有关。因为肝细胞和门脉系统中存在渗透压感受器，能感受摄食引起的渗透压变化，可能在此机制中起作用。

（二）容量性渴

当机体由于失血、腹泻、出汗而使体液大量丧失导致细胞外液不足，虽然渗透压没有明显改变，但细胞外液的多少直接与循环中的血容量相联系，因此，细胞外液不足将产生容量性渴（volumetric thirst），也需要启动水保持和尿液浓缩的生理反应来调整。

1. AVP 分泌　与渗透压改变一样，血容量降低也可引起 AVP 分泌，但传入途径是通过心血管的反射，血容量降低首先被与右心房相连的大静脉上的低压力感受器所检出，通过迷走神经传入孤束核（nucleus solitarius tractus，NST）。当血容量降低使血压下降时，颈动脉窦和主动脉弓压力感受器的信号也传入到 NST，这些传入经整合，通过去甲肾上腺能神经作用于 SON 和 PVN，并结合其他机制共同影响 AVP 的分泌。另外，这一反应不如细胞外液高渗敏感，因为失血量超过总血量的 10% 才会出现 AVP 分泌。但两种不同的刺激因素能相互叠加，例如，低血容量状态下，细胞外液高渗（如腹泻或大量出汗而丧失水分）刺激引起 AVP 分泌的量要高于正常对照组。

2. 肾素 - 血管紧张素 - 醛固酮系统（renin-angiotesin-aldosteron system，RAAS）　血容量降低通过神经反射机制引起交感神经活动增强，使近球细胞分泌肾素（renin）。肾素通过级联反应使血管紧张素Ⅱ（angiotensin Ⅱ，Ang Ⅱ）增高。Ang Ⅱ在外周是一种强烈的缩血管物质，还可刺激肾上腺皮质释放 ALD，通过肾脏远曲小管保钠排钾，以减少水分的流失。在中枢能作用于穹窿下器官（subfornical organ，SFO），刺激 AVP 分泌；也能作用于终板血管器（organum vasculosumlaminae terminalis，OVLT），后者和 SFO 以及其他一些脑区之间存在相互的神经联系，这些联系可能是整合渗透压变化和低血容量信号，共同调节 AVP 分泌以及其他生理反应的基础。

3. 饮水　血容量降低通过口渴引起的水摄入量增加。血容量降低和渗透压变化之间的致渴效应能相互叠加。和 AVP 分泌一样，口渴也是心血管压力感受性神经反射和内分泌机制相互作用的结果。两种信号的作用具有独立性，损毁大鼠 NST 使压力感受性传入信号减少，低血容量引起的饮水并不消失，同样，损毁感受血源性信号物质的部位——SFO 也不能消除低血容量诱发的饮水。但也有研究表明，两者相互影响。解除血管压力感受的传入信号，能使致渴刺激引起的饮水量增加，而损毁 SFO 能使血源性致渴物质诱发的饮水降低。似乎后一种观点更为人所接受。

笔记

饮水对容量性渴与渗透性渴调节的效应不尽相同。单纯饮水对血容量改善作用不大，因为绝大部分摄入的水分由于降低渗透压而通过组织液进入细胞内部，而留在血管内的很少。而且饮水引起的血浆渗透压降低反馈性抑制 AVP 分泌和口渴。由于血容量减少，降低了动脉血压使肾小球滤过率降低，难以通过增加尿量排出水分，结果是血容量尚未改善，而饮水停止。实验结果表明，渗透压降低 4%~7% 足以消除血浆容量下降 30%~40% 诱发的饮水，看来渗透压感受机制在调节饮水的作用中占优势。饮水对 AVP 分泌的抑制作用也是如此。

（三）食物相关的摄水

饮水生理学关注的是由需要所引起的饮水（如低血容量或细胞脱水），但日常进餐时摄取大部分的水，一方面是由于胃、肠道吸收营养物质需要水的参与，另一方面则是养料吸收引起血液中溶质增多（特别是食物中含有的盐和蛋白质）使渗透压增加，引起渗透性渴而促进饮水。但动物并不等待需要时才饮水，有研究发现，当将大鼠饲料从高碳水合物改为高蛋白时，它们的水摄取增加。一开始它们在餐后大量饮水，这是渗透性的需要；但数天后，它们显然习得新食物与随后的渴觉之间的联系（条件反射性学习），在渴觉前就饮水。

有研究发现，血管紧张素参与食物相关的摄水。因为进餐后，水（消化液）进入胃肠道而致血容量降低，刺激肾脏分泌肾素，引起血浆中 Ang Ⅱ增加。若用药物阻断 Ang Ⅱ的产生，大鼠就餐饮水量减少。

组胺（histamine）也参与食物相关摄水。餐前用药物阻断组胺受体，大鼠的进餐饮水量大减。有人认为组胺参与进餐时的 Ang Ⅱ分泌。皮下注射组胺可引起大鼠饮水，因为肾素分泌受肾脏细胞中组胺受体所控制。

三、渴与盐欲的神经内分泌机制

细胞内液与细胞外液间的协调是维持稳态的必要条件。人们日常的水、钠摄取常多于机体所需，多余部分就由肾脏排出。若体内水、钠的水平太低，则会启动校正机制——饮水或摄取钠（盐欲，salt appetite）。口渴是人所熟知的，但盐欲则很少体会，这是因为人们很少会发生进餐中缺钠。尽管如此，体内确实存在增加钠摄取的机制。

室周系统（circumventricular system）是指第三脑室前腹侧周围的相关脑区（包括 OVLT），它们包含有渗透压感受器，可刺激渴觉与 AVP 分泌。第三脑室前部（背侧与腹侧）是脑内整合渗透性与容量性信号和控制饮水、盐欲及 AVP 分泌的部位。

（一）渴的神经机制

“渴”（thirst）的原意是指人们诉说缺水时的一种主观感觉。由于不知道动物的感受，因此就将其简单地描述为“找水喝”的倾向。

当血浆晶体渗透压增高时，全身所有细胞都会脱水，因此，渗透感受性细胞对渗透压变化的感受机制没有什么特殊之处，所不同之处在于，这些细胞具有特殊的神经联系，这些联系是 AVP 分泌和引起口渴的基础。

这类神经元主要分布在下丘脑前部第三脑室前腹侧壁区域（anterior venterial Ⅲ ventricle area，AV3V）。其中 OVLT 及其邻近区域似乎是感受血浆渗透压的主要部位。研究表明，多种致渴刺激（脱水、高渗盐水灌注、低血容量、中枢和外周注射 Ang Ⅱ）都能使前脑和后脑的一些部位 Fos 表达发生变化，包括 AV3V 的 OVLT、正中视前核（median preoptic nucleus，MPON）[注意：切勿与内侧视前核（medial preoptic nucleus）混淆]、第三脑室背侧部的 SFO、下丘脑的 SON、PVN 及后脑的 NST、外侧臂旁核（lateral parabrachial nucleus，LPBN）、极后区（area postrema，AP）。不同性质的致渴刺激诱导的表达方式有所不同，提示

笔记

这些部位介导的诱饮机制不同。

研究表明，SON 和 PVN 还同时受到来自后脑的传入神经的支配。后脑 NST、LPBN 和 AP 主要接受内脏传入信号，其投射到前脑的神经支配是渴抑制信号。这些中枢部位之间存在相互的神经联系，其作用机制尚未完全明了。已知包括血管紧张素能通路、胆碱能通路和肾上腺能通路在内的多种通路与中枢渴机制有关。

1. OVLT 主要和渗透压感受有关 早期实验表明，往 OVLT 及其临近部位灌注高渗盐水能引起 AVP 分泌；损毁这些部位只影响高渗刺激引起的 AVP 分泌和口渴，但不影响其他致渴刺激的效应。

2. SFO 作用 SFO 因其解剖位置和结构的特点，能监测外周血液循环和脑脊液中致渴物质（如血管紧张素Ⅱ、胃肠激素、降钙素基因相关肽等）的变化。虽然所有室周器官都有 Ang Ⅱ受体，但是 Ang Ⅱ引起渴觉的作用点在 SFO。只要直接刺激或注射极少量的 Ang Ⅱ到 SFO 就可引起饮水；而注射 saralasin（Ang Ⅱ受体阻滞剂）就可取消注射 Ang Ⅱ到血液引起的饮水。SFO 的重要作用是检出血液中 Ang Ⅱ的存在，而很少有神经输入，但是通过腹侧柄发出轴突到相关脑区，实现内分泌性、自主性及行为性效应。

SFO 的内分泌效应是发出轴突到 SON 及 PVN，引起 AVP 及催产素（OXT）分泌。其自主性输出包括投射到 PVN 及下丘脑的其他部分的细胞，它们再通过轴突影响脑干中控制交感、副交感神经系统的核团。最重要的行为性输出是控制饮水。

3. MPON 作用机制 在血脑屏障的脑侧（图 12-3），接受室周器官以及后脑传入的信号，传出纤维投射到 SON 和 PVN，调节 AVP 和 OXT 的分泌。外周产生的 Ang 不能通过血脑屏障，MPON 的 Ang 受体只有当 Ang 直接注射到第三脑室时才能发挥作用。那么 Ang 如何与 Ang 受体结合呢？Lind 及 Johnson（1982）解答如下：当 SFO 内神经元受到含有 Ang 的血液刺激时，就有信息经轴突下传到正中视前核；这些轴突释放 Ang 作为递质。因此正中视前核的 Ang 受体不是检出存在的激素，而是肽类递质的突触后膜受体，这一假说已得到了一些实验支持。

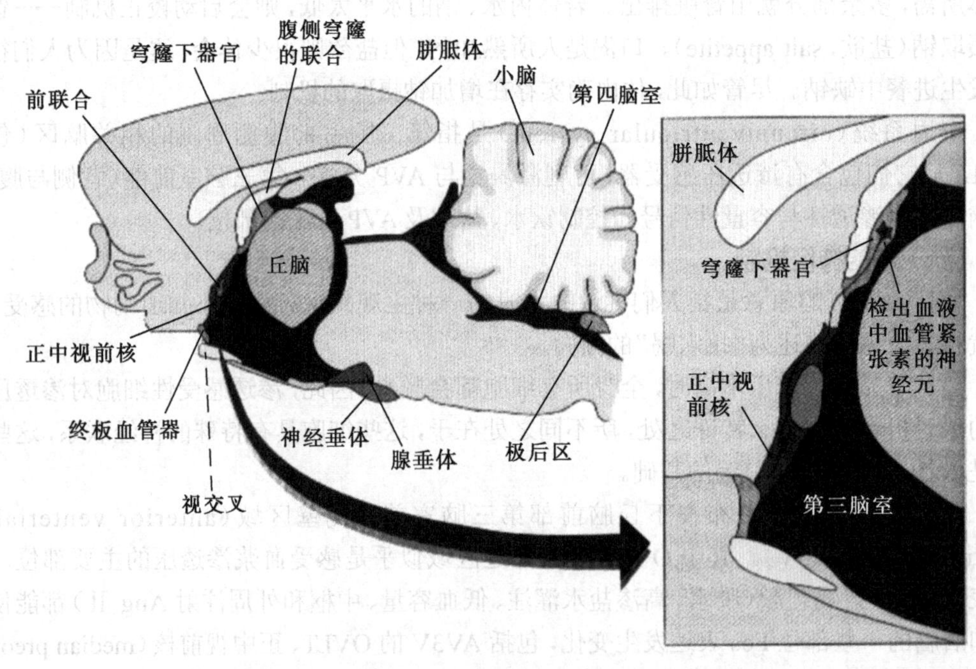

图 12-3 大鼠脑矢状切面
示室周器官的位置切面；放大图示 SFO 与 MPON 之间的假设神经联系
（引自 N.R Carlson: physiology of Behavior 6thed, 1998）

笔记

4. AV3V区整合作用 例如，OVLT含有渗透感受器，SFO含有检出血液中Ang的受体。这两个室周器官都与正中视前核有联系。此外，正中视前核还接受来自心房压力感受器经孤束核传入的信息。这个核整合信息，并通过其传出纤维与其他脑区联系，控制饮水及AVP分泌。这可能对人类体液调节起关键作用，因为研究发现包括这一区域在内的脑损伤可引起尿崩症及不饮症（adipsia，无渴感），即使患者注射高渗盐溶液也不感到渴，为保其存活，每天必须数次定期强制性饮水。

但是，对室周器官的各种损伤并不能完全取消饮水，因此不能将所有的饮水信息都归到正中视前核。

5. 外侧下丘脑（lateral hypothalamus，LH） 具有饮水、摄食及其他行为的功能。研究发现LH受损的动物，可消除饮水（还有摄食等）行为。但随后，经过仔细地护理，动物又开始再次饮水，但只发生于进餐时。也就是说，下丘脑受损阻断渗透性及容量性渴，但不阻断进餐相关的饮水。

6. 未定带（zona incerta） 是另一个参与渗透性饮水的结构。这个脑区是中脑网状结构的延伸区；其后端在中脑黑质与腹侧被盖区之间，前端伸到间脑，其背外侧到下丘脑的室旁核。接受来自几处前脑区域的传入，还有外侧下丘脑。

电刺激嘴侧未定带引起大鼠饮水，提示该区与饮水行为的运动机制有联系。也有人发现，毁损未定带明显损害渗透性饮水；即使注射高渗盐水也不引起饮水。此外，对此种毁损的大鼠，注射Ag也不饮水，但注射聚乙烯乙醇（polyethylene glycol）就饮水。因此，毁损未定带也阻断容量性渴的激素性刺激，但不影响源于心房压力感受器的神经影响。单细胞放电记录发现，注射高渗盐水、高张蔗糖水或蒸馏水到第三脑室前方的基底前脑可改变其单位放电率。注射Ag到脑室可使包括LH及未定带在内的一些脑区代谢活动增加。当动物开始饮水时，这些脑区的代谢活动恢复到正常水平。未定带发出轴突到运动相关的脑区，包括基底节、脑干网状结构、红核、导水管周围灰质及脊髓前角。显然，未定带是影响饮水行为的重要部位（图12-4）。

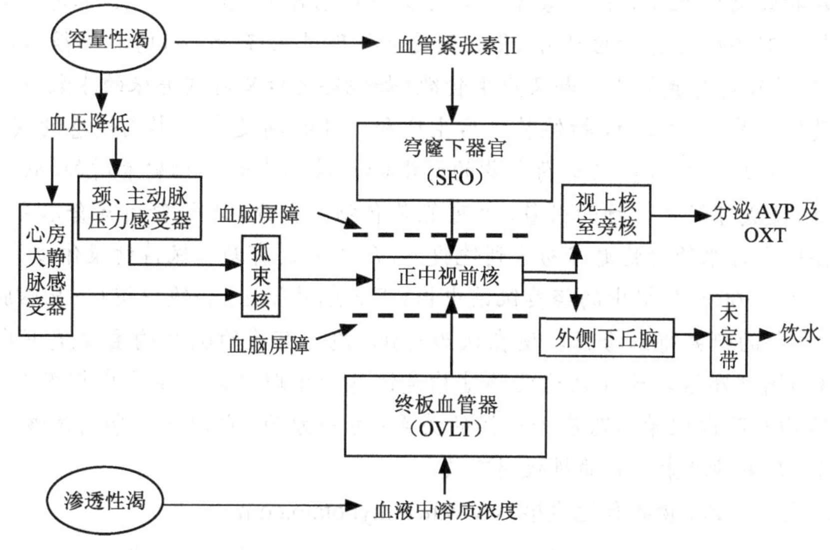

图12-4 关于饮水控制的部分神经回路

（二）盐欲的神经内分泌机制

盐欲（salt appetite或sodium-specific hungry）是钠缺乏引起的对盐的需求欲，是补充体液储备的重要行为。但对引起这一欲望的感觉机制及脑内环路仍了解不多。动物实验发现，渗透性渴的动物偏好纯水；而低容量渴的动物不能通过饮纯水来稀释体液和改变渗透

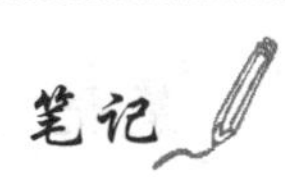
笔记

压，动物会偏好饮用淡盐水。如果为动物提供纯水和食盐，他就会交替选用两者，形成适当的混合。如果没有足够的盐供应，动物就有对咸味的强烈渴求。有人认为这是由于血容量降低引起醛固酮分泌所诱发的，是幼小动物就具备的，随需要自主发生（Richter，1936；Leshem，1999）。

目前的认识是，体内钠缺乏引起的低容量血症（hypovolemia）可刺激肾脏分泌肾素，启动肾素-血管紧张素-醛固酮（renin-angiotensim-aldsterone，R-A-A）系统，引起盐欲。因为：

1. ALD的作用 这种激素通过刺激杏仁中央核产生行为效应。①杏仁中央核含有ALD受体；②毁损杏仁中央核，特异性消除ALD在盐摄取中的效应。但实验性缺钠研究发现，予以无钠餐或注射呋塞米（furosemide，可排钠、钾的利尿剂），大鼠仍能摄取正常量的氯化钠溶液。因此ALD不是唯一的盐欲刺激物。

2. Ang Ⅱ 可直接刺激室周器官中SFO及OVLT的Ang Ⅱ受体参与盐欲。

3. 未定带也在Ang Ⅱ引起的盐欲中起作用 研究发现，向毁损未定带剥夺钠的大鼠注射高张NaCl溶液，动物消耗的盐要较正常大鼠少得多。反之，电刺激未定带将引起盐摄取。因此，刺激杏仁内侧核中的ALD受体必须与未定带中的神经元沟通。

第二节 摄食行为的生理心理

知识链接 12-1

饥饿感与饱感

饮食行为可视为饥饿感、食欲与饱感之间复杂的相互作用。

饥饿感是人对食物的生理需求。肚子咕咕叫、空腹、血糖含量降低、荷尔蒙的变化（如胰高血糖素和生长激素释放肽的增加，胰岛素的减少）都可被机体感知，从而发出摄食的信号，即：饥饿感。

食欲是指饮食的欲望，常与感官体验或食物的色香味、情绪、社会情境以及文化习俗联系在一起。饥饿感是进食的动力，食欲则更多体现过往经验。有时我们很饿却缺乏食欲（如患病的时候），有时我们不饿却又产生食欲（如饱餐之后又看到美味的冰激凌）。

饱感是饥饿感的对立面，指饱餐之后生理和心理的满足感。影响饱感的因素也很多，包括胃扩张、血糖含量升高、流通荷尔蒙的变化（如，胰岛素和缩胆囊素增加，胰高血糖素减少）。饱感的促成可能是食物的数量，也可能是食物的成分，比如食用富含水分（并且能量密度低）、高膳食纤维的食物更容易达到饱腹感，所以它们有助于保持健康体重。

20世纪50—60年代提出的经典饥饿中枢（下丘脑外侧区）和饱中枢（下丘脑腹内侧核），经过近20多年的研究得到修正。现在认为与饥、饱感有关的脑结构主要是下丘脑的外侧区、室旁核和围穹窿区。为什么这些脑结构是饥饱的生理机制的重要中枢呢？一方面，由于这些脑结构与脑内化学通路有着交错的关系；另一方面，它们与复杂的体液调节机制也有复杂关系，与多种激素和葡萄糖代谢有关。

参考网文：《饥饿、食欲和饱腹感》www.healthypotato.com

从"功能定位"的观点出发，早年研究是通过毁损、刺激的传统手段发现下丘脑外侧区（lateral hypothalamus，LH）与腹内侧下丘脑（ventromedial hypothalamus，VMH）分别与摄食及"饱足"（satiety）有关。后来用微电极记录下丘脑外侧区和腹内侧核的神经元放电，观察到两者具有相互制约的关系。这些神经元对血糖敏感，提示血糖水平可能调节着摄食中枢和饱足中枢的活动；后来Steller（1954）提出脑内存在着兴奋性的"饥饿中枢"与抑制性

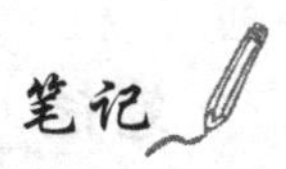

的“饱足中枢”(satiety center)这种成对拮抗中枢的观点。随后，一些研究者又从“自稳态”(homeostasis)角度提出体重是由能量的摄入与消耗被生理机制稳态调节在某一调定点范围(Nisbett，1972；Keesey&Powley，1986)。这个调定点就是身体的真实重量，防止偏高、偏低。

但从自动控制的角度看，摄食行为不是理想的伺服系统，因为影响调定点的变量太多。现在看来，摄食行为不仅取决于一餐饥、饱的短时调节(short-term regulation)，还涉及以能量储备为基础的长期调节(long-term regulation)。而影响因素也不仅是定位于 CNS 的一些核团，还包括存在于胃肠道壁内的肠神经系统(enteric nervous system，ENS)以及在 CNS 与 ENS 传递信息的神经、体液因素，如自主神经的传入、传出通路；神经化学研究发现的许多传递增食(orexigenic)及厌食(anorexigenic)信号作用的激素和神经调 / 递质(表 12-1)形成了摄食调节的网络环路。而且还应该考虑到人类特有的社交与文化对饮食的影响(图 12-5)。

表 12-1　传送增食与厌食信号的化学物质

增食信号物质	厌食信号物质
神经肽 Y(NPY)	瘦素(Leptin)
增食因子 A 及 B(Orexin A & B)	缩胆囊素(CCK)
胃促生长素(ghrelin)	5- 羟色胺(5-HT)
刺鼠相关肽(agouti-related peptide，AgRP)	促皮质素释放激素(CRH)
去甲肾上腺素(NE，作用于 α_2 受体)	NE(作用于 α_1 受体)
黑色素浓缩激素(melanin-concentrating hormon，MCG)	α- 黑素细胞刺激素(α-MSH)
生素激素释放激素(GHRH)	高糖素样肽 1(GLP-1)
甘丙肽(Galanin，GAL)	蛙皮素及相关肽
GABA	雌激素
阿片肽类(强啡肽及 β- 内啡肽)	胰岛素

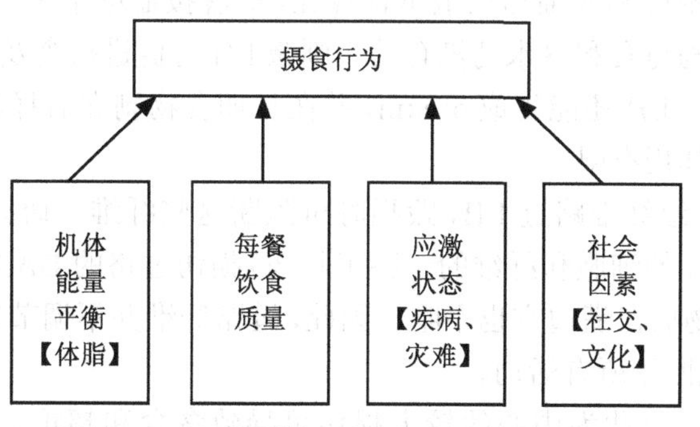

图 12-5　影响摄食行为的生理、心理社会因素

一、与摄食有关的中枢调控网络

现代的生理心理学观点已经超越了传统生理学的“功能定位”观点，而从整合的角度考虑，摄食行为是下丘脑的有关中枢在根据食物的色、香、味，胃肠道的容量，体细胞对葡萄糖的利用度，体脂的存量以及体温等整体的健康状况来统一调度(图 12-6)。超出了经典的“饥”、“饱”中枢的拮抗。

笔记

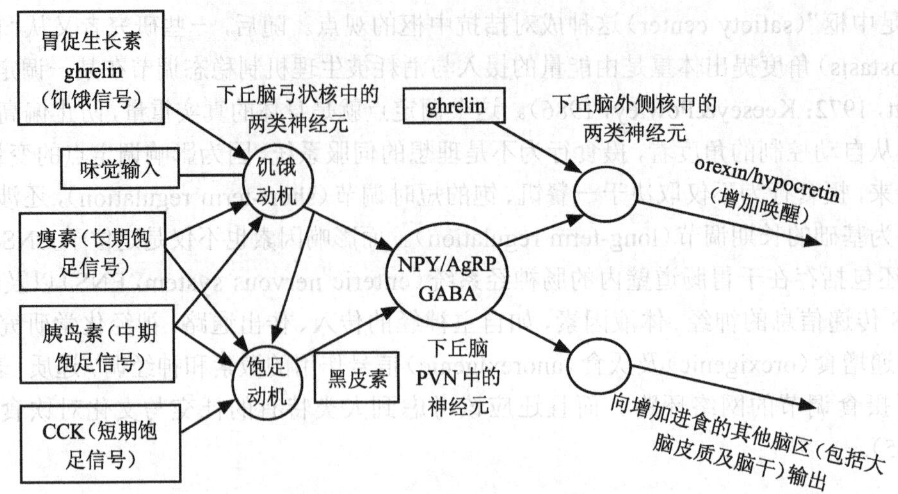

图 12-6 进食有关的脑区与递质

饥饿信号通过抑制对外侧下丘脑（LH）有抑制作用的室旁核（PVN）而增加进食

（仿 Kalat，JW，200）

（一）下丘脑对摄食的调控

早期的毁损、刺激、电生理结合行为观察发现电刺激 LH 可引发摄食反应，而刺激 VMH 可抑制摄食。这些研究奠定了下丘脑是摄食行为调控中枢的地位。后来的顺、逆向示踪、组织化学、免疫组化以及酶与递质测定技术的运用，发现在这些调控摄食及饱足的神经过程中有许多神经内分泌活性因子，如神经肽 Y（NPY）、前阿黑皮素（POMC）、瘦素（leptin）、食素（orexin，OX）等及相关受体的参与；而且认识到食物摄取的意义不仅是解决一餐饥饱的短期效应，还有调控能量平衡的长期效应。这些实验研究的成果及理论观念的演变，形成当前以下丘脑为中心的摄食调节网络环路的概念。这个网络环路的神经元群具有生成和接受增食信号（orexinenic signal）和厌食信号（anorexinenic signal）的能力，成为中枢神经系统（CNS）与近年受到关注的"肠神经系统"（enteric nervous system，ENS）调控摄食和能量平衡的重要中转站。

下丘脑调节摄食的网络环路，主要的脑区为：

1. 外侧下丘脑（lateral hypothalamus，LH） 包括许多神经元群和过路纤维，有如"摄食中枢"。有葡萄糖敏感和非葡萄糖敏感神经元，前者按血糖水平调节胰岛素分泌及改变味觉的反应性，后者与觅食和寻水动机有关。刺激 LH 可促进摄食及觅食行为。在美食前，LH 神经元活性增加。LH 还能生成 orexin，并在长期食物剥夺后释放，以驱动饥饿动物觅食；但对正常摄食的作用有限。

有许多 DA 能神经纤维路过 LH，毁损时可阻断这些纤维。研究者用 6- 羟多巴胺（6-OHDA，只损伤含 DA 的细胞和纤维的一种工具药）损伤过路的 DA 能纤维，使动物活动减少、反应迟钝，将食物放在嘴边它也不吃。因此，过路纤维并不调节饥饿；损伤它们引起的停止摄食只是由于阻断了所有活动。

2. 内侧下丘脑 以此为中心的较大损伤可导致贪食和超重。该区有肿瘤的患者可以每月增加 10kg 体重。有类似损伤的大鼠有时超重可达 2~3 倍。最终体重水平稳定在高调定点，摄入食物降至接近正常水平。主要的脑区有：①下丘脑腹内侧区（ventromedial hypothalamus，VMH），或称腹内侧核（ventromedial nucleus，VMN），其作用是度量食物摄取量并在养料足够时抑制进食，这种行为被认为是饱感的体验；毁损将引起严重过食。②下丘脑背内侧核（dorsomedial nucleus，DMN）：微量注射多种增食信号物质可引起进食。ARC 传入的神经元释放 NPY 到 DMN，刺激摄食；瘦素可抑制这一作用。

虽然这些症状已被称为"腹内侧下丘脑综合征"（VMH syndrome），但局限于 VMH 的损

笔记

伤并不一定有进食与体重的增加；要引起明显的效应，损伤必须扩展到 VMN 之外的邻近轴突，特别是腹侧的 NE 能神经束。

VMH 及周围受损的大鼠食欲加强，在体重增加后，变得“挑食”——遇美食多吃，味道不佳则比正常者吃得少。与 PVN 受损的大鼠每餐进食量增大不同，VMH 受损者每餐食量正常，但餐次增加（频繁地进食）。对此的解释：①胃运动及分泌增加，且排空加快，故餐次增加；②损害使胰岛素分泌增加，使每次进食的养料都转为脂肪储存（因高胰岛素水平下，即使血糖水平低时，也促使葡萄糖储存。）

3. 弓状核（arcuate nucleus，ARC） 是整合摄食的重要部位，位于下丘脑底部第三脑室两侧，通过其下方的正中隆起（median eminence，ME）接受外周的能量代谢平衡信号；由于其血脑屏障不完整，易受外周信号如瘦素、胰岛素和胃促增长素（ghrelin）的影响。ARC 内的两组神经元：一组能生成增食信号，如 NPY 和谷氨酸（glutamic acid，Glu）等，同组的各神经元间有突触联系，起协同作用。另一组神经元生成厌食信号，如 α- 黑色素细胞刺激素（α-melanocyte stimulating hormone，α-MSH）、POMC 等。

输入到弓状核中饱足 - 敏感细胞的饱足信号有短时信号（如胃肠扩张触发释放的递质 CCK）及长时信号（如脂肪组织释放，反映体脂贮备的瘦素）。也有些神经元释放一些胰岛素作为递质，由于兼有长、短信号的意义，有人称其为中时信号。

弓状核有传出纤维投射到 PVN，PVN 可抑制 LH。因此，PVN 对饱足感很重要。毁损 PVN 的大鼠因不能感受终止进食的信号而致进食量超常。

4. 室旁核（PVN）及穹窿周区（PFA） 下丘脑的旁室核的轴突在脑垂体后叶附近形成的突触和与迷走神经运动背核间形成的突触联系，对“饱”感的调节具有更重要作用。下丘脑膜内侧核的损毁，阻断了从下丘脑旁室核向迷走神经运动背核的纤维联系，才出现了过食和增加体重的效应。所以，下丘脑旁室核具有饱中枢的作用。

（二）边缘系统对摄食行为的调控

杏仁核（amygdala）是边缘前脑的重要组成部分，参与调节机体情感、动机、摄食和味觉等多种功能。破坏杏仁核的动物因过食而肥胖；埋藏电极刺激杏仁基底外侧核群（basolateralis nuclei amygdale，BLNA）抑制摄食活动；同步记录 BLNA 与 LH 的神经放电，显示交互抑制；毁损 BLNA 的大鼠摄食量及体重增加均大于对照组；提示 BLAN 可抑制摄食行为。

杏仁中央核（central nucleus amygdala，CeA）也对摄食和体重控制具有一定的作用，和 BLNA 的调控作用有所不同；CeA 对摄食中枢进行正调控，可增进摄入量。

与下丘脑相比，杏仁核对摄食和体重的调控作用比较弱。杏仁核涉及情感与动机等功能，在调控摄食行为中，可能也部分通过对食物的好、恶来启动或抑制摄食行为。其中 CeA 则更多地参与食物引起的可口感，进而引起摄食的动机。在啮齿类动物，CeA 与作为味觉二级中继核团的脑桥臂旁核（parabrachial nucleus，PBN）存在交互纤维联系，并且对 PBN 味觉神经元的功能具有调控作用，说明 CeA 影响摄食行为也包括对味觉感受的调控。

（三）孤束核

孤束核（nucleus tractus solitarius，NTS）位于背迷走复合体（dorsal vagal complex，DVC）区内的迷走神经背运动核（dorsal motor nucleus，DMN）附近，经中间神经元连接到 DMN 细胞体，完成控制消化系统各种功能的迷走 - 迷走反射途径，是调节摄食行为的重要核团。因为终止于这里的迷走传入纤维带来胃肠道的各种信息，是肠神经系统（ENS）传入 CNS 信息的重要中转站。

来自肠道的有关信号，经过 NTS 发出的上行束到达下丘脑（LH、DMH、PVN、ARC）及边缘系统的 CeA、终纹床核（bed nucleus stria terminalis，BNST）以影响食欲行为的高级自主中枢。

（四）大脑皮质

研究发现，ghrelin 的神经元不仅局限于下丘脑，皮质神经元也可以合成 ghrelin。但下

丘脑 ghrelin 神经元可以直接投射到脑干 DVC，而皮质中的 ghrelin 神经元则不直接投射到 DVC。说明大脑皮质的 ghrelin 神经元不能以直接方式作用于 DVC 上的 GHS-R。因此推测大脑皮质中的 ghrelin 神经元参与更复杂的生理功能（侯忠赤等，2011）。

二、影响摄食行为的化学因素

（一）葡萄糖、胰岛素、高糖素

餐后血糖升高促使胰岛素分泌，葡萄糖进入细胞，食欲降低。进入脑内的胰岛素，起着餍足激素的作用，进一步减轻饥饿。当血糖降低，感受器检出其下降，机体的促进机制增加葡萄糖的利用度。这种机制之一就是胰脏释放更多的高糖素使葡萄糖进入血液（图 12-7）。另一种机制就是增加饥饿感。

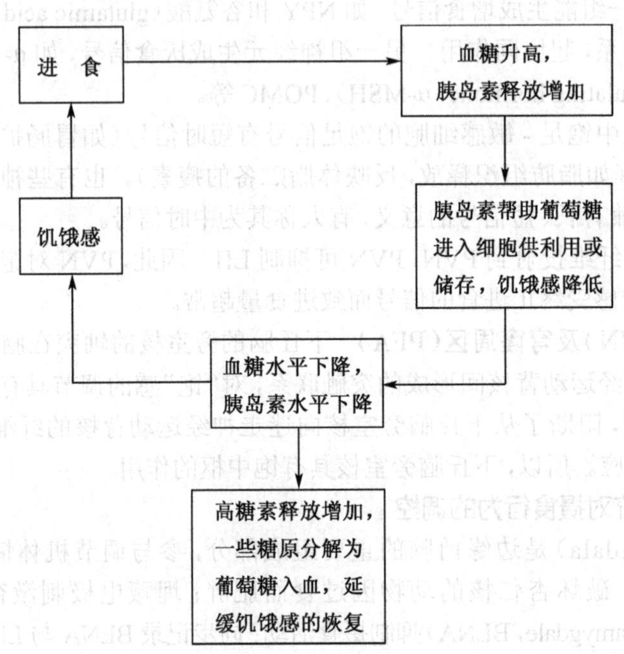

图 12-7　胰岛素与高糖素的反馈系统

如胰岛素水平长期居高，机体不断使葡萄糖进入细胞，包括储存糖的脂肪细胞和肝细胞；结果血糖水平降低。例如，到了深秋，一些迁移或冬眠的动物就有恒定的高胰岛素水平，它们迅速地积累脂肪和糖原；不断产生饥饿感，通过觅食增加体重，为无食物的季节作准备（图 12-8）。

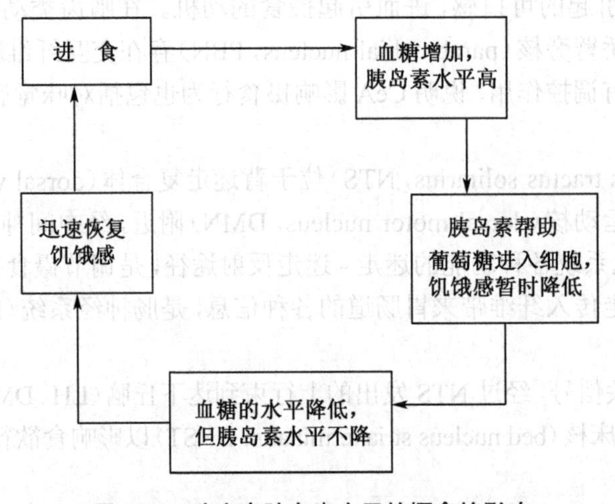

图 12-8　稳定高胰岛素水平的摄食的影响

笔记

胰岛素分泌增多不是始于进食时，而且发生于准备就餐时。这样，可以使较多的葡萄糖进入细胞，并转为脂肪储存。肥胖者要比体重正常者产生更多的胰岛素，高水平的胰岛素使他们会储存更多的脂肪，所以食欲恢复也快。

（二）传送增食与厌食信号的化学物质

1. 促进摄食的化学因素

（1）神经肽 Y（NPY）：NPY 是一种广泛分布在 CNS 和外周组织的 36 肽，具有多种功能，主要功能是刺激进食。因为 PVN 限制进餐量，弓状核释放到 PVN 的 NPY 抑制它对进餐量的限制，因此增加了进餐量。其刺激进食的效应为 NE 的 500 倍。NPY 在下丘脑弓状核中合成，分泌到 PVN，在这里含量最丰富。在遗传性及过量进食性肥胖的动物模型身上均可发现 NPY 生成增加。NPY 在 CNS 水平调节采食（特别是碳水化合物），无论饥、饱动物，脑室或 PVN 内注射均可引起采食、饮水量提高；同时胰岛素分泌增加。还发现，禁食使大鼠下丘脑的 NPY 浓度增加 3 倍；PVN 内的 NPY 含量在采食前大量增加，采食后下降。动物的食欲能够被 NPY 的反义核苷酸或 NPY 的抗体所抑制。上述结果说明，NPY 是一种很强的增食因子。最初认为，其促摄食作用可能与 NE 相关，后来证明，促摄食作用过程是通过 PVN 中的 NPY 受体 Y_1 或 Y_5（已知 NPY 受体有 6 种亚型——$Y_{1\sim6}$）结合，引发传出信号，抑制交感神经、兴奋副交感神经，增加食欲和采食，促进消化，加强同化作用。在分子水平上，棕色脂肪中的解偶联蛋白水平下降，白色脂肪组织中的生脂作用增强，增加体脂含量。在这个过程中，NPY 也间接促进胰岛素的分泌，从而增加肝糖原、甘油三酯的合成，增加葡萄糖和脂肪酸在脂肪中的沉积。此外，还伴有体温下降，脉搏和血压降低等症状。整个过程都有利于恢复能量在体内的贮存，对于恢复能量平衡和生存都具有重要的意义。

（2）增食素（orexin，希腊语 orexis 意为食欲）：1998 年发现的下丘脑神经肽有 A、B 两类，orexin A 为 33 肽，orexinB 为 28 肽。与广泛分布的 NPY 不同，增食素的分布仅限于下丘脑的摄食中枢，尤其是在 LH。orexin 的增食效应低于 NPY。

实验表明 orexin B 的增食效应稍强但持续时间短于 orexin A，提示两者的 CNS 功能不同。近年来还发现 orexins 对胃肠活动本身亦有重要的调节作用。

orexin 及其受体的发现使我们对机体能量平衡的机制有了更深入的认识。然而，要全面了解 orexin 的生理作用尚需进行大量的药理及分子遗传学实验。但 orexin 的临床前景绝不是仅仅用于增加恶质病、神经性厌食等消瘦患者的食欲，它的受体拮抗剂可能为治疗肥胖、糖尿病等能量代谢失衡性疾病提供有效手段。

（3）胃促生长素（ghrelin）：是一种含 28 个氨基酸，为生长激素促分泌素受体（growth hormone secretin receptor GHSR）的内源性配体，除有效促进生长激素（GH）分泌外还能刺激摄食，具有调节胃酸分泌和促胃肠动力等作用。ghrelin 与 GHSR 在胃肠道和中枢神经系统均有分布，是一种内源性脑肠肽，约 20% 源于胃，由胃体黏膜泌酸腺体中的 X/A 样细胞产生，分布于从胃到结肠的整个胃肠道。此外，在胰腺、肾脏、胎盘、睾丸、下丘脑、脑垂体等组织及生长激素瘤等神经内分泌肿瘤内也有 GHSR 的表达。ghrelin 可提高食欲、增加动物的摄食量，引起增重和肥胖。还有调节胃酸分泌和促胃肠动力等作用。对于胃排空障碍的患者，发现其 GH 水平明显下降。虽然它不能通过血脑屏障，但可在脑内作为递质释放。

人和啮齿类动物血浆 ghrelin 水平在餐前 1~2 小时平均升高 78%，在餐后的 1 小时内下降至低谷。啮齿类动物进食或灌注营养物质后，血浆 ghrelin 水平被抑制，如仅饮水则没有变化。正常人餐后血浆 ghrelin 水平的抑制程度与进餐的热卡成正比。血浆 ghrelin 水平餐前升高和餐后的抑制提示 ghrelin 在启动进食中的作用。

ghrelin 在下丘脑弓状核与 GHSR 结合后刺激 NPY/AgRP 神经元合成 NPY 和刺鼠基因相关肽（agouti-related peptide，AgRP），从而发挥促进食欲、加强胃动力、增加体重等生物学

笔记

效应。有研究表明 ghrelin 还可能通过脑干机制发挥作用。

（4）甘丙肽（galauim）：为 29 肽，分散在弓状核、PVN 及背正中核。注射到这些脑区可促进摄食，但作用不强，持续注射不引起多食及肥胖。研究认为其促进食作用可能有 β-END 及 NE 的参加。

（5）刺鼠基因相关肽（AgRP）：132 肽，用这个名称是因为它的基因序列与决定毛色的刺鼠基因一致。通常此基因仅在皮毛生长的特定时间表达。但此基因在黄色刺鼠身上持续表达，产生多种效应，包括黄色皮毛、肥胖、身长增加、胰岛素抵抗及高血糖等。在弓状核表达，并伴有 NPY 表达，且与下丘脑及下丘脑外有广泛联系。在瘦素不足而致肥胖的动物脑内与 NPY 一样表达增加。

2. 抑制摄食的化学因素

（1）瘦素（leptin）：瘦素是脂肪细胞合成分泌的一种多肽。近期发现在胃黏膜主细胞也有分泌，其功能是控制摄食量，抑制胃排空。瘦素的功能是多方面的，主要表现在对脂肪及体重的调控：①抑制食欲：使摄食明显减少，体重和体脂含量下降；②增加能量消耗：作用于中枢，增加交感活性，使贮存的能量转为热能释放；③影响脂肪代谢：抑制脂肪合成，促其分解，也认为可促进脂肪细胞成熟；④影响内分泌：胰岛素促进瘦素分泌，而瘦素对胰岛素的合成、分泌起负反馈调节作用。

血中瘦素水平不仅与体脂量相关，还与进食状态有关。高瘦素水平时，动物行为就像有丰富的营养，它们吃得很少，变得很活跃，免疫系统活性增加。限食或饥饿可明显降低瘦素水平，其降低程度远较体脂减少时明显。从这一点来看，通过节食减肥是“得不偿失”的，生活中有因过度节食瘦身而致代谢综合征及免疫功能低下者。

瘦素由脂肪细胞释放，经过血脑屏障，发出脂肪贮存饱和的信号，其效应是抑制进食，增加能量消耗，并能刺激抑制进食的激素释放（当个体有足够的脂肪供应时）。

瘦素是启动消化期胃运动的激素，现已证明，消化间期的移行性复合运动（migrating motor complex，MMC）是寻找食物的启动因子，而消化期胃运动则是终止进食的闸门，两者都是由 CNS 通过迷走神经和激素下达指令调节的。已知瘦素的作用部位在下丘脑，但迄今为止仍不清楚下丘脑的瘦素是否能抑制 MMC 并引起饱食后胃运动的模式。瘦素与 CCK 共同调控长时程饱感信号。

目前认为，食物摄入后，对胃的充胀刺激主细胞释放的瘦素，向 CNS 传递信号的通路有二：①瘦素进入血液循环，通过延髓极后区（area posterior）直接到达下丘脑的 LH、VMH 以及 ARC，抑制胃运动及排空和摄食；②瘦素通过迷走神经到达延髓 NTS，再作用于 LH、VMH 和 ARC 抑制胃运动及排空和摄食。这一过程启动了短时程的饱感信号，当食物抵达十二指肠刺激十二指肠黏膜 I 细胞释放 CCK，后者与瘦素协同维持长时程的饱感信号。

（2）胆囊收缩素（cholecystokinin，CCK）：十二指肠、空肠分泌的经典胃肠激素，现在知道肠壁神经元与中枢神经系统也能合成分泌。外周和中枢给予 CCK 能产生类似的饱足感，说明 CCK 能通过中枢和外周两种途径发挥抑制摄食的效应。Teyler（1980）研究发现 CCK 抑制摄食的作用随年龄增长而增加，雄鼠比雌鼠更敏感，正常体重鼠比肥胖鼠更敏感，提示 CCK 的生物效应受年龄、性别和营养状况的影响。

关于 CCK 抑制食物摄取的作用的当前认识是：

1）低剂量时与迷走传入纤维上的低亲和力 CCKA 受体结合，将饱足感信号传到中枢抑制摄食；高剂量时与幽门括约肌的低亲和力 CCKA 受体结合，使括约肌收缩，抑制排空，从而间接刺激迷走传入，抑制摄食。（Schwartz，GJ 等，1998；Rayner，CK 等，2000）

2）迷走神经的传入纤维是“脑肠轴”的信号传导通路。厌食信号是通过刺激胃窦 CCK-A 受体，经腹部迷走传入神经至延髓的 NTS、下丘脑的 PVN、LH 抑制摄食。（Zittel，

笔记

TT等，1999）。

3）在延髓NTS、脑桥中部、下丘脑集中存在CCK神经元，注射CCK-8可抑制动物摄食，切断迷走神经可以完全取消CCK的饱食效应。

3. 各种信号因子间的相互作用，近年来，在下丘脑发现了一系列相互关联的神经肽和激素及相应的受体，参与摄食行为及能量平衡。当然，对于这样复杂多样关系的阐明需要更进一步的研究。这里试举数例说明：

（1）瘦素与NPY的交互作用：研究表明，瘦素能负向调节NPY mRNA的表达。对多食、血糖增高、肥胖及弓状核NPY的mRNA水平增高的瘦素缺乏大鼠，给予外周注射瘦素，外源性瘦素通过血液循环进入下丘脑的内侧基底部、弓状核及其附近的脑区，结合瘦素受体，调控弓状核NPY mRNA的表达接近正常，而使多食、血糖增高及肥胖等症状逆转。给小鼠注射瘦素后，发现下丘脑特定区域NPY mRNA以及NPY水平显著降低，并伴有摄食减少和体重下降。瘦素还可能通过抑制NPY神经元上的cAMP-蛋白激酶A来减少细胞内的Ca^{2+}浓度，从而直接抑制NPY神经元的活性。瘦素通过NPY对体内代谢起作用，并可拮抗NPY。

瘦素还能通过激活其他神经元释放递质来抑制NPY的作用。如瘦素能激活阿黑皮素原（POMC），增加α-促黑素细胞激素（α-MSH）及MCR-4受体的表达，并增加它们对NPY的抑制作用。瘦素可抑制NPY诱导的动物进食。如对具有肥胖症状的ob/ob小鼠造成NPY的基因变异，使之缺乏瘦素和NPY，结果发现与原ob/ob鼠相比，变异小鼠摄食下降，能量消耗增加，其发生糖尿病、不育、生长发育迟缓的倾向明显降低，从而进一步证实瘦素通过NPY对体内代谢发生作用。总之，瘦素可通过降低NPY的合成或是产生神经递质抑制NPY的作用来调控摄食。

（2）瘦素与CCK的交互作用：CCK是抑制摄食作用最强的肽类激素，是短时摄食调节的代表。而瘦素由于在进食后并不立即增加，一直被视为长时摄食调节的代表。但观察发现，进食或给予CCK后，有瘦素免疫活性的降低及胃底瘦素的耗竭，提示瘦素在短时摄食调节中也起作用。若同时给小鼠注射瘦素与CCK，所引起的厌食效应比单独注射瘦素或CCK都强，提示瘦素在短时效应中与CCK起协同作用。

（3）胰岛素对神经肽Y的影响调控：通常血胰岛素水平与体脂含量成正比，所以将胰岛素视为能量贮存的信号。胰腺的内分泌及外分泌组织中均有NPY阳性的神经纤维分布，胰岛的内分泌细胞中也具有NPY的阳性细胞和NPY的mRNA表达。这就说明，NPY既可通过神经内分泌细胞，也可通过旁分泌和自分泌来调节胰岛素的分泌。血液中的胰岛素可通过血脑屏障上允许大分子通过的部位，如正中隆起和ARC而发挥作用。研究表明，ARC中的神经元可以表达高水平的胰岛素受体，有可能是胰岛素通过进入下丘脑基底中部与其受体结合而抑制NPY神经元的兴奋性，从而对采食量进行调节。脑室内灌注NPY可增加胰岛素的分泌。

下丘脑或第三脑室内注射胰岛素后，大鼠的NPY mRNA水平下降，采食降低，棕色脂肪组织产热增加，体重下降。说明胰岛素可直接抑制NPY神经元的活动。胰岛素还可通过激活*Leptin*基因表达，间接抑制NPY的产生及作用。

（4）催产素（oxytocin，OXT）：下丘脑视上核和室旁核合成催产素，经垂体后叶分泌。其主要作用是使雌性子宫收缩、乳腺泌乳。然而雄性的下丘脑也发现含有同样量的催产素，表明该物质还具有其他功能。后续的研究揭示，胃扩张、CCK给药、血浆晶体渗透压增高等因素在影响摄食的同时刺激催产素的分泌，而催产素增高与摄食量减少明显相关。但外周血液循环中给药催产素并不影响摄食。相反，CCK或高渗盐液抑制摄食是由PVN神经元分泌的OXT所介导的，这些神经元的轴突并不投射到垂体。与此相一致的是从侧脑室给予OXT能抑制摄食，其效应可被OXT受体拮抗剂所阻断。而且OXT受体拮抗剂还能影

响 CCK 和高渗盐水的抑制效应。

（5）促皮质激素释放激素（corticotrophin releasing hormone，CRH）：PVN 合成分泌的 CRH 与应激性摄食抑制有关。此项效应可被 OXT 受体阻断所消除，表明 OXT 参与了应激性摄食抑制，这和中枢 OXT 对肠胃运动和排空抑制相协同。值得注意的是：①哺乳吸吮能刺激腺垂体分泌催产素，但不能激活脑内催产素能神经通路；②大多数刺激催产素分泌的因素也与能量平衡维持无关。因此，OXT 在日常摄食机制的作用不大，事实上自由取食的大鼠并无 OXT 分泌。

（6）细胞因子（cytokines）：已被确认为体重调节有关的有肿瘤坏死因子（TNF-2），白介素（interleukin）中的 IL-1、IL-6。它们在患肿瘤及感染时大量产生，肿瘤伴随的厌食、恶液质体征被认为与细胞因子的中枢作用有关。研究表明，下丘脑几乎含有一切细胞因子的受体；除外周产生的细胞因子可透过血脑屏障外，脑内也可产生细胞因子。IL-1 可直接对抗 NPY 的促进摄食作用或间接通过刺激瘦素释放分泌来抑制进食。

三、脑 - 肠轴在摄食控制中的作用

在摄食调控的神经网络中作为长、短时信号因子起着重要调节作用的瘦素、CCK、PYY、胃促生长素等胃肠道肽类激素的反应速度提示这是神经机制。如 CCK 的信号作用可被迷走神经切断、用神经毒使迷走传入失活或 NTS 毁损而减低，说明短时调节的饱足信号是通过肠道内蛋白、脂肪消化产物使 CCK 释放，通过 CCK-1 受体经迷走 - 迷走反射影响 NTS。CCK 的这一作用可被胃的充胀所增强，提示 CCK-1 受体（可能还有 PYY 及 OXM 受体）与迷走神经传入纤维中的机械感受器有协同作用。更有意义的是，CCK 还同时触发 ENS 内的肠 - 胃或肠 - 胰反射或长的迷走 - 迷走反射对胃及胰起保护作用。

PYY 这种短时调节信号几乎在进餐之后立即增加，提示这也是神经调节。PYY 与胃促生长素（ghrelin）的负性相互作用，可能在迷走传入的结状神经节及下丘脑（特别是弓状核）中发生。

研究发现，肥胖者的 PPY 水平低于瘦的对照组，提示肥胖者由于来自肠道 PYY 的饥饿抑制信号受损，使肥胖者呈现正反馈而促进体重增加。

一顿大餐之后胃壁受到机械扩张，通过迷走神经传入纤维上行至孤束核。胃壁的扩张是一种强有力的饱感信号，抑制摄食行为。研究表明，脑干 DVC 的一些神经元（GD-EXC）可被胃扩张激活；而 α-MSH 对 GD-EXC 主要起兴奋作用，在脑干 DVC 给予 α-MSH 可以增强胃扩张的饱感信号，从而增强对摄食的抑制作用。有研究表明，胃扩张刺激可激活孤束核内侧的瘦素敏感神经元，GD-EXC 对 α-MSH 也敏感。

大部分 GD-EXC 主要位于孤束核，而 GD-INH 主要位于迷走背核。α-MSH 对 GD-INH 主要呈现抑制作用，推测 α-MSH 可能在胃迷走 - 迷走反射调节胃运动中起某种作用，但其作用还有待进一步研究证明。

第三节 摄食障碍

摄食障碍（eating disorder）是指由社会心理因素引起的，故意拒食、节食或呕吐，导致体重减轻和营养不良，或出现发作性不可克制的贪食等异常的进食行为。

一、神经性厌食症

神经性厌食症（anorexia nervosa）是一种多见于青少年女性的进食行为异常。患者对自己的身体形象产生不正确的认识，担心发胖；临床表现为用自愿禁食、引吐、服药、锻炼等方

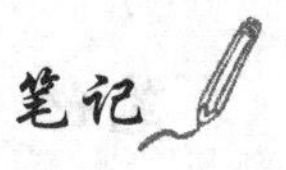

法过度追求减轻体重，甚至在明显消瘦的情况下仍自认太胖。临床表现有两类：①限制型患者主要靠禁食和锻炼；②暴食引吐型患者为间歇出现暴食，然后又用各种方法降低体重。

患者90%是女性，平均发病年龄为17岁，发生较晚的多见于需要保持体形的职业女性。严重厌食症患者会引起电解质的紊乱和代谢异常，女性雌激素、孕酮降低，引起闭经甚至不育，其死亡率甚至超过了抑郁症，达到10%~20%。厌食症并非躯体疾病所致的体重减轻，其发病原因主要是心理因素，人格易感性起一定作用，与社会文化、生物学因素也有关系。心因性厌食症的病程与结果相当不一致，有的在单次发作之后完全康复，有的在体重恢复正常之后再度发病，甚至厌食致死。

与生理心理有关的因素有：

1. 遗传因素 双生子同病率单卵高于双卵，一级亲属中重性情感障碍发病率为常人的4倍；酒依赖为4~8倍。染色体敏感基因研究提示，有遗传好发倾向的可能。（Grice et al，2002）

2. 情感因素 患者的一、二级亲属中情感障碍患病率为22%，与情感障碍患者的家族史相仿；患者中抑郁症状出现率为38%~80%，患者5年内发展为情感障碍者高达50%；抗抑郁治疗对神经性厌食有效。但不同意见认为与情感障碍患者相比，厌食者的性别差异明显，患者经济水平偏高，抑郁症状较轻。认为可能是两者的生物学改变有重叠。

患者常挑食，喜色、香、味美的食物。初起时并非缺乏食欲，而是"怕胖"。多数患者是努力工作的完美主义者，有强迫行为倾向，在患者亲戚中常发现有强迫障碍者（Lilenfeld et al，1998）。

3. 神经内分泌因素 患者尿液及脑脊液中3甲氧-4羟-苯乙二醇（MHPG）水平降低，提示体内去甲肾上腺素转换率降低。甲状腺功能受损、闭经、地塞米松抑制试验阳性等提示有类似抑郁状态的生化改变。患者血液中色氨酸（5-HT前体）含量减少，脑脊液及尿液中5-羟吲哚乙酸（5-HIAA，5-HT的代谢产物）含量出现变化。临床报告用脑深部电刺激（DBS）伏隔核可成功治愈难治的（系统心理治疗和药物治疗无效者）神经性厌食症。（孙伯民，2008）

知识链接 12-2

神经性厌食症患者：经典永恒的卡伦·卡朋特

1970年，卡朋特乐队（Carpenters）发行单曲《CLOSE TO YOU》随即爆红，这给主唱卡伦·卡朋特极大的压力，在阅读了对她的体重有苛刻评价的文章之后，1.65m并且145磅的卡伦在医生的指导下，进行了喝水式节食（利用大量饮用冷水，令身体过多的热量得以消耗）。卡伦还积极节食，甚至到了绝食的地步。她严格地限制食肉并只吃瘦肉，她每天喝8杯水，避免使用高脂肪含量的食物，并使用吐根制剂和抗甲亢药物。

多年的节食使得卡伦的体重从最初的140磅一度降至1975年的80磅，由于太瘦，所以导致多次在演唱会中途需要休息，甚至曾在一次演唱会上当场晕倒。

医院证实了卡伦换上了厌食症，虽然积极求医，但是由于身体已经无法摄取足够的营养，外加演出焦虑所导致的失眠，1983年，32岁的卡朋特被发现在父母的住所中倒卧，送往医院的途中已经没有了心跳。最终，卡伦·卡朋特在父母的怀里香消玉殒，死因是慢性厌食症和药物引起的心脏病。

注：1磅=0.453 599kg

二、神经性暴食症

神经性暴食症（bulimia nervosa）又译心因性暴食症或神经性贪食症，一般简称为暴食症。表现为反复发作和不能自控的持续性快速过度进食。多见于体重正常或接近正常的

年轻女性，始发于青春期，18岁左右为高峰，男女比例为1∶10~1∶20。最早描述于1977年，是一种以暴食和清除（purging）为特征的疾病。患者对发胖心存恐惧，常采取引吐、导泻等极端方法以消除暴食的影响，与神经性厌食症有相似的病理心理机制，常交替出现。该病的发病机制尚不清楚，多数患者有焦虑或抑郁症等精神障碍，还与药物成瘾及性乱有关（Mehler，2003）。一般认为与心理、家庭环境、社会文化、遗传、生化代谢因素有关。

生理心理方面发现，患者的PYY（效应与NPY相仿的一种神经调质）水平高于正常（Kaya et al，1990）；CCK水平低于正常（Brambilla et al，1995）；5-HT受体有变化（Kaya et al，2001）。但不明了这些异常是"因"还是"果"。

对暴食症患者与药物成瘾者对比分析发现，吃可口食物激活的脑区与药物成瘾相同（Hoebal et al，1999）。药物成瘾者得不到药物，有时会过量使用替代品，而食物剥夺的人或动物更可能甚于用药者。在剥夺食物后过食的周期强烈刺激脑内强化区，极像成瘾者被剥夺用药一样。实验者对实验动物每天剥夺食物12小时，包括觉醒期的前4小时，再给予25%的葡萄糖浆。按此方案实施数周后，动物每天饮用糖浆越来越多，特别是第一小时的饮用量。这种进食在脑内释放DA及阿片样物质，与高度成瘾的药物类似（Colantuoni et al，2001，2002）。如果以后剥夺这种糖浆，就会出现戒断症状，包括摇头及牙齿打战（chattering），注射吗啡可以改善。也就是说，这些动物出现葡萄糖依赖或成瘾。因此，暴食症的周期有可能是一种成瘾（Hoebel et al，1999）。但对暴食者在饱餐后又自我清除的现象，还难以用人体或动物实验说明。

三、神经性呕吐

神经性呕吐（nervous vomiting）又称心因性呕吐（psychogenic vomiting），以自发或故意诱发的反复呕吐为特征。这是一类多源性的症状，常与心情不悦、心理紧张、内心冲突有关，无器质性病变作为基础。早期将心因性呕吐定义为"由心理机制引起，没有任何明显器官病理性的呕吐"或称"功能性呕吐"（Leibovich，1973）。有些报道提及心因性呕吐的心理学背景，并提出与癔症或抑郁症有关，部分患者具有癔症性人格，表现为好表演、自我中心、易受暗示等。还发现许多患者有童年丧亲及感到处于敌意的关系中（Hill，1968）。

CCMD-3的诊断标准为：①自发的或故意诱发的反复发生于进食后的呕吐，呕吐物为刚吃进的食物；②体重减轻不显著（体重保持在正常平均体重值的80%以上）；③可有害怕发胖或减轻体重的想法；④这种呕吐几乎每天发生，并至少已持续1个月；⑤排除躯体疾病导致的呕吐，以及癔症或神经症等。

心理治疗应针对具体情况，说明发病机制及疾病的本质和预后，以缓解患者的紧张情绪；行为治疗可取得较理想的效果；地西泮类药物有助减轻焦虑；一般的解痉止吐药效果不明显；治疗过程中检测血液中电解质的变化，及时纠正低钾和低钠的情况。

知识链接12-3

中国棋后不堪重负谢军面对棋盘突发神经性呕吐

谢军吐了！这是发生在中国国家象棋女队战平匈牙利队后的当晚。北京时间昨天凌晨，中国女队在与匈牙利队的交锋中被对手逼平，这样，中国女队继负于美国队后已经连续两轮没有尝到胜利的滋味了。老棋后谢军因为脑力运动过于激烈，赛后突然反胃，发生神经性呕吐。

女队教练张伟达当晚在酒店大堂悄悄地透露了这个消息。不过，他笑着说："没事情，这不是什么大毛病。只要休息一下，就会恢复的。"在中国女子国家象棋队最需要人手的时候，3年没有参加国际大赛的谢军毅然重出江湖。作为队中的精神领袖，她不光承担了比赛

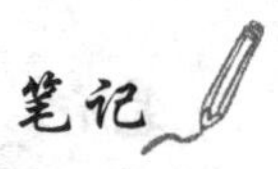

本身的艰巨任务，而且还起到了鼓舞士气的顶梁柱作用。在这位老棋后的率领下，中国女队在本届奥林匹克团体赛上，神勇无比，比分一直领先，卫冕冠军的希望不断增加。可是，最近两轮中国女队暂时出现了低潮，夺冠脚步开始放缓。继负于美国队后，昨天又被匈牙利队逼平。连续作战的谢军体力渐渐透支，疲惫的表情不时浮现在脸上。据张伟达说，他还是第一次看到谢军在比赛时发生神经性呕吐。“毕竟她年纪不小了，这几年也没有专心下棋，重新参加这样高强度的大赛，在体力和心理上消耗得比别人多。”

谢军自己倒是不以为然，她说：“这不算什么，就是累了点，休息一下就好了。根本就不用吃什么药。明天，我们还要打格鲁吉亚这样的强队呢，我这时候必须要顶住。”

特派记者闫松　2004 年 10 月 28 日 03：17 东方体育日报

（阙墨春）

思考题

1. 渗透性渴与容量性渴引起饮水的基本途径有哪些？
2. 影响摄食行为的主要脑区和增食及厌食信号物质有哪些？

笔记

第十三章　睡眠的生理心理

学习目标

掌握：

1. 睡眠分期及各阶段的特征。
2. 觉醒的生理机制。
3. 睡眠的生理机制。
4. 昼夜节律调节的生理机制。
5. 睡眠稳态调节的生理机制。

熟悉：

1. 梦的特征。
2. 睡眠障碍。

了解：

1. 睡眠的功能。
2. 梦的理论解释。
3. 睡眠障碍。

人一生大约有1/3的时间是在睡眠中度过的，睡眠（sleep）是有机体恢复、整合和巩固记忆的重要环节。睡眠是人与动物最基本的生理需要之一，也是意识状态（states of consciousness）正常变化的最明显例子。然而睡眠并非意识的丧失，而是意识的一时性降低现象，因为睡眠时会做梦，睡眠者经历了一系列丰富的身心活动。睡眠又是一种行为状态，如感觉阈值的提高、姿势的特殊变化以及特征性的脑变化等等。

第一节　睡眠的概述

人在睡眠时其脑功能状态并不是一成不变的，而是呈现周期性的显著变化。睡眠可以被分成不同的周期。

一、睡眠周期

1928年德国生理学家Hans Berger首先发现人在睡眠和觉醒时脑电活动节律不同，提出了“脑电图”（electroencephalogram，EEG）一词，此后人们对睡眠有了更深入的了解。睡眠不是简单的大脑休息，而是复杂的、高度组织的生理过程，是脑的功能活动的另一种状态。脑电图记录技术可记录头皮上每个电极附近脑区的神经细胞和神经纤维的平均电位。如果某个区域内的细胞一半电位升高，一半电位降低，那么结果是两者相互抵消；如果该区域所有细胞的电活动是同步的，那么EEG会被记录到电位的升高或降低。EEG使得研究

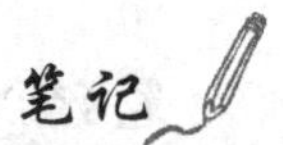

笔记

者能够比较睡眠过程中不同时期的脑活动。睡眠时除了机体发生一系列生理变化外，其实脑电波本身也产生一些活动，这些活动可通过脑电图记录下来。关于睡眠的分期，曾有过许多不同的划分方法，如可以根据睡眠时的EEG特征、眼球运动情况并结合睡眠的深度来进行睡眠分期。目前国际上通用的方法是根据睡眠过程中的眼球运动情况眼电图EOG、脑电图EEG和肌电图肌张力EMG的变化等，将睡眠划分为NREM睡眠（非快速眼动睡眠）和REM睡眠（快速眼动睡眠）。通常的睡眠，脑电图呈现缓慢的δ波，叫做慢波睡眠（slow wave sleep，SWS）；脑电图呈现快速的β波，眼球快速运动，称为快波睡眠（fast wave sleep，FWS）。

（一）NREM睡眠

NREM（nonrapid eye movement）睡眠又称为同步化睡眠（synchronized sleep）、正相睡眠（orthodox sleep）及非快速眼动睡眠等。此阶段的特点为全身代谢减慢，脑血流量减少，呼吸平稳，心率减慢，血压下降，体温降低，全身感觉功能减退，肌肉张力降低（仍然能够保持一定姿势），无明显的眼球运动等。

目前根据EEG的特征主要分为Ⅰ、Ⅱ、Ⅲ、Ⅳ期，以下是NREM阶段各期睡眠的特征：

（1）觉醒期：一般为连续的α波，其频率为8～12Hz/s，但波幅逐渐降低。α波意味着放松，并不代表所处觉醒状态。此时虽然有点犯困，但对周围环境还是保有一定的注意力。

（2）Ⅰ期（入睡期）：实际上是清醒到睡眠之间的过渡阶段。此时脑电活动减慢，心率和呼吸速度放慢。脑电图主要由不规律的、锯齿状的低压电波构成，频率为4～7Hz/s。从图13-1中可以看出，有一部分的α波，但是相对于觉醒期来说α波逐渐减少，所以频率变慢，并且含有θ波和频率较慢的β波，频率较慢的θ波和β波不规则的混杂出现，在Ⅰ期睡眠中一般不会出现纺锤波和K-复合波，如有的话，出现频率每分钟不能超过一次。在这一期睡眠中，眼球可以有持续飘移运动，睡眠迷迷糊糊。Ⅰ期占总睡眠时期的2%～5%。

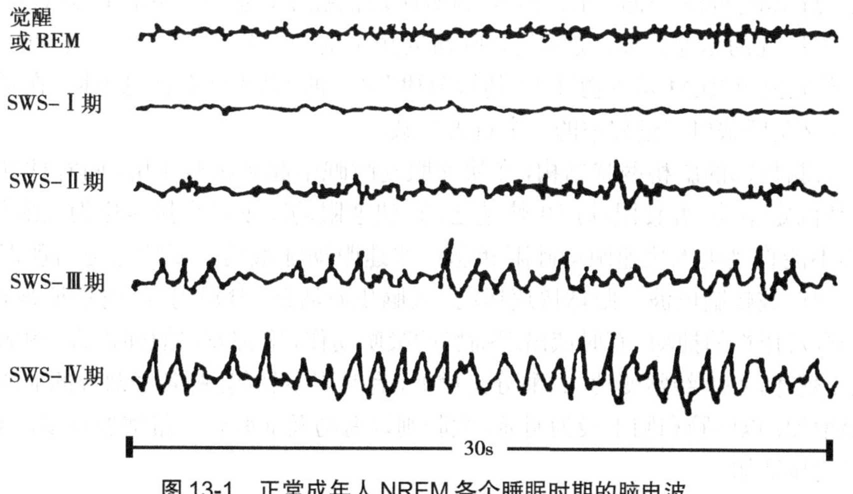

图13-1　正常成年人NREM各个睡眠时期的脑电波

（3）Ⅱ期（浅睡期）：这一时期睡眠比Ⅰ期睡眠要深。从图中可以看出Ⅱ期的特点是明显地看见睡眠纺锤波和K-复合波。纺锤波由一组突然暴发的12～14Hz的波构成，波幅先由小到大，再由大到小，形似纺锤，持续时间至少达半秒。纺锤波是丘脑和皮质细胞振荡交互的结果。K-复合波是一种尖锐的高振幅波，在睡眠的其他阶段，突然发生的刺激也能引发K-复合波，但它们在Ⅱ期睡眠最常见。此期也可以出现高振幅慢波，即δ波，但所占的比例应在20%以下。此时脑电活动减慢，心率和呼吸速度放慢，实际上已经进入了真正的睡眠而处于浅睡的状态。这一时期占总睡眠时期的45%～55%。

（4）Ⅲ期（中度睡眠期）：脑电波频率明显变慢，每秒4～7次，波幅增高，出现每秒0.5～

笔记

3 次的极慢波即 δ 波，也有少量 β 波。此期 δ 波所占比例占 50% 以下。Ⅲ期睡眠以纺锤波为主，这是睡眠的重要标志之一。此时睡眠程度加深，唤醒阈明显升高，已不容易被唤醒。这一时期占总睡眠时期的 3%～8%。

（5）Ⅳ期（深睡期）：从Ⅳ期的图中可以看出纺锤波消失，δ 波比Ⅲ期的多。此期持续半秒以上的慢波 δ 波所占比例为 50% 以上。进入深睡状态时机体和外界刺激隔开，人难以醒来，此时唤醒阈最高，睡眠也最稳定，难被唤醒。这一时期占总睡眠时期的 10%～15%。

其中Ⅰ、Ⅱ期合称为浅层睡眠，此阶段易被唤醒，Ⅲ、Ⅳ期合称为深层睡眠，或慢波睡眠（SWS），儿童的尿床、梦游或夜惊均发生在此阶段。

2007 年美国睡眠医学学会（AASM）制定了新的睡眠判读标准指南，新指南基本沿用旧标准中有关睡眠分期的划分规则，但是将 NREM 睡眠中的Ⅲ期和Ⅳ期合称为 NREM Ⅲ期睡眠，不再对其进行进一步的划分。N1、N2 期为浅睡眠期，N3 期为深睡眠期，亦称慢波睡眠期。

（二）REM 睡眠

REM（rapid eye movement）睡眠又称为快波睡眠（FWS）或异相睡眠（paradoxical sleep）、去同步化睡眠（desynchronized sleep）和布雷姆现象等。此阶段 δ 波明显减少，有 θ 波，有时还有一些 α 波。这一时期占总睡眠时间的 20%～50%。正常人的睡眠呈周期性，每夜出现 4～6 次的睡眠周期，在第一次的睡眠周期中，REM 睡眠大约持续 10 分钟左右，而在往后的睡眠周期中，REM 可持续到一个小时。最后一次 REM 睡眠时间最长，睡眠最深，唤醒阈也最高。

对 REM 睡眠的认识最早是源于 1953 年美国《科学》杂志发表的一篇文章，Kleitman 和 Aserinsky 发现在睡眠的某个阶段两眼球会出现自发地阵发性的快速往复运动，从而推测睡眠并不是一种单一状态，根据 EEG、EMG、EOG 等生物电指标，把睡眠划分为 NREM 睡眠和 REM 睡眠两种睡眠时相。REM 睡眠阶段的提出，进一步揭示了睡眠的实质问题，促进了睡眠研究的迅速发展，是现代睡眠研究史上的一个里程碑。20 世纪 80 年代以后，Kleitman 首先提出 REM 是生物钟中“超短节律”之一的“基本活动休息周期”在睡眠中的反映，这无疑又是睡眠研究进程中的一个重大突破。

位于大脑根部的脑桥网状结构，在快速眼动睡眠中起到积极作用，向脊柱神经发出信号，使身体固定不动，并使眼球产生快速运动，快速眼动睡眠可直接转化为觉醒状态，但觉醒状态却不能直接进入快速眼动睡眠状态。快速眼动睡眠的主要特点是出现混合频率的去同步化的低波幅脑电波。眼球快速运动，大脑皮质活跃、梦境逼真、骨骼肌瘫痪，面部及四肢肌肉有发作性的抽动，有时或出现嘴唇的吸吮动作，喉部发出短促声音，内脏活动不稳定，呼吸不规律，心率经常变动，胃酸分泌增加，有时阴茎勃起，脑各个部分的血流量都比觉醒时明显增加；以间脑和脑干最为明显，大脑则以海马及前联合一带增加较多，脑耗氧量也比觉醒时明显增加。

REM 睡眠是一种生物学需要。长期阻断人的 REM 睡眠，会引起类似精神病患者的严重的认知障碍。一般阻断快速眼动睡眠后，人体会有一种补偿机制，会自动延长快速眼动睡眠时间以补充不足。快速眼动睡眠有时会突然中断，往往是某些疾病发作的信号，如心绞痛、哮喘等。如果一个人几天晚上每当出现快速眼球运动时被唤醒，减少 REM 睡眠时间，便会感到烦躁、紧张。回到正常的睡眠状态后，REM 睡眠出现的时期会更长，以弥补前几天 REM 睡眠的不足。在低等脊椎动物，如爬行动物和鱼，没有发现 REM 睡眠的情况。在系统发生上，鸟最早出现 REM 睡眠，但时间很短（10～20 秒），只占全部睡眠时间的 0.5%。与此相反，高等哺乳动物的 REM 睡眠时间占全部睡眠时间的 20%～30%。狩猎类动物（人、狗、猫）比被猎类动物（兔）有更长的 REM 睡眠时间，前者 REM 睡眠占全部睡眠

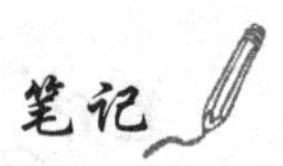

时间的20%，而后者只占5%～10%。从系统发生上看，REM睡眠发展较晚，但在个体发生中情况正好相反。一只刚出生的小猫，一半时间处于清醒状态，另一半时间直接进入REM睡眠，没有NREM睡眠。出生后第一个月的小猫睡眠分为清醒、NREM睡眠和REM睡眠三种状态。一个月以后，小猫的清醒状态和NREM睡眠的时间则逐渐增加。人在婴儿时期NREM睡眠和REM睡眠约各占一半，以后REM睡眠时间逐渐减少，到20岁前后下降到占总睡眠时间的20%～30%。REM睡眠与NREM睡眠相比，存在着本质上的差异，尤其在脑活动方面极不相同。REM睡眠与NREM睡眠的比较见表13-1。

表13-1 REM睡眠与NREM睡眠的比较

	REM睡眠	NREM睡眠
唤醒阈	较高	较低
肌张力及姿势调整	肌张力较高	肌松弛，约20分钟调整一次姿势
自然清醒	较频繁	不频繁
梦	85%	15%
记住梦内容可能性	大	小，NREM开始8分钟后记住梦可能性为零
梦的性质	64%较悲伤、恐怖或愤怒，18%较快乐或兴奋	较平和、愉快，较模糊，很难记住内容
梦出现时间	入睡后80分钟以上	入睡后即开始
梦多见于	睡眠的前1/3	睡眠的后1/3
梦占睡眠的时间	20%～25%	75%～80%

（三）睡眠周期

正常人的睡眠呈周期性。每个周期由非快速眼球运动睡眠（NREM）及其随后的快速眼球运动睡眠（REM）组成。NREM睡眠与REM睡眠常以90～100分钟的间歇交替出现。通常每晚4～6个这样的NREM / REM睡眠周期（图13-2）。

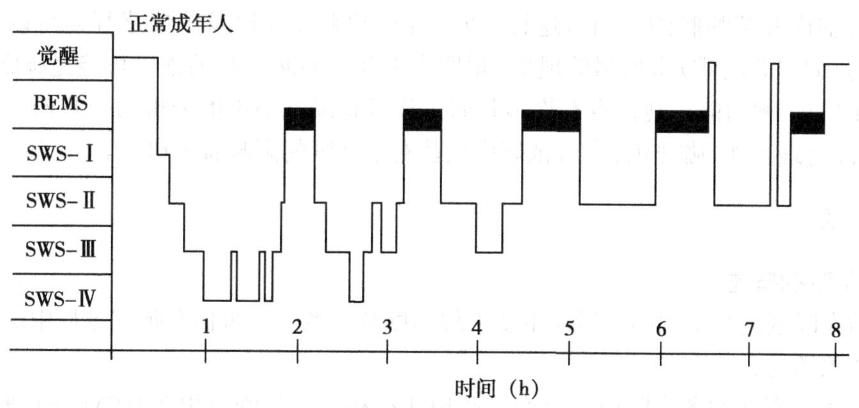

图13-2 正常成年人整夜睡眠中两个时相交替的示意图

正常人睡眠首先进入NREM睡眠，按Ⅰ、Ⅱ、Ⅲ、Ⅳ期顺序进行，再返回到Ⅲ、Ⅱ、Ⅰ期的顺序进行，之后有REM阶段插入，持续10～20分钟，完成第一个睡眠周期。然后再从NREM睡眠开始，进入第二个睡眠周期。从一个REM睡眠到下一个REM睡眠时间大约相隔90分钟。越接近睡眠后期，REM睡眠持续时间逐渐延长。正常成年人整夜睡眠中将出现4～6个上述周期的变化。

关于睡眠质量的研究发现，NREM睡眠中尤其Ⅲ、Ⅳ期睡眠最为重要，大脑可以得到充

笔记

分休息，疲劳恢复的效果也最好。Ⅲ、Ⅳ期睡眠（深睡眠）时间越长，睡眠质量就越好，如果Ⅰ、Ⅱ睡眠占的比例高，睡眠质量就差，总有睡不醒，不解乏的感觉，就会出现睡眠不足的表现。相反，一个人虽然睡得短，但如果Ⅲ、Ⅳ期深睡眠多，睡眠质量反而高，醒后精力充沛，所以短而深的睡眠比长而浅的睡眠好。这就是之所以有的人只睡4～5个小时却精力旺盛，而有的人则睡十几个小时却仍然昏昏沉沉的原因。

近年来生化方面的研究证明了生长素的分泌高峰是在NREM睡眠的慢波睡眠阶段。生长素促进RNA和蛋白质的合成，因此认为慢波睡眠阶段很可能是RNA和蛋白质的合成时期，是恢复体力疲劳的时期，而REM睡眠的功能可能与心理活动的高级形式有关系。

整个睡眠周期中，并不是一定要经历所有的睡眠阶段，但都是从第Ⅰ期开始，有时REM睡眠也可缺如。NREM睡眠总共占整个睡眠周期的75%～80%，REM睡眠占整个睡眠周期的20%～25%。成人NREM睡眠和REM睡眠都可以直接转为觉醒状态，但是成人不能直接从觉醒状态进入REM睡眠，而只能转入NREM睡眠。成人REM睡眠的时间约占整个睡眠过程的1/4，老年人睡眠时间减少，REM睡眠时间所占的比例也减少，而儿童期REM睡眠时间的比例可达1/2，因而对大脑发育有利。Weisman对睡眠的研究证明，随着夜班倒班一觉醒一睡眠周期的倒转，脑下垂体分泌各种激素的起伏周期是可以相应地倒转过来的。因此，只要按照的特定环境条件，把作息时间做适当调整，符合其特定的觉醒一睡眠节律，并且尽可能安排足够的睡眠时间，机体慢慢地就会适应这种作息周期，到时仍可安寝如常，不必担忧。

研究发现睡眠剥夺之后的大鼠在恢复过程中，REM和NREM的时间明显增加，清醒时间明显减少。表明NREM睡眠和REM睡眠与睡眠质量密切相关。Mqauet认为REM睡眠伴随着对进入大脑的外界信息的加工、处理，进而形成记忆，同时也发现学习后的动物出现REM睡眠增加的情况。Carlyel发现同一种族记忆快比记忆慢的个体在训练后有更多的REM睡眠。对大鼠进行REM睡眠剥夺或者完全睡眠剥夺可导致大鼠记忆力下降，长期的睡眠剥夺对于空间记忆及参照性空间记忆也有明显影响。对于工作记忆则无明显影响。有研究认为RME睡眠剥夺只能延迟或者影响记忆的形成，但不能完全妨碍记忆的形成。

Hartmann证明了睡眠剥夺可以被苯丙胺逆转的事实。认为睡眠剥夺对学习记忆的影响可能被脑内儿茶酚胺的增加所逆转，以及异相睡眠剥夺诱发的情绪行为可以被多巴胺能的药物（如阿扑吗啡）所加强的现象，说明中枢儿茶酚胺机制的恢复可能是睡眠，特别是REM睡眠的一种功能。现在也有许多科研工作者将睡眠脑电的分析与一些药物的药效研究相结合，对地西泮、咖啡因、七叶甙等中西药对于睡眠的影响做了研究。

二、梦

（一）梦的概述

个体在睡眠过程中的心理活动主要表现为做梦。梦是有机体在睡眠过程中产生的一种自发的心象活动。

整个睡眠周期的各个阶段都会产生心理活动和梦。梦既发生在REM睡眠期，也发生在NREM睡眠期。但是REM睡眠期的梦与NREM睡眠期的梦具有不同的特点。

REM睡眠期的梦比较生动、荒诞离奇、缺乏理性，充满丰富的故事情节和较多的情感体验以及丰富的视觉表象。REM睡眠期所做的梦与快速眼球运动有关，人们推测做梦者实际上正在“观看”梦的情景，因而眼球运动与梦的内容相关，生动的梦与活跃的眼球运动相一致。此外，虽然那些后天丧失视力的人，在REM睡眠期仍然出现通常的快速眼球运动，但是他们的梦会逐渐丧失“视觉”内容。先天性盲人尽管存在“REM”，但是却不出现眼球运动，因为他们的梦是“听觉”的。

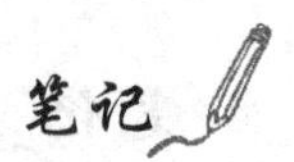

NREM 睡眠期的梦没有系统性、组织性，情节比较平淡，但却与白天生活事件关系较紧密。NREM 睡眠期的梦境回忆往往是一些零碎的念头或孤立的片段，做梦者无法描述梦境的全部情节。

（二）梦的理论解释

1. 梦的精神分析理论 Freud 认为梦是一种有意义的心理活动。梦是被人们以往被压抑或排斥的愿望所激发的，是潜意识过程的显现，是被压抑的无意识冲动和愿望以改变的形式出现在意识中，这些冲动和愿望反映了人们的本能。做梦是为了宣泄一些被压抑或排斥的能量。

2. 梦的认知观点 认知心理学认为梦具有认识功能，做梦是一个认知过程，梦中情景是人们思想的具体化，做梦的过程就是通过检索、排序、整合、巩固等认知活动，使头脑中存储的部分知识经验进入意识状态的过程。梦的连续性假设则认为，梦既不是潜意识隐藏的信息，也不仅仅是大脑的随机活动所导致，而是人们在觉醒状态时的经历、想法和顾虑的清晰反映。即梦和个体觉醒状态下关注的主要事件有关，梦反映了个体觉醒状态下的所思所想。

3. 梦的激活 - 合成理论 Hobson 认为梦仅仅是生物学现象，不表达任何意义。梦的本质是大脑皮质对随机神经冲动信号的主观体验。必需有一定数量的刺激来维持脑与神经系统的正常功能。在睡眠时，由于刺激减少，神经系统会产生一些随机活动，这些神经信号通过丘脑传导到皮质视觉区和皮质联合区，并使用已经存在的知识结构来解释和处理这些信息。梦是由于大脑皮质试图赋予这些随机信号意义而产生的。

4. 梦的威胁模拟理论 2000 年，Revonsuo 提出梦的威胁模拟理论。梦的威胁模拟是指个体对在生活中遇到的威胁性事件会在梦中进行反复的模拟，以提升自己识别、应对威胁的能力，为下一次更好的识别此威胁并解决该威胁做好准备。梦的本质是一种古老的生物防御机制。梦境是远古时代危险的生存环境在人脑内的残存，其意义在于提高机体的警惕性，增加个体的生存适应能力。

第二节　觉醒的生理机制

觉醒（wakefulness）是大脑中觉醒系统介导的皮质兴奋，是生物维持生命正常活动的基础。觉醒时，脑电波一般呈去同步化快波，闭目安静时枕叶可出现 α 波，抗重力肌保持一定的张力，维持一定的姿势或进行运动，眼球可产生追踪外界物体移动的快速运动。以下对觉醒状态的生理机制进行详细阐述。

觉醒状态的维持是脑干上行网状激活系统（ascending reticular activating system）的功能。主要通过非特异性投射系统弥散性投射到大脑皮质。此外，大脑皮质的感觉运动区、额叶、眶回、扣带回、颞上回、海马、杏仁核、下丘脑等脑区也可通过下行纤维兴奋网状结构。此处主要介绍中脑网状结构、蓝斑核以及下丘脑的作用。

一、中脑网状结构

切断动物中脑，导致前脑和部分中脑与断面以下所有神经结构分离，动物会在手术后的几天内进入一种持续的睡眠状态。即使动物花几个星期的时间恢复后，觉醒的时间依然很短。切断中脑之所以导致动物的觉醒程度降低，是因为中脑里维持觉醒的网状结构（reticular formation）遭到了破坏。该结构从延髓一直延伸至前脑，其中部分神经元轴突上行投射至大脑，部分神经元的轴突则下行至脊髓。中脑是网状结构中与皮质唤醒有关的结构之一，这里的神经元接收来自多个感觉系统的信息输入，同时产生自发活动，其神经元轴

笔记

突延伸至前脑，释放乙酰胆碱（ACh）和谷氨酸，从而兴奋下丘脑、丘脑和前脑基底部的神经细胞。正因为如此，脑桥中脑能够在觉醒状态下维持皮质的唤醒水平，当新异刺激或挑战性任务出现时，可增加机体的反应性。刺激脑桥中脑部能唤醒一个熟睡中的人，或者使一个醒着的人觉醒水平增高，并能使脑电波从低频慢波转为高频快波。

二、脑桥蓝斑核

研究表明，苯丙胺类的儿茶酚胺激动剂能引发唤醒和失眠，这种效应主要由蓝斑核（locus coeruleus，LG）内的去甲肾上腺素系统调节。蓝斑核位于脑桥背内侧被盖部，分为头部、中部和后部三部分，蓝斑核执行着许多被统归于网状结构的功能，包括兴奋性输入和抑制性输入，具有维持脑电活动去同步化作用。蓝斑核发出的神经轴突所释放的去甲肾上腺素可遍布于新皮质、海马、丘脑、小脑皮质、脑桥和延髓，从而引发唤醒。但在大部分时间里蓝斑核都是处于不活跃的状态，当遇到有意义的刺激（尤其是能引起情绪唤醒的刺激时）便会发出神经冲动。研究表明刺激蓝斑能够增强近期记忆的存储并提高觉醒水平。

三、下丘脑

下丘脑的多个神经通路都与唤醒有关，其中一条通路释放组胺，对整个大脑产生兴奋作用。释放组胺的细胞在觉醒时活跃，而在睡眠和觉醒交替时（如准备睡觉时和刚起床时）相对不活跃。清醒时的释放量是睡眠时释放量的4倍。抗组胺的药物（如抗过敏药、部分感冒药和晕车药）能够阻断组胺的作用，因此会让人感到昏昏欲睡，但是不能通过血脑屏障的抗组胺药就不会产生这些副作用。另一条起自下丘脑的外侧核和背侧核的神经通路也影响唤醒，它释放 orexins。这些轴突延伸至前脑基底部和其他脑区，释放 orexins 刺激这些脑区内负责觉醒的神经元。阻断 orexins 受体的药物能够增加睡眠，增加 orexins 浓度的手段（如向鼻腔内喷奥利新）可以促进觉醒和警觉。中枢 orexins 含量的大幅度降低是嗜睡症的重要标志。还有一些起自外侧下丘脑的神经通路能够调节前脑基底部的神经元，前脑基底部发出的轴突延伸至整个丘脑和大脑皮质，这些轴突中有的释放兴奋性神经递质乙酰胆碱，可以提高唤醒程度；另一些轴突通过刺激其他神经元释放 γ-氨基丁酸（GABA），没有 GABA 的抑制作用，睡眠就不会发生。GABA 的这种功能可以帮助我们理解睡眠中的某些经历，睡觉时体温和代谢率降低，神经元的活动也有所降低，虽然脑内感觉区域的神经元仍对声音等刺激做出反应，但人是无意识的。这有可能是因为 GABA 抑制了突触的活动：睡眠时单个神经元可以是激活的，无论它是自发激活还是对刺激产生反应，但由于 GABA 水平升高，这个神经元轴突不能通过突触将刺激信号传递到其他区域。

第三节 睡眠的生理机制

人在睡眠时，脑电波一般呈同步化慢波，嗅、视、听、触等感觉减退，骨骼肌反射和肌张力减弱，自主神经功能可出现一系列改变，如血压下降、心率减慢、瞳孔缩小、尿量减少、体温下降、代谢率降低、呼吸变慢、胃液分泌增多而唾液分泌减少、发汗增强等。但这些改变是暂时的，较强的刺激可使睡眠中断而转为觉醒。

睡眠并不是一个被动的过程，睡眠的产生并不是简单的由于神经疲劳和神经活动降低所导致。和其他行为一样，睡眠是一种主动的过程，当相关的神经通路活跃时诱发，即这个通路的激活使人进入睡眠。

NREM 睡眠和 REM 睡眠两个不同的脑功能状态分别受脑内 NREM 睡眠生理机制和 REM 睡眠生理机制控制。

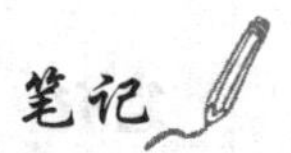

一、NREM 睡眠

（一）NREM 睡眠的生理机制

下丘脑腹外侧视前区（ ventrolateralpreoptic area，VLPO）在人入睡时起到了尤为重要的作用，在小鼠和猫的实验中均可发现，视前区的破坏会引发失眠症，接下来会导致昏迷甚至死亡。Sterman 和 Clemente 发现电刺激这个区域会出现相反的结果，动物表现出困倦、脑电活动去同步化，更多的时候是睡觉。解剖学和组织化学的研究表明，VLPO 区包括抑制的 GABA 分泌神经元，并且这些神经元释放它们的突触到结节乳头核神经元（TMN）、脑桥背侧、中缝核（RN）和蓝斑（LC）及其他促觉醒结构的神经元。这些大脑区域的神经元活动引起皮层激活和行为唤醒，而刺激 VLPO 会抑制这些大脑区域的活动，促进 NREM 睡眠的形成。VLPO 从它抑制的大脑区域同时也会接收抑制的输入，这些大脑区域包括结节乳头核、中缝核和蓝斑（促进觉醒状态区域），这种相互抑制的机制为睡眠和觉醒奠定了基础，这种相互抑制的机制就像一个触发器，它存在开或者关两种状态。因此，如果 VLPO 处于激活状态，促进觉醒状态区域处于抑制状态；如果促进觉醒状态区域处于激活状态，VLPO 处于抑制状态，由于这两个区域相互抑制，因此两个区域的神经元不可能同时被激活。触发器有一个很重要的优点：当它从一种状态转向另一种状态时，转换的速度特别快，因此它对睡眠和觉醒都很有益。2001 年 Saper 等人提出，orexins 神经元的一个很重要的功能就是协助稳定触发器，该神经系统的激活促进觉醒抑制睡眠。2001 年 Estabrooke 等人发现，强制的觉醒状态增加了 orexins 神经元的活动，因此维持动物觉醒状态也许是通过激活这些神经元而实现的。当你在参加一个很无聊的会议时能保持觉醒，正是依赖 orexins 神经元的激活，它使得触发器处于开的状态（觉醒）。

当神经元异常活跃时产生腺苷，积累的腺苷是引发睡意、产生睡眠的一种化学物质。Porkka-Heiskanen 等人在 2000 年发现，脑内腺苷水平在觉醒状态时升高，在睡眠状态时缓慢降低，尤其是在包含乙酰胆碱神经元的基底前脑区。研究者认为，腺苷能通过抑制 VLPO 神经元来增加睡眠，抑制的释放会激活这些神经元。

需要强调的是，尽管 VLPO 是目前公认的 NREM 睡眠产生的核心脑区，但最近的实验表明，即使 VLPO 被破坏，NREM 睡眠依然产生，这意味着 NREM 睡眠的生理机制远较人们认识的复杂。

（二）NREM 睡眠的生理作用

NREM 睡眠期大脑皮质得到充分休息，机体以副交感神经活动占优势，合成代谢加强，储存能量为主，各种生命活动降到最低程度，耗能最少，人的心率减慢，血压降低，呼吸慢而规则。脑垂体的生长激素分泌达到高峰，使糖和蛋白质合成加强，脂肪分解加速，是促进儿童生长发育和成人精力体力恢复所必需的，维持人体的新陈代谢处于“年轻”状态，因此长期失眠的患者往往面容憔悴，显得衰老。剥夺睡眠实验证明，人连续 3～4 天不睡，会出现错觉、幻觉且思维能力、判断力、预测能力，记忆力均明显下降，脾气也变得暴躁易怒，神志恍惚，无法保持觉醒状态。这些症状主要与慢波睡眠不足有关。现代生活中，大多数从事脑力劳动的人，以精神疲劳为主，加上各种应激刺激，他们需要的是正常比例的慢波睡眠。

二、REM 睡眠

（一）REM 睡眠的生理机制

REM 睡眠包括去同步化的 EEG 活动、肌肉麻痹、快速眼运动以及性激活（至少在人类如此）等特征。REM 睡眠与一种独特的高幅电位桥膝枕波（ponsgeniculate-occipital，PGO）有关。这种波起源于脑桥，传播到外侧膝状体，再到一级视皮质。在外侧膝状体埋藏电极

记录到PGO波后，出现EEG的同步化，接着是肌肉活动停止和REM睡眠的出现。

REM睡眠由多个系统共同控制，其控制中心位于脑桥中部、蓝斑腹侧的蓝斑下核。执行机制（使睡眠活动从NREM睡眠转入到REM睡眠的各种机制）包括一组释放乙酰胆碱的胆碱能神经元。而在觉醒及NREM时期，REM睡眠是被中缝核的5-HT能神经元及蓝斑核的NE能神经元所控制。

1. 执行机制 执行机制主要涉及脑内的几种胆碱能神经元，在促发REM睡眠中起最核心作用的是在背外侧脑桥，主要是脑桥背盖核以及外侧背被盖核。大多数研究者称这一脑区为臂周区，因为它们位于结合臂的区域。有研究记录臂周区的电活动发现单个神经元的活动与睡眠周期相关。这种神经元中的大多数在REM睡眠时期或者REM及主动觉醒期都高速放电。因此被称为REM——开细胞，它们约在REM睡眠开始前80秒就活动增加，能够唤起一阵REM睡眠。臂周区的胆碱能神经元的作用实现是通过轴突投射到内侧脑桥网状结构，再到前脑的几个脑区，包括丘脑、基底神经节、视前区、海马、下丘脑及扣带皮质，还到脑干的几个区域参与眼运动的控制。

PET研究发现在REM睡眠期间，分析视觉形象的脑区——视联合皮质的腹侧路线神经活动明显增加，而从眼接受视觉信息的脑区——一级视皮质的神经活动被抑制，这个结果也许能帮助我们更好地解释幻视的产生。

研究发现，脑干受损的一些患者在REM睡眠期间不发生肌肉麻痹而且梦中没有动作，这种现象称为“无肌张力减退REM睡眠”。动物研究表明，主管这一行为的神经元是非乙酰胆碱能神经元，它位于蓝斑腹侧的蓝斑下核，其轴突下行到位于延髓的巨细胞核，此核的纤维到脊髓，与运动神经元形成抑制性突触。

2. 5-HT及去甲肾上腺素的抑制效应 5-HT及去甲肾上腺素协同剂对REM睡眠有抑制作用，被称为REM——闭细胞，这种抑制作用在个体进入NREM睡眠阶段后逐渐减弱，而REM——开细胞活动相对增强。此外，中缝核的5HT神经元及蓝斑核的NE能神经元的放电率在REM睡眠期间处于极低水平。有证据表明，中缝核及蓝斑核正常情况下对臂周区神经元有抑制作用，而输注5-HT或NE的抑制剂到脑桥则可引起REM睡眠。

（二）REM睡眠的生理作用

1. REM是婴儿中枢神经系统发育的决定性阶段 激活大脑皮质接受感觉刺激，帮助新生儿能最佳地获得新的运动技能和知觉技能。同时对婴儿发育的关键时期神经细胞的成熟也起着非常重要的作用。有资料表明REM睡眠期间脑内蛋白质合成加快，建立新的突触联系，这与婴幼儿阶段神经系统的迅速生长发育成熟有关。据报道痴呆儿童的REM睡眠量显著少于同年龄的正常儿童，早老性痴呆患者的REM睡眠比例亦明显减少。

2. REM睡眠和记忆 从REM睡眠中被唤醒的人，74%～95%的受试者诉说正在做梦，而从NREM睡眠中被唤醒的人只有少数（7%）能回忆起梦境，设想REM睡眠可能与脑内信息的整理、储存有关。

剥夺REM数日后恢复正常睡眠时的REM比例大量增多，将原先造成的这种缺乏重新补足，这种反跳现象表明人的功能存在一定数量的REM需要。REM最重要的功能是促进大脑的成长和发展；学习与记忆信息的过滤、整合和巩固。在REM期间，肌肉瘫痪、深睡难唤醒而脑血流与代谢回升至觉醒水平，其脑电图出现大量的β波（反映注意与积极思考，这里应该是梦境），说明大脑十分活跃，在干什么呢？REM在胎儿30周出现，40周达顶点，新生儿70%为REM，6个月降到30%，8个月降到22%左右，直到成年，但天才儿童更多，迟钝儿童更少，大学生考试期间明显增加，老年人不到15%，表明在大脑成长的最活跃阶段对REM的需要最多。大脑发展过程中脑部的大量改变也需要REM促进，同时也适度改变负责学习的脑区。在REM中，大脑新皮质可将记忆重新加工处理，形成新的信息库，有利于

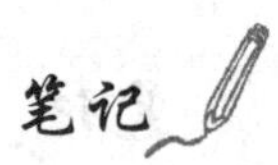

觉醒期记忆信息处理的有效性和时效性。具体地讲就是与日间记忆功能相反：从记忆中尤其是从那些情绪化解离的信息记忆中过滤、剔除无用的信息，阻止混杂的信息储存，提炼、整合与巩固有用的学习记忆。20 世纪 80 年代，以色列科学家佩雷兹·拉维等对眼动的研究发现与信息的检索和信息处理过程相关。充足的 REM 是保证大脑功能发育必不可少的条件。

3. REM 睡眠与内分泌 睡眠对内分泌系统产生重要调节性作用。睡眠质量的变化与内分泌功能和代谢的紊乱有关，睡眠紊乱引起或加重代谢综合征。改善睡眠质量方法可能对内分泌和代谢功能有积极的意义，反之，内分泌系统的功能协调可改善睡眠质量。

4. REM 睡眠与免疫 剥夺睡眠后机体更容易受到感染的侵害，尤其是病毒感染如感冒和流感。反之，感染导致人和动物嗜睡。动物实验表明，感染后发生 REM 睡眠的动物比没能显示出 REM 睡眠的动物更容易存活。提示睡眠治疗能提高机体的免疫力。

人体在深睡眠过程中，各种受损细胞，尤其是脑细胞，会进行自我修复，产生许多抗体，增强抗病能力，并且还能促进机体各组织器官的自我康复能力。感冒和发热的患者往往会特别想睡觉，正是因为在睡觉，尤其是质量高的深睡眠阶段，会增强机体抵制和消灭外来病菌的功能，提高人体的自愈力，使人体尽快恢复健康。

5. REM 睡眠期丧失对体温的调节功能 当室温升高或降低到临界点，只有在醒来以后，其体温调节机制才开始起作用。说明在 REM 睡眠期间视前区下丘脑（POAH）体温调节中枢的温度敏感神经元处于关闭状态，不能感受外周温度变化的信息，而使体温调节中枢处于停滞状态。

6. REM 睡眠与脑血管等疾病的关系 在 REM 睡眠中，下丘脑－垂体－肾上腺轴和交感神经功能也异常活跃，24 小时尿中游离皮质激素和儿茶酚胺等各种代谢产物的含量与 REM 睡眠所占比例呈明显正相关。因此，此期血压可以突然升高，心率和呼吸的频率和幅度可有较大波动，脑血流量和脑代谢率增加，颅内压增高，瞳孔扩大。REM 能打乱正常的呼吸循环，导致血液中二氧化碳分压不断升高、血氧饱和度不断降低，从而刺激颈动脉和主动脉体化学感受器，使心率加快和外周血管显著收缩，这些变化严重影响了心脑血管功能。同时，与其他一些疾病突然发作也有关，比如，分娩、心绞痛、哮喘发作及消化性溃疡症状的出现等。调查显示死亡也多发生于后半夜。

7. REM 睡眠与阴茎勃起 REM 睡眠期支配阴茎的勃起神经会兴奋而使阴茎出现自发性勃起，持续 30 分钟至 1 小时左右。一夜之间，阴茎可在无意识的状态下发生勃起多达 3～5 次之多，每次勃起持续时间可长达 1 小时左右。根据 REM 睡眠阶段的阴茎勃起现象，临床可以用来鉴别阳痿的性质。如在性交时出现阳痿，而在 REM 睡眠阶段阴茎勃起正常，提示阳痿是功能性阳痿。反之，如在 REM 睡眠阶段不能勃起或勃起无力，常常提示器质性阳痿。

第四节　觉醒与睡眠发生系统的调节

人类的睡眠 - 觉醒的周期性的变化不仅是脑内各相关系统彼此互相作用的动态平衡结果，而且也是昼夜节律系统和睡眠内稳态过程调节的结果。

一、昼夜节律概述

人类由于长期随着地球运转昼夜节律的变化，由此也带来了机体内环境的相应变化。例如体温在 24 小时期间可以有 1℃的波动，一般在傍晚达到峰值，凌晨最低。激素释放也有昼夜节律的变化：如褪黑素（melatonin）释放的峰水平在晚间，生长激素则在前半夜释放。

笔记

反之，皮质醇及睾酮则在清晨（苏醒时）而肾上腺素在午后。人们把大自然的这种现象叫“生物钟”现象。人体本身也像一架“生物钟”，睡眠就是生物钟现象之一。人们在长期的生活实践中，每人都有自己的睡眠习惯，有的人习惯于早睡早起，有的人却习惯于晚睡晚起，有的人则定时睡觉，定时醒来。

如果让人在离开地面很深的洞里生活一个月，没有太阳光线，没有时间信息，完全与外界社会隔离，称为“无时间状态”（no-timestates）。研究发现，在完全没有时间提示的情况下，这些人将会每天晚上晚睡1小时，第二天晚起床1小时，说明睡眠-觉醒节律的周期不完全等于地球自转的24小时，而比24小时稍长，大部分人是25小时，有的人是27小时或30小时。人体脑内的生物钟为了使睡眠-觉醒周期保持与地球24小时自转周期时钟相一致，通过外部的光线，每天早上起床的时间会自动调整零点，把这1小时的差距拨正，以适应地球自转24小时昼夜节律，保持每天晚上大约在同一时间睡觉，第二天早上又大约同一时间起床。

因此，生物钟节律并不是被动的、继发的应答反应，而是身体内部一种内在性的主动过程，即使将环境中的各种因素都严格控制在恒定状态，其生物钟节律现象也会照样出现。洲际飞行后人体发生的时差反应也说明了这个现象。当人们从东向西或自西向东到达大洋彼岸时，新环境的日出日落与出发地点的时间完全不同，甚至形成昼夜颠倒，在最初几天里，人们的生物钟仍然按照故居时间活动，所以常常发生晚上失眠的情况，因为这时的故居正是白天，到了白天却又是昏昏欲睡，而此时故居的时间正是晚上。这也可以说明人体具有这种生物钟现象，那些从事轮班工作做夜班的同志也可以体验到，他们晚上工作，白天睡觉，但其体内的生物钟节律现象却依然按照他原来的昼夜规律在活动，到了晚上一定的时候，尤其是凌晨，人特别思睡而难受，工作效率也会下降。事故出现率也有所增加，原因就是生物钟节律现象的作用。如果有的人睡眠-觉醒周期过长，如28小时或30小时，那么他的生物钟调整零点就很困难，这种人难以遵照社会习惯生活，如果按自己的节律生活，则睡眠正常。那些完全不能感受光线的先天性盲人，生物钟得不到光线的刺激，他们调整睡眠-觉醒周期为24小时节律也比较困难，虽说社会因素在帮助生物钟的调整过程中起到一定作用，毕竟盲人在睡眠紊乱中是一个特殊群体。夜生活过多的人，影响生物钟零点的调节，久之，睡眠规律破坏，容易诱发失眠。

人每天的总睡眠时间随着年龄增长而减少，在生命的早期表现的尤其明显，1岁以内的婴儿每天睡16～18小时，3个月之前呈多相型睡眠模式，每睡3～4小时清醒1次，喂奶、吃饱了再睡，大部分3个月以后的婴儿，夜间能睡一个长觉，不需要喂食。一岁幼儿每天睡14小时左右，5岁儿童每天睡12小时左右，10岁儿童每天睡10小时左右，呈白天觉醒、夜间睡觉的单相型睡眠模式，到了青春期稳定每天夜间睡7～8小时。

知识链接13-1

隔离实验——人体生物钟研究

著名的隔离实验是对法国地理学家Michael Siffre在1972年进行的，他同意在德克萨斯州100英尺（1英尺=0.3米）深的地下精心准备的坑道中生活6个月。在此期间他断绝一切与外部世界的时间性信息（坑道内的温度也保持在70°F），并且虽然与外界有电话联系（有全勤值班），但通话内容完全公开。他贮存食物（宇航员标准）及水（780加仑桶）。当他要睡觉时可以电话告知，值班者便会熄灯。当要上床时，他戴上仪器可记录睡眠周期和他的心率、血压及肌肉活动。每天记录数次体温并发送尿样到地表以供分析。

这种实验对Siffre带来一定的伤害，在隔离的第80天，他体验到严重的抑郁和记忆损害（在此基础上实验继续进行100天）。此外在这种紧闭结束以后一段较长时期Siffre诉说，

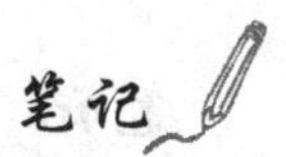
笔记

他不能理解这种折磨带来的心理创伤。但是，从科学观点来看这一研究是成功的。它的主要发现之一是表明体内至少有两种以上不同速度运转的时钟。例如，Siffre 的睡—醒节律是在 25 到 32 小时之间运转的，这就意味着他在实验后期每天睡得较迟，也就是说他的"白天"较正常时间长了。事实上，Siffre 实验记录的最后一次睡眠—觉醒是第 151 次，而实际上已经是第 179 天了。也就是说，他在 6 个月的实验中，在心理上"丧失"了 28 天。然而他的体温曲线较为稳定，保持在 25 小时左右，极少波动。这意味着他的体温周期与睡眠—觉醒周期的同步化有出入，这是一种不平常的情景，因为我们正常睡眠时体温会下降。因而推论至少有两种振荡器控制着昼夜节律：一种控制体温，相对比较稳定（有时称之为"X 起搏点"），而另一种是较为多变（有时称之为"Y 起搏点"）。

资料来源：Andrew Wickens. Foudations of Biopsychology，2000

二、昼夜节律调节的生理机制

从现象看，这种觉醒 - 睡眠节律与人们的生存环境的昼（明）- 夜（暗）周期有关。深入到生理机制看，这个过程不是对周围环境的被动反应，而是体内生物钟的走时在控制着节律。

1950 年德国生物学家 Gustav Kramer 发现鸟类能够把太阳当作指针指导自己。随后许多生物学家开始探索此内源性时钟，即生物钟的结构定位和物质基础，此工作一直延续到现在。现在的生物钟理论认为，自然界中的生物为了适应自然环境，从而产生了与自然界变动节律同步的自身运动节律，生物体内主持自身运动节律的机制就叫做生物钟。

生物钟位于何处？1972 年有两个研究组分别证明了下丘脑腹侧前部的视交叉上核（suprachiasmatic nucleus，SCN）承担这一任务，它们受损就扰乱昼夜节律（包括皮质类固醇释放、饮水、运动活动）。以后的研究指出，这种损伤影响包括睡眠 - 觉醒周期在内的许多其他节律活动，虽然它并不改变睡眠时间或者慢波睡眠（SWS）及快波睡眠（FWS）的相对比例；但改变了睡眠 - 觉醒的模式，也就是睡眠可以在 24 小时的昼夜周期中随机发生，即睡眠 - 觉醒的昼夜节律消失。

（一）视交叉上核

近 20 多年来，对哺乳动物昼夜节律进行了大量实验研究，证实视交叉上核是其最主要的昼夜节律起搏器，并被冠以"昼夜节律生物钟"之称。昼夜节律生物钟机制主要包括钟振荡器、信号输入、信号输出和钟的整合或调节。而中枢振荡器已明确定位于 SCN，是由一组昼夜节律基因及其编码的蛋白组成，是维持内源性生物钟运作的核心元件。

视交叉上核（suprachiasmatic nucleus，SCN）及其传入传出通道作为哺乳动物最主要的昼夜节律中枢，它参与控制睡眠 - 觉醒周期等多种节律性活动。昼夜节律信号可能从 SCN 传到多个睡眠 - 觉醒脑区，进而调控睡眠阶段的位相转换以及睡眠 - 觉醒位相的转换。SCN 投射的睡眠 - 觉醒脑区主要包括肾上腺素能、5- 羟色胺能、组胺能以及 Orexin 能系统。其中，5- 羟色胺能、去甲肾上腺素、多巴胺等神经递质主要调节脑干网状结构上行激活系统维持大脑觉醒状态；下丘脑侧部与后部的黑色素浓集激素（melanin-concentrating hormone，MCH）投射系统和下丘脑腹外侧视前区的 γ - 氨基丁酸（GABA）投射系统和视交叉上核（SCN）的褪黑素投射系统调节睡眠状态。

SCN 通过自身的节律性活动影响其外周靶器官，从而使机体发生同步化的生理活动。然而，SCN 的自身节律又受多种因素的影响。概括起来主要包括两方面，一是外界的环境变化，二是机体内源性的影响。其中外界环境因素主要包括光线的导引作用和非光线因素，而非光线因素又包括温度、身体运动、社会因素等。在环境因素中，当前已知最为重要的要属来自明 - 暗周期的光信号；而内源性影响中最为重要的是褪黑素和年

笔记

龄因素。人们通常把上述影响因素称为机体生物钟的授时因子(zeitgeber)。授时因子使机体昼夜节律活动与外界环境保持同步化运动,人们一般把这种作用称为导引作用(entrainment)。

SCN 中生物钟的"走时"可能涉及神经元回路的相互作用,或可能是个体神经元自身的内在活动。有证据提示后者的可能,即每个神经元含一个钟。例如,Welsh 等(1995)在大鼠 SCN 单个神经元记录到独立的昼夜节律。若在整个脑中,SCN 中的神经元的活动会发生同步化。

(二) 松果体与褪黑素

松果体位于脑中缝,在胼胝体后方腹侧处。松果体利用神经递质 5-HT 合成褪黑素(melatonin,Mel)并释放入血。褪黑素主要是由哺乳动物松果体分泌产生的一种吲哚类激素,动物褪黑素的释放可直接受光线控制(即光亮抑制褪黑素释放,而黑暗刺激其释放),也可通过颈上神经节(从 SCN 投射到松果体的神经通路)来控制,即黑暗引起颈上神经节释放 NE 到松果体,使 5-HT 在 N- 乙酰转换酶的作用下生成褪黑素。同样,人在极高强度光线作用下褪黑素分泌减少。褪黑素功能广泛,包括昼夜节律功能以及影响脑的神经递质代谢、体温调节、运动活动、喂养行为及睡眠。此外,还可引起体重的季节性变化、皮毛的颜色以及生殖行为。因此在许多动物中,褪黑素调节着机体对一年中光线变化的反应以及昼夜功能。研究发现,正常大鼠的褪黑素分泌呈周期性,早晨 4 时开始分泌,中午 12 时达到最高峰,然后逐渐降低至晚上 7~8 时为零,与大鼠的昼伏夜动时相一致。

褪黑素对睡眠和昼夜节律有重要的调节作用。一般认为,褪黑素浓度升高是机体内源性昼夜节律的信号表现,光照周期变化信号可以通过视觉系统和交感神经将信号传至松果体,引起褪黑素分泌变化。褪黑素可能通过作用于 SCN 昼夜起搏点,调节机体昼夜节律变化,使机体内源性节律与外环境周期相一致,从而影响觉醒 - 睡眠周期。例如,给予褪黑素可使人感到困倦。此外,褪黑素能使体内其他激素系统的活动协调起来,使他们与睡眠 - 觉醒周期同步化(如给予褪黑素可使生长激素的释放明显增加)。此外,褪黑素可用于帮助克服时差。

另外,新近发现,虽然哺乳动物的视交叉上核被公认为是内源性昼夜节律的起搏器,但褪黑素亦可影响机体昼夜节律。褪黑素在光和生物钟之间发挥中介作用,将内源性生物节律的周期,位相调整到与环境周期同步,即有催眠、镇痛、调节睡眠 - 觉醒周期,改善时差反应综合征的作用。

三、睡眠内稳态调节及其生理机制

睡眠内稳态过程是指随着人觉醒时间的延长,睡眠需要量不断增加,机体主动进入睡眠状态。就像食欲一样,我们饿(或缺乏睡眠)的时间越长,就觉得越来越饥饿(或越困)。睡眠内稳态是人体所需要的,它取决于先前的觉醒时间与睡眠时间。即睡眠需要在觉醒时增加,在睡眠时消失,从而使机体保持稳定状态。这种调节使得睡眠的数量和深度与之前的觉醒保持平衡,之前的睡眠缺失可以通过延长以后的睡眠时间来弥补,也可通过强化慢波睡眠弥补。其中 NREM 睡眠和 REM 睡眠分别由不同的内稳态机制调节。即在睡眠剥夺后增加的睡眠主要集中在 NREM 睡眠,然后才是 REM 睡眠。而当睡眠时间比平时延长时,增加的睡眠主要是 REM 睡眠。

研究表明,腺苷、前列腺素、细胞因子等 20 多种内源性物质可促进睡眠,其中,腺苷和前列腺素的促睡眠作用最强。

(一) 腺苷

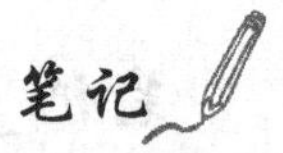

腺苷(adenosine)是广泛存在于中枢神经系统的一种小分子物质,属于中枢抑制性递

质，具有强烈抑制胆碱能和谷氨酸能神经元的功能。腺苷为生理性睡眠因子，当全身或脑区局部给予腺苷或腺苷受体抑制剂时均可诱发睡眠。腺苷水平在基底前脑的变化比在其他脑区的变化更明显。

腺苷受体有4种亚型，分别为A_1R，$A_{2A}R$，A_3R，$A_{2B}R$。4种亚型都属于G蛋白偶联受体。已有研究表明，A_1R型和$A_{2A}R$可能与诱发睡眠有关。基底前脑的腺苷能通过A_1R发挥突触后抑制作用，但是腺苷A_1R介导的睡眠觉醒行为呈脑区依赖性。而许多研究结果表明腺苷主要作用于$A_{2A}R$，在睡眠调节中具有重要作用。

觉醒时脑内腺苷浓度逐渐升高，可以激活促睡眠神经元。睡眠过程中，脑内腺苷浓度下降，觉醒过程逐渐发生。睡眠质量的差别与一系列负责调控腺苷的基因有着直接关系，腺苷脱氨基酶（adenosine deaminase，ADA）基因就是其中的一种。为了搞清ADA是否在人类的睡眠质量中也起重要作用，睡眠心理学家HanspeterLandolt等对119名学生志愿者的基因进行了测序，10%的志愿者有ADA变异，通过三夜的实验室睡眠脑电变化发现：与那些没有发生ADA变异的志愿者相比，他们能够多享受半个小时的深度睡眠。同时，这些存在ADA变异的志愿者在睡眠中醒来的次数也更少。此外，对腺苷脱氨酶和腺苷A_{2A}受体不同形式突变体受试者的睡眠时相（sleep phase）及脑电图模式进行分析，Retey等发现，ADA的功能多态性可以使受试者睡眠强度的个体差异增大；与22G/G基因型的受试者比较，含有22G/A基因型者的慢波睡眠时间更长，而且睡眠更深。对于A_{2A}受体多态性的调查发现，7.5～10Hz频段的EEG在1976C/C基因型人体中更高些；而带有T/T基因型的受试者则显得低些。同时，这种差别不仅在不同的睡眠时相中，而且也体现在清醒状态中。由此可见，腺苷能系统（adenosinergic system）的多态性与这些指数有着密切联系。

（二）前列腺素D_2

前列腺素D_2（prostaglandin D_2，PGD_2）是由位于大脑蛛网膜和脉络膜上的PGD合酶作用下生成的二十碳不饱和脂肪酸。PGD_2是重要的睡眠调节物质之一，PGD_2通过与前列腺素D_2受体结合，升高基底前脑胞外腺苷水平，通过腺苷$A_{2A}R$介导可能将促睡眠信号传入VLPO，抑制下丘脑TMB觉醒神经元活性，进而诱发睡眠。

四、睡眠和觉醒有关的神经递质和调质

（一）奥利新（orexins）及其受体的作用

奥利新（orexins）是生物学作用广泛的下丘脑调节肽。除目前已知它在摄食和能量平衡网络中发挥重要作用外，还发现中枢orexins的大幅度降低是嗜睡症的重要标志，随着orexins的生成减少嗜睡的症状加重。静脉注射orexins治疗嗜睡症在动物实验中已见成效。

人脑orexins神经元分布类似大鼠，分布在穹隆周核，下丘脑的背、外、后侧，及下丘脑-丘脑边缘区。orexins神经元在脑内分布相对集中，但其纤维的投射区域广泛，在基底前脑、视前区、丘脑室旁核、中央灰质、蓝斑区和松果体复合体等区域均可发现orexins神经元的投射纤维。

免疫组化分析发现，嗜睡者的脑组织中orexins神经元比正常对照组平均下降了93%，提示orexins神经元的丧失或分泌停止与嗜睡有关。orexins可通过扩散穿过血脑屏障。研究还观察到微量注射orexins后引起的皮质电图变化，并证明了室旁核区是与唤醒信号通路有关的orexins敏感区，该处的orexins受体可能为OX_2R。

（二）5-羟色胺（5-hydroxytryptamine，5-HT）

人体内有1%～2%的5-HT分布在中枢神经系统，其神经元胞体大部分位于延髓、脑桥和中脑的中缝核群。少部分散布于脑干其他区域。费希尔曾经使用5-HT的前体物质5-羟

色氨酸（5-hydroxytrypto-phan，5-HTP）治疗失眠，使症状得到一定程度的改善，证明 5-HT 是引起睡眠的重要化学物质。5-HT 能神经元在功能上是有区别的，单纯损毁中缝核头部的 5-HT 能神经元，主要抑制非快速眼动期睡眠（NREM）。而单纯损毁尾部的 5-HT 能神经元则主要抑制快速眼动期睡眠（REM）。因此认为中缝核头部的 5-HT 能神经元能够引起 NREM 睡眠，而其尾部的 5-HT 能神经元则可能是 REM 睡眠的触发机制。但有研究直接将 5-HTP 注射至动物的中缝核，并不引起睡眠的增加，和以前的研究似乎矛盾。那么，5-HT 具体是促眠因子还是致失眠因素呢？有研究结果显示，其机制可能是当 5-HT 不足时，引起情绪不稳，易感焦虑性抑郁，而焦虑性抑郁伴随失眠，选择性 5- 羟色胺再摄取抑制剂（selective serotonin reuptake inhibitors，SSRIs）可增加 5-HT 能传导，使 5-HT 由不足恢复正常，缓解焦虑性抑郁，改善失眠。如果 5-HT 已正常，再用 SSRIs 增加 5-HT 能的传导，过多的 5-HT 激动 5-HT_{2A} 受体，促进唤醒，故引起失眠。阿米替林和米氮平除阻断 α_1 和 H_1 受体外，还阻断 5-HT_{2A} 受体，增加 NREM 睡眠；而阻断 5-HT_{2A} 受体能增加 5-HT_1 受体激动，激动 5-HT_1 受体能抑制 REM 睡眠，阻断 5-HT_{2A} 受体也是阿米替林和米氮平导致镇静的原因之一。

（三）去甲肾上腺素（norepinephrine，NE）

蓝斑核是控制觉醒的主要部位。它通过 NE 和多巴胺（Dopamine，DA）两种神经递质来维持觉醒状态。蓝斑核的前、后端作用正好相反，前端是维持觉醒的部位，而后端却是产生 REM 的主要部位，被认为是 REM 睡眠的“执行机制”。大量实验表明：蓝斑核头部 NE 递质系统与脑电觉醒维持有关，但在脑电觉醒中蓝斑核的 NE 系统起的作用是短暂的，当破坏 NE 系统后大脑皮质紧张性维持不住。另外，脑内 NE 能神经元可抑制中缝核内 5-HT 能神经元，从而影响 NREM 睡眠。电刺激中脑蓝斑核头部或背侧 NE 系统上行纤维，可引起觉醒的脑电活动，该部位受到破坏后，动物脑电的快波明显减少，出现类似睡眠样的同步化慢波。以上都说明 NE 及蓝斑在动物睡眠觉醒中所起的重要作用。此外，作为儿茶酚胺类递质的一种，肾上腺素也通过其他单胺类递质间接参与到睡眠与觉醒的调节中去。大量的肾上腺素能神经末梢支配蓝斑，电生理的方法也证明了蓝斑处有肾上腺素对 NE 能神经元的抑制性突触。

（四）多巴胺（DA）

在动物的觉醒中 DA 也起着重要作用。觉醒主要是通过强化突触间的 DA 传递，易化突触后的 DA 受体功能而产生。DA 神经元胞体在脑内尾核、壳核含量最高。中脑腹侧被盖区（VTA）存在大量的 DA 神经元，其纤维除投射到纹状体、边缘系统、大脑皮质外，还与视前区、蓝斑、中缝核等与睡眠一觉醒有关的神经结构有着广泛的联系。有研究者发现失眠大鼠治疗后比治疗前脑内的 DA 含量显著降低，提示失眠动物存在中枢系统 DA 含量升高的可能。DA 受体（R）有五种亚型，脑内最主要的受体是 D1R 和 D2R。DA 系统功能异常所致疾病常伴有严重的睡眠障碍，临床统计 98% 的帕金森病患者、精神病患者出现睡眠异常。基础研究发现，大脑皮质 DA 的释放量与觉醒水平有明显的相关性，但脑内 DA 能神经元的放电频率不随睡眠一觉醒周期而变化。

（五）乙酰胆碱（acetylcholine ACh）

在唤醒机制中 ACh 是一种很重要的神经递质，尤其是在皮质唤醒中起重要作用。动物在强烈兴奋时，皮质 ACh 释放增加，睡眠时释放显著减少，说明 ACh 在维持动物觉醒时起一定作用。中枢中存在两组 ACh 能神经元：一组位于脑桥内，一组位于基地前脑内。当两组 ACh 能神经元接受刺激时，它们会产生激活和皮质的去同步化。Day 等用微量渗析探针测量纹状体、海马、前额皮质内的 ACh 的释放量，发现三个脑区的活动与觉醒状态、行为唤醒密切相关，动物活动时，这些区域的 ACh 水平最高，动物不活动时最低。Rasmusson 等

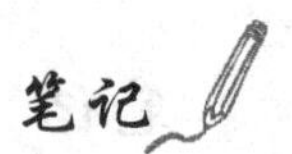

1994年发现电刺激脑桥背侧区能增加该区域的ACh释放，激活大脑皮质。位于基底前脑的ACh能神经元是这一效应通路必不可少的部分，如果用局部麻醉等方式使这些神经元失活，脑桥刺激物的皮质激活效应就会被抑制。钟明奎等在大鼠海马核团内进行微量注射ACh及其M型受体阻断剂阿托品（atropine），结果发现：大鼠觉醒增多，慢波睡眠减少，说明海马内ACh有促觉醒和抑制睡眠的作用。

大脑皮质的ACh有助于维持觉醒，而脑干中的ACh与蓝斑核尾部一起参与REM睡眠，ACh抑制中缝核头部5-HT神经元活动，对抗NREM睡眠，在猫的脑室内注入密胆碱（HC-3）以阻止ACh的合成，能够延长NREM睡眠。将ACh注入猫侧脑室或蓝斑核附近，可使动物发生REM睡眠。此外，REM睡眠时大脑皮质和纹状体内ACh释放增多，也表明中枢ACh可能参与了REM睡眠的调节。由此可见，不同部位的ACh在睡眠与觉醒的调节中作用不同。关于参与睡眠调节的有关中枢神经递质机制，目前已经勾画出一个大致的轮廓：中缝核头部的5-HT能神经元参与产生和维持NREM睡眠，而蓝斑核尾部的NE神经元及低位脑干被盖部的ACh能神经元，则在中缝核尾部5-HT能神经元的触发下，产生REM睡眠。这三种神经递质的交互作用导致觉醒与睡眠及NREM睡眠与REM睡眠的周期性变化。

（六）组胺

一般认为，组胺和其他神经递质一样，首先和靶细胞上特异性受体结合，从而改变细胞的兴奋性而发挥广泛的生理作用。目前已发现组胺受体有H1、H2、H3及H4四个受体亚型，从分子、突触、行为水平介导组胺的活动。其中H1受体（H1R）发现最早，分布最广。在中枢，H1R广泛分布于中枢神经系统，特别是在具有唤醒功能的区域，例如，丘脑、皮质、胆碱能细胞丛、蓝斑、脊核中的H1R水平很高；而在边缘系统，如下丘脑核、中隔核、中杏仁核、部分海马区域，H1R密度较高；此外伏核（小脑的分子层）、脑神经核、最后区和孤束核H1R密度也较高。

（七）γ-氨基丁酸（gamma-aminobutyric acid，GABA）

GABA广泛分布于中枢神经系统和外周神经系统，是一种抑制性神经递质。脑组织中GABA的含量最高，为0.1～0.6mg/g，且各部位浓度不同。它对哺乳动物中枢神经系统具有普遍的抑制作用。在睡眠-觉醒节律调节机制中发挥重要作用。皮敏等研究发现：失眠患者脑脊液中GABA含量显著低于正常人，说明GABA是促眠因素。但王芳等的研究发现小鼠脑室注射GABA受体的内源性激动剂能使褪黑素延长小鼠睡眠时间的作用明显增强，催眠剂量的褪黑素能增加小鼠下丘脑的GABA的含量。给予GABA合成酶抑制剂——盐酸氨基脲或L-苹果酸，虽然两者对睡眠无明显影响，但能明显抑制褪黑素的催眠作用，提示褪黑素的催眠作用可能与激活GABA合成酶而增加GABA的含量有关。GABA与褪黑素联合应用后，褪黑素的催眠作用明显增强，提示褪黑素的催眠作用可能有GABA受体的参与。

（八）谷氨酸（glutamine glutaminic acid，Glu）

谷氨酸是一种兴奋性氨基酸，通过激活N-甲基-D-天冬氨酸型（N-methyl-D-aspartate，NMDA）受体选择性兴奋神经元胞体。桂丽等研究发现：向大鼠脑外侧缰核团内注射L-谷氨酸（L-G1u），可引起觉醒减少，NREM睡眠增加，而电损缰核后，觉醒增加，NREM睡眠无明显变化，结果提示，缰核内Glu减少，可能是失眠的原因之一。王升旭等的工作结果表明，大鼠经过96小时REM睡眠剥夺后，GABA/Glu比值在3个脑区（额叶皮质、脑干、下丘脑）均显著增高，Glu含量在脑干、下丘脑区有增高趋势，在额叶皮质则变化不明显，结果提示Glu在脑干、下丘脑含量的增多，可能是失眠的原因。从而证实了脑内不同部位的Glu在睡眠-觉醒中发挥的作用可能截然相反。

笔记

第五节 睡眠障碍

人的一生中约有1/3的时间花在睡眠上，睡眠障碍会对个体的生活质量产生重要影响，同时也影响其在觉醒状态下的感知方式。

一、失眠

（一）失眠的定义

失眠（insomnia）是临床最常见的睡眠障碍，其主要表现为难以入睡、熟睡维持困难和醒后不能恢复精力和体力，从而影响白天的工作和生活，并增加事故和差错的发生率，长期慢性失眠还可能并发抑郁性情感障碍或导致躯体疾病等。调查表明我国普通人群中有45.4%的人存在失眠问题，由此可见失眠已严重困扰我们的生活。ICD-10中对失眠定义是：①有入睡困难、保持睡眠障碍或睡眠后没有恢复感；②至少每周3次并持续至少1个月；③睡眠障碍导致明显的不适或影响了日常生活；④没有神经、精神系统或其他系统疾病、使用精神药物或其他药物等因素导致失眠。

（二）失眠的分类

根据失眠的具体表现症状，可分为三种类型失眠的类型：入睡困难型（onset insomnia）、保持睡眠困难型（maintenance insomnia）和早醒型（termination insomnia）。根据引起失眠的原因，可以分为内源性和外源性。其中内源性失眠包括心理生理性失眠、主观性失眠、特发性失眠等；外源性失眠包括睡眠卫生不良性失眠、环境性睡眠障碍、高原性失眠等。

（三）失眠的诊断和治疗

由于个体需要的睡眠时间的差别，睡眠少者可能睡5个小时就感觉足够了，睡眠多者睡了10个小时可能还会感到困乏，因此失眠必须根据个体的睡眠需要和主观体验来下诊断。一些少睡者即使他们本身感觉良好，也会因为觉得自己应该多一些睡眠而寻求医疗帮助，这些人应该打消疑虑，无论睡眠时间多长，只要感觉够了，睡眠的量也就够了。

面对确诊为失眠的患者，应当首先确定失眠的原因，对患者进行详细的体格检查和精神检查；要求患者完成2周的睡眠日记，以评估睡眠问题（包括就寝的时间、起床时间、就餐时间及数量、饮酒、锻炼、用药情况、每天的睡眠持续时间和质量等）；指导患者填写睡眠量表，以评估失眠的程度；治疗引起失眠的躯体疾病或精神疾病，重视睡眠卫生和心理行为的改善。世界卫生组织（WHO）在睡眠问题的治疗指南中，给患者和家属提出的须知是：处于应激状态或患躯体疾病时常常发生暂时性的睡眠问题；正常的睡眠需要量差异很大，并且随着年龄的增加而减少；睡眠习惯的改善（不借助催眠药）是治疗失眠的最好方法；如果担心睡眠困难会加重失眠，乙醇可能有助于入睡，但会导致睡眠不安及早醒；兴奋性物质（包括咖啡和茶）能够引起或加重失眠。以上这些须知是治疗失眠的基础，也是应该强调的基本原则。

失眠的药物治疗目前常用的药物有镇静催眠药（包括巴比妥类、苯二氮䓬类和非典型苯二氮䓬类）、抗抑郁药、抗组胺药（目前已极少用作催眠）和中药，这些药物的作用原理是通过快速诱导入睡、延长总睡眠时间或深度睡眠过程来达到治疗失眠的效果。药物治疗失眠需要注意合理用药，包括尽量明确失眠的原因选用针对性药物，了解过去的用药史，严格掌握药品的适应证和禁忌证，用药剂量个体化，即评估疗效调整药物剂量，短期用药并逐渐减量与停药，注意药物不良反应等。

失眠的非药物治疗能够避免药物的不良反应和药物依赖性与滥用问题。目前常用的方法有：睡眠教育、睡眠卫生教育、认知治疗、行为治疗、时相治疗、光照治疗等。建立失眠者

俱乐部也是一种较好的方法，将失眠患者组织在一起，有专门的活动日，安排读书、听音乐、组织夜间运动会等，相互交流有利于消除不良情绪、建立信心，以积极的态度面对失眠。

二、睡行症

（一）睡行症的定义

睡行症（sleep walking，somnambulism）是指在睡眠中起床行走或做一些简单活动的睡眠和清醒的混合状态。

本病可以发生于儿童会走路后的任何年龄，但是首次发作多在4～8岁，随年龄增长有增加的趋势，在12岁时达到顶峰，然后在青春期后常自行消失。一般人群中有15%以上的人在儿童时期至少有过一次，在成人中发病率为2.5%。睡行症的发病率无显著性别差异，但伴有暴力行为的睡行症在男性中比较多见。

（二）睡行症的临床表现

睡行症通常发生在初入睡的2～3小时内。出现于NREM睡眠，最常发生在睡眠的前1/3或NREM睡眠增多的其他时间。患者可从床上坐起并不下地，目光呆滞，做一些刻板而无目的的动作，持续数分钟后自行躺下，继续睡觉，偶有缓慢起床后，不停地往返徘徊，又再上床睡觉。如睡眠剥夺后，患者的活动可自行终止，重新回到床上躺下，也可无目的的游走在比较远的地方，然后在某处席地而卧，次日醒来对于自己身处异地感到十分惊诧。在受到限制时会出现狂暴的冲动、逃跑或攻击行为。

（三）睡行症的病因

1. 遗传因素 儿童期睡行症约1/5的患者有阳性家族史。Kales报道，子女睡行症的发病率随父母双方及其家族中患患者数的增多而增多，若父母均未患该病，而远亲中有人患病时，子女的发病率为22%；父母有一方患病时，发病率为45%；父母双方均患病时，发病率为60%。家族中可出现几个人同时患该病。患者的一级亲属患病率是普通人的10倍；另有资料显示，在睡行症患者或其家族成员中，夜惊症及遗尿症的发生率也很高；同卵双生子的共病率远高于异卵双生子。这些现象均说明遗传因素与睡行症的发生密切相关。

2. 内分泌因素 少数患者发病与月经周期有关，与经前嗜睡或失眠以及月经期或停经期失眠，共同构成“经期睡眠障碍症”，妊娠期病情可能加重，提示内分泌因素与发病有一定关系。患本病的儿童在成年后多可自愈，故本病与大脑成熟较迟也可能有关。

3. 心理因素 不同气质类型的人对睡行症的易感性不同，心理因素与本病的关系相当密切，部分患者可因环境压力大，伴有焦虑、抑郁时睡眠结构发生变化，出现睡行症。研究表明减轻潜在的压力能明显地减少发作的次数和减轻严重程度。

4. 其他因素 成人酗酒、过度疲劳、情绪紧张、睡眠不足或不规律以及饮用含咖啡因饮料等因素，都可使睡行症的发作频率增加。许多药物，如盐酸硫利哒嗪、水合氯醛、碳酸锂、盐酸氟奋乃静、奋乃静、盐酸去甲丙咪嗪、文拉法辛等，可加剧睡行症或导致睡行症的发生。某些容易导致睡眠觉醒障碍的疾病，如阻塞性睡眠呼吸暂停综合征、癫痫、周期性肢体运动障碍和其他严重干扰NREM睡眠的因素，以及感染、脑外伤后遗症、癔症等疾病，也与睡行症的发作有关。另外，膀胱充盈等内部刺激或噪声等外部刺激也可诱发睡行症。

（四）睡行症的治疗

睡行症的治疗应当首先应寻找睡行症产生的原因，设法使患者获得充足的睡眠时间，创设良好的睡眠环境，减少外界不良因素的干扰；其次，在睡行症发作期间，不要试图唤醒患者，应注意加强保护，防止危险与伤害的发生。

睡行症的药物治疗目前常用的药物有苯二氮䓬类药物和抗抑郁药。

睡行症的心理治疗可采用自我催眠疗法和放松练习，有助于缓解症状。

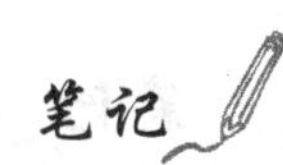

三、梦魇

（一）梦魇的定义

梦魇（nightmare）是指个体在睡眠中猛然被噩梦惊醒，从而引起恐惧不安、心有余悸的睡眠状态。

本病可以发生于儿童会走路后的任何年龄，但是以3～5岁的儿童发生率最高。

（二）梦魇的临床表现

梦魇出现于快速眼动睡眠期，一般发生于睡眠的后半夜，患者从噩梦中惊醒过来并能够迅速恢复定向力，意识完全清醒，能详细、清晰地回忆起梦境的可怕内容，并感到异常痛苦。梦境的内容大多与个体的生存、安全和自尊等受到威胁有关。

（三）梦魇的病因

梦魇的病因不明。可能与下列因素有关：

1. 心理因素　睡前经历比较恐怖的事件、由于学习或其他因素所引起的精神紧张、情绪低落，由于重大生活事件引起的心理创伤等都有可能引发梦魇。

2. 生理因素　个体在睡前过饥或过饱、胃部不适、过度剧烈运动、睡眠姿势不好（如双手放在前胸使胸部受压迫、呼吸不畅）、患某些躯体疾病，如上呼吸道感染引起的呼吸不通畅、肠道寄生虫、发热等有可能引发梦魇。

3. 药物作用　一些常可引起梦魇的药物可引起发作，如β-受体阻滞剂、多巴胺受体激动剂等。停用某些镇静剂、抗癫痫药和催眠药物后也常可引起。

（四）梦魇的治疗

梦魇通常不需要治疗，对频繁发作者，应仔细查明原因。

梦魇的心理治疗可采用认知行为疗法，提高患者的心理承受力，通过与患者讨论和解释梦境及内容，可使其症状明显改善或消失。

梦魇的药物治疗目前常用的药物有丙米嗪，通过三环类抗抑郁剂阿密替林等缩短REM睡眠时间，能减少发作；巴比妥类、氯丙嗪等也可选用，长期发生梦魇的患者需作相应的精神科治疗。

四、夜惊症

（一）夜惊症的定义

夜惊症（night terrors）是指在睡眠过程中出现极度恐惧、惊恐的状态，通常伴随有强烈的语言、运动形式和自主神经系统的高度兴奋。

（二）夜惊症的临床表现

夜惊症发作于NREM的第Ⅲ～Ⅳ期，多见于4～12岁的儿童，大多在青春期后渐趋停止。患者在睡眠中突然从床上坐起来，尖叫、哭喊，双目紧闭或瞪目直视，表情惊恐，挥舞双臂。同时患者还会出现心跳加快、呼吸急促、皮肤潮红、出汗、瞳孔散大等自主神经的症状。每次发作时间1～10分钟，发作时意识模糊，然后再次入睡。次日醒来，无法回忆当时发作的情境。

（三）夜惊症的病因与发病机制

1. 遗传因素夜惊症患者约一半有家族史，这种儿童在心理因素和环境因素作用下较易发作。

2. 心理因素强烈、刺激性的事件容易使患者发生夜惊。如看到或听到可怕的事情、遭受严厉的批评、恐吓、突然与父母分离、发生意外事故等。夜惊发作的严重程度和频率与儿童的年龄、性格有关，多数情况下年幼、敏感、胆小的儿童容易发生。

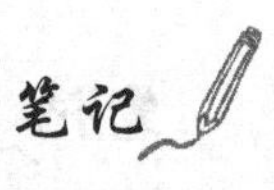

（四）夜惊症的治疗

夜惊症的药物治疗：苯二氮䓬类药物可控制临床发作，减少频繁发作对患者睡眠质量的影响。

夜惊症的心理治疗：通过认知行为疗法，解除心理原因，缓解心理紧张，睡觉前避免造成恐惧和不安的情绪。

（廖美玲）

思考题

1. 试比较 REM 睡眠与 NREM 睡眠的异同点。
2. 简述觉醒的生理机制及其功能。
3. 简述睡眠的生理机制及其功能。
4. 简述睡眠内稳态调节的生理机制及其功能。
5. 了解不同类型睡眠障碍的产生原因及治疗方法。

笔记

第十四章　性的生理心理

学习目标

掌握：

1. 性激素的组织化作用。
2. 参与性行为调节的脑结构。
3. 性取向的生物学基础。

熟悉：

1. 人类的性行为过程及性心理特点。
2. 性激素在人类性行为中的激活作用。

了解：

1. 性激素在动物性行为中的激活的机制。
2. 激素与抚育行为。
3. 性别认同变异的机制。

性行为(sexual behaviors)是维持生物绵延与种系繁殖的重要生命活动。生物体生长发育成熟后，通过性行为来繁衍后代，产生与自己相似的子代个体。对人类来说，性行为更是为了获得心理及生理上的快感。性是一个复杂的主题，可从解剖、生理、生化、心理、医学、社会、伦理、法学以及文学艺术等多个角度理解。本章从生理心理学角度阐述了动物和人的性行为特点、性行为的激素神经调控机制、性发育和性取向的生理心理并介绍了一些常见的性行为障碍。

第一节　性行为概述

性行为作为一种受本能驱使的活动，对生物体的意义与饮水和进食行为不同，对于个体的生存并不是必需的，但却是维持生物绵延与种系繁殖的重要生命活动。

一、性行为及其意义

为什么绝大多数生物物种进化是依靠性行为繁殖而不是通过个体繁殖呢？在自然界确实有一些物种是通过无性生殖方式繁育下一代的。无性生殖是一类不经过两性生殖细胞的结合，由母体直接产生新个体的生殖方式。在植物中无性生殖很常见。动物中如一种来自墨西哥和美国西南部的、全为雌性的蜥蜴物种(Aspidoscelistesselata)能够在无需雄性受精帮助的情况下繁殖后代，产生一个雌性自身的克隆。无性生殖还可见于一些原生动物、节肢动物、脊椎动物等，但不会发生在哺乳动物。

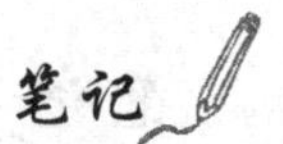

有性生殖的速度只是无性生殖的一半左右，无性生殖会大大增加动物的生存机会。但

从进化的观点看大多数生物的生殖方式是由无性生殖向有性生殖的过渡。有性生殖的优势何在？毫无疑问，有性生殖与无性生殖相比具有更大的生活力和变异性。无性生殖完全是对上一代的复制，很少有基因变异的产生，削弱了种群的遗传多样性。而有性生殖拥有基因变异和重组这一特点，有性生殖中基因组合的广泛变异能增加子代适应自然选择的能力，使之不断产生更加适应环境的新个体，增强了物种的竞争力，所以有性生殖更有利于生物朝着进化的方向发展。有性生殖可以降低遗传性疾病的发生率，如父亲在某基因上有不利变异，母亲在另外的基因上有不利变异，他们的孩子可能在两个基因上都表现正常。有性生殖的另外一个优势在于雄性个体还可能参与到抚育行为中来。

二、动物的性行为及性心理特点

不同种类的动物性行为模式多样，雌雄两性个体的表现也有着明显差异。一般雄性表现主动，雌性表现被动，如在鸟类中雄鸟常常以各种舞蹈和亮相的姿态吸引雌鸟，并以近似狂暴的动作踩蹬雌鸟的背，而雌鸟仅以俯伏和撅尾的动作接受雄性的交配。在哺乳动物中，雄性主动地爬背，雌性以脊柱前凸（lordosis）姿势接受雄性的交配，这称为性接受行为，雌性有时也会在雄性面前跑来跑去，爬背和嗅雄性的生殖器，这称为性前接受行为。动物性行为和性心理有以下特点：

（一）缺乏主动性和自觉性，受季节和性周期的限制

动物性腺活动周期性变化，血液内性激素作用于脑内与性行为有关的结构，引起动物求偶行为，在适当环境条件和性对象存在时，完成交配行为。因此，一般性成熟的雌性哺乳动物按它们固有的周期出现发情的反应，有的动物一年只出现一次发情周期，发情期较长，有的一年出现多次发情周期，发情期较短。雄性动物则完全配合雌性的生殖周期，等候发情而发生性行为反应。

（二）停留在较为低级的阶段，主要是感觉阶段

动物的嗅觉和触觉比较发达，大多数动物主要是通过嗅觉和触觉吸引对方。虽然一些高等动物已出现较高层次的性心理活动如知觉、记忆、注意等，但很少有达到思维水平的。

例如，雄性动物的生殖器能产生一种芳香的分泌物，可以引诱雌性；而处于发情期的雌性身上也能发出强烈的特殊气味，对雄性产生性诱惑。国外对恒河猴的研究发现，如果雌猴的会阴区有雌性激素气味时，雄猴为了能接近它便会做出一连串重复机械的动作。但是，如果把雄猴的鼻腔堵住时，它对雌猴的兴趣便会中止。触摸也是哺乳动物性行为的主要表现之一。很多动物在交配前，两性之间都会通过相互碰触来表达性的需要，而触摸本身也会激发动物的性兴奋反应。例如，雌性恒河猴在交配前常对雄猴表现出亲昵的理毛动作，此时，雄猴则表现出类似人类性兴奋的不安。因此，理毛行为被称为灵长类动物的“社会黏合剂”。还有些动物在发情期或交配季节，通过听觉来传达性的信息。发情期的猫在夜里发出奇怪的叫声，那是它们在努力寻找配偶；一些鸟类在发情期常常放声鸣叫，以此来吸引配偶的到来。当然，有些动物也可以通过视觉通道传达性的信息。例如，雄孔雀或火鸡会把尾巴的羽毛撑开，展示其美，并雄威地在雌性旁边绕圈求爱，这是大家都看到过并熟悉的“表演”。

（三）越是高等动物，其性行为受心理与环境因素的影响就越明显

实验室养大的小白鼠，即使从出生以后被隔离，没有与异性接触过，发情期到来时，把一对雄雌小白鼠放在一起，就会发生交媾行为，说明低等动物性行为完全受生物因素操纵。但是猴子如果在成长过程中未曾与异性接触过，没有社会行为的经验，那么就算是在雌性发情期把一对雄雌猴放在一起，它们也不会发生性行为。

三、人类的性行为及性心理特点

相对于动物，人类的性行为更为复杂。其性行为的表达不仅仅是生物的本能使然，它更是受到生理因素、心理因素和社会因素等多种因素所影响。具有高度的社会性是人类性行为的重要特征。人类个体在整个性活动过程中伴随着的一系列生理和心理反应，称为性反应。虽然对人类的性反应的描述早已见诸于我国或西方文化中，但对人类性行为的实验室研究最早起源于西方。

（一）人类的性反应周期

美国行为主义学派的创始人华生（Watson）早在20世纪初就对性行为展开了科学研究。随后美国生物学教授金赛（Kinsey）收集了美国各地各色人种的16 000份性史，开展了广泛的性行为的调查研究，出版了《人类男性的性行为》（1948）和《人类女性的性行为》（1953），并建立了性研究所（现已更名为金赛性、性别与生殖研究所）。美国的马斯特斯（Masters）和约翰逊（Johnson）夫妇建立在科学实验基础上写就的《人类性反应》（1966）、《性医学教科书》（1979）是当代性学、性治疗学和性医学的权威著作，指出人类的性反应的典型模式是从性兴奋开始到重新恢复到原有的状态，在生理和心理上存在着四个明显可分的时期，即兴奋期、平台期、高潮期和消退期，这个周期称为人类的性反应周期。

1. 兴奋期 兴奋期是指唤起性欲的时期，身体开始呈现紧张，时间可由几分钟至几小时，一般女性长于男性。此期的重要特征是盆腔区域充血，男性阴茎勃起；女性阴蒂膨胀及阴道内充血、阴道内2/3部分扩张，阴道上皮在性兴奋时有液体渗出，起润滑作用，是性唤起的重要指标。

2. 平台期 平台期是指在性高潮到来前，性的紧张度维持在一个较稳定的水平阶段，历时0.5～3分钟，出现全身肌肉紧张度增加，心率、呼吸、血压快速增加。男性阴茎增大，尿道口有少量黏液；女性阴道壁渗液增加、小阴唇明显充血胀大，阴道外1/3段肿胀使得阴道口变窄、乳房膨胀等。

3. 高潮期 高潮期指男女双方性紧张状态突然达到一个高峰，伴随着积累的紧张状态部分或全部获得释放带来的波浪式的欣快感觉，历时不到一分钟。男性性高潮的最明显表现为射精。女性性高潮是以子宫、阴道下1/3肌肉、会阴肌肉和肛门括约肌同时节律性收缩为特征，收缩间隔时间约0.8秒。男性性高潮是附性器官收缩引起的主观感觉，大致发生在射精前数秒钟期间，是由于精液积聚引起尿道球部节律性收缩所产生的欣快感。女性性高潮的引起，可能是阴道极度充血引起的内感受性传入。高潮体验有个体差异。

4. 消退期 消退期是身体的紧张状态逐渐松弛和消散过程，男女双方主观上都有一种欣快，舒适、满意和轻松感，10～15分钟或更长。至此已完成一个性反应周期。多数男性在射精后，进入不应期，不应期时间因人因年龄而异，可持续几分钟直至若干小时不等；如再度性刺激，女性仍可出现性高潮。

需要指出的是，这只是性反应的典型模式，并不能作为普适标准，很多变异也是完全正常的。另外，两性的性反应也存在一些差异。首先，女性性反应模式有更大的可变性；其次，男性的性周期存在不应期，但女性不明显。戴维德森（Davidson，1980）试图将两性性高潮的各种类型归纳为一个统一的模式，他提出了性高潮的双向假说（bipolar hypothesis）：当性兴奋超过一定阈值时，中枢神经系统的性兴奋控制区通过向两个方向传递神经冲动而激发性高潮，一方面神经冲动上行至大脑皮质，引起强烈性快感，另一方面神经冲动下行至生殖器 - 骨盆区域，引起一系列性生理反应。

卡普兰（Kaplan，1979）从性功能障碍的临床角度提出性反应的三分期模型（triphasic model of sexual response）：包括欲望期、兴奋期和高潮期。第一阶段是性需求（欲望期），第

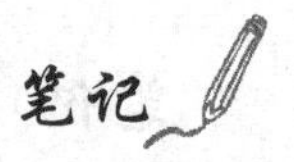

二阶段是以副交感神经兴奋为主的生殖器充血（兴奋期），第三阶段是以交感神经兴奋为主的性高潮时的生理活动（高潮期）。卡普兰的分期更为重视人类性反应的情感因素。

（二）人类性行为的心理特点

性反应常常是生物本能所决定的，特别是性高潮时的反应则是一种反射性的，当兴奋达到一定水平后它就被自动触发，一般是不能控制的。然而，人类的性行为，包括性反应，常常受到心理因素的影响。人类性心理有以下特点：

1. 基本感觉的影响 触觉是性爱表现的最基本、最重要的方式之一。抚摸可以说是对安全感和温情的基本需求。这种行为从婴儿一直保持到成人，且行为的含义也逐渐扩大。在性爱过程中，两性之间的拥抱、亲吻和抚摸均可激起性兴奋。视、听、嗅、味也都是性刺激的重要方式，但与触觉不同，它们并不一定引起反射性活动，人们是通过学习才将生活中的场景、声音和气味分为情欲性的、中性的和令人不快的。视觉是选择异性的主要手段。恋人的目光对视时往往包含着爱意，人类常常可以单从眼神中就可以感受到对方的爱慕和性吸引。人体的不同部位及其特征在性爱过程中产生的视觉效果不一样，这和个体对异性体态部位的敏感性有关。例如，部分男性对女性的手或脚特别敏感。气味作为性刺激因子，在人类其重要性远不如其他动物。女性对听觉、嗅觉刺激的性唤起反应更为敏感，恰当地运用感觉刺激（包括触、视、听、嗅等）有利于性反应周期的顺利完成。

2. 情绪和动机的调节控制 尽管肉体刺激具有强大的力量，但性唤醒的关键仍是心理因素，很大程度上要受到其他情绪影响。对感官的刺激只有伴随着合适的情绪才能正常地引起性唤醒。在大多数情况下，爱慕和信任可以增进性反应，而焦虑和恐惧会阻碍性反应。动机在性爱过程中的作用表现在：一方面，它推动人们去追求真正的爱情，并使人们在性行为过程中不以自我为中心，努力使自己所爱的人获得幸福；另一方面，符合社会道德的动机控制着人类性本能的冲动，抑制那些不符合社会道德规范的性行为，继而维持社会群体健康的性活动。

3. 人格特征的影响 典型的内倾型性格者，在择偶和性爱过程中常处于被动地位，不善于主动追求别人，常常喜欢宁静的家庭生活，在性行为中的表现也是被动的，性行为的生理反应也较弱；而典型的外倾型性格者，在择偶和性爱过程中往往热烈而主动，但有时显得盲目、自信而多变，性行为的生理反应也常常较为强烈。

4. 记忆和思维的影响 由于具有高度发达的中枢神经系统，相对于动物的性行为，人类性爱过程的心理和生理反应还受到记忆和思维等的影响。记忆的作用体现在性兴奋唤起和维持方面，思维的作用体现在为获得真正的爱情和使性行为和谐而考虑对策、采取措施方面，人类还可以被纯粹的精神意向（梦、愿望、观念）激起性反应，性幻想是最常见的性刺激。

第二节 性行为的生理机制

一、性激素的作用

在性行为的各个环节中，性激素发挥着关键性的作用。性激素与中枢神经系统密切配合，直接影响着性器官的发育以及与性相关的行为。

性激素主要由性腺分泌，男女两性的肾上腺皮质也能产生少量雄激素和雌激素。雄性激素包括睾酮（testosterone，T）、脱氢异雄酮（dehydroisoandrosterone，DHIA）、二氢睾酮（dihydrotestosterone，DHT）和雄烯二酮（androstenedione）等一组激素，主要由睾丸内精曲小管间的间质细胞分泌，在男性体内的浓度高于女性十几倍。雌性激素中雌激素主要包括雌

笔记

二醇（estradiol，E2）、雌酮（estrone）、雌三醇（estriol），孕激素主要为孕酮（progesterone，P）。雌激素和孕激素是由卵巢的颗粒细胞（granulosa cells）分泌的。雌激素主要在卵泡成熟时产生，孕激素则是排卵后卵泡发育成黄体时产生，妊娠期间由胎盘产生这些激素。同样，雌激素在女性体内的水平也远远高于男性。

性激素的分泌受到大脑的调节。下丘脑不同的腺细胞分泌的释放激素（因子）或释放抑制激素（因子）可控制腺垂体各种激素的释放。腺垂体是体内最重要的内分泌腺，分泌促激素直接影响性腺的功能。血液中的性激素水平是通过反馈特别是负反馈机制来调控的。以睾酮为例，下丘脑分泌的促性腺激素释放激素（gonadotropin-releasing hormone，GnRH）刺激垂体释放黄体生成素（luteotrophic hormone，LH），刺激睾丸产生睾酮，血液中升高的睾酮水平继而又通过负反馈作用抑制 GnRH 的产生，当睾酮水平下降时，这个周期又开始重复（表 14-1）。

表 14-1　与性相关的重要激素及功能

器官	激素	激素的功能
下丘脑	促性腺激素释放激素（GnRH）	促进促卵泡激素和黄体生成素的释放
	催乳素释放因子（PRF）	促进催乳素的释放
	催乳素释放抑制因子（PIF）	抑制催乳素的释放
腺垂体	黄体生成素（LH）	促进孕酮（女性）、睾酮（男性）分泌，刺激排卵
	促卵泡激素（FSH）	促进雌激素分泌及卵子的成熟（女性），促进精液生成（男性）
	催乳素（PRL）	促进乳汁分泌，抑制男性性功能
神经垂体	催产素（OXT）	控制子宫收缩、乳汁分泌，父母抚育行为，性愉悦感等
卵巢	雌激素	促进女性性表征形成
	孕激素	孕期的重要激素
睾丸	雄激素	促进精液生成，毛发生长，促进男性性表征形成

性激素与其他甾体激素一样，通过受体影响到细胞核内的基因表达。一些性激素激活的基因对性行为的影响至关重要，称为性限制基因（sex limited gene）。例如雌激素对女性的乳房发育起到重要作用，而雄激素与男性的胡须生长有关，雄激素也可以促进两性的阴毛发育。

性激素的主要生理作用：一是促进性器官发育，维持其成熟状态，孕激素与雌激素配合，协同完成女子的月经和生殖生理过程。二是促进第二性征出现，睾酮刺激胡须生长、促进肌肉和生殖器官的蛋白质合成、促使咽喉喉结增大、声带增厚，雌激素促进皮下脂肪沉积、乳房腺管增生，孕激素可以促使乳房的腺泡发育等。三是激发性欲，维持性功能。缺少性激素可引起性欲减退或性功能障碍等。男性睾酮严重缺乏，可使精液量减少；雌性激素的分泌可使女性在排卵期前后表现出较高的性反应性。四是促进人体的新陈代谢，雄激素能促进蛋白质合成，刺激机体生长，使新陈代谢增强，体内贮存的脂肪减少，同时还能促进骨骼生长与钙磷沉积，促进骨髓的造血功能。而雌激素使皮下脂肪含量增加，对糖代谢和蛋白质代谢也有一定影响，并能促使骨骼钙质沉着及骨骺闭合等。孕激素可使基础代谢增强，体温轻度升高。对体内水分和无机盐类代谢，这三种性激素也都有一定的作用。

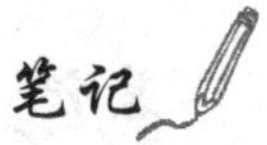

性激素对性行为的影响发生在两个层次上，第一个层次是性激素的组织化作用（organizing

effects)，第二个层次是性激素的激活作用(activating effects)。在生命的早期，主要发挥的是组织化作用，其影响一般是长期而持久的。而激活作用比较短暂而可逆，仅在激素快速增加或下降时，影响性驱动的程度。性激素的激活作用还可影响情绪的唤起，攻击性行为，学习和认知等。通过双重影响，性激素首先作用于性腺、大脑(特别是下丘脑)和生殖器官，然后激活和维持性功能。

(一)性激素的组织化作用

性激素的组织化作用指在生命发育早期特殊的敏感阶段(特别是胚胎的前三个月)，性激素作用于性腺、大脑(特别是下丘脑)和生殖器官，使其发育成为男性抑或是女性的特点。性激素的组织化作用还表现在青春期第二性征形成期，青春期激素的快速增加促使女性胸部发育，男性胡须和阴茎发育、声音变化，两性在脑结构(特别是下丘脑)的差异。这种差异始于青春期并且持续一生。

人类胚胎发育的主要特点是先形成未分化的中性性器官(一对性腺、两套生殖管道、生殖窦)。发育过程中睾酮的水平对性器官的分化具有重要作用。性激素影响性别发育的开始。

1. 性腺的分化 胚胎发育为正常男性或女性需要一系列的过程，最初起作用的便是性染色体。X 与 X 配对的性染色体决定胚胎原始的性腺发育为卵巢，X 与 Y 配对的性染色体决定胚胎原始的性腺发育为睾丸。男性胎儿 Y 染色体短臂上的睾丸决定因子(testis determining factor，TDF)使未分化的性腺发育成睾丸，编码 TDF 的基因为 *SRY* 基因(sex determining region of Y)。在胚胎第 6～7 周时，*SRY* 基因开始表达，启动睾丸的发育。而在女性无 *SRY* 基因，性腺原基便发育为卵巢。TDF 作为性发育的“总开关”，可决定其他与性发育相关的基因能否启用。

2. 生殖管的分化 无论男女胚胎，在未分化阶段都同样具有两套原始生殖管道：沃尔夫管(Wolffian ducts)和缪勒管(Müllerian ducts)，生殖管向男性或女性方向发展主要取决于这一时期的睾酮的水平。在胚胎发育的第 12 周前后，睾丸间质细胞分泌睾酮，促进睾丸的进一步发育，睾丸的发育促进睾酮的分泌增加，同时促使沃尔夫管发育成为附睾、精囊和输精管，睾丸支持细胞同时分泌缪勒管抑制激素(Müllerian inhibiting hormone，MIH)，抑制缪勒管的发育。而具有 XX 性染色体的雌性胚胎则无睾丸发育，同样由于没有睾丸分泌的 MIH，缪勒管得以自然分化、发育成为输卵管、子宫和阴道，而沃尔夫管系统退化。

3. 外生殖器的分化 在胚胎发育的第 8 周左右，形成中性的外生殖原基初阴。初阴由生殖结节，生殖隆突，尿道沟以及尿道襞组成。男女两性的外生殖器最初在外观上完全相同。若睾酮存在，并且通过类固醇 $5a$ 还原酶转化为二氢睾酮的水平足够高，则初阴向男性方向发展，生殖结节发育成阴茎，生殖隆突发育成阴囊，尿道襞由尿道沟后端逐渐向阴茎头融合，表面留有融合的痕迹及阴茎线。若无睾酮存在或二氢睾酮的水平过低，则发育成女性的外生殖器，生殖结节发育成阴蒂，生殖隆突发育成大阴唇，尿道襞不融合，发育成小阴唇，尿道沟与尿道窦共同形成阴道前庭。在胚胎发育的第 13 周左右，男女外生殖器已发育定型。

4. 神经系统的分化 生命早期性激素水平不仅会影响内外生殖器官的发育，还会对下丘脑、杏仁核和其他脑区等神经系统的发育产生组织化作用，使成年个体能在合适的性激素作用下产生恰当的性行为。例如位于下丘脑视前区的性二型核(sexually dimorphic nucleus，SDN)，与男性性行为控制有关，男性大于女性的性别差异，与早期雄激素的刺激有直接关系。动物实验发现，大鼠出生后 10 天内是关键期。雌性鼠刚出生就给予雄激素，SDN 就会增大；雄性鼠刚出生就被阉割，SDN 就会很小，而在关键期后被阉割，或给予成熟的雌鼠较多的睾酮，对 SDN 的大小影响不大。另外女性下丘脑产生周期性激素释放变化模

笔记

式(月经周期),发育早期暴露于额外睾酮环境的女性没有这样的周期,与胚胎早期性激素对下丘脑的组织化过程有关。发育早期的性激素在决定动物性器官发育的同时,也影响了大脑的组织结构,控制动物性行为反应的神经线路在发育早期就已经形成了。

睾酮通过雌激素对下丘脑和其他器官发挥雄性化作用。啮齿动物的研究表明,睾酮进入神经元,在神经元内被芳香化为雌二醇,下丘脑在后者的作用下发育成为雄性特征。那么雌性动物为什么不会被自己的雌二醇雄性化呢?这是因为在早期的敏感阶段,雌性动物血液内存在着一种成年个体没有的α-胚胎蛋白(alpha-fetoprotein),α-胚胎蛋白可以与血液中的雌二醇结合,阻止它进入神经细胞内发挥雄性化作用,所以雌性动物并不被自己本身的雌激素所雄性化。在雌性啮齿动物早期性器官发育的敏感期,大剂量的雌激素注射,超过了血液中α-胚胎蛋白的结合能力,部分雌激素得以进入神经细胞内,在一定程度上发挥雄性化作用。某些药物能阻止睾酮被芳香化为雌二醇,因而睾酮在雄性动物性发育过程中的组织化效应受到阻碍,雄性动物的性行为和生育能力受到影响。在灵长类动物如人类,睾酮进入神经元直接发挥雄性化作用,不需要转化为雌二醇。

(二)性激素的激活作用

性激素在生殖器官的早期发育上和在第二性征的发展上无疑是极为重要的,在促进性行为和维持性功能上也有一定的作用。成年后性激素能否激活性行为,在很大程度上取决于脑在发育时期的组织化作用,如出生后立即进行阉割去势的雄性白鼠在成年后不再表现出性行为,幼年期摘除卵巢和给以睾酮的雌性白鼠成年期给予雌激素和孕激素并没有作用。因此,组织化作用和激活作用是相辅相成的。

雌性性行为与卵巢激素有关,排卵时动物"发情",摘除卵巢可以抑制性欲,重新给予雌性激素可以恢复性欲。Matuszewich 等的研究(2000)发现,同时给予孕激素和雌激素是雌性动物性行为的最有效的刺激方式。由于雌性激素的分泌是周期性的,雌性动物的"发情"也是周期性的。雄性性反应依赖于睾酮水平。Goy 和 McEwen 等的研究发现(1980)对有过交配行为的雄性鼠进行阉割可导致其性行为减少,对雌性兴趣减弱,随后再给予睾酮,可使其性兴趣和性行为得到恢复,提示成年期的性激素对性行为的产生存在激活作用。

性激素对性行为激活的机制首先表现在对感觉的增强方面。雌激素增强会阴神经的敏感性,并将触觉刺激由阴部耻骨区传递到大脑。另外,性激素还可以结合到大脑中与性行为有关的脑区神经核上的受体(特别是下丘脑),使神经元活动性增加,有利于性行为。下丘脑内侧视前区(medial preoptic area,MPOA)是受性激素影响最大的重要神经核团。

在性激素对性行为激活作用的机制中,多巴胺的作用十分关键。Hull 等(1995)的研究表明,性行为时,大鼠 MPOA 神经元释放多巴胺的浓度增加。雌性大鼠的出现不能激活去势的雄性大鼠 MPOA 区多巴胺的释放,因此这些雄性大鼠缺乏交配的意图。在雌性大鼠性行为中,MPOA 区的激活先于雌激素与催产素的变化。在中等浓度时,多巴胺可以激活 D1 和 D5 受体产生性的唤醒,雄性出现阴茎勃起,雌性表现出性接受状态,当多巴胺浓度更高时,可兴奋 D2 受体,导致性高潮的到来以及雄性动物射精。

与其他生物物种相比,性激素对人类性活动的影响已经很有限,性行为受社会学习和个人经历等影响较大。但是性激素与人类性活动仍然关系密切,如性激素的分泌增多可能会增加人们的性唤起,在不愉快的性行为中通过抑制性激素的分泌降低性唤起水平。但是人类在性行为方面的个体差异不能单纯用性激素水平的不同来解释。性激素对人类性活动的影响有:

1. 对男性性行为的影响 在男性,睾酮水平和性唤起及寻找性伴侣的行为呈正相关。一般睾酮水平高的阶段(15~25 岁),性兴奋水平也高。睾酮水平的下降会带来男性性活动的减少。例如,阉割会导致男性的性兴趣和性行为降低(Carter,1992),但是,阳痿和勃起不

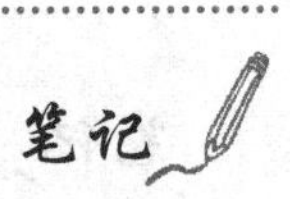

能通常情况下并不仅仅是因为睾酮水平低，血液循环障碍、神经系统病变，药物反应，心理紧张等也都能影响勃起（Andersson，2001）。人工合成超活性 LHRH 类似物、抗雄性激素药物等可减少睾酮的产生，干扰性功能，尤其是性欲，可用来作为控制性侵犯者（包括露阴癖、强奸犯、恋童癖与性乱伦行为）性欲的方法，但是由于涉及人道、人权等问题，并且睾酮剥夺存在体重增加，糖尿病和抑郁等副作用，因而引起较大争议，并未被广泛采用。不缺乏睾酮的正常男性，雄激素水平同性兴奋和性活动频率无明显联系（Persky，1983），也就是说，如果一个人具有正常雄激素水平，那么给他更多的雄激素也毫无作用，如同杯子满了再多加水也无益。性激素与受体结合增加下丘脑某些部位包括腹内侧核，内侧视前区（MPOA）和下丘脑前区的反应，释放多巴胺，释放的多巴胺越多，男性更倾向于性活动。血清素可以通过抑制多巴胺的释放抑制性活动。

2. 对女性性行为的影响 与其他哺乳类和灵长类动物不同，女性没有发情期，在任何时候都具有潜在的性接受能力。女性性欲是否完全与激素无关呢？女性的下丘脑、垂体与卵巢相互作用产生的月经周期中伴有激素的周期性变化，Adams（1978）和 Udry（1968）的研究结果表明，排卵期妇女性活动多于其他任何时候；另一项研究结果发现，排卵期妇女在观看情欲影片时有比其他任何时候更强的愉悦感与性唤起程度，因此女性性行为可能与激素的周期性变化有关。

女性用避孕药主要是人工合成的孕激素和雌激素，孕激素有抑制性欲的作用，然而在黄体期显示出更高性活力的女性，其孕激素水平也比其他女性高。因为性欲不仅受到激素的影响，也有其他心理因素参与，孕激素抑制性欲的影响往往被不用担心怀孕而带来的更强的性兴趣和性反应所抵消。

妇女在绝经期后性兴趣和高潮反应都发生了明显的下降，但肾上腺皮质还可以分泌少量的雌激素，因此这个时期的女性也不会终止性生活的需要。由于某些原因，有些女性在步入中年之前由于手术摘除卵巢而提前进入绝经期，她们所遭受的性功能方面的影响可能比正常绝经期妇女更为严重，接受雌激素替代疗法可能改善这种状况。

催产素有助于性的愉悦感（Murphy，1990），性高潮时躯体释放出大量的催产素，超过通常血液中催产素水平的三倍。催产素会导致高潮后的平静和无焦虑状态（Waldherr，2007），大鼠在性行为后对可能有危险的地方表现出更多的探索行为，可能与放松状态有关。催产素的大量释放会促进配偶联结的形成（Kosfeld，2005），也明显与母婴间情感联结的水平有关（Feldman，2007）。

3. 对非性行为的影响 男性和女性在性行为之外还有很多不同，某种程度上受到文化的影响，但也和早期胚胎发育的性激素环境对脑发育的影响（包括神经元的数量和突触的形态）有关。很多研究证实女性倾向于更好地对面孔表情再认。一项研究中，女性的任务是检验面孔的照片，努力识别愤怒、厌恶、恐惧、高兴、悲伤、惊讶 6 种面孔表情。照片采用 morph 技术按 0~100% 不同比例合成。结果发现，接受过睾酮的妇女在识别愤怒面孔表情上的分数差于未接受的，说明睾酮干扰对情绪表情的注意。另一项相似的研究显示睾酮降低女性通过观察眼区推断情绪的能力。

（三）激素与抚育行为

相当多的动物都有照料后代的行为。这种行为包括筑巢、哺育和保卫等等。有些物种，双亲都参加照料幼仔的行为，有的则只有雌性或雄性一方负责。但雌性负责的行为似乎更多一些，因此常把这种行为称之为母性行为（maternal behavior），如果包括雄性的照料行为在内，则称之为父母行为（parental behavior）。在父母行为中激素也有一定的控制作用。

在大多数的哺乳动物和鸟类，激素的变化为母性或父母行为做了准备。母性行为的关键神经通路是从下丘脑内侧视前区（MPOA）到中脑的腹侧被盖区（VTA），损毁此通路可阻

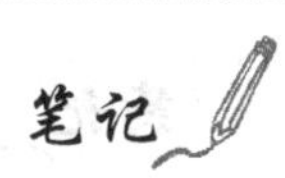

断母性行为，筑巢及护仔行为消失，母鼠会忽略幼仔。MPOA 的雌激素受体是雌激素影响母性行为的作用部位。在怀孕晚期，大脑中负责抚育行为的脑区对雌激素的敏感性会增加。在幼仔出生以后，所有的物种母性一方都会出现对幼仔的关注，和催乳素及催产素的水平突然增加有关。这些激素激活 MPOA 区和下丘脑前部（AH），破坏这些区域可以使大鼠的母性行为消失。

许多研究者认为，母性行为的开始是和激素有密切关系的。例如，将产后出现了母性行为的雌鼠的血输入尚未产仔的雌鼠的血管内，可以使后者提前数天出现母性行为（Terkel，1970）。给未生育过的雌鼠注射雌激素、孕酮和催乳素，也可以使它表现母性行为。以后，母性行为对激素的依赖性逐渐减少。如果让 5~10 天大的幼鼠与未生育过的雌鼠生活在一起，开始雌鼠不太注意幼鼠，但逐渐变得关注起来，大约 6 天后，雌鼠建了一个巢，把幼鼠放在巢内，舔它们，为它们做除了哺乳外所有母鼠能做的事。这个实验中出现的母性行为并不需要激素的变化，因为去势的雌鼠也会出现相同的情况。

使母性行为持续下去的重要因素是幼鼠的气味。幼鼠身上释放出的化学物质刺激母鼠的嗅觉器官，产生对这种信息激素的应答。不可思议的是，这些激素通过刺激攻击行为相关脑区干扰了母性行为（Sheehan，2000）。刚刚分娩的母鼠催乳素及催产素的分泌对 MPOA 区的刺激占主要优势，以致忽略了这种干扰，未交配大鼠则会拒绝幼鼠，只有当它们适应了幼仔的气味（消除了嗅觉敏感性），才会去照顾它们。此外，仔鼠提供的视觉刺激和吃奶的刺激也可能促进雌鼠的母性行为。可以这样说，在早期阶段，激素补偿了母鼠对幼鼠熟悉性的缺乏，而之后，即使激素水平开始下降，母鼠对幼鼠的熟悉性也可维持母性行为。

对那些父亲参与照料幼仔的物种来说，父亲同母亲一样也经历了激素变化过程。例如，有一种小地鼠，雄鼠便参与照料雌鼠。当雌鼠临近分娩时，雄鼠的睾酮分泌量增加，可能激发了它对巢的强烈的保护行为。一旦母鼠生下幼鼠，雄鼠的睾酮水平下降，催乳素水平增加，导致了针对幼鼠的父母行为。垂体加压素对雄性产生父母行为非常重要。雄性草原田鼠产生较多的加压素，能够与雌性产生较好的配偶联结并帮助抚养后代，而另一种产生加压素较少的雄性草甸田鼠在交配后就会忽略雌性，当研究者通过改变能够提高加压素的基因提高加压素的分泌后，雄性表现出交配后对雌性配偶的偏好，它们甚至会帮助雌鼠抚养幼仔。

对人类来说，激素对母亲哺育婴儿的行为是必需的，但对其他人照顾婴儿的行为却不是必要的。比如，男人和未生育过的女人能够给予他们收养的孩子极好的照料。关于激素的变化是否有利于或增加了人类父母行为的某些方面，目前还没有得到相应的研究结果支持。

二、中枢神经系统的作用

人类由于有了复杂的大脑，特别是高度发达的大脑皮质，使得性活动较少受到本能需要的控制，更多受认知和经验的调节。但是人类仍然与其他动物有着相似的控制性行为的神经线路。证据表明，性行为的脑内调控系统是非常复杂的，下丘脑、杏仁核、隔核、扣带回、海马、前脑内侧束、间脑、下位脑干、脊髓以及大脑皮质等都参与性行为的调节。

（一）下丘脑

下丘脑内侧视前区（MPOA）是控制雄性动物性行为的重要脑区，雄激素受体高度集中，对雄激素作用十分敏感。雄性动物的 MPOA 明显较雌性的大。在动物交配时，MPOA 和其他一些神经核团放电增加。损伤雄鼠的 MPOA 会终止动物的交配行为或导致性行为异常，而且这种损伤后果无法通过补充雄激素来恢复。破坏雄性雪貂的 MPOA，则导致对雌性兴趣下降，但对同性的兴趣增加。选择性破坏 MPOA 的神经细胞，而不破坏轴突（Hansen，1982）的研究也证实，MPOA 的神经元在雄性性行为发生过程中起着很重要的作

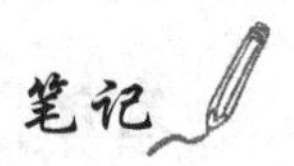

用。MPOA不同区域控制性行为的作用不同。实验显示，MPOA背部被破坏的雄性大鼠骑跨和插入行为没有受到明显的影响，而MPOA腹部被破坏后，雄鼠基本上失去了对发情雌鼠的兴趣，其性行为明显被抑制。有趣的是破坏MPOA可使性行为完全受到抑制，但却没能使非接触性勃起消失。这说明性行为的两个因素（觉醒因素和完成因素）是受不同的神经系统控制，MPOA只控制性行为的完成因素。

位于MPOA内的性二型核（SDN）大小和神经细胞的数量存在明显的两性差异。雄性体内SDN相对于雌性体积大，与雄性性行为控制有关。人类的下丘脑视前区共有四个性二型核，称为下丘脑前部间质核（interstitial nucleus of the anterior hypothalamus1-4，INAH1-4），INAH-2和INAH-3在男性要远大于女性。破坏该神经核可以使性行为受到一时性抑制，但是这种抑制明显小于MPOA整体破坏的效果。

下丘脑腹内侧核（ventromedial hypothalamus，VMN）是控制雌性动物性行为的重要脑区。VMN有密集的雌激素、孕激素受体，刺激VMN可引起雌性动物曲背等性接受行为，如果切除雌性动物的卵巢，再向VMN注入雌激素、孕激素，则丧失的性行为又能恢复。损伤VMN的雌性动物不能产生曲背等性反应，即使注入雌激素和孕酮也不能恢复。

（二）杏仁核及其他脑区

杏仁核能够从鼻腔犁鼻器（vomeronasal organ，VNO）接收嗅觉信息，借此探测同类动物释放的影响性行为的化学物质——外激素，如将杏仁核内侧区破坏后，雄鼠对雌鼠的兴趣消失、性功能低下，而且由雌鼠气味引起的非接触性勃起现象也消失。

其他脑区如隔核、扣带回、海马、前脑内侧束、间脑、下位脑干、脊髓以及大脑皮质等均参与性行为。刺激人的隔核，会使人的性兴趣增高，同时产生快感（Moan，1972）。很早就有实验证实，把大鼠的前脑内侧束破坏或将MPOA区出发传向前脑内侧束的传导径路切断后，大鼠的性行为完全消失（Hitt，1970）。另外，大脑皮质质损伤（尤其是大脑运动区）对雄性性行为影响较大，颞叶皮质可能对性对象的识别和选择起关键作用。性行为的基本反射是由脊髓控制的。刺激动物的生殖器可以引起勃起、骨盘抽动和射精等性反应，甚至在大脑与脊髓失去联系时性反应也会出现。位于脊髓腰段的球海绵体肌核（bulb cavernous nucleus）负责雄鼠在性交时的阴茎反射。研究表明，动物的雄雌两性在早年脊髓的上述神经核发育等同，是雄性体内高水平的睾酮使得该神经核得以继续发育，雌性个体的这一核团由于缺少雄激素的刺激很早就退化了。Grisham等（1992）的研究表明，睾酮阻滞剂可以使得雄性动物中的球海绵体肌核萎缩，阴茎反射能力受损。

第三节　性发育和性取向的生理心理

性发育和性行为的变异在动物和人都存在。有些动物在必要的条件下，雄雌两性之间可以互相转换。如珊瑚虾虎鱼（coral goby），由于它们是非常“宅”的鱼，活动范围极其有限，常常找不到异性伴侣，这时相邻的未成熟的同性就会发生变性，来充当为异性伴侣。但这种情况在人类不可能发生，即使有时雄雌两性的区别并不那么严格清楚。例如我们可以看到有些人发育成不典型的性特征，他（她）们的性器官与其基因不相符合，或者性的心理认同与其性器官不相符合。人们在性活动的频率，性活动的喜好和性取向上也存在着变异。这一节，我们将介绍一些性发育和性取向的变异及其可能的生理机制。

一、性别认同与性发育

人群中会有一些人在生理上性发育正常却不能从心理上认同自己的性别角色，也有少数人性发育异常，产生与基因或性表征不一致的性别认同。这种性别认同和性发育的变异，

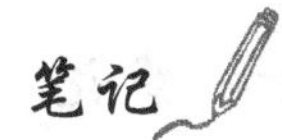

不仅与生物学机制有关，还涉及社会和后天环境的因素。

（一）性别认同

性别认同（gender identity）是指在自我意识和行为等方面对自己的男性、女性或性别矛盾身份持有的同一性、整体性和持续性。性别角色（gender role）是指一个人说的和做的每一件事暗示其他人自己是男性、女性或男女性别矛盾的程度，它包括但并不局限于性欲和性反应。精神分析学家、性学家曼尼和精神病学家埃尔哈特（1972）认为性别认同和性别角色是同一根本实体的两面，性别认同是性别角色的个人体验，性别角色是性别认同的公共表达。

生物基因决定了我们是男性还是女性，但我们认同自己是男性还是女性则受到多种因素的影响。性别角色的形成与社会文化和个人的成长过程有关。例如在一些社会中，烹饪等家务是女性角色的工作，而男性负责其他的工作。在这个社会的女性成长过程中，可能经常受到前辈的教育，女孩子要结婚就得学习家务，久而久之女性角色就慢慢形成了。性别认同会在很大程度上与性别角色相关，但并不完全等同于性别角色。例如一个女性个体，可以完全和部分失去女性的性别角色，但却仍然具有女性的性别认同。

大多数人在生物和社会文化因素的作用下，具有与生理性别一致的性别认同。但是，少数却明显不能满足于他们的先天的性别分配，以至于希望通过激素治疗和外科手术等改变性的解剖结构及性征，直到获得期望性别，来满足自己对性别认同的需要。

性别认同取决于养育环境还是激素呢？从科学研究的角度来看，解决这个问题最有说服力的方法是把一个完全正常的男孩当女孩养或把女孩当男孩养。如果在成年后能够完全满意于自己的指定性别，我们可以说养育方式决定性别认同而不是激素。事实是这样吗？我们可以通过一些特殊事件探讨性别认同的机制。

在多米尼加共和国的一个盛行近亲结婚的村落中，一些基因为男性的婴儿存在 5*a* 还原酶 2 基因缺陷。这种酶可以把睾酮转化为二氢睾酮，一种使生殖器男性化的有效的激素。在出生时，他们的睾丸很小，看起来像是略微肿胀的阴蒂，因此被误认为女孩并作为女孩抚养。然而，他们的睾酮水平是正常的，并使脑发育男性化。到了青春期的时候，睾酮水平的迅速增加导致了阴茎的明显增大，出现男性性别认同，且性兴趣都指向女性，因此称为青春期前阴茎发育延迟（penis development delayed until puberty）。可能出生以前的睾酮水平决定了男性性别认同的倾向，即使被作为女性来养育也不会改变。另一种可能的解释是性别认同在青春期形成。两种可能都不支持早期养育经历是性别认同的唯一决定因素。

另外一个著名的案例是意外阴茎丧失（accidental removal of the penis）。医生在为一位男婴做包皮电切手术时意外地烧坏了婴儿的阴茎。于是父母选择把男孩作为女孩抚养，并实施了相应的手术。特别令人感兴趣的是，这个孩子有一个双胞胎兄弟（未作包皮环切术）。如果两个孩子都发展了满意的性别身份认同，我们可以推断养育决定性别认同而不是激素。在男孩大约 10 岁时，他指出有些事情根本就错了，他喜欢男孩子的活动，只玩男孩子的玩具，甚至企图站着小便。到 14 岁时他坚持要作为一个男孩子生活，他的爸爸悲痛地向他解释了早年发生的事情。这个孩子后来改了名字，并被大家接受为一个男孩。在 25 岁时，他与一个比他稍微年长一些的女性结婚，收养了她的孩子。很明显，生物的素质倾向破坏了这个家庭把他养育为一位女性的愿望。这样看来，基因、激素等生物学的因素相比较养育方式、家庭教育等社会文化因素，较为肯定地影响了人类的性别认同。但影响性别认同的确切生物学机制目前仍然不太清楚。

（二）性发育的变异

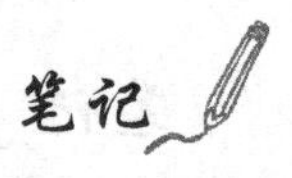

性发育的变异者在人群中有不小的比例。在美国，1% 的初生婴儿存在轻度的生殖器畸形，而每 2000 个初生婴儿中就有一个性别无法辨认，由于涉及隐私，这可能只是个相对

保守的数字。

同时具有雌雄两性生殖器的人称为雌雄同体(hermaphrodite)。Shozu 等(1991)的研究表明，在发育的敏感时期，女性胚胎或她的母体中肾上腺分泌过量的睾酮和其他雄性激素，或者母体接受一种类似睾酮作用的抗流产药物治疗后，由于胎盘中缺乏将睾酮转化为雌二醇的酶，这样就造成女性胚胎暴露于过量的睾酮和其他雄性激素之中，可能导致女性的外生殖器部分男性化。较多见的情况是先天性肾上腺增生(congenital adrenal hyperplasia，CAH)。由于基因的限制，一些人不能产生皮质醇，垂体不能接收到皮质醇的负反馈信号，持续分泌 ACTH，导致肾上腺增生，分泌大量的其他激素，包括睾酮。CAH 的女性外生殖器呈现不同程度的男性化。成年以后缺少对异性的性吸引力，特别是很多接受过阴蒂缩减手术的 CAH 女性有性的困难。一些人希望恢复他们原有的"异常的"的结构而不是通过手术获得残缺的，不敏感的结构。

由于大脑在孕期和出生后的早期阶段暴露在高于常人的睾酮环境，CAH 女孩的行为是否会男性化？一些研究发现，CAH 女孩玩具的选择(典型男孩、女孩和中性的玩具)倾向于男孩和女孩之间，玩男孩玩具的时间高于正常女孩，在空间和机械技能方面好于一般女孩，成年以后的兴趣也介于成年男性和女性之间。例如，读更多的体育杂志，更多的攻击性，更少的照顾婴儿的兴趣，更感兴趣于男性主导的职业诸如自动化与卡车驾驶等。总之，孕期和出生后早期的激素影响人类的身体发育和兴趣。

基因男性者发生 MIH 的受体缺陷时，由于雄激素有男性化作用，而去雌性化作用却不能发生，这些个体有男、女两套内生殖器官，附属的女性内部性器官存在，常干扰男性性器官的正常功能，这种情况十分罕见(假雌雄同体，pseudohermaphrodites)。一般来说生殖器女性化手术较男性化容易，这类儿童多数情况下，将在解剖上变为女性，但不能生育。有研究表明，他们在以后的生活中，性别认同各有不同，有的认同自己为女性，有的认同为男性，还有的对性别的认同模棱两可。

睾丸女性化(testicular feminization)又称雄激素不敏感综合征，个体具有典型的 XY 染色体，体内同样具有睾酮和其他男性激素，由于基因突变阻碍功能性雄激素受体的形成，阻止了雄激素的男性化效应。因此，附睾、输精管、精囊、前列腺不能发育，而缪勒管抑制激素仍具有去雌性化效应，阻止女性的内生殖器发育。有的发育出小于一般男性的阴茎，有的外生殖器看上去完全呈女性型，在青春期前后，这些人可以有类似女性乳房的发育以及臀部的增大，但缺乏正常的月经，阴毛通常稀少或缺乏。虽然具有 XY 染色体，但由于外形和体内激素的条件和女性类似，这些人大都发育为女性认同的个体。

性发育的变异者应该怎样被抚养？由于作为一名女性养育更容易些，大部分被作为女性抚养，生理学家和心理学家也认为持续的作为一个女孩养育更容易使之接受性别。但事实是，有男性化外在特征的性发育异常者即使经过手术并作为女性抚养，却极少能认同为一位女性，发展出典型的男孩兴趣，一些甚至要求再造成男性，性兴趣指向女性。因此目前认为，明确性别认同之后再手术是合适的选择。

知识链接 14-1

男性与女性的大脑有什么不同?

在一项大型研究中，科研人员借助弥散张量成像技术绘制男性与女性大脑不同区域之间的线路图。研究人员发现，女性左右半球之间的连路比男性更好，而男性大脑的前、后两部分的连路更好，这使他们具备更好的迅速感知信息，并立即用它执行复杂任务的能力。如果给女人和男人分派一项既涉及到逻辑思维，又涉及到直觉思维的任务，女人将会完成的更出色，如果你需要立即采取行动，男性大脑对此更擅长。男性小脑的活动更明显，意味

笔记

着男人更擅长学习骑自行车、学游泳和看地图，而女人们在记住一个人的长相等方面表现更出色。

不过也有研究否定了“男性大脑”“女性大脑”这样的说法。宾夕法尼亚大学拉奎尔·古尔和鲁本·古尔研究组采用弥散张量成像技术绘制了数百名参与者的脑白质通路。发现对于研究的上千个功能连接点来说，仅仅只有0.51%的结果显示两性大脑间存在着差异。总而言之，基于性别的大脑差异是微乎其微的。

性别认同是否和大脑的“男性特征”“女性特征”有关？目前的研究仍无法给出一个确切的答案。

资料来源：Proceedings of the National Academy of Sciences of the United States of America，2013；Cerebral Cortex，2015

二、性取向

性取向（sexual orientation）是指个体对不同性别的人产生的心理或行为方面持久的差异性偏好。与其他行为一样，性取向在人类和动物中都会出现变异。大多数人为异性性取向，少数人为同性性取向或双性性取向。就像人们的利手选择，多数人喜欢用右手而少数人喜欢选择左手。目前一致认为，性取向的发生不仅有着明显的生物学基础，而且也涉及社会和后天环境的因素。性取向可能的生物学基础涉及遗传、产前环境和脑结构因素。

（一）遗传因素

Bailey等（1993）进行的领养子、同卵双生子和异卵双生子的研究发现：同卵双生子同为同性性取向（同性恋）者的比例最多（52%），异卵双生子次之（22%），而在同一家庭环境长大的领养子之间同为同性恋者的比例最低（11%）。此外，调查发现有同性恋家族史的后代出现同性恋的概率较大，由此可以说明遗传因素对同性恋发生起着非常重要的作用。但是尽管同卵双生子的遗传基因完全相同，但他们并不是100%同为同性和异性恋者，这说明除了遗传因素，还有其他因素也影响着性取向的形成。一个有关人类基因组的研究找到了几个基因，在同性恋身上比异性恋身上更多（Mustanski，2005）。另一项更大范围的家谱类调查研究表明，母系表亲中同为同性恋者的比例高于父系亲戚，提示决定性取向的遗传基因可能在X染色体中（Camperio-Ciani，2004）。需要指出的是，遗传基因影响性取向可能直接通过影响与性取向有关的脑结构而发挥作用，也有可能影响个体外形发育或个体的经验来间接发挥影响。由于同性恋很多没有自己的孩子，这种基因是如何在长期进化的过程中保留下来的呢？同性恋的基因可能通过直系亲属的孩子保留下来，有证据表明男同性恋的女性亲属生育率高于平均（Camperio-Ciani，2004）。也有观点认为可能是表观遗传学改变影响到确切的基因。目前的同性恋的遗传机制尚不清楚。

（二）产前环境因素

1. 激素水平 成人的激素水平不能解释性取向，异性恋者和同性恋者的激素水平并没有差异，改变性激素的水平对性取向没有影响。例如，性手术只能降低性行为的频率，但不能改变其性取向。同样，注射性激素对提高男女的性欲有帮助，但不能改变他们的性取向。

围产期雄激素水平对成年的性取向有一定影响。Adkins-Regan（1988）的研究表明，雄性动物在胚胎早期予以低于正常水平的睾酮环境可以导致其成年以后出现类似雌性的性行为；而雌性动物在其胚胎早期予以高于正常水平的睾酮环境可以导致其成年以后出现类似雄性的性行为。目前关于女性同性恋和出生前激素关系的研究很少。莫尼等人曾访问30名患先天性肾上腺增生的成年女性，要求他们描述自己的性取向，结果显示，37%的女性说他们是双性恋，或有同性恋倾向，40%的人倾向异性恋，23%的人拒绝回答。这些结果表

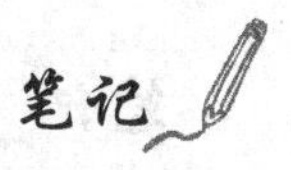
笔记

明，一部分胚胎期暴露于大量的雄性激素的女性不仅会出现性别认同障碍，还更容易把自己看成是双性恋或同性恋。Ehrhardt 等（1985）调查了 30 个母亲，她们是曾经接受一种合成雌性激素 DES（1960 年以后曾经作为流产药物，它可以进入细胞内，对靶器官发挥类似睾酮的雄性化作用）的成年女性。研究发现 30 人中，有 7 个报告有某种程度的同性恋或者双性恋的行为，远远高于产前未接受该药物治疗母亲所生的女性（大约 1/30），提示出生前的激素因素对成年个体的性取向可能产生一定的影响。

男性的无名指（4 指）比示指（2 指）略长一些，而女性更倾向于两指等长。这一比例的性别差异及其意义，近期开始被认识。这种手指的比例和性激素有关，在胎儿发育的第 13 周就确定了，是由控制睾丸或卵巢形成的基因决定的，较低的 2 指和 4 指比例提示个体可能有一个高睾丸素、低雌激素的子宫内环境；较高的 2 指和 4 指比例则提示可能有一个低睾丸素、高雌激素的子宫内环境。曼宁（2007）等对 25000 名同性恋和双性恋男性研究发现，与异性恋相比，他们有相对较大的 2 指和 4 指比例，且出生前受到了较低水平雄激素的影响。

2. 产前压力 一项动物试验发现（Ward，1986），强烈光照和酒精所致的过度紧张的大鼠产下的雄性幼仔外生殖器正常，在成年后性行为有所变化，如成年以后经常对雄性大鼠有弓背的性反应，但其他的行为方面仍然保留了一般的雄性动物行为特点，例如活动较雌性多等。可能过度的紧张使得母体产生大量的内啡肽，它可以穿过胎盘到达接近成熟雄性胎儿的大脑，而内啡肽阻抗睾酮对下丘脑的效应。Ward 和 Reed（1985）的另一项研究表明这种处理的雄性动物单独地或和接受同样处理的动物在一起饲养，成年后它们只对雄性有性行为反应，而将这种动物同围产期无过度紧张的动物在一起饲养，则成年后它们对雄雌两性均有性反应。研究推测压力可能产生肾上腺激素，降低睾酮水平，进而改变神经系统结构，使雄性动物更倾向于雌性。

在一项人类的研究中，调查了 283 位同性恋或异性恋者母亲产前紧张因素对子女性行为的影响。Ellis 等（2001）发现男性同性恋者的母亲报告在产前经历的紧张分值明显高于异性恋者的母亲所报告的，特别是怀孕的第 3 个月。这些研究需要回忆的时间超过 20 年，结果可能不准确。可靠的研究是检测孕期压力水平，若干年后观察性取向，但是目前缺乏相关的研究结果。

3. 免疫系统 母亲的免疫系统可能在孕期发挥效应。一些研究发现，男性同性恋者在弟弟中的发生率比哥哥中高一点，即使是在分开养育的情况下也是如此。如果是姐姐或妹妹，就没有这种差异，同母异父的兄弟或者领养子亦无此种差异。可能的解释是生育过一位男孩的母亲免疫系统产生一种蛋白的抗体，会影响下一位男性后代，改变他们的发育，使得他们发展为同性恋者。

（三）脑结构的因素

如前所述，两性在脑在结构（如下丘脑内侧视前区）上存在一些差异。那么同性恋者脑结构是否与异性恋者有区别呢？某些脑结构是否与性取向有关呢？一些研究支持了性取向的脑结构因素。男同性恋者在一些脑结构上甚至左右半脑的对称性上与女性异性恋相仿，女同性恋的大脑也在某些方式上稍微向男性靠拢。

下丘脑视交叉上核（suprachiasmatic nuclei，SCN）是第一个被发现同、异性恋之间存在差异的核团，男同性恋的 SCN 比异性恋的大且长。SCN 是控制生理节律的关键脑区，性取向为什么与 SCN 有关？答案还不太清楚。Swaab 和 Slob 等（1995）的研究提示，胚胎早期剥夺睾酮可以导致 SCN 的发育异常，这些动物成年后性兴趣发生变化。

勒威（Levay）发现下丘脑视前区的间质核（INAH）存在着性差，男异性恋 INAH-3 体积比女异性恋大两倍，男性在这个部位具有比女性更多的肾上腺受体细胞，可能在性取向

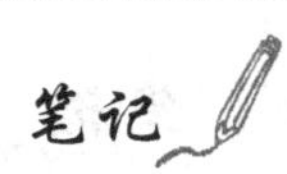

中发挥作用。Levay 发现，男同性恋 INAH-3 比男异性恋小些，与异性恋女性差不多。大约 8% 的公羊与同性发生性行为，下丘脑前部的某个部位小于异性取向公羊（这个区域是否与人类 INAH-3 相关不得而知）。在成年后的性行为发生之前，这种差异已经呈现。

对异性恋者，女性的大脑前联合体积大于男性，Gorski 和 Allen 的研究表明，男性同性恋者的前联合体积和正常的女性差不多，甚至更大。Zhou 等（1996）的研究还发现同性恋者的隔核的神经元较异性恋者或者女性有明显的不同。性二型核男同性恋者的大小与女性的相同，细胞数量也比异性恋男性少。

男同性恋者与异性恋者在性以外的行为方面也有明显差异。《美国科学院学报》发表的一项研究报告称（2008），男同性恋者与普通女性在处理语言功能的大脑沟回方面有很多相似之处，这或许可以解释为何男同性恋者往往比普通男性拥有更出色的口头表达能力。科学家还发现，在处理情感的大脑区域，男同性恋者与普通女性也存在许多相似之处，更容易抑郁烦恼。美国加州大学洛杉矶分校维尔安教授研究发现，男同性恋者大脑只是具有某些“女性化”的结构，但仍保留有某些男性的特征，这就是为什么他们在实施其性行为时仍保持男性的特征。

这些研究提示了同性恋男性的脑结构，特别是下丘脑的结构可能与异性恋者有区别，现有的研究尚不能分辨这种区别是同性恋的原因抑或是同性恋结果，也不能提示下丘脑的结构的区别是否可以完全解释性取向的差别。由于大脑差异在性行为发生之前已经呈现，所以更倾向于是原因而不是结果。有关这方面的研究仍然是目前研究的热点。

知识链接 14-2

五羟色胺影响性取向

北京大学的饶毅教授课题组研究了神经递质五羟色胺对于性取向的影响。比较了野生型的雄性小鼠与缺失中枢性 5- 羟色胺能神经元的雄性小鼠，前者表现出对于雌性的更强烈兴趣（相对于雄性），而后者虽然没有表现出嗅觉或者信息素传感方面的缺失，但是却失去了性别选择的能力。该研究进一步证实了五羟色胺对于雌性性取向同样至关重要。他们发现当给予选择机会时，缺乏中枢 5- 羟色胺能神经元或是 5- 羟色胺的雌性突变体小鼠，偏爱雌性生殖器气味多过雄性生殖器气味。当给予它们机会选择雄性或雌性目标时，雌性之间的爬跨行为增多。该研究发表在 2013 年 5 月的《美国科学院院刊》上。

资料来源：Proceedings of the National Academy of Sciences of the United States of America，2013

第四节　性行为障碍

性行为障碍是常见的心理障碍。性行为障碍主要包括对自身性别身份不能认同的性别焦虑和通过异常的活动偏好及异常的目标偏好激起个体强烈性唤起的性欲倒错障碍。

一、性别焦虑

性别焦虑（gender dysphoria）又称性身份识别障碍、性身份障碍、易性症，是指个体生物学上性器官发育正常，而具有一种强烈而持久的交换性别的身份认识（不仅仅是想以作为另一性别而获得社会文化上的好处的这种欲望），为自己的性别感到持久的不舒服，或者认为自己目前的性别角色很不合适，产生了临床上明显的痛苦烦恼，或在社交、职业等方面功能缺损。

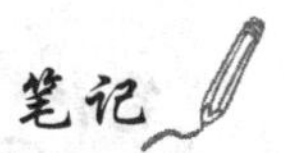

患者“强烈而持久”地渴望交换自己的性别。这种渴望源自于一种根深蒂固的对性别

的"自我感觉"，即患者自身的生理性别与这种"自我感觉"完全相反。同性恋的个体不会像性别焦虑那样"感到自己陷在一个错误性别的躯体里不能自拔，从而体验到深深的不适和痛苦"，一般认同自身生物学性别，无变性要求。异装癖的基本目的是性唤起和性满足，对自己的性别身份没有任何的不适和痛苦。性别焦虑者与躯体上同时具有两性生殖器特征的雌雄同体不同，一般没有生理上的变异，没有模棱两可的生殖器。

性别焦虑症状可在幼年开始出现，在青春期前表现得明显，并随年龄增长而愈发强烈。性别焦虑者强烈希望成为相反性别或坚持认为自己是相反性别（或不同于生物性别的其他性别），拥有另一种性别的第一和（或）第二性特征的强烈欲望，对转换性别的活动和兴趣达到一定的程度和广度。拒绝穿着其性别的典型服装，或不喜欢参加同性别者常玩的游戏或活动。由于体验、表达的性别显著不一致，因而产生去除自己第一和（或）第二性特征的强烈欲望（或在青少年早期，防止预期的第二性特征发育的欲望）。性别焦虑者有些通过穿衣和化妆，来按照自己认同的性别打扮自己，还有些人通过激素和外科手术改变外形。

研究表明，在胚胎分化时期，性激素的过度分泌或缺乏可能影响大脑与性别分化的区域，从而导致不同程度的性别认同障碍。家庭养育环境及社会环境对性别的发展产生一定的影响。性别焦虑可能会伴发严重的抑郁、焦虑、自我不接受，应予以相应的心理干预。

二、性欲倒错障碍

性欲倒错障碍（paraphilicdisorders）特指除了与正常、生理成熟、事先征得同意的人类性伴侣进行性活动之外的其他强烈和持续的性兴趣，主要包括窥阴障碍、露阴障碍、摩擦障碍、性受虐障碍、性施虐障碍、恋童障碍、恋物障碍和易装障碍，而不包括少数性取向（如同性恋或双性恋）。性欲倒错障碍的病因尚不明确，可能包括生物方面、遗传方面、环境和社会等方面因素的影响。有些性欲倒错障碍患者对于正常的性活动没有要求，甚至心怀恐惧，他们的变态性行为常具有强迫性和反复性，自我控制力较差，有些人强烈要求医治，希望摆脱这种令人痛苦的状况，但也有些人不认为自己是什么病态。此类疾病可大致分为两组，即异常的活动偏好及异常的目标偏好。

（一）异常活动偏好

主要包括窥阴障碍、露阴障碍、摩擦障碍、性受虐障碍、性施虐障碍。一般持续至少6个月，通过异常活动偏好如窥视一个毫不知情的裸体者、脱衣过程或性活动（窥阴障碍），暴露自己的生殖器给毫无预料的人（露阴障碍），触碰或摩擦未征得同意的人（摩擦障碍），使另一个人遭受心理或躯体的痛苦（性施虐障碍），被羞辱、被殴打、被捆绑（性受虐障碍）或其他的方式从而激起个体反复的强烈的性唤起，表现为性幻想、性冲动或性行为。个体体验性唤起和（或）实施性冲动时至少已18岁，将其性冲动实施在未征得同意的人身上，或其性冲动或性幻想引起有临床意义的痛苦，或导致社交、职业或其他重要功能方面的损害。

（二）异常目标偏好

主要包括指向其他人类的和指向其他事物的异常目标偏好。一般持续至少6个月，通过与青春期前的单个或多个儿童（通常年龄为13岁或更小）的性活动（恋童障碍），使用无生命物体或高度特定的聚焦于非生殖器的身体部位（恋物障碍），或通过变装（易装障碍）从而激起个体反复的强烈的性唤起，表现为性幻想、性冲动或性行为。个体至少16岁，这种性幻想、性冲动或性行为引起有临床意义的痛苦、或导致社交、职业或其他重要功能方面的损害。

性欲倒错本身并非必须接受临床干预，但性欲倒错障碍却存在对患者及他人造成严重

伤害甚至诱发性犯罪的风险，故针对此类疾病的生物学治疗和其他临床干预仍具有重要意义。目标在于控制性欲倒错幻想及行为，以降低其累犯风险，控制性冲动，减轻个体的精神痛苦。

（朱春燕）

思考题

1. 性激素对性行为的影响发生在哪两个层次上？
2. 哪些脑结构参与了性行为的调节？
3. 性取向可能的生物学基础涉及哪些？
4. 性行为障碍主要包括哪些？

笔记

第十五章　运动控制的生理心理

学习目标

掌握：

1. 运动单位。
2. 脊髓对运动的控制。
3. 大脑皮质在运动控制中的作用。

熟悉：

脑干、小脑、基底神经节在运动控制中的作用。

了解：

1. 肌肉的分类和微细结构。
2. 运动障碍。

人类对运动的控制是通过神经系统调控机体的肌肉活动来实现的。神经系统是协调肌肉乃至整个机体活动的控制中枢，而肌肉的收缩与舒张活动是机体运动的基本前提条件。

简单地说，运动系统是由肌肉以及控制它们活动的神经元或神经结构组成的。这些神经元和神经结构存在于神经系统的不同层次。比如，直接控制肌肉活动的是脊髓前角的运动神经元投射到肌纤维的传出神经，而大脑皮质运动区发出的投射纤维又直接控制这些脊髓运动神经元，同时脑干或小脑的投射纤维的间接调控又参与间接调控。从高位中枢不同区域发出的向下的运动投射纤维，可以直接或间接地支配骨骼肌纤维活动的运动神经元。

第一节　肌肉、本体感受器和运动单位

一、肌肉及其运动

肌肉（muscle）是最主要的运动器官，在接受神经信号后产生收缩或舒张。肌肉的活动产生力，作用于身体的有关部位而产生运动。每一组骨骼肌只能向一个方向收缩。当向两个不同方向运动时，需要两组作用相反的肌肉，称为拮抗肌（antagonistic muscles）。如运动肘关节的肌肉有两组，一组在肘关节前方，为屈肌组；另一组在肘关节的后方，为伸肌组。这两组肌肉在作用上是互相对抗又互相依存的，如持杯饮水时由于屈肌的适当收缩和伸肌的适当放松，使得肘关节屈到特定的程度，没有这种协调关系，完成这种正确的动作是不可能的。走路、拍手及其他联合的系列动作均需要两组肌肉规律的交替收缩。

大多数骨骼肌是通过骨骼的杠杆运动来表现出不同的动作，这种杠杆运动有三种基本形式：①平衡杠杆运动：例如在寰枕关节上进行的仰头和俯首运动；②省力杠杆运动：这种运动比较省力但幅度小，如支撑腿在起步抬足时踝关节的运动；③速度杠杆运动：如举起重

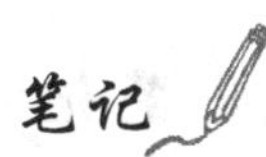

物时肘关节的运动。

(一) 肌肉的分类

脊椎动物的肌肉分为三种：①平滑肌(smooth muscles)，控制内脏器官的运动。②心肌(cardiac muscles)，控制心脏的运动。③骨骼肌(skeletal muscles)，控制躯体的运动，本章内容只涉及骨骼肌。

骨骼肌纤维还可以分为三类，分别是快肌、慢肌以及介于快肌与慢肌之间的中间型肌纤维。

1. 快肌(又称白肌) 快肌纤维被刺激时能产生快速地收缩，但很容易疲劳。主要用于产生强烈但持续时间不是很长的收缩，例如，奔跑或跳跃，包括腓肠肌在内的大部分伸肌以及屈肌均属于快肌。

2. 慢肌(又称红肌) 慢肌纤维富含大量肌红蛋白，血运较丰富，受直接刺激时产生较慢收缩，而且不易疲劳，主要分布于维持直立姿势的肌肉，需要持久工作的抗地心引力伸肌，人及大部分动物的慢肌相对较少，如人类小腿的比目鱼肌是典型的红肌。

3. 中间型 另一类骨骼肌的肌纤维特性介于快肌与慢肌之间。

上述三种肌纤维的比例是可以通过锻炼改变的。研究发现，一批男性短跑运动员，经过3个月强化训练，他们的快肌纤维比例增加(Andersen，1994)。用外科手术将新生猫仔的快肌和慢肌神经支配交换，肌肉的特性可发生改变，提示神经末梢可能释放某些物质改变肌肉的生理、生化特性。

(二) 肌肉的微细结构

肌细胞又称肌纤维，是肌肉的结构与功能单位。肌纤维由细胞膜(肌膜)、多个细胞核、内质网(肌质网)、细胞质及其他细胞器组成。每个肌细胞含有数百或数千条肌原纤维(图15-1)。

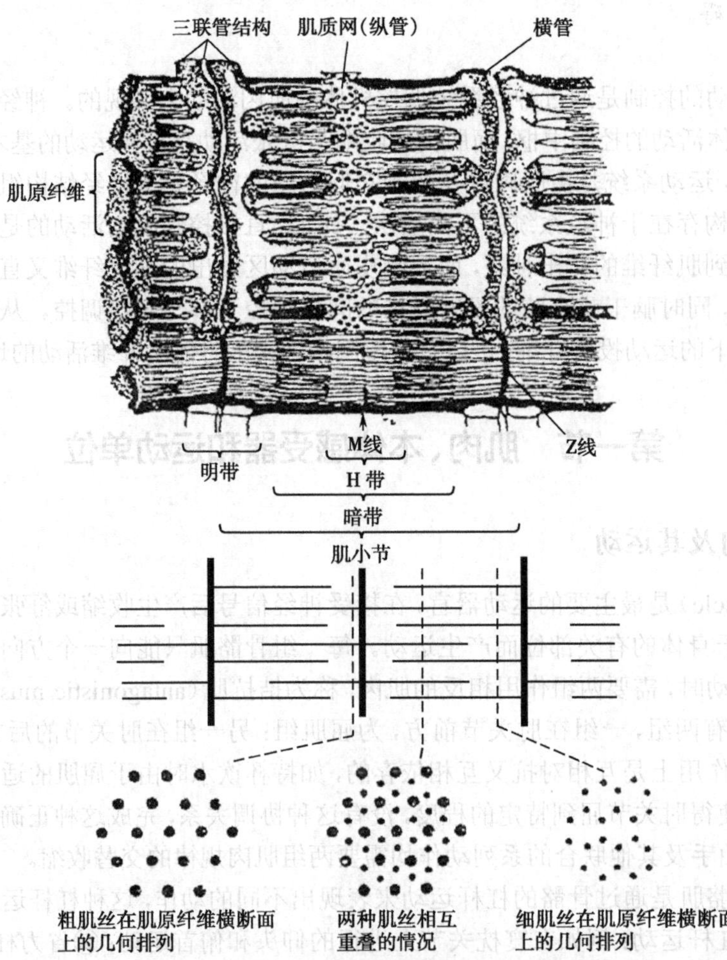

图15-1 骨骼肌的肌原纤维及肌管系统

笔记

1. 肌原纤维与肌节 肌原纤维沿肌细胞的长轴行走，呈现规律性明（明带）、暗（暗带）交替，形成明显横纹；暗带中央有一段较亮的区域线称为H带。H带中央有一条横向的M线；明带中央有一条Z线。两个Z线之间称为肌节（sarcomere），是肌肉收缩的基本单位。明、暗带的出现是由于粗、细肌丝分布不同而成的。粗、细肌丝附着在由横向的M线与Z线及纵向的肌联蛋白（titin）及肌动蛋白（nebulin）组成的细胞骨架上。粗肌丝由肌凝蛋白（myosin）组成，细肌丝由肌纤蛋白（actin）、原肌凝蛋白（tropomyosin）、肌钙蛋白（troponin）组成。在钙离子作用下，肌钙蛋白移动原肌凝蛋白，使肌纤蛋白上的活性点暴露，肌凝蛋白头（横桥）得以与肌纤蛋白活性点结合，横桥消耗ATP而摆动，导致肌丝滑行，肌肉发生收缩（图15-2、图15-3）。

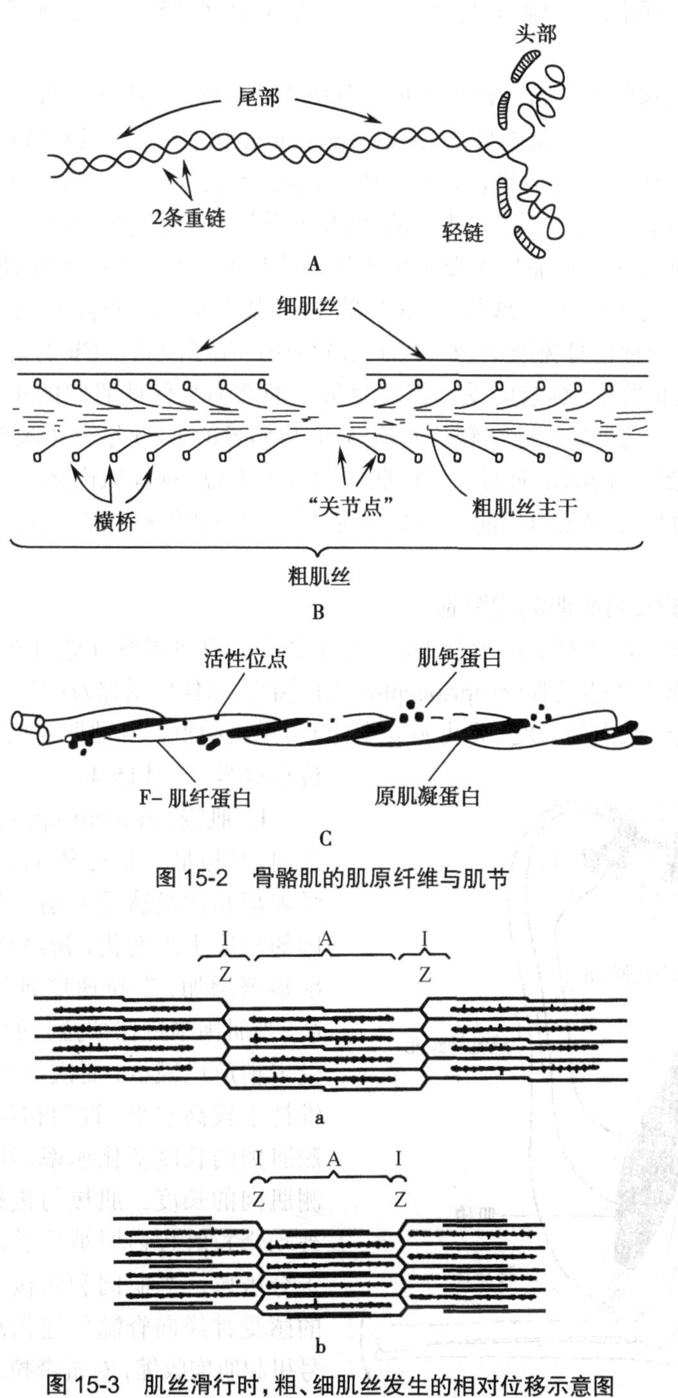

图15-2 骨骼肌的肌原纤维与肌节

图15-3 肌丝滑行时，粗、细肌丝发生的相对位移示意图
a. 舒张；b. 收缩

笔记

2. 肌管系统 横纹肌分纵、横两套肌管系统。纵（L）管系统即肌质网，包绕在肌节中间，在肌节两端膨大形成终池。两侧肌节的终池与横管构成三联体。横（T）管系统是肌细胞膜在Z线水平处伸入细胞质中构成。横管系统可将动作电位传向细胞内，使纵管系统释放钙而启动肌丝滑行。

3. 肌肉的神经支配 所有的运动都是肌肉在脑脊髓的神经输入产生收缩引起的，而信息的传递主要是通过特殊类型的α运动神经元来完成的。它们的细胞体位于脊髓的前角。每块肌肉至少由一个运动神经元发出的成百个分支轴突末梢来支配。当运动神经元发放神经冲动，其所支配的靶肌肉纤维同时收缩。单个轴突支配的肌纤维数取决于肌肉的类型。例如，支配眼肌的每个运动神经元约控制10条肌纤维；手的某些肌肉则一个运动轴突支配100条肌纤维，大的躯干及腿肌最多可达2000条肌纤维。支配纤维愈少，动作就愈精确。

4. 神经-肌肉接头运动 神经末梢与其所支配肌纤维的运动终板（motor endplate）形成的连接部位称为神经-肌肉接头（neuro-muscular junction），其释放的递质为乙酰胆碱（acetylcholine，ACh）。运动终板是肌纤维高度特异化的部分。神经-肌肉接头传递不仅快，而且很可靠，因为运动神经元所释放ACh可引起所支配的肌纤维产生动作电位。肌肉细胞对突触传递反应的可靠性主要是由于运动终板的面积大（它有皱褶），且密集ACh受体。任何原因引起ACh缺乏或损害ACh受体，均影响运动。重症肌无力就是一种神经肌肉接头病，它是一种自身免疫病，机体的免疫系统产生了攻击ACh的抗体，从而使肌肉丧失了大量的ACh受体，剩余的受体需要尽最大的努力来保证肌肉的正常收缩。在快速、连续的运动中，运动神经元连续释放几次ACh后储备的ACh量有所减少，正常人ACh量轻微的减少不会影响运动；而对于重症肌无力患者来说，神经肌肉接头的工作已经到了极限，ACh稍下降即影响运动功能，所以，重症肌无力患者的症状表现为骨骼肌无力和病态疲劳。

（三）本体感受器对肌肉的控制

当你在一条凸凹不平的路上行走时，你能毫不费力地调整自身的姿势并维持平衡，这实际上就是依靠本体感受器（proprioceptor）的反射。本体感受器及时地将身体各部位所处位置及运动信息（肌肉的长度、张力及其变化）传递给中枢。骨骼肌有两种本体感受器：肌梭和腱器官（图15-4）。

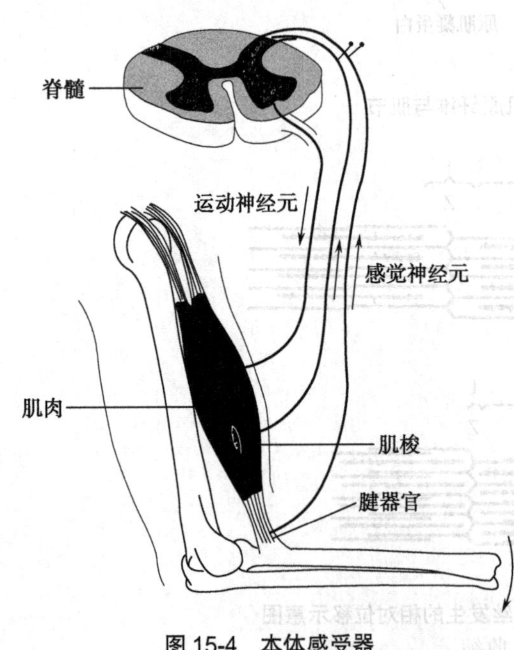

图15-4 本体感受器

1. 肌梭（muscle spindle） 位于肌纤维之间，呈梭形。肌梭内有两种感受器：初级感受末梢和次级感受末梢。肌肉受牵拉时，肌肉的长度不断变化，初级感受末梢的放电频率显著增加，牵拉速度越快，放电频率也越高，当肌肉维持在被拉长的新长度时，初级感受末梢放电减少，而次级感受末梢的放电仍维持于较高水平，说明初级感受末梢主要检测肌肉的长度变化速率，次级感受器主要检测肌肉的长度。肌梭与梭外肌纤维“并联”，被动牵拉时梭内肌被拉长，因此对被动牵拉十分敏感。当肌肉和肌梭受到牵拉时，肌梭的感受神经向脊髓传递信息，由脊髓发出信号引起肌肉收缩，对抗牵拉。

2. 腱器官（tendon organ） 位于肌肉与

笔记

肌腱交接处，为一囊状结构。当肌肉主动收缩时，腱器官放电增多，而肌梭放电减少或停止，腱器官与梭外肌“串联”，对肌肉主动收缩产生的牵拉异常敏感，所以腱器官主要检测肌肉张力。如果许多肌纤维同时强有力地收缩会造成其自身损伤，而腱器官可以检测到肌肉收缩时产生的张力，将信息传入脊髓，后者通过中间神经元抑制运动神经元，在肌肉过于强大的收缩时起到抑制作用。

二、运动单位

（一）运动单位

机体的任何运动都是由一系列动作组成的。一系列动作的完成是不同的肌肉群收缩和舒张的结果。像微笑、写字、读书等精细动作，是小肌肉群活动的结果；而打球、跳跃、奔跑等大动作运动，则是大肌肉群活动的结果。但是，不管小肌肉群或大肌肉群的运动，要想准确完成技能动作，肌肉群的协调活动尤为重要。而运动协调性的实现是由中枢神经系统整合信息并发出指令，再通过运动神经元支配肌肉的活动而实现的。

运动单位（motor unit）是指一个运动神经元与它所支配的全部肌纤维。一个运动单位所包含的肌纤维的数目有数根至 2000 余根不等。一般来说，一个运动单位的肌肉所参与的动作越精细，它所包含的肌纤维数目越少。例如，支配眼肌的一个运动单位平均包含 3 条肌纤维，而肱二头肌的一个运动单位支配上百条的肌纤维，这种差别决定了眼肌的运动要比肱二头肌精细得多（Evarts，1979）。同一个运动单位的肌纤维，可和其他运动的单位的肌纤维交叉分布。因此，即使有少数的运动神经元活动，在肌肉中产生的张力也是均匀的。

人类的肌肉是由不同类型的运动单位混合组成，主要为慢抽搐（slow twitch）型和快抽搐（fast twitch）型。慢抽搐型的运动神经元较小，轴突较细，兴奋的传导较慢，肌肉收缩的持续时间较长，但不易疲劳；而快抽搐型的运动神经元较大，轴突较粗，兴奋传导速度快，肌肉兴奋时张力大，但易疲劳。每个人的肌肉组成不同，这与人的种族有关，也可因训练而改变。控制人类手部活动的运动单位类型的区别，从每个人的笔迹中可以看出来。比如，以快抽搐型为主的人，握笔紧，下笔重，字迹线条刚性，书写速度快；以慢抽搐型为主的人，握笔松，下笔轻，书写速度慢，字迹以柔线形线条为主要特征。笔迹也可以在一定程度上反映出个人的个性特征。

（二）随意运动与不随意运动

骨骼肌协调收缩和松弛产生运动，可分为随意运动和非随意运动两类。

1. 随意运动 指由主观意志支配的动作，也称为自主运动，主要是锥体系的功能，由骨骼肌的收缩完成。随意运动受意识调节，具有一定目的性和方向性。它既是人和动物基本的行为方式之一，又是人的意志成为行动的基础。参与随意运动控制或对它有影响的神经结构为数众多，广泛分布在中枢神经系统的各个部位，比较复杂的随意运动需要进行反复练习才能完善和熟练掌握。

控制随意运动的神经结构是分级组织的，前额叶负责运动计划的产生，基底神经节和小脑编排运动程序和运动协调（小脑提供精细动作的控制，基底神经节发动和提供粗大的调节），皮质运动区、脑干和脊髓负责运动执行。脊髓是运动的低级中枢，它接受较高级的中枢脑干和大脑皮质运动区的下行控制，高级中枢发出的运动指令又需通过低级中枢才能引起运动，肌肉是最主要的运动器官。

早在 20 世纪 70 年代，神经生理学家科恩休伯（Kornhuber）就提出了随意运动的控制模式理论：中枢神经系统对随意运动的控制至少存在两种模式。一种模式是高位中枢已经预存的程序起调控作用。随意运动开始的时候，高位中枢下达的指令一旦启动，神经冲动

笔记

就会向脊髓连续地发放，因而运动调节的可能性较低。另一种模式是高位中枢并无预存的程序，需要不同功能的脑区调节动作的执行，但指令的整合需要基底神经节和小脑的参与。基底神经节主要调控慢的、渐进式的运动，而小脑更多地参与全或无式的抛射型运动。同时，大脑皮质的运动区还接收来自肌肉、关节和其他感受器有关运动效果的反馈信息，然后根据这些反馈信息进行修改或调整运动指令。近年来的研究结果支持科恩休伯提出的随意运动的控制模式理论。

2. 不随意运动 是指不受主观意志控制的“自发性”动作，它不受意识控制，也没有一定的目的性与方向性。正常情况下，保持机体正常姿势的活动，主要是锥体外系和小脑系统的功能，由骨骼肌的不随意收缩来调节。

所有运动都是在接受了感觉冲动以后所产生的反应，感觉功能直接参与了动作的准确执行。不论随意运动还是不随意运动都受脑的控制，在脑的调节与指挥下进行。在病理情况下以及神经系统执行运动功能的部分病变而引起的异常均会发生运动障碍，如，瘫痪、痉挛、震颤以及舞蹈样动作。

第二节 脊髓对运动的控制

脊髓中有介导各种反射运动的神经环路，即使切断大脑与脊髓之间的联系，这些反射运动仍然能出现。同时除了参与反射运动，也接受高级中枢的控制。

最简单的脊髓反射是传入的感觉神经元与传出的运动神经元直接形成突触的单突触反射。有的反射弧则在感觉神经元与运动神经元之间还有若干个中间神经元参与，故称为多突触反射。

一、牵张反射

牵张反射（stretch reflex）是最常见的脊髓反射。在大多数骨骼肌的深层有一种被称为肌梭（muscle spindle）的细、长纤维囊状结构，它们受 γ 运动神经元支配引起收缩，这种收缩在主体肌肉收缩中微不足道。但肌梭的主要功能在于为脊髓运动神经元提供关于肌肉受牵张的感觉信息。因此，它们又被称为牵张感受器。

当在人的手上放一重物时就会见到牵张感受器的重要性。首先，手臂开始下垂，而肱二头肌（控制肘关节）被牵张；当肌肉受到牵张时肱二头肌中的肌梭被拉长，这就引起它的相关感觉神经元放电，发送信息到脊髓；被这种输入激活的 α 神经元又返回到肌肉使其加强收缩以对抗牵张。这样，肌肉可对重力做出反射性活动，并且可以避免肌肉受损。这种牵张反射对保持肌肉张力及维持正常姿势特别重要。此外，由于它发生极快，说明牵张反射是脊髓水平的自动控制，而不是来自于脑。

牵张反射有两种表现形式：一种为位相性牵张反射，特点是时程较短和产生较大的肌力。例如，叩击股四头肌腱引起的膝腱反射（knee jerk reflex）就是一种典型的牵张反射。由于这种反射是传入神经元与传出神经元在脊髓内直接形成突触（没有中间神经元介入），故也称为单突触牵张反射（monosynaptic stretch reflex）。另一种是紧张性牵张反射，在肌肉受到持续性轻度牵拉时，受牵拉的肌肉产生持续而较平稳的收缩，紧张性牵张反射是肌紧张发生的基础，在姿势的维持中起重要作用。

二、多突触反射

大多数脊髓反射远较牵张反射复杂，它们都是涉及多个神经元形成的突触，因此称为多突触反射（polysynaptic stretch reflex）。典型的例子就是屈肌反射（flexion reflex），即

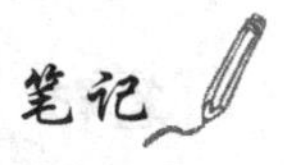

当脚踩到刺时发生腿立即缩回，为痛觉感受器传入的信息在脊髓内经过若干中间神经元(interneurons)的联系引起较为复杂涉及几组肌肉的协调反应。由于经过中间神经元中介，至少要经过两个突触，所以反应比单突触反射慢(图 15-5)。

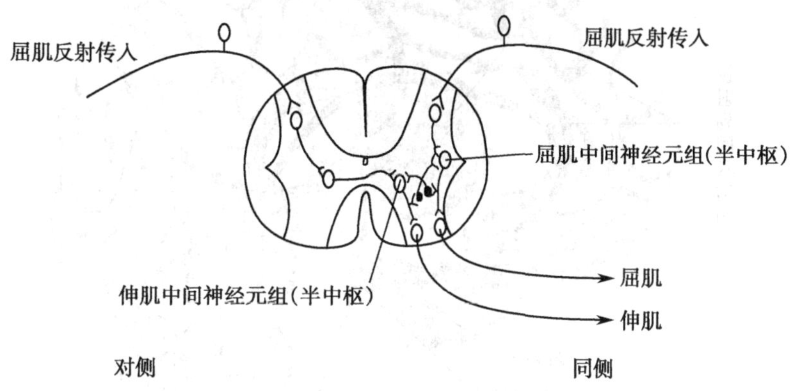

图 15-5　屈肌反射传入中间神经元的组织
○—为兴奋性神经元；●—为中间神经元胞体

虽然脊髓与高级中枢离断后动物仍能进行反射运动，但脊髓的反射通路正常活动有赖于高级中枢的下行调控，这些调控可以发生在反射通路的各个环节：①初级传入纤维末梢：脊髓中间神经元的轴突末梢可以支配初级传入纤维的末梢，引起后者去极化，产生突触前抑制，而高位中枢下行纤维可以终止这类中间神经元，控制初级传入纤维的活动，影响反射进行；②中间神经元水平：特别是多突触的反射通路，在到达运动神经元之前通过交互抑制中间神经元进行复杂整合；③直接发生于运动神经元：高位中枢下行通路可以直接控制脊髓运动神经元的活动，在反射通路的最后一级上实行对脊髓反射的调控。

第三节　运动的脑机制

我们需要大脑控制运动，许多脑区参与调节和产生运动。特别重要的是脑干(brain stem)、小脑(cerebellum)、基底神经节(basal ganglia)及运动皮质(motor cortex)。脑与运动有关的部分都经过两条主要通路与脊髓运动神经元发生联系。它们是锥体系(pyramidal system)与锥体外系(extrapyramidal system)。锥体系起源于大脑皮质(运动区及运动前区)，神经纤维形成皮质脑干束和皮质脊髓束，直接投射到脑干运动核和脊髓前角。锥体外系主要的功能是协调肌群的运动、调节肌张力维持和调整姿势等，它们传出的运动信息到达脑干；由此再发出许多传导束下行到脊髓，包括网状脊髓束(reticulospinal tract)、红核脊髓束(rubrospinal tract)及前庭脊髓束(vestibulospinal tract)。

运动虽不像视觉、学习、社会交往、情感等那样具有心理性，但是钢琴家、熟练的打字员手运动的精确控制和运动员快速的动作同样需要复杂的大脑活动。中枢神经系统与运动相关的主要区域(图 15-6)。

一、大脑皮质的作用

大脑皮质运动区是运动控制的最高水平，它主要由三部分组成，一级运动皮质、邻近一级运动皮质的脑区、从脑到脊髓的联系。三者都经过皮质脊髓束直接投射至脊髓或通过脑干间接影响脊髓。前运动区和辅助运动区，有纤维投射至一级运动皮质，在协调和计划复杂的运动中起重要作用，同时也接受来自后顶叶皮质和前额叶皮质的纤维。

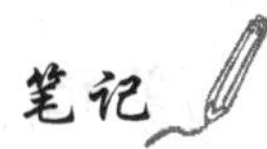

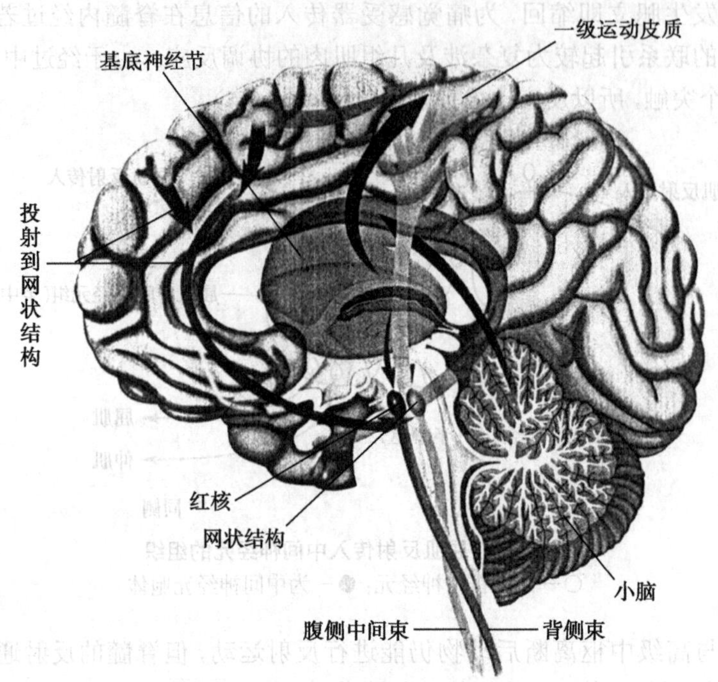

图 15-6　中枢神经系统与运动相关的主要区域

运动皮质的神经细胞可分为锥体细胞和非锥体细胞两大类。锥体细胞轴突离开运动皮质到皮质下结构或其他皮质，它是主要的传出神经元，其中大多数向皮质下结构投射，形成皮质脊髓束及皮质脑干束，分别到达脊髓、延髓、脑桥、红核等，部分细胞发出纤维投向同侧其他皮质区（包括前运动区、辅助运动区、感觉皮质等）及对侧皮质。非锥体细胞包括星型细胞、篮状细胞和颗粒细胞，大部分属于抑制性神经元。

运动皮质与肌肉之间没有直接的联系，它是通过皮质脊髓束和皮质延髓束启动脊髓和脑干的运动神经核而实现肌肉运动。皮质脊髓束通常被称为锥体束，它起源于大脑皮质运动区，与皮质延髓束一起经内囊下行到中脑腹侧，分散地穿过脑桥。皮质脊髓束在延髓集合成锥体，大部分纤维交叉到对侧，形成脊髓侧索在脊髓的背外侧下行终止于脊髓的运动神经元，控制对侧肢体的随意运动，如手、脚、手指、脚趾，锥体束或大脑皮质锥体细胞受损可引起对侧肢体瘫痪。小部分纤维不交叉在脊髓腹侧下行，称为腹侧皮质脊髓束，主要投射双侧支配躯干中线肌肉的运动神经元。皮质延髓束终止于脑干的脑神经运动核，控制面部肌肉运动。

（一）一级运动皮质

1870 年德国科学家 Custav Fritsch 和 EciwardHitzig 首先发现电刺激大脑皮质的一些区域可以引起对侧身体的运动。后来的实验证明，刺激中央沟前面的中央前回皮质引起特异运动，且刺激阈值最低，该区相当于 Brodmann 的第 4 区，这个区域现在称为一级运动皮质（primary motor cortex）。

Clinton 和 Woolsey 通过大量实验发现刺激不同区域引起身体不同部位肌肉收缩，并证明一级皮质运动区是按躯体定位组织的，一级运动区的相邻部位控制相邻身体部位的运动。图 15-7 是人类一级运动皮质内躯体各部位肌肉代表区分布的示意图，由内到外呈“倒人形”。在 4 区内侧靠近中线部位是下肢代表区，向外依次为躯干、前臂、手指，最外侧靠近外侧沟为面部和舌代表区。各个部位肌肉代表区的大小是不一样的，它所代表肌肉的运动越精细，皮质代表区就越大，如手指和面部。临床上有一种癫痫称为 Jackson 癫痫，这种患者抽搐发作的典型次序是先在一侧手指或足趾开始局限肌肉抽搐继而向上扩展至整个肢体，

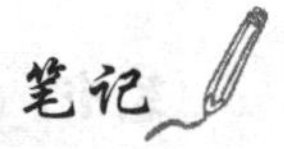
笔记

乃至全身；或自一侧口角开始，然后扩展开来。其发作时的扩布规律与皮质躯体定位的代表区分布一致。

电刺激运动皮质通常引发许多肌肉配合收缩所致的运动，而不是单一肌肉收缩的孤立动作，由此可见，大脑皮质的功能是控制和发起运动计划，而不是支配个别肌肉收缩。大脑皮质在控制复杂动作（如书写）时尤为重要，而在咳嗽、喷嚏、打嗝等动作时起的作用较小（Rinn，1984），因为这些动作是反射性的或是受皮质下控制的，很难随意完成。

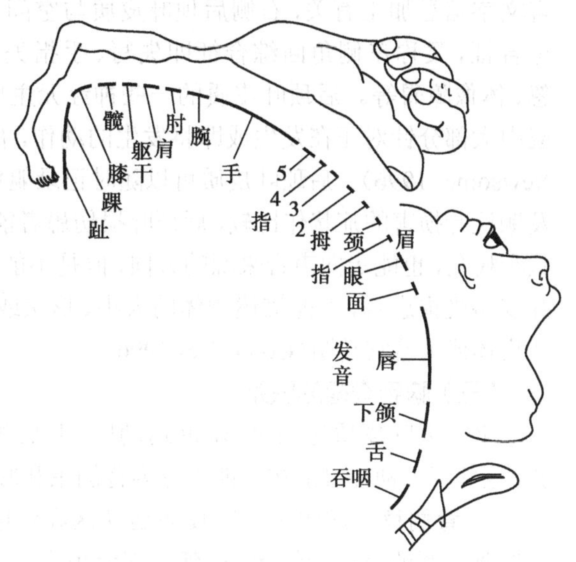

图 15-7　人类大脑皮质的躯体代表区

一级运动皮质的分布虽然有躯体定位规律，但不是简单的点对点图谱。有研究发现各肌肉代表区彼此重叠，刺激一个较广的皮质区域可使同一块肌肉收缩，而刺激更广部位可引起数块肌肉同时收缩。近年来，随着功能磁共振等新技术的发展，对传统的躯体定位概念提出了挑战。实验发现拇指、示指运动和上臂运动在一级运动皮质各有两个激活区，且一个手指运动时出现好几个激活区。不仅如此，身体各部位的代表区还不是固定不变的，它们的位置和大小可随运动的学习而改变。可见运动一级皮质的躯体定位是互相重叠的，分散在大脑皮质许多神经元群的协同活动是运动的基础。

一级运动皮质损害可引起它所控制的肌肉瘫痪，特点为近端肌肉的运动恢复较快，而肢体远端肌肉出现肌强直，特别是控制精细活动的肌肉，如腕和手指的伸肌强直最严重和持久，且手指分别活动的能力丧失，屈指时只能五指一起屈曲，精细运动能力完全丧失。

（二）邻近一级运动皮质的脑区

一级运动皮质附近一些区域以不同方式影响运动的控制，被称为次级运动区，主要包括：

1. 前运动区和辅助运动区　前运动区位于额叶的 6 区，细胞构筑与 4 区类似，通过额桥小脑束等与皮质下的环路联系，影响锥体系的活动。另外还存在一个辅助运动区，估计位于大脑半球的内侧面，支配腿部皮质区前部，扣带回的上方。前运动区和辅助运动区皮质也是按躯体定位组织的。刺激该区常引起复杂而持久的运动。研究发现，以前学会的运动记忆印迹贮存在运动前区，例如，4 区内手代表区前方的运动前区皮质受损，会使与手运动有关的印迹贮存丧失，从而导致手的精细和复杂运动障碍。这种肢体运动性失用可造成书写不能，而导致手的随意运动障碍。在运动的计划过程中前运动区、辅助运动区和前额叶皮质（prefrontal cortex）非常活跃，在运动准备过程中也很活跃，而在运动本身发生时兴奋性下降。前额叶皮质包括额叶的凸面和内侧面以及眶面通常认为与高级精神活动有关，前额叶损害可出现主动性丧失以及人格变化等。研究表明，前额叶皮质主要对引起运动的感觉信号产生反应，包括一些运动延迟的感觉信号（Goldman-Rakic，1992）。特别是靠近脸和手的视觉刺激，最易产生反应，甚至在关灯后许多神经细胞仍继续对视觉刺激产生反应，因为它们对物体的位置有短暂记忆（Graziano Hu，1997）。

2. 后顶叶皮质　包括顶叶的 5 区和 7 区，以及 39 和 40 区。通常左侧后顶叶皮质与语

言文字信息加工有关，右侧后顶叶皮质与空间位置信息有关，顶叶受损可出现 Gerstmann 综合征，又称左侧角回综合征即失写、手指失认、左右辨别不能、计算不能，以及空间疏忽、体像障碍等。后顶叶皮质的一些神经元主要对视觉或躯体感觉刺激产生反应，这些反应中大部分针对正在发生或即将发生的动作，有些反应针对较复杂的混合运动（Shadlen & Newsome，1996）。后顶叶皮质可以随时记录躯体与周围世界的相对位置。曾有人对后顶叶及颞枕叶损害的症状作比较，后顶叶损伤患者能精确地描述所见之物，包括物体的大小、形状和棱角，也能走向声音来源的方向，但是不能走向他见之物的方向或伸出手去抓它；而枕叶皮质受损患者，不能描述物体的大小、形状或位置，但能伸手去捡起它，行走时能跨过这些物体或围着它转圈（Cooda Le，1996）。

（三）脑到脊髓的联系

来自大脑皮质运动区、辅助运动区、基底神经节和小脑等神经纤维，通过脑干到达脊髓，这些下行神经投射按功能可分为背侧束和腹侧中间束。

1. 背侧束　起源于大脑皮质运动区和辅助运动区，神经纤维没有经过突触中断直接延伸到脊髓的目标神经元，在延髓部位稍突出，故又称锥体束，经脑干后交叉到对侧脊髓，控制肢体运动，如，手、脚、手指、脚趾，锥体束或大脑皮质锥体细胞受损可引起对侧肢体瘫痪。

2. 腹侧中间束　包括许多来自运动区、辅助运动区以及其他部位来的纤维，其中，最主要是：①网状结构脊髓束：网状结构（reticular formation）是脑干中央部的神经细胞和神经纤维集合区域，它接受来自脊髓、皮质、基底神经节和小脑的投射，是控制躯体运动和姿势的重要中枢；②前庭脊髓束：中枢前庭系统是控制躯体运动和姿势的另一重要中枢，来源于前庭核的纤维投射到眼外肌和脊髓，同时还接受来自小脑、网状结构、皮质视觉中枢等的投射纤维，成为控制眼肌运动的重要中枢。腹侧中间束的纤维一般不交叉到对侧，而是发出许多分支纤维到达两侧脊髓，主要控制颈部、肩部和躯干的运动，这些运动都是双侧的，腹侧中间束受损影响行走、转身等动作。

（四）大脑皮质与运动学习

在运动学习过程中，大脑的视、听、嗅和触等感觉皮质以及运动皮质都起重要作用。比如，人类运动学习者最初主要是通过大脑皮质对接收到的各方面信息的认知加工以理解运动任务的意义。这些信息首先是在感觉皮质进行初级加工，经过中枢认知整合后，再发出传出信息支配运动系统。运动技能还不熟练时，表现为肌肉群活动泛化，多余的动作较多，动作之间的联系不协调，准确性较低。这是因为初学者注意范围比较狭窄，知觉的经验缺乏，运动系统还不能精确调节肌肉的协调活动，只能利用非常明显的感觉线索来反馈调节动作。随着练习的增多，注意的范围扩大，感知觉的经验增加，运动的本体感觉逐渐清晰明确，动作准确性开始增加，继而可以通过关节、肌腱和肌肉的本体感觉来自动反馈调节运动。

二、脑干的作用

Leonard（1998）在《人类运动的神经科学》（*The Neuroscience of Human Movement*）一书中指出，一个脑干完整而其余脑组织被切除的动物，仍能完好地行走而没有明显的运动活动缺陷，直到遇到障碍。在遇到一面墙时，它不顾前进道路被堵，仍然继续刻板程式的步行运动向前冲撞障碍物。也就是说，如果没有其余脑组织来指引行为，脑干的步行反射就成为无目的的动作。

尽管如此，脑干在运动控制中仍然起着“承上启下”的作用，主要表现以下方面：①脑干参与包括呼吸、循环、眼球运动、姿势调节及多重反射反应（含复杂种系特有的行为）在内

笔记

的广泛性自主性运动功能；②脑干对没有意识参与的自身运动行为控制非常关键，如前庭核对平衡、头部控制、眼球运动，红核对躯体大的姿势性肌群（尤其是腹、颈、背部）；③脑干中还有许多其他结构及神经网络参与反射性活动（经直接通路到达脊髓）；④脑干还接受来自小脑、基底神经节、皮质运动区等其他脑区投射的高级指令，它们通过下行的腹内侧通路（包括前庭一脊髓束、网状脊髓束）及背外侧通路（红核脊髓束）影响脊髓运动神经元；⑤脑干在运动控制中是脊髓以上的最低级中枢，来自大脑皮质和其他脑区的运动纤维经过脑干投射到脊髓。

三、小脑的作用

小脑（cerebellum）在运动控制中起着重要作用，虽然它外形较小，但它具有巨大的信息处理能力，与大脑各部分之间存在复杂而广泛的纤维联系。其主要作用是维持躯体平衡、调节肌肉张力和协调随意运动。另外，小脑在技巧性运动的获得和建立过程中发挥运动学习（motor learning）的作用。

（一）小脑的功能部位

小脑的运动控制功能按照功能和进化的不同，把小脑分为三个主要的功能部分。

（1）前庭小脑：又称古小脑，主要由绒球小结叶构成，接受前庭系统的传入纤维，控制躯体的平衡和眼球运动。

绒球小结叶病变将导致明显的平衡紊乱，患者出现倾倒及共济失调步态等症状，另外还出现自发性眼球震颤现象。这是由于前庭小脑的损坏使患者不能利用前庭信息来协调躯体运动和眼球运动，当患者躺下或得到扶持时，四肢仍能执行随意运动和姿势反射运动。两眼迅速扫视运动（saccades）是检查小脑功能的常用方法，正常人的双眼能从一个固定的点快速地移向另一点，而小脑受损的患者不能计划眼球运动的角度和距离，需通过反复尝试和纠错，最后定在固定的点上。

（2）脊髓小脑：又称旧小脑，主要位于小脑蚓部，接受脊髓的传入纤维，并传出纤维到达脑干和大脑皮质，主要功能在于利用外周感觉反馈信息控制肌肉张力和调节进行中的运动。

脊髓小脑受损患者，不能有效地利用外反馈信息协调运动，运动变得笨拙而不准确，出现共济失调、辨距不良和意向性震颤等现象。最常见的检查方法就是指鼻试验，受试者伸直手臂，快速地指向自己的鼻尖。脊髓小脑受损患者不能发起快速运动，手指移动太远或太快撞向脸部，当手指接近鼻尖时出现摇晃不定。另外，脊髓小脑受损也可造成肌张力减退，适宜肌张力是一切反射性运动和随意运动的基础，肌张力改变将影响各种类型的肌肉活动。

（3）皮质小脑：又称新小脑，主要指小脑半球外侧区，其输入来自大脑皮质的广大区域，包括感觉区、运动区、运动前区和感觉联络区，从这些脑区传入小脑的纤维均经桥核发散到对侧小脑半球。其传出纤维从齿状核发出，经丘脑腹外侧核回到大脑皮质的运动区和运动前区。

皮质小脑主要参与随意运动的发起和计划，一个随意运动的产生包括运动的计划和程序的编制，以及运动程序的执行两个阶段。小脑和基底神经节均作为从大脑皮质到脊髓的运动信息传导通路上的两个参与随意运动发起和管理的侧回路。

皮质小脑在运动调节中另一个重要作用就是为运动定时，在运动过程中，中枢神经系统必须发出时间上十分精确的指令，使肌肉按照运动需要依次有序地发生收缩活动，才能使运动协调进行。Ivr 和 Hore（1990）提出，小脑外侧部可能作为一个中枢时钟样设置为运动定时，该区受损的患者不能按照音响的频率建立起节奏叩击手指，他们手指叩击动作的

笔记

速度和节奏出现紊乱。进一步实验发现，这些小脑受损患者不能发现荧光屏上移动目标的速度变化，也不能辨别两个长短不一的声响孰长孰短。

（二）小脑的运动学习功能

运动学习是指在感觉刺激信号作用下，运动系统中神经环路的活动发生变化，从而使得机体能够做某种新的运动反应或行为活动的构成。20 世纪 70 年代早期，两位神经科学家 Marr 和 Albus 提出，小脑可能在运动技巧的学习中起关键作用，推测小脑学习机制可能是爬行纤维传入长时程地改变浦肯野细胞对苔状纤维传入的反应，认为平行纤维—浦肯野细胞突触具有功能可塑性。棱镜眼镜实验支持 Marr-Albus 理论，当戴上棱镜眼镜后所见目标和真实物体方向之间有误差。正常者凭经验调整所歪曲方向而正确指出物体的方向，拿掉眼镜开始时，被试者指向戴眼镜时的相反方向，随着经验增加逐渐恢复到正确操作。而小脑病变患者对这类学习适应不良或无适应，说明小脑具有运动学习功能。我们有理由相信人类学习一些复杂的技巧性运动（如弹钢琴或做某种体操动作）时，小脑参与了这个学习过程。除了反馈本体感觉信息来调节运动平衡以外，小脑在运动技巧的学习和程序化记忆中也起关键作用。20 世纪 80 年代，在小脑皮质发现长时程抑制现象，证实了小脑浦肯野细胞传入纤维与攀援纤维的突触联系是小脑学习的结构基础。进一步的研究还证实，小脑内的 GABA 和谷氨酸参与运动技能的学习和记忆。研究还发现，脑内有一种作用类似大麻的物质“内源性大麻醇”（endogenous cannabinoids），它的受体“CB_1”在控制运动的小脑神经细胞上较集中，可能参与小脑的学习记忆。威尔逊（Wilson）和尼克尔（Nicoll）等人近期的研究表明，实验动物中 CB_1 基因被敲除后，多种种类的运动学习无法正常进行。

（三）小脑的其他功能

小脑不仅仅是一个运动结构，fMRI 研究发现，单纯举起一个物体，小脑不会兴奋，而用两只手感觉判断手中的物体是否一样时，小脑功能活跃起来；当受试者伸开手掌，实验者将一物体擦过手的表面，小脑也有活跃，说明小脑对感觉刺激有反应。

四、基底神经节的作用

基底神经节是皮质下一些神经核团的总称，其纤维联系与生理功能都很复杂。

（一）基底神经节的运动调节功能

基底神经节损伤不同程度地影响运动功能，但基底神经节对运动的确切作用尚未明了。在患者的尸体解剖中发现：当纹状体发生病理变化时，患者表现为三类性质的运动障碍：①姿势与肌张力变化；②震颤或其他不自主运动；③运动缺乏或缓慢，但无瘫痪。也可将其表现归为两大类：一类主要表现为运动过少，肌张力增高（如帕金森病）；另一类主要表现为运动过多，肌张力降低（如舞蹈病）。

纹状体可能与许多潜意识运动，甚至运动的学习过程有关，一种观点认为，基底神经节参与序列运动的组织，并使运动能够自动地连续发生（Gragbie，1998）。比如，刚学会驾驶时，需要仔细考虑每一个动作，经过反复练习后，能非常熟练地操作，基底神经节对这种运动学习起重要作用。

基底神经节与小脑是皮质下两个运动调节系统，两者在功能上有很大差异。一项研究表明，让受试者用鼠标在屏幕上画线，观察者用 PET 扫描检测脑部活动。当开始画一条新线时，基底神经节出现兴奋而非小脑；然而，让受试者在一条直线上尽量按原来的走向重新描记时，小脑比基底神经节更兴奋（Jueptner，1998）。提示基底神经节在运动起始选择时起重要作用，而小脑在精确定位运动目标及使用反馈信息指导进一步行为时更重要。

笔记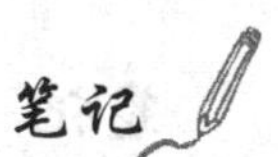

（二）基底神经节核团的组成

基底神经节的组成中纹状体（striatum）是其中的主要部分，纹状体是一个灰质核团，被内囊纤维分隔成尾状核（caudate nucleus）和豆状核（lenticular nucleus）两部分。尾状核又分为头部和尾部；豆状核又被外髓板分隔成内外两部分，外部为壳核（putamen），内部为苍白球（globus pallidus）。尾状核头部与壳核相连，由于它们的细胞结构相同，且在种系发生上较苍白球晚，所以称为新纹状体（neostriatum），而苍白球则称为旧纹状体（paleostriatum），也有人称新纹状体为纹状体。其他还包括杏仁核、屏状核、丘脑底核、脚间核、黑质等。

（三）基底神经节与大脑皮质之间的回路

基底神经节接受来自大脑皮质各个区域的传入后，主要投射至和运动计划有关的额叶皮质。基底神经节中与运动功能有关的主要是纹状体，其中尾状核与壳核是基底神经节主要输入核，苍白球与黑质是基底神经节主要的输出核。纹状体与大脑皮质之间的联系可概括为三个方面的回路（图 15-8）。

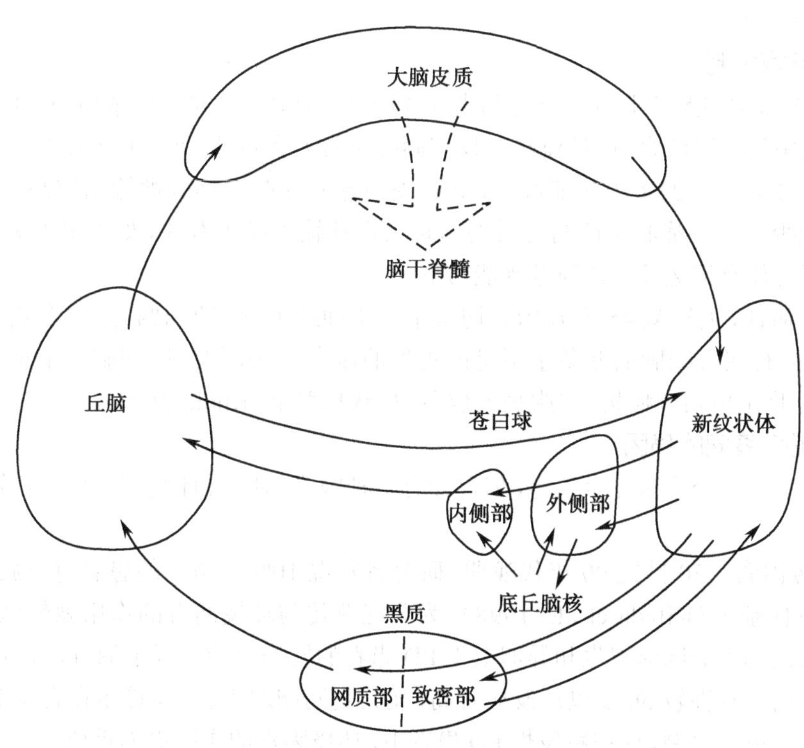

图 15-8 经过纹状体的皮质下运动回路

1. 皮质 - 新纹状体 - 苍白球 - 丘脑 - 皮质回路 从大脑皮质相当广泛的区域（包括运动区、体感区、联合区、边缘区等）发出纤维按一定的定位排列投射到同侧的新纹状体（包括尾状核和壳核），后者发出纤维止于苍白球内侧部，从苍白球再发出纤维止于丘脑，丘脑发出的纤维也按一定定位排列投射到大脑皮质，主要为辅助运动区和运动前皮质。

2. 皮质 - 新纹状体 - 苍白球（外）- 丘脑底核 - 苍白球（内）- 丘脑 - 皮质回路 从大脑皮质投射到新纹状体后，新纹状体也有纤维投射到苍白球外侧，后者按一定定位排列投射到丘脑底核，再由丘脑底核投射到苍白球内侧，经丘脑返回皮质。

3. 皮质 - 新纹状体 - 黑质 - 丘脑 - 皮质回路 从大脑皮质投射到新纹状体后，再从纹状体按一定的定位排列投射到黑质网状部，后者发出纤维到丘脑，经丘脑返回到大脑皮质运动区和运动前区。

由此可见，基底神经节的运动功能是通过大脑皮质中与运动控制有关的区域而间接实现的。

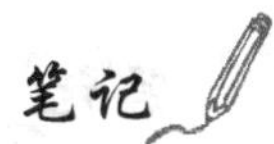

第四节 运动障碍

运动障碍（movement disorder）又称锥体外系疾病（extrapyramidal disease），主要表现为随意运动调节功能障碍，肌力、感觉及小脑功能不受影响。运动障碍疾病源于基底神经节功能紊乱，通常包括纹状体、苍白球、尾状核、黑质等与运动有关而又不属于锥体束的结构。常见的疾病是帕金森病和亨廷顿病。

一、帕金森病

帕金森病（Parkinson disease，PD）为原发于黑质 - 纹状体通路的变性病。临床症状的特点有随意运动减慢、肌张力强直、肢体震颤和正常姿势平衡反射丧失等。许多患者有抑郁、认知障碍等心理症状，可能是疾病本身的症状表现，而不仅仅是继发于运动不能的心理反应（Ouchi 等，1999）。

（一）发病机制

黑质 - 纹状体通路多巴胺水平下降是 PD 的直接病因，研究发现本病患者脑中尾状核、壳核和黑质中的多巴胺含量明显减少（仅有同龄正常人含量的 1/5～1/10），特别是黑质细胞发出到尾状核和壳核的多巴胺能纤维，导致苍白球向丘脑的抑制性输出增高，而丘脑向皮质的兴奋减少。一些症状可能与皮质的这种兴奋性输入减少有关，如许多 PD 患者运动功能下降的同时伴有记忆及解决问题等能力下降。

研究者估计，大约从 45 岁开始人均每年黑质神经细胞丧失 1%，绝大多数人仍有足够量的细胞，但有些人细胞的储备量不足或丧失的速率过快，如黑质细胞残余量低于正常的 20%～30%，将出现临床症状，细胞丧失越多，症状越严重（Knoll，1993）。

（二）帕金森病的病因

本病的起因至今尚未完全清楚，但已知有多种因素（遗传、环境、生活方式等）在发病中起作用。

1. 遗传因素 20 世纪 90 年代晚期，研究者发现 10%～20% 的患者有家族史，且确定了本病的责任基因（Kitada et al.，1998），为研究遗传与环境两者的作用孰轻孰重，奥地利 Tanner 等对已确诊的同卵双生和异卵双生 PD 患者的发病年龄进行了调查，发现青年 PD 患者发病年龄的一致性较 50 岁以后发病者高，尤其是同卵双生患者，提示在青年 PD 患者中，遗传因素占了很大比例，而在特发性 PD 患者中，环境因素的作用更为重要。

2. 环境因素 1982 年，在加利福尼亚的北部，几个 22～42 岁的年轻人，在使用一种类似海洛因的药物后，相继出现了 PD 的一系列症状，这种引起症状的物质就是 MPTP（一种吡啶化合物），MPTP 进入机体后，转化为 MPP+，后者是一种毒性物质，在体内逐渐累积，导致多巴胺能神经元变性坏死。另外，突触后多巴胺受体数目代偿性增加，因此，PD 患者的症状一部分是由于多巴胺输出减少，另一部分是由于受体结构超敏。

但并不是所有 PD 患者都是吸毒者，一种假说认为，暴露于 MPTP 或其类似物污染的空气或水，如某些除草剂或杀虫剂，都可能是致病因素。研究发现，暴露于大剂量农药和除草剂中，PD 的发病率增高。如果接触毒物是致病的肯定因素，那么在流行病学上应该有地域分布，但是事实并非如此，这说明接触毒物只是 PD 众多发病因素的一个。

3. 生活方式 一项研究中比较 PD 患者与非 PD 患者的生活方式，发现 PD 组中不吸烟者更多，而非 PD 组中重度吸烟者较多，提示吸烟者患 PD 的可能性小。这一发现引起研究者的兴趣，但尚不清楚吸烟会阻止 PD 发生的原因。每日饮咖啡能减少 PD 的发病率已得到临床流行病学调查和动物实验的证明（JF Chen et al.，2002）。

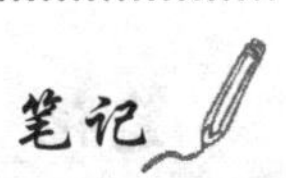

（三）帕金森病的治疗方法

1. L-Dopa 治疗 PD 是由多巴胺减少所致，治疗目的就是恢复丢失的多巴胺，故多巴胺替代疗法成为最主要的药物治疗方法。因为多巴胺不能直接通过血脑屏障，需通过多巴胺的前体左旋多巴（L-Dopa）进入颅内转化成多巴胺。但是多巴胺的疗效具有个体差异，对部分患者不能缓解症状，且该药不能阻止病程进展，随着症状加重，需要逐渐增量直至耐药。另外 L-Dopa 还有恶心、呕吐、低血压、症状波动、运动障碍及精神症状等不良反应。

2. L-Dopa 以外的疗法

（1）外科治疗：常用的手术方法有深部脑刺激术（deep brain stimulation，DBS），DBS 是利用脑立体定向手术在脑内某一个特殊的位置植入电极，通过高频电刺激，抑制异常电活动的神经元，从而起到缓解症状的作用。此外还有苍白球或部分丘脑毁损术，这种方法对年龄较轻，症状以震颤为主者效果较好。

（2）细胞移植和基因治疗：是近年来兴起令人兴奋的方法，目前还处于实验阶段。实验者将小鼠胚胎的黑质细胞移植帕金森病小鼠模型的脑中，实验组的小鼠较对照组症状有明显改善。对于人类患者而言，移植物来源于患者本人的肾上腺髓质或流产胎儿，前者收效甚微，但后者供体来源有限，技术要求高，同时移植胎儿的神经元及神经营养物质可提高移植成功率。

（3）肾上腺及胚胎移植（foetal transplantation）：肾上腺髓质组织或分离的嗜铬细胞移植于脑纹状体中，能在一定程度上抑制帕金森病。有报道，采用脑立体定向技术，通过导管将培养的人胎肾上腺髓质组织移植至 17 例重症帕金森病患者脑内尾状核头部，随访 3～18 个月，临床效果良好。

（4）其他进展：腺苷 A2A 受体拮抗剂（可降低纹状体 - 苍白球的间接通路的活性，减轻 PD 的症状）在 PD 治疗中的应用受到关注。Istradefylline 是一种新的 A2A 受体拮抗剂，它能明显地缩短关期，延长开期，其耐受性和安全性均良好。它可以用作早期 PD 患者的单药治疗，也可用于治疗 PD 患者神经精神症状如焦虑、抑郁等还能逆转抗精神病药物引起的木僵，改善运动能力。其副作用有异动症、头晕和恶心（Hauser RA，2003）。

二、亨廷顿病

亨廷顿病（Huntington disease，HD）又称亨廷顿舞蹈病（Huntington chorea），是一种遗传性大脑变性疾病，以新纹状体损害为主，大脑皮质也受累。白种人发病率较高，我国少见。任何年龄均可发病，但常见于 30～50 岁。

本病起病隐袭，呈进行性加重，运动症状一般从手臂动作笨拙开始，随后出现痉挛、震颤等不自主动作，逐渐扩展到全身，典型者表现为手足无目的地扭转动作，称为舞蹈样动作。本病除运动症状外，还有精神症状和智能下降，表现为抑郁、焦虑、错觉和幻觉、记忆力、判断力下降等，甚至乙醇药物依赖、性犯罪及人格改变。一些患者的精神症状出现在运动症状之前，在疾病的早期容易被误诊为精神疾病。

HD 是一种以影响运动功能为主的神经退行性疾病，属常染色体显性遗传性疾病。该病发病率在北美和欧洲约为十万分之五，在我国几个地区发现了 44 个家系共 333 个患者，HD 的症状通常在 45 岁以后出现，但也可能在儿童时期出现。它的主要病症是不受控制的大肢体运动，伴有认知障碍和精神异常，HD 是一种致死性的神经退行性疾病，病程一般在 15 年左右。舞蹈病的病变是纹状体投射性 GABA 神经元和大脑运动皮质锥体细胞过早死亡，该病目前还缺乏有效的治疗方法。导致该疾病的突变基因 *IT*15 在 1993 年被发现，但基因突变后如何选择性地引起某些神经元死亡的分子机制尚不清楚。

目前，没有任何特效药物能够治疗 HD，但可以采取措施改善临床症状，同时实施必要

笔记

的辅助治疗。一是可用对抗多巴胺的药物或多巴胺受体抑制剂；二是提高胆碱的含量；三是增加中枢神经系统的GABA的含量；四是配合使用抗抑郁药物来改善患者的精神症状。另外，加强肢体功能训练和心理治疗也具有不错的疗效。

（杨艳杰）

思考题

1. 肌梭与腱器官的功能有何差异？
2. 简述运动形式的分类？
3. 简述运动皮质的组成与功能？
4. 小脑的运动控制功能有哪些？
5. 简述基底节的组成及运动调节功能？

笔记

参考文献

[1] 杨艳杰. 生理心理学. 2版. 北京：人民卫生出版社，2013.
[2] 徐斌. 生理心理学. 北京：人民卫生出版社，2007.
[3] 李新旺. 生理心理学. 2版. 北京：科学出版社，2008.
[4] 隋南. 生理心理学. 北京：中国人民大学出版社，2010.
[5] 车文博. 心理咨询大百科全书. 浙江科学技术出版社，2001.
[6] 武广华. 中国卫生管理辞典. 中国科学技术出版社，2001.
[7] 沈政，林庶芝. 生理心理学. 2版. 北京大学出版社，2007.
[8] 彭聃龄. 普通心理学. 2版. 北京：北京师范大学出版社，2012.
[9] 罗跃嘉. 认知神经科学教程. 北京：北京大学出版社，2006.
[10] 寿天德. 神经生物学. 3版. 北京：高等教育出版社，2013.
[11] 朱大年，王庭槐. 生理学. 8版. 北京：人民卫生出版社，2013.
[12] Michael S. Gazzaniga. 认知神经科学. 北京：中国轻工业出版社，2011.
[13] 李继硕. 神经科学基础，北京：高等教育出版社，2002.
[14] 詹姆斯·卡拉特. 生物心理学. 苏彦捷，译. 北京：人民邮电出版社，2012.
[15] 蔡厚德. 生物心理学：认知神经科学的视角. 上海：上海教育出版社，2010.
[16] Neil R. Carlson. 生理心理学. 苏彦捷，译. 6版. 北京：中国轻工业出版社，2007.
[17] 汪凯，何金彩. 生理心理学. 北京：北京科学技术出版社，2004.
[18] 刘昌. 生理心理学，北京：高等教育出版社，2012.
[19] 韩济生. 神经科学. 3版. 北京：北京大学医学出版社，2009.
[20] 李国彰. 神经生理学. 北京：人民卫生出版社，2007.
[21] 赵忠新. 临床睡眠障碍学. 上海：第二军医大学出版社，2003.
[22] Bear MF，Connors BW，Paradiso MA. Neuroscience：exploring the brain. 3rd ed. 2005.
[23] 陈洁. 摄食调控的分子机制研究进展. 中国循证儿科杂志，2007，2（1）：219-223.
[24] 李小健，刘东台. 视错觉产生的神经机制. 心理科学进展，2008，16（4）：555-561.
[25] 马先兵，孙水发，夏平，等. 视错觉及其应用. 电脑与信息技术，2012，20（3）：1-3.
[26] 王娜，吴立玲. Ghrelin对消化系统功能的调节. 生理科学进展，2007，38（3）：242-244.
[27] 高小幼，苗延巍，姚艺文，等. 外伤后嗅觉功能障碍的MRI表现. 放射学实践，2011，26（8）：815-818.
[28] Price CJ. A review and synthesis of the first 20 years of PET and fMRI studies of heard speech，spoken language and reading. Neuroimage，2012，62（2）：816-847.
[29] Hecht D. Depression and the hyperactive right-hemisphere. Neurosci Res，2010，68（2）：77–87.
[30] Gallistel CR，Matzel LD. The neuroscience of learning：beyond the Hebbian synapse. Annu Rev Psychol，2013，64：169–200.
[31] Lisman J，Grace AA，Duzel E. A neoHebbian framework for episodic memory；role of dopamine-dependent late LTP.

Trends Neurosci，2011，34：536-547.

[32] Whitlock JR，Heynen AJ，Shuler MG，et al. Learning induces long-term potentiation in the hippocampus. *Science*，2006，313（5790）：1093-1097.

[33] Deng W，Aimone JB，Gage FH，et al. New neurons and new memories：how does adult hippocampal neurogenesis affect learning and memory？ Nature Reviews Neuroscience，2010，11（5）：339-350.

[34] Ge S，Yang C，Hsu K，et al. A critical period for enhanced synaptic plasticity in newly generated neurons of the adult brain. Neuron，2007，54（4）：559-566.

[35] Pinnock，SB，Herbert J. Brain-derived neurotropic factor and neurogenesis in the adult rat dentate gyrus：interactions with corticosterone. European Journal of Neuroscience，2008，27（10）：2493–2500.

[36] Moran J，Desinone R. Selective Attention Gates Visual Processing in the Extrastriate Cortex. Science，1985，229（4715）：782-784.

[37] Caspi A，Poulton R. Role of Genotype in the Cycle of Violence in Maltreated Children. Science，2002，297（5582）：851-854.

[38] Sullivan PF，Neale MC，Kendler KS. Genetic epidemiology of major depression：review and meta-analysis. Am J Psychiatry，2000，157（10）：1552-1562.

[39] Mill J，Petronis A. Molecular studies of major depressive disorder：the epigenetic perspective. Mol Psychiatry，2007，12（9）：799-814.

[40] Hopfinger JB，Buonocore MH，Mangun GR.The neural mechanisms of topdownattentionalcontrol. Nature neuroscience，2000，3（3）：284-291.

[41] Luo W，Feng W，He W，et al. Three stages of facial expression processing：ERP study with rapid serial visual presentation. Neuroimage，2010，49（2）：1857-1867.

[42] Schoenfeld MA，Woldorff M，Düzel E，et al. Form-From-Motion：MEG Evidence for Time Course and Processing Sequence. Journal of Cognitive Neuroscience，2003，15（2）：157-172.

[43] Bestmann S，Baudewig J，Siebner HR，et al. Subthreshold high-frequency TMS of human primary motor cortex modulates interconnected frontal motor areas as detected by interleaved fMRI-TMS. NeuroImage，2003，20（3）：1685-1696.

[44] Lozano AM，Dostrovsky J，Chen R，et al. Deep brain stimulation for Parkinson’s disease：disrupting the disruption. Lancet Neurol，2002，1（4）：225-231.

中英文名词对照索引

L

M

N

P

Q

Y

Z